高等学校软件工程专业系列教材

U0662489

软件工程

微课视频版

◎ 杜文峰 袁琳 朱安民 叶聪 编著

清华大学出版社

北京

内 容 简 介

本书共 5 篇、14 章，涵盖软件工程领域涉及的主要内容。前四篇内容主要包括：软件的发展历程，软件的定义和特点，软件危机产生的原因，软件工程产生的背景以及软件生命周期中各阶段的工作；如何利用数据流图、状态转换图和数据字典等来建模用户需求，如何采用层次图、IPO 图及程序流程图来设计软件，如何有效地将结构化设计结果转换为程序代码，对完成的软件进行测试；如何提取用户需求、分析用户活动、建模系统状态、提取类的候选者和类关系，对象之间如何交互来完成业务逻辑、如何实现面向对象设计结果，为以面向对象方法实现的软件设计测试用例；经典的软件开发过程、现代主流的软件开发过程以及项目开发过程中的管理实践。最后一篇讲解腾讯公司内部的敏捷开发流程和开发平台，以及结合领域驱动设计总结如何分析、设计和实现云原生软件系统。

本书配有 MOOC 视频、教学大纲、PPT 课件、习题等丰富的教学资源。

本书可作为高等学校计算机相关专业的教材、软件工程专业的导论课教材，也可作为计算机软件相关领域从业者的参考资料和相关培训的教材。

图书在版编目（CIP）数据

软件工程：微课视频版 / 杜文峰等编著. —北京：清华大学出版社，2023.1（2025.7重印）
高等学校软件工程专业系列教材
ISBN 978-7-302-60684-0

Ⅰ. ①软…　Ⅱ. ①杜…　Ⅲ. ①软件工程－高等学校－教材　Ⅳ. ①TP311.5

中国版本图书馆 CIP 数据核字（2022）第 069364 号

责任编辑：付弘宇　薛　阳
封面设计：刘　键
责任校对：焦丽丽
责任印制：沈　露

出版发行：清华大学出版社
　　　　网　　　　　　址：https://www.tup.com.cn, https://www.wqxuetang.com
　　　　地　　　　　　址：北京清华大学学研大厦 A 座　　　邮　　编：100084
　　　　社　总　机：010-83470000　　　　　　　　　　　邮　　购：010-62786544
　　　　投稿与读者服务：010-62776969，c-service@tup.tsinghua.edu.cn
　　　　质　量　反　馈：010-62772015，zhiliang@tup.tsinghua.edu.cn
　　　　课　件　下　载：https://www.tup.com.cn，010-83470236
印　装　者：三河市君旺印务有限公司
经　　　销：全国新华书店
开　　　本：185mm×260mm　　　印　　张：23.25　　　字　　数：610 千字
版　　　次：2023 年 2 月第 1 版　　　　　　　　　　印　　次：2025 年 7 月第 3 次印刷
印　　　数：2501～3500
定　　　价：69.80 元

产品编号：094682-01

前　言

我一直以为前言是写书前的激情和计划安排，如今才明白前言是对已完成工作的总结。执笔 3 年，既是对领域知识的总结，也是一个自我修行和自我完善的过程。

"盛年不重来，一日难再晨"。站在三尺讲台，看着一张张朝气蓬勃的面孔，我总是如履薄冰，担心误人子弟。相比于学生时代不谙世事的我们，如今年轻的学生面临更多的机遇与挑战，同时也有更多关于选择的迷茫。如何做好一名合格的"老师"，以及如何成就自己的"价值"，成为我著书期间思考最多的问题。

回顾从求学到工作的这些年，从用 pctools 修改内存数据、进行病毒分析到"单挑"一个中型项目，从小型项目管理到公司部门管理，从代码 coding 到市场竞标，从创业到创业失败，从研究转向教学……似乎冥冥中有一根线把我牵引到这里，让我在此留下三年值得回首的光阴。

与其他计算机课程解决"0→1"的问题不同，"软件工程"作为一门综合性的计算机课程，主要讲解软件开发中的基本原理、概念、技术和方法，需要解决"1→N"的问题。随着对软件工程领域知识的钻研和对相关内容的深入理解，原来信心满满的我才知所学内容仅为"沧海一粟"，也让我在编写本书的过程中"如临深渊"。为了准确理解程序效率，我在不惑之年再次挑战了"算法分析与设计"和"数据结构"两门课程；在编写云原生相关内容时又体会了《侠客行》中贝海石由"白首太玄经"反推前 23 句内容的艰辛。

编撰思路

经过多年的教学实践，且翻阅了可以获得的近乎所有软件工程教材及相关书籍之后，作者发现大部分的教材在形式上都将"软件过程"置于软件工程概述之后、软件开发方法之前。同时，由于各位作者对软件方法内容理解的深度和范围不同，不同教材对各种方法的强调侧重点也有所不同。

由于软件工程涉及的领域非常广泛，从不同的领域切入均可得到其合适的理由。不同于"师者"的角度，本书是从"求学"的角度来组织课程知识。在介绍了软件工程概念、软件生命周期模型的基础上，本书直接进入软件开发方法的学习，而将"软件过程"置于软件开发方法之后。这种内容组织方式可以帮助读者在具备了基本的软件开发能力后更好地理解"过程"在项目开发和管理中的重要性。

与此同时，大部分学生在学习了结构化程序设计和面向对象程序设计后，并不了解应当如何区分使用这两种软件开发技术。如果仅将软件工程的相关知识进行罗列，而缺乏对实际问题的分析、设计和对实现方式的介绍，则无助于学生思维能力的提高，更不用说期待学生能够解决复杂软件工程问题。

随着软件开发技术的快速发展，结构化方法、面向对象方法已经在软件开发领域中占据了举足轻重的地位。同时，随着移动互联网和云计算技术的快速普及，新的软件开发技术如雨后春笋般快速出现，如何平衡各种软件开发方法在课程教学中的比例，也是软件工程教学中需要解决的问题。

本书在撰写过程中借鉴了"新工科"理念，邀请了腾讯科技股份有限公司 TAPD 团队协助编写敏捷开发方面的内容，并参考腾讯云专家的意见引入了云原生方面的内容。同时，在深圳大学的支持下，本课程团队与腾讯科技股份有限公司合作，将本书的内容制作成了高质量的 MOOC 课程，方便学生和读者通过多种方式了解和学习软件工程的相关知识。

内容组织

本书分为 5 篇、14 章，涵盖了软件工程领域涉及的主要内容。

第一篇　软件工程基础

在引入软件工程相关内容之前，本篇从软件发展史及软件工程、软件生命周期两方面介绍软件的发展历程、软件的定义和特点，软件危机产生的原因，软件工程产生的背景以及软件生命周期中各个阶段的工作，帮助大家对软件工程有一个概念性的了解。

第二篇　结构化方法

由于结构化方法强调"动作"分解，因此本篇从结构化分析、结构化设计和结构化实现三个角度来介绍如何利用数据流图、处理加工逻辑说明、状态转换图和数据字典建模用户需求；如何采用层次图、IPO 图及程序流程图设计软件；如何有效地将结构化设计结果转换为程序代码，并对完成的软件进行测试。

本篇除了参考其他优秀教材的内容以外，还针对结构化软件的数据设计、程序实现等内容进行详细解剖，对结构化方法的全过程进行介绍。

第三篇　面向对象方法

相对于结构化方法而言，面向对象方法从"类+对象"的角度来分析、建模客观世界。本篇首先对经典的 UML 进行介绍，然后以面向对象分析、面向对象设计和面向对象实现三部分内容介绍如何通过捕获用户需求、分析用户活动、建模系统状态、提取类的候选者和类关系、设计对象之间的交互来完成业务逻辑，如何实现面向对象设计结果，如何为以面向对象方法实现的软件设计测试用例等。

在编撰过程中，本篇融入了一些实际的项目经验，补充了与面向对象分析、设计和实现相关的经验和方法。同时，本篇也对面向对象软件设计中的经验和架构进行了介绍，帮助大家了解如何才能得到优秀的软件架构。

第四篇　软件过程及管理

尽管软件生命周期从技术角度为软件项目开发提供了指导，但是软件生命周期并未回答如何才能有效地开发软件，也未包含软件项目管理方面的内容。

本篇首先对经典的软件开发过程进行介绍，然后再过渡到现代主流的软件开发过程，帮助读者了解软件过程的产生和进化。接着，本篇从软件项目管理的角度出发，以软件项目开发过程为主线，对项目开发过程中的管理实践进行介绍。

第五篇　现代软件开发

为了及时响应快速变化的市场需求以及满足日益复杂的用户需求，现代软件开发组织将复杂软件分解为多个可以独立开发、独立维护、技术异构的微服务，并采用多个小而精的软件团队持续敏捷地响应需求变化。

本篇邀请了腾讯科技股份有限公司的 TAPD 部门协助，对腾讯公司内部的敏捷开发流程和开发平台进行介绍。同时，为了帮助大家了解现代软件应用的开发方法，本篇结合领域驱动设计，简单总结了如何分析、设计和实现云原生软件系统。最后，本篇对人机交互设计方面的内容进行了概述。

使用建议

"软件工程"课程与其他计算机相关课程不同，需要从软件工程"实践者"的角度来讲述软件开发过程中的基本原理、概念和技术，强调软件开发方法与技术的应用和评价。

正如软件项目开发没有"银弹"一样，"软件工程"课程的教学和组织方法也没有"银弹"。在教学过程中，建议教师合理利用本书提供的教学资源，以项目分组方式让学生完成自主学习、互动探讨、课堂学习（课程讲授）和项目实践四个环节。

1. 自主学习

由于"软件工程"课程涉及的内容繁杂，限于授课时长，教师不可能将细节内容一一讲授。为了帮助大家更好地学习课程内容，本书建设了对应的 MOOC 课程。大家可以借助 MOOC 开展线下学习、自主学习。

在 MOOC 课程中，我们除了对各章节的内容进行细致讲解以外，还收集整理了大量课程相关资料。同时，我们也会定期邀请行业专家与大家进行线上交流，组织各种沙龙，帮助大家了解现代软件企业的项目开发和管理过程。

2. 互动探讨

正如约翰·纽曼在《大学的概念》一书中所述，"当许多聪明、求知欲强、具有同情心而又目光敏锐的年轻人聚到一起时，即使没有人教，他们也能互相学习。他们互相交流，了解到新的思想和看法、看到新鲜事物并且掌握独到的行为判断力。"

教师可以结合课程内容为学生设定学习目标，要求学生在线下自主学习后针对设定的问题和开放问题进行讨论。

3. 课程讲授

教师在有限的课时内讲解软件工程涉及的全部知识内容是不现实的，也是不建议的。在课堂教学中，教师可以结合学生在互动探讨过程中发现的新问题、新方法及学生反馈的疑难问题开展 SPOC 教学，通过启发式教学，引导学生思考问题。

4. 项目实践

"软件工程"课程除了介绍方法和技术以外，还强调项目实践。教师可以通过项目实践环节来检验学生对相关方法和技术的掌握程度，强化学生的工程意识。

在项目实践环节，教师可以通过分团队、分项目方式让学生采用不同的软件方法来开展需求分析、软件设计、软件实现、测试等活动，并借助小组交叉互评、交叉考核等方式来体验项目管理。目前，敏捷软件过程可用于小型项目实施，获得较好的实践效果。

当然，本书的内容同样适合于传统的课堂讲授方式。教师可以结合实际课时情况对本书涵盖的内容进行裁剪，利用本书提供的资料来引导学生掌握相关知识。

结束语与致谢

本书由深圳大学杜文峰负责总体策划、主体部分的编写及统稿。深圳大学朱安民教授执笔第 11 章，腾讯科技股份有限公司 TAPD 团队撰写第 12 章。深圳大学计算机与软件学院的邱小淇、周杰民、莫子泓等同学参与了稿件的校对工作。

本书的部分插图由林冬晓绘制，MOOC 平台的习题由伍鹏程收集。

为了完善本书的内容，提高可读性和 MOOC 视频的观赏性，我们参考了大量书籍和互联网文章，也借鉴了大量网络图片。在此谨向所有参考文献的作者以及网络资料的作者和版权所有者表示谢意，没有你们的无私奉献，本书和 MOOC 视频就无法圆满完成。

我经常和学生开玩笑："我们是一边跑火车，一边修铁轨"。现在"铁轨"终于快修到终点，"火车"也将到达站台。感谢所有和我在这个过程中一起奋斗的人，感谢成长路上所有的帮助者和见证者。

感谢腾讯科技股份有限公司的袁琳，没有我们三年前的那次谈话，我们无法完成这本教材，也无法共同完成这门高质量的 MOOC 课程。

感谢腾讯科技股份有限公司的陆莹、吕芙洁、周玥婵，正是你们在前台、后台的默默支持，才让更多的读者能够学习腾讯公司的敏捷开发思想和敏捷开发平台，也让更多的人能够跟随我们的 MOOC 课程走入腾讯滨海大厦，体验他们梦想的工作空间。

感谢腾讯科技股份有限公司的叶聪，为我指出了云计算开发方面的撰写方向。

感谢和我一起陪孩子上兴趣班的梁春华，帮我一遍又一遍地梳理、改进云原生章节的内容。

感谢深圳大学吴涛老师在面向对象方法理念上的帮助。

感谢腾讯科技股份有限公司的胡玉玲，为本课程的云原生实践平台生态建设提供了帮助。

感谢清华大学刘强老师、国防科技大学毛新军老师、北京大学孙艳春老师在讲座中的无私奉献；感谢同济大学朱少民老师在软件测试方面的指导；感谢吴军先生的《文明之光》，让我有了撰写本书的动力。

感谢深圳大学计算机与软件学院的领导对本书编写工作的大力支持。

感谢深圳大学计算机与软件学院物联网研究中心、大数据研究所和学工办为本课程的MOOC 拍摄提供了环境良好的会议室、走廊空间和学生工作坊。

感谢深圳大学 MOOC 办孙忠梅主任、吴燕玲老师对本课程 MOOC 建设的特批特办。有了你们的支持，我们才能在第一时间把摄影机架在腾讯滨海大厦，才能保质保量地完成MOOC 课程建设。

感谢优课联盟制作团队，经过这么长时间的"磨合"，终于让 MOOC 课程按时上线。

感谢深圳大学图书馆给我提供了良好的写作空间，让我能够方便地查阅各种书籍资料；感谢深圳大学为老师们提供了如此好的运动设施，为了坚持写作，我从 2019 年开始在田径场挥洒汗水。

感谢我的父母、亲人和挚友。没有你们的"打 Call"，我无法坚持到现在。

特别感谢在身后默默支持我的爱人和可爱的儿子，你们是我完成本书的支柱。

在编写本书的过程中，尽管我已尽力组织、编写、审查了每一行文字，但深感个人知识浅薄，唯恐出现知识、内容上的纰漏和错误。敬请读者带着思辨的眼光来使用本书，以宽容的心看待本书的谬误。也请大家将发现的问题通过邮箱（404905510@qq.com）反馈给我，协助我做一件对社会有意义的事情。

"行百里者半九十"，本书的出版和 MOOC 课程的上线并不代表着工作的结束。本课程的线上线下内容建设还在如火如荼地进行中，本课程的生态环境也在持续搭建中。希望有一天我们能够共同见证春暖花开的美好图景。

最后，希望本书能够帮助到你，也希望更多的人能够在学习中不断完善自我，实现人生价值。

杜文峰
2022 年 6 月
于荔园

"软件工程"慕课主页

目　录

第一篇　软件工程基础

第二篇　结构化方法

第四篇　软件过程及管理

第五篇　现代软件开发

第一篇　软件工程基础

随着计算机技术的快速发展，计算机软件从无到有，到成为计算机系统中的重要组成部分，并且在人类生活中扮演着越来越重要的作用。然而，由于计算机软件本身的复杂性、独创性、不可见性和可变性，计算机软件的设计、开发和维护都非常困难。

为了满足人们日益增长的软件需求，维护大量已有的软件产品，解决软件开发和维护中出现的危机，人们提出了软件工程的概念。软件工程从管理和技术角度出发，对软件开发过程中的分析、设计和实现进行了规范化和约定。

与其他事物一样，软件产品也会经过设想、开发、使用、维护和报废等阶段。由于软件在不同阶段涉及的内容不一定相同，软件开发团队也需要针对各阶段的内容要求来完成相应的工作任务。与此同时，软件开发团队的人员和环境变化也会给软件项目带来较大的影响。因此，如何提高软件项目开发的成功率以及保证软件项目开发的稳定，成为计算机技术发展中必须解决的问题。

本篇首先结合计算机的发展史向大家介绍软件危机及软件工程的由来和发展，然后在介绍软件生命周期时对软件各个阶段涉及的内容和任务进行说明，帮助读者了解软件分析、开发及维护的全过程。

第 1 章　软件发展史及软件工程

当前计算机的功能已经远远超越了科学计算的范畴，存在于生活中的各个角落。Netscape 公司创始人、硅谷著名投资人马克·安德森 2011 年 8 月 21 日在《华尔街日报》上发表了一篇名为《软件正在吞噬整个世界》的文章。该文认为：当今的软件应用无处不在，并且正在吞噬整个世界。软件作为一种无形的存在，从商场购物、银行结算，到网络视频、电子游戏、社交网络，已经成为人类生活不可缺少的部分，并且在全球科技、文化领域乃至国家发展进程中扮演着越来越重要的角色。

可以发现，软件作为信息时代计算机系统的重要组成部分，在计算机系统中占据的比重越来越高。本章将结合计算机的发展史，为大家介绍软件的发展历程以及软件危机和软件工程产生的背景。同时，本章也会为大家介绍常见的软件开发方法，并结合中国版软件工程知识体系为大家概述软件工程领域涵盖的内容。

1.1　软件的发展历程

随着人类社会的发展，人们积累了大量的物质财富，计算逐渐成为人类的基本需要。然而，与计算有关的活动一直被认为是繁重而乏味的体力劳动。最初，数据规模较小时，人类仅需借助鹅卵石、贝壳就可以计数物品；如图 1-1 所示，从非洲斯威士发现的兰列彭波骨（Lebombo Bone）和刚果发现的伊尚戈骨（Ishango Bone）证明了人类对计算的需求远远早于文字的出现。

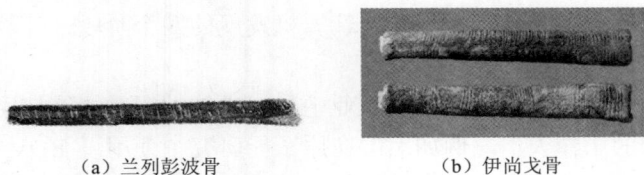

(a) 兰列彭波骨　　　　　　　　(b) 伊尚戈骨

图 1-1　原始计数工具

为了计算方便，各个时代的科学家都在寻找和发明一些可以帮助计算的工具，例如手工计算机（算盘）、机械计算机（帕斯卡计算器、莱布尼兹轮、差分机）、可编程的计算机等，如图 1-2 所示。各种计算装置的出现，方便了人们的计算过程，提高了计算速度和精度，加快了人类发展的进程。可以发现，所有的计算装置均由设备和特定计算方法组成，通过在装置上运行各种"口诀"，完成指定的运算过程。

1936 年，英国著名数学家图灵（Alan Turing）发表了一篇具有开创性的论文《论可计算数及其在判定问题上的应用》（*On Computable Numbers*），给出了带有可执行程序的工作计算机描述。

| （a）算盘 | （b）帕斯卡计算器 | （c）莱布尼兹轮 |

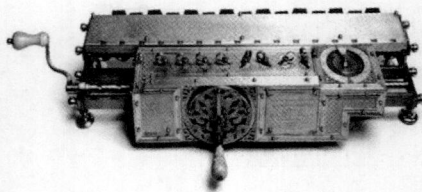

图 1-2　早期的计算设备

在第二次世界大战期间，为了计算炮弹的轨迹，宾夕法尼亚大学的莫奇利和埃克特根据图灵机理论设计了第一台电子化的计算机，取名为"电子数值积分计算器"（Electronic Numerical Integrator and Calculator，ENIAC）。计算机从诞生的那天开始，其超强的计算能力就让人们惊叹。当时英国的蒙巴顿元帅（Louis Mountbatten）将 ENIAC 誉为"一个电子的大脑"，"电脑"（Computer）一词由此而来。

尽管 ENIAC 可以在 20 秒内计算出一条炮弹的轨迹，但是这台计算机仅能用于特定的计算，无法像现在的计算机这样运行特定的程序来完成其他功能。不仅如此，为 ENIAC 重新连线，让其解决其他问题要花费几小时或者几天。

为了完善 ENIAC 的设计，美国陆军决定按照冯·诺依曼的想法制造一台新的计算机。冯·诺依曼和莫奇利、埃克特设计的"电子离散变量自动计算机"（Electronic Discrete Variable Automatic Computer，EDVAC）彻底解决了计算机的通用性问题，能够根据需要加载不同的程序来完成特定的功能，形成了至今仍在使用的"冯·诺依曼系统结构"。从冯·诺依曼系统结构开始，计算机科学也就慢慢演变为硬件（计算机本身）和软件（控制计算机的程序）两个部分。

自从 EDVAC 问世，以编写软件为职业的人开始出现，他们很多是经过训练的数学家和电子工程师。到了 20 世纪 60 年代，美国的大学里开始出现专门教授编写软件的专业。

随着半导体技术和信息产业的迅速发展，计算机开始进入各行各业，人类对计算机和计算机软件的重要性认识也更为深刻。伴随着计算机发展的四个阶段，计算机软件也走过了四个历史过程。

在第一阶段，计算机还是国防和科技行业中最先进的发明，能够使用计算机的人主要为政府和国家专用项目的工作人员，例如美国在原子能研究中使用了 EDVAC 进行程序设计。此时，计算机主要完成一些小型的程序性计算，并且使用人员为了节省时间，通过批处理将多个小应用程序进行串联。程序的使用人员一般为程序的编写人员。

当计算机逐渐进入高校和企业以后，需要使用计算机的人越来越多。然而，计算机高昂的造价导致其不可能真正普及。此时，为了共享使用计算机，人们发明了允许多个用户同时使用计算机的操作系统以及通过计算机进行实时控制的系统。同时，为了有效保存和管理大量的计算数据，人们发明了数据库软件。在该阶段，小的软件作坊开始出现，开发人员可以有组织地完成一些小型软件产品的开发。

随着半导体技术的发展，计算机进入了第三阶段。计算机由单一的大型机器逐渐走向分布式，由多台位置上分散的计算机协同完成处理任务。此时，计算机的成本进一步降低，消费者开始对计算机提出更多的要求。

当计算机进入第四阶段，大规模和超大规模集成电路技术得到了快速发展，此时计算机的计算能力飞速发展，程序也不再是针对单台计算机的应用程序。桌面系统、面向对象技术、专家系统、人工智能、并行计算和网络计算开始出现。

随着现代云计算的快速发展以及人工智能进入新的发展阶段，更多新型的软件开发技术开始出现，我们是否可以认为软件进入了新的发展阶段（第五阶段）？

表 1-1 总结了计算机软件的发展历程。

表 1-1　计算机软件的发展历程

阶段	计算机技术	软件技术
第一阶段	电子管	专用小程序，面向批处理，自定义软件，编写者=使用者
第二阶段	晶体管	多用户，实时，数据库，软件作坊，小型软件产品
第三阶段	集成电路	分布式系统，嵌入"智能"，低成本硬件，消费者的影响
第四阶段	大规模和超大规模集成电路	强大的桌面系统，面向对象技术，ES/AI，并行计算，网络计算机

可以发现，尽管计算机和软件的发展只有七十多年的历史，但是它们对人类及人类社会的影响不亚于印刷出版物、飞机、电视机和汽车等。

1.2　软件的定义和特点

起初，"软件"这个词并不流行，也没有得到适当的重视。后来因为早期的软件工程师都自称"计算机程序员"，而程序（Program）这个单词与广播或电视节目（Program）相近，很多程序员为了避免不必要的误解，开始引入"软件"（Software）一词。

随着计算机技术的快速发展，人们认识到高质量的软件会极大地提高计算机系统的工作效率，人们对软件的重视程度日益提高。然而，与人们普遍理解的软件概念不同，软件不仅仅是完成特定操作的程序，而是程序（Program）、相关数据（Data）及其说明文档（Document）三部分的集合。软件在计算机系统中与硬件（Hardware）相互依存。

程序：按事先设计的功能和性能要求来执行的指令序列。

数据：使程序能正常操作的数据信息。

文档：与程序开发、维护和使用相关的图文材料。

以订票软件为例，程序是指为完成订票操作而执行的功能步骤，即执行程序；数据是指订票软件中需要的车次、时间、订票信息等内容；而文档是指软件开发过程中撰写的相关文档以及最终的使用手册等。

值得注意的是，此时"软件"概念中的数据仍然是软件运行时必需的数据，例如数据选项、数据存储，而不是当前人工智能时代所泛指的大数据。在人工智能时代，正所谓"数据为王"，数据在软件中起到的作用越来越大。对当前的大数据与传统软件中定义的数据是否需要区分，还需要科学家们进一步开展研究。

相对于计算机硬件而言，软件是一种抽象的逻辑实体，具有许多特点。首先，软件是运行在计算机硬件上的程序，具有不可见性；其次，软件是通过一定的逻辑操作来完成数据的处理过程，是软件开发人员通过智力创造出来的，其生产过程不明显，不便于管理，具有复杂性；再次，软件具有可变性，软件产品在运行和使用期间不存在磨损、老化等问题，但是随着时间的推进，软件也存在退化问题，不一定能够一直符合人类的需求，需要维护；最后，软件具有一致性。软件的开发和运行必须依附于特定的计算机系统环境，受到计算机物理硬件、网络环境、支撑软件等因素的制约；同时，软件的开发至今仍然以人工为主，软件的开发过程复杂，成本较高，涉及大量的社会因素。

Frederick P. Brooks 教授（如图 1-3（a）所示，《人月神话》作者，曾担任 IBM360 系统的项目经理）在 1987 年发表了一篇题为《没有银弹》（*No Silver Bullet*）的文章。文章指出："软件具有复杂性、一致性、可变性和不可见性等固有的内在特性，这是造成软件开发困难的根本原因。"

（a）Frederick P. Brooks 教授　　　　　　　（b）《人月神话》原版图书

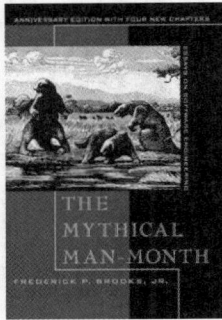

图 1-3　Frederick P. Brooks 教授及其所著的《人月神话》

1.3　软件危机

随着计算机硬件成本的降低，计算机软件如雨后春笋般快速出现。20 世纪六七十年代，人们以"软件作坊"的形式开发软件，也是"牛仔编程"模式兴起的阶段，大部分人短短学习几个月后就开始编程。同时，随着软件规模的不断扩大、功能的增强和复杂性增加以及软件数量的增多，依靠少数人在一定时间内开发和维护软件产品变得越来越困难。软件开发经常出现不能按时完成任务、产品质量得不到保障、工作效率低下和软件开发经费严重超支等现象。

1968 年，北大西洋公约组织（North Atlantic Treaty Organization，NATO）的计算机科学家在联邦德国加米施召开的国际学术会议（图 1-4）上第一次提出了"软件危机"（Software Crisis）一词。"软件危机"概念开始在计算机界广为流传。

图 1-4　1968 年北大西洋公约组织的软件工程会议

具体而言，软件危机存在以下典型表现。

（1）开发出来的软件产品不能满足用户的需求，即软件产品的功能或特性与需求不符。由于软件开发人员和最终用户之间的沟通交流不充分，软件开发人员对用户需求的理解存在差异，闭门造车导致开发出来的软件产品与用户需求相差较远。

（2）软件的开发进度、成本估算不准确，开发成本超预算，实际进度比预定计划滞后严重。

如果软件开发团队由于缺乏经验对软件产品开发的各项需求估计不准确，可能会导致软件开发的实际进度和最终成本严重超出预期。

（3）软件产品质量难以得到保障，系统功能难以发挥。

由于缺少完善的软件质量评审体系和科学的软件测试规程，最终的软件产品可能存在诸多缺陷，导致一大堆 Bug 和一个又一个的补丁。

（4）软件开发生产率的提高赶不上硬件的发展和人们需求的增长。

摩尔定律描述了计算机硬件的高速发展趋势，各种硬件或设备层出不穷。然而，软件开发的复杂性导致软件开发需要一定的时间周期，不可能快速完成。在软件开发过程中，约定的业务功能可能已经被其他硬件产品实现或者用户拥有了某个硬件产品后，就不再需要该功能了。

（5）相对硬件而言，软件的成本比重不断提高。

微电子技术的快速发展和生产自动化极大地降低了硬件产品的成本。然而，随着软件功能的复杂性和需求增多，软件开发需要的人力越来越多，软件的成本比重不断提高。

（6）软件文档资料不完备，并且存在文档内容和软件产品不符合的情况，软件维护困难。

文档是计算机软件的重要组成部分，是软件开发人员之间、软件开发人员和用户之间信息共享的重要途径。软件文档的不完备和不一致将给软件的开发和维护带来较大麻烦。

可以发现，软件危机给我们最大的启示是，必须深刻认识软件的特性以及软件产品开发的内在规律。

1.4　软　件　工　程

1968 年秋，北约的科技委员会召集了一批一流的编程人员、计算机科学家和工业界巨头，讨论和制定摆脱“软件危机”的对策。与会人员首次提出了“软件工程”概念，并将其定义为“为了经济地获得可靠的和能在实际机器上高效运行的软件，而建立和使用的健全的工程规则。”大家认为软件工程应当使用已经建立的工程学科的基本原理和范型来解决所谓的软件危机。概括来说，软件工程包含两个目标：如何开发软件，以满足不断增长、日益复杂的需求；如何维护数量不断膨胀的软件产品。

经过五十多年的发展，软件工程已经成为一门独立的学科，人们对软件工程的认识也更加全面、科学。IEEE 对软件工程的定义为：“软件工程是将系统的、规范的、可度量的工程化方法应用于软件开发、运行和维护的全过程及上述方法的研究。”同时，百科全书对软件工程的定义为：“软件工程是应用计算机科学、数学及管理科学等原理，开发软件的工程。”

具体而言，软件工程是指导计算机软件开发与维护的工程学科。通过采用工程的概念、原理、技术和方法来开发与维护软件，把经过时间考验而证明正确的管理措施和当前能够得到的最好的技术方法结合起来，从而经济地开发出高质量的软件并有效地维护它。

美国著名的软件工程专家巴利·玻姆（Barry W. Beohm，如图 1-5 所示）在综合了多位专家学者的意见后，结合在软件公司多年的开发经验，提出了软件工程的七条基本原则。

（1）采用分阶段的生命周期计划严格管理项目。

软件的开发和维护涉及许多性质各异的工作。这条原理指出，软件开发团队应当将软件的生命周期划分为若干个阶段，并制订相应的、切实可行的计划；然后，软件开发团队严格按照计划对软件的开发和维护进行管理。

（2）坚持进行阶段评审。

在软件的开发过程中，错误发现得越晚，改正错误所需付出的代价就越大。因此，软件开发团队必须在项目开发到维护的每个阶段都进行严格的评审，尽早发现软件开发中存在的错误，如图 1-6 所示。

图 1-5　巴利·玻姆（Barry W. Beohm）

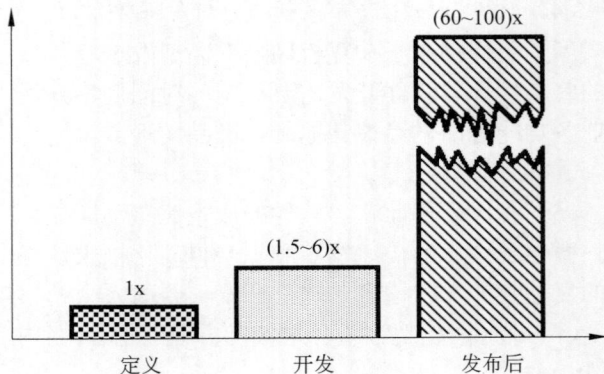

图 1-6　软件变更成本

（3）实行严格的产品控制。

软件需求的变更往往会对软件的结构和质量产生较大的影响。因此，软件开发团队应当严格控制对软件产品的修改，通过严格的规则来评审修改请求。当且仅当修改请求获得批准后，软件开发团队才能实施变更。

（4）采用现代程序设计技术。

先进的软件开发技术和工具既可以提高开发的效率，又可以减少软件开发中可能出现的错误，提高软件产品的质量，降低软件维护的成本。

（5）结果应能清楚地审查。

由于软件是一种看不见、摸不着的逻辑产品，软件产品的进展情况可见性较差，难以被评价和管理。为了更好地管理软件开发过程，软件开发团队可以根据软件项目的总目标和完成期限，合理规定开发组织的责任和产品标准，让软件的开发过程能够清楚地展现出来。

（6）开发团队应小而精。

软件开发团队的人员少，可以降低交流成本。高素质的开发人员可以极大地提高开发效率，减少软件开发过程中出现的错误。

（7）承认不断改进软件工程实践的必要性。

在软件开发过程中，软件开发团队必须积极主动地采用新的软件技术，不断总结经验，调整软件开发的各项工作，对于促进软件产品的质量有较好的效果。

以上七条基本原理是互相独立的、缺一不可的，它们共同确保软件产品的质量和开发效率。

1.5 软件开发方法

1. 计算机语言

当计算机刚刚问世时，人们只有通过修改计算机各部分之间的线路连接方式才能控制计算机的运行。程序设计语言的出现使得人类可以离开机器，在更抽象的层次上表达设计意图。

自从计算机程序或软件得到关注以来，人们开始设想利用程序设计语言来解决遇到的各种计算问题。据统计，目前全世界的计算机语言超过 2500 种。总的来说，计算机语言可以分成机器语言、汇编语言和高级语言三大类。

（1）机器语言

在介绍机器语言之前，我们先简单地了解一下如何利用硬件来编程。

大家应该对双开开关、三开开关很熟悉，就是家里面通过多个开关控制一盏灯的电路结构，如图 1-7 所示。其实，这就是简单地利用电路结构来编程。

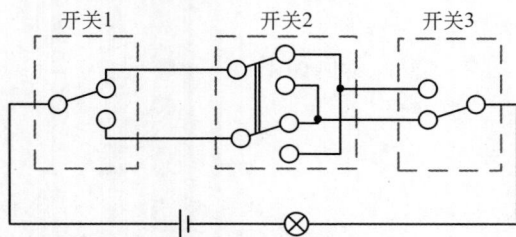

图 1-7　三开多控开关原理图

除了传统的电路结构以外，很多能够完成特定功能的电路被集成为电子元器件，即人们可以利用"电路＋电子元器件"来完成某些特定的功能。随着集成电路技术的快速发展，大量完成特定功能的电路结构被集成到处理器中，形成了处理器的指令集合。

机器语言是指利用处理器提供的指令来编程的计算机程序设计语言。指令系统就是计算机所能执行的全部指令的集合，也可以理解为计算机处理器集成的电路结构集合。因此，不同计算机的指令系统包含的指令种类和数量也不一定相同。

在机器语言中，一条指令就是机器语言的一个语句，是一组有意义的二进制代码。

指令的基本格式为：操作码 ＋ 地址码。其中，操作码指明了指令的操作性质及功能，地址码则给出了操作数或存储操作数的地址。

机器语言程序示例如下：

1001101101101101 1101101110001110
0111001110010101 1001011100101001

（2）汇编语言

由于机器语言最难表达和理解的是由"0"和"1"编写的指令序列，为了简化机器语言的编程难度，人们发明了汇编语言。汇编语言通过助记符来代替机器指令中的操作码，用地址符号或者标号来替代指令的操作数，从某种程度上降低了编写和阅读程序的难度。

汇编语言示例如下：

```
MOV AX, 10
MOV BX, 20
ADD AX, BX
```

软件发展史及软件工程

通过上述程序案例，大家明白了，汇编语言实际上类似于一种"方便大家阅读和编写的机器语言"。那么，到底什么是汇编语言呢？

汇编语言是一种用于电子计算机、微处理器、微控制器或其他可编程器件的低级语言，亦称为符号语言。在不同的设备中，汇编语言对应着不同的机器语言指令集。汇编语言编写的程序通过汇编过程转换成机器指令。一般来说，汇编语言和特定的机器语言指令集是对应的，且不同平台之间不可直接移植。

（3）高级语言

尽管汇编语言降低了直接利用机器语言编写程序的难度，但是汇编语言仍然是一门依赖于计算机硬件的程序设计语言，编写程序的复杂度仍然较高。

那么什么样的语言才能称为"高级"语言呢？其实，高级语言并不是特指某一种具体的计算机编程语言。相对于低级语言，高级语言采用人类熟悉的语言或者逻辑方式来表达程序设计内容，将多条相关的机器指令合成为单条语句，且屏蔽了计算机内部的工作细节。高级语言的出现，降低了编写程序的难度，让人们能够更加方便、快速、高效地编写、维护计算机软件。

高级程序语言（这里是 C 语言）示例如下：

```
int a = 10;
int b = 20;

int c = a + b;
```

当然，高级语言除了让人类容易理解以外，还具有良好的模块化机制。软件设计人员可以通过对目标软件进行合理分解，降低复杂软件的开发难度。

2. 软件开发方法

随着计算机技术、软件开发技术的快速发展，各种计算设备的使用成本逐渐降低，处理和完成各种功能的软件也层出不穷。与此同时，为了更好地开发和设计各类软件，软件研究人员也在不断探索新的、适合的软件开发方法。

软件开发方法是指如何利用定义好的软件开发语言和工具，进行软件生产的过程方法。伴随着计算机软件开发技术的快速发展，软件开发方法也层出不穷。迄今为止，常用的软件开发方法有以下几种。

（1）结构化方法

自从 20 世纪 70 年代以来，结构化程序设计和软件工程的思想日益为人们所接受和欣赏。此时，计算机领域出现了许多结构化的高级程序设计语言，如 FORTRAN、Pascal、BASIC、COBOL 和 C 语言等。

1978 年，E. Yourdon 和 L. L. Constantine（如图 1-8 所示）总结了结构化软件开发的特点，提出了结构化方法，也可以称为面向功能的软件开发方法或面向数据流的软件开发方法。在结构化方法中，程序设计人员主要从计算机处理数据的角度来思考问题，紧紧跟随数据从输入到输出的处理过程，将数据的各个处理过程函数化。

在众多的结构化程序设计语言中，大家最熟悉的应该是 C 语言。C 语言和其他结构化程序设计语言一样，将软件处理数据的过程划分为多个独立的"函数"。主函数根据业务逻辑来调用各个功能函数，通过将数据输入到各个函数模块中进行处理，最终完成数据处理的整个过程。

（a）E.Yourdon　　　　　（b）L. L. Constantine

图 1-8　结构化方法先驱

（2）面向数据结构方法

除了对数据进行流程化处理以外，人们可能还需要对特定数据结构进行处理、转换。

此时，部分科学家发现计算机处理的数据或者文件往往存在一定的"结构"，如图片文件、列表文件等，文件的内容和结构设置规则往往决定了软件处理数据或文件的流程。

1975 年，M. A. Jackson（如图 1-9 所示）提出了一种面向数据结构的软件开发方法，也称为 Jackson 方法。该方法通过分析目标软件系统的输入数据与输出数据之间的关系，导出软件的框架结构，然后再补充软件的细节。可以发现，面向数据结构的软件开发方法通常适合于开发对特定数据进行处理的软件程序。相对结构化方法而言，面向数据结构的软件开发方法不具备通用性。

图 1-9　M. A. Jackson

（3）面向对象方法

随着计算机运算速度的快速提高，程序设计语言也变得更加人性化，出现了更多贴近人类思维方式的计算机程序设计语言，如 C++、Java、Delphi 等。

相对于其他软件开发方法而言，面向对象开发方法更加符合人类认知世界的方式。面向对象方法要求设计人员从软件需求中抽象出各个不同的"类"，通过分析现实生活中实体之间的关系来构建目标软件中各个类的联系，从而形成目标软件的体系架构。可以发现，面向对象方法直接将现实世界中的问题映射到面向对象解空间，将属性和方法封装到类中，降低了软件功能变更给软件架构带来的影响。

相对于结构化方法而言，采用面向对象方法设计的软件具有较好的可靠性、可重用性和可维护性。因此，面向对象技术的出现是软件开发技术的一次革命，在软件开发史上具有里程碑的意义。

20 世纪 90 年代以来，面向对象领域出现了大量性质各异的分析或设计方法。其中，具有较大影响力的有 Booch 方法、对象建模技术（Object Modeling Technology，OMT）方法、面向对象软件工程方法（Object-Oriented Software Engineering Method，OOSE）、Goad 方法和统一建模语言（Unified Modeling Language，UML）等。

（4）形式化方法

软件形式化方法最早可追溯到 20 世纪 50 年代后期对程序设计语言编译技术的研究，即 J.Backus 提出 BNF 描述 Algol60 语言的语法。

形式化方法的研究高潮始于 20 世纪 60 年代后期。当时，针对"软件危机"问题，人们提出的解决方法可以归纳为两类：一是采用工程方法来组织、管理软件的开发过程；二是深入探讨程序和程序开发过程的规律，通过建立严密的理论来指导软件开发实践。可以发现，

软件发展史及软件工程

这两类解决方法中的前者促成了"软件工程"的出现和发展，而后者则推动了形式化方法的深入研究。

经过多年的研究和应用，人们在形式化方法领域也取得了大量成果。从早期最简单的形式化方法（一阶谓词演算方法）到现在应用于不同领域、不同阶段的基于逻辑、状态机、网络、进程代数、代数等的逻辑推理，形式化方法逐渐融入到了软件开发过程的各个阶段。

在实际的软件开发过程中，软件项目团队可以根据软件项目的具体需求以及所选程序设计语言的特点来选择合适的软件开发方法。

1.6 软件工程知识体系

自 20 世纪 60 年代软件工程诞生以来，伴随着计算机及软件技术的一次次重大创新与变革，软件工程已逐渐形成了包含基础理论、工程方法与技术体系的独立领域。软件工程学科已成为一门独立的学科。

软件工程诞生初期的主要任务是理清软件工程过程中的各项活动，提出软件生命周期概念、软件开发模型及相关的质量管理标准。随着计算机技术的快速发展，软件开发技术趋于多样化。与此同时，软件系统日趋复杂化，软件需求演化的快速性、不确定性与个性化等问题也不断凸显，确立软件工程方法和规范成为软件工程领域的主要任务。

20 世纪 70 年代末，美国在制订研究生教育计划时采纳了 IEEE CS 提出的制定软件工程教程的建议。1993 年美国软件工程协调委员会（SWECC）提出了"软件工程职业道德规范""本科软件工程教育计划评价标准"和"软件工程知识体系"（Software Engineering Body of Knowledge，SWEBOK）。

在此基础上，500 多位来自全世界大学、科研机构和企业界的专家、教授共同编写、发布了更为全面、权威的《软件工程知识体系》（SWEBOK）和《软件工程教育知识体系》（Software Engineering Education Knowledge，SEEK）两个文件。这两个文件的提出，标志着软件工程学科在世界范围的正式确立，并对本科教育产生了深远影响。其中，由 IEEE CS 主导的 SWEBOK 文件全面描述了软件工程实践所需的知识，促进了软件工程学科的建设与教育体系的完善，奠定了软件工程学科的基础。

此后，IEEE CS 不断发展。在吸纳了软件工程开发方法、软件建模技术、软件工程经济学等方面的最新知识与技术后，IEEE CS 于 2015 年推出了 SWEBOK 3.0 版本。

2018 年，我国教育部高等学校软件工程专业教学指导委员会结合我国软件工程学科与软件工程教育发展的经验，在 SWEBOK 3.0 和 SEEK 两个文件的基础上提出了具有中国特色的中国版软件工程知识体系 C-SWEBOK（Chinese SWEBOK），如图 1-10 所示。

C-SWEBOK 结合我国软件工程领域的发展现状，在 SWEBOK 3.0 的基础上新增"软件服务工程"和"软件工程典型应用"两个知识领域。同时，C-SWEBOK 对软件工程职业实践知识领域进行了扩充，以满足我国软件人才培养的需要。

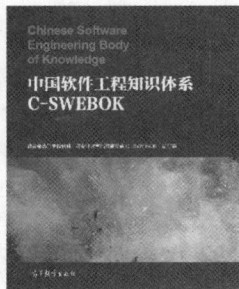

图 1-10 C-SWEBOK

在 C-SWEBOK 中，软件工程的知识体系被划分为软件需求、软件设计、软件构造、软件测试、软件维护、软件配置管理、软件工程管理、软件工程模型与方法、软件工程过程、软件质量、软件工程经济学、软件服务工程、软件工程典型应用、软件工程职业实践、计算基础、工程基础、数学基础，共 17 个知识领域、122 个知识单元，如图 1-11 所示。

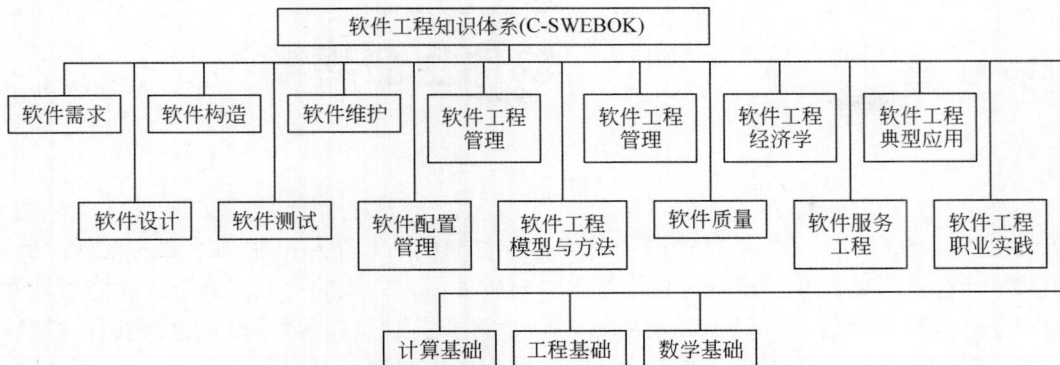

图 1-11 C-SWEBOK 知识体系框架

软件工程知识体系的提出，规范了软件工程的知识内容，为软件工程课程体系与学科建设提供了指导，使软件工程学科的内容定义和界限更加清晰。

1.7 小 结

随着计算机的广泛使用，软件系统的复杂程度越来越高，且软件产品的开发、维护过程也越来越复杂。

本章在介绍了软件发展和程序设计的历史背景后，结合软件的特点分析了软件危机和软件工程产生的必然性。

计算机软件开发技术的快速发展，允许人们利用程序设计来控制计算机的运行，加快了计算机的普及。同时，人们在软件开发过程中积累并形成了结构化方法、基于数据结构的软件开发方法、面向对象方法和形式化方法四种主流的软件分析、设计和实现方法。

最后，本章结合 C-SWEBOK 和《软件工程知识体系》对软件工程学科涉及的内容进行了介绍。

1.8 习 题

1. 在算盘、机械计算机等计算设备中进行计算的原理是什么？为什么这些原理很重要？
2. 如果让你在非常有限的时间内完成一个复杂的软件项目，你会怎么办？
3. 为什么软件中必须包含数据？传统的数据与现在的大数据之间的区别是什么？
4. 如果让你开发一个类似于便签的软件项目，你会如何安排开发过程？
5. 你认为软件工程能够解决软件开发中遇到的所有问题吗？

软件发展史及软件工程

第2章 | 软件生命周期

与世界中的万物一样，软件产品和软件系统也会经历一个从产生到消亡的过程。例如，某个软件产品从开始设想，根据讨论信息来分析软件需要完成的功能；再结合功能对软件的架构和业务逻辑进行设计，代码实现及测试；软件通过测试后，实际投入运行以及进行软件的维护；最后，当软件不再符合需求时，软件从市场上消失、报废。

通常情况下，计算机软件产品从考虑其概念开始到交付使用，直至软件产品最终退役的整个过程称为软件的生命周期，即软件生命周期包括了软件定义、需求分析、设计、开发、测试、投入使用、维护和报废等多个阶段。

在软件生命周期的各个阶段，软件开发团队可以根据软件工程的原则来设定明确的任务和进度，使规模庞大、结构复杂的软件开发变得容易控制和管理。一般而言，软件生命周期可以根据不同的工作内容，概括地分为软件定义期、软件开发期、软件运行和维护期三个主要阶段。其中，软件定义期主要进行软件设想、可行性分析、软件开发计划的制订、需求分析；软件开发期主要进行概要设计、详细设计、软件实现、软件测试和系统验证等。

2.1 项目构想和立项

由于社会发展和需求的变化，人们往往会产生一些新的需求，如社交、数据处理、房屋租赁等。此时，一些敏感的系统分析人员、用户针对新的需求进行分析、规划，结合社会需要及应用场景来寻找是否存在可行的解决方案，思考是否有必要设计、实现新的软件或者信息系统，并对软件的内容和范围进行描述。

可以发现，软件项目的立项往往来源于社会需求以及对现有系统的改进。在开发新的软件之前，软件开发团队首先需要对目标软件涉及的内容进行分析，围绕"要解决的问题是什么"这个主题展开讨论。因此，软件定义期主要是对软件的工作范围进行分析，寻找实现软件的可行解决方案，预测软件或应用的发展方向，为后期的软件开发做准备。

在项目构想阶段，软件开发团队需要对目标项目的名称、目的、性质、定位、意义和规模等因素做出描述，即在项目构想或立项阶段，分析目标软件项目的开发背景、待开发项目的现状、项目的开发条件、问题的求解规模和类型、最终目标以及实现目标软件系统的可能解决方案。

在立项阶段，项目决策人员可以结合构想阶段的成果来分析目标项目的需求和意义，综合分析项目的前景，选择是否对项目进行立项处理。

项目构想阶段的最终成果是问题定义报告，其主要内容包括：

（1）待开发工程项目的名称；

（2）软件项目的使用单位和部门；

（3）软件项目的开发单位；

（4）问题的概括定义；

（5）软件项目的用途和目标；

（6）软件项目的类型和规模；

（7）软件研发的开始时间以及预计交付使用时间；

（8）软件项目开发可能投入的经费；

（9）软件项目使用单位和开发单位双方全称及其盖章；

（10）软件项目使用单位和开发单位双方负责人的签名。

除此以外，软件开发团队也可以在问题定义报告中加入对项目初步的设想以及对可行性研究的建议等。

《百喻经·三重楼喻》中描述了一个地主想建空中楼阁的故事。如果现在将建设空中楼阁作为目标项目，则该项目的构想就需要分析建设空中楼阁的目的、性质、意义等，并对建设楼阁的规模和前景进行分析。

软件项目得到立项后，即可进入可行性分析阶段。

2.2 可行性分析

软件项目立项之后，工程实施方就可以结合项目的实际情况进行可行性分析了。

在进行可行性分析之前，系统分析人员首先需要明确项目构想的实质，并设计出描述系统的逻辑模型。在了解了问题实质的基础上，系统分析员可以结合当前的实际情况，寻找一种或者多种技术上可行，并且经济效益较高的解决方案。因此，可行性分析是针对目标项目的方案建议以及对目标项目的经济效益和技术可行性的详细分析和补充。

在可行性分析阶段，系统分析员将针对项目构想阶段完成的内容进行详细分析，主要从技术可行性、经济可行性、操作可行性和社会可行性四个方面对项目是否可以完成以及项目是否值得完成进行说明。因此，可行性分析作为项目构想的补充，是对将要实施项目的方案性论证。

1. 技术可行性

技术可行性分析是可行性分析中最关键的内容，也是最困难的部分。技术可行性是从技术的角度出发，分析目标软件系统是否可以实现。技术可行性主要回答"使用现有的技术能否实现这个系统"，即根据待开发软件的功能、性能及需求，分析待开发软件在实施过程中存在的风险以及目标软件系统是否可以实现等。

由于项目处在待开发阶段，目标项目的具体目标和内容还非常模糊，且存在较多的不确定性，软件开发团队对目标软件进行技术可行性分析存在较多困难。一般而言，项目的技术可行性分析主要包括资源分析、技术分析和效率分析三个方面。

（1）资源分析。

资源分析主要是对待开发软件项目所需的条件和运行环境进行分析。在分析过程中，系统分析员将结合当前可获得的设备、存储速度、容量、安全性等因素来评估现有的或将来的软硬件设备或资源是否可以满足目标软件系统的需求。

（2）技术分析。

技术分析主要从技术角度来分析实现目标软件系统过程中存在的风险，即对当前已有的技术，或者对软件开发组织拥有的技术能力进行评估，分析所选的技术是否先进、合理，以及技术人员的能力水平和工作基础是否可以达到实现目标软件系统需要的水平。

如果软件开发组织在技术上无法满足待开发软件项目的需求，则项目开发方应立即停止软件的后续开发过程，避免人员和资源上的浪费。

（3）效率分析。

效率分析主要评估在给定的人员、资金、设备和时间情况下，以现有的技术和开发方法能否设计出目标软件系统，并实现所必需的功能和性能。

简单来说，效率分析就是评估软件开发组织是否能够在给定资源范围内完成目标软件系统的开发。如果软件的开发效率较低，软件开发过程就会造成大量的资源浪费，甚至可能降低待开发系统在市场上的竞争力。

除了上述分析内容以外，系统分析员在进行技术可行性分析时还需要考虑以下内容。

（1）全面分析项目开发过程中的技术问题。

由于软件开发涉及多种技术，如软硬件平台、系统架构、输入输出技术等，系统分析员在进行技术可行性分析时应当尽可能全面地考虑到各种技术，以及这些技术的成熟度和现实性。

（2）尽可能使用成熟的技术。

成熟的技术是通过反复使用，并且被证明为有效的技术。采取成熟的技术来开发软件项目是一种比较稳妥的方式，可以保证项目具有较高的成功率和稳定性。

（3）谨慎使用先进技术。

由于先进技术往往处于实验阶段，其稳定性和可用性与成熟的技术相比具有一定的差距，并且先进技术的实用性和适用性也得不到验证。软件开发团队选择使用先进技术来开发目标项目将具有较高的风险，必须小心谨慎。

在技术可行性分析过程中，系统分析员除了需要评估实现目标软件功能所需要的各种设备、资源和方法以外，还需要对软件开发过程中存在的技术风险进行评估。技术可行性分析完成以后，项目管理人员可以参考技术可行性分析的结果来决定是否开发目标软件系统。如果目标软件系统的技术开发风险过大，项目管理人员应立即停止项目。

2. 经济可行性

经济可行性分析也称为成本效益分析，主要是对待开发软件的成本和预期利润进行估算和对比。如果目标项目的预期收益低于估算的开发成本，则此项目就是不值得开发的。

1）成本估计

一般而言，软件系统的成本主要包括硬件成本、开发成本、施工费用、系统运行费用、维护费用和人员培训费用等。

相对于硬件成本、施工费用和人员培训费用而言，软件的开发成本更加难以估计。软件的开发成本是指从项目立项到投入运行所花费的所有费用。此时，系统分析员可以使用代码行估计、功能点技术度量等方法，结合历史软件的开发经验来预测目标软件系统的开发工作量。系统分析人员通过估算的开发工作量和开发人员的工资水平，就可以得到软件开发成本的估算值。当然，系统分析员在估算成本时也可以将软件开发工作进行任务分解，估算每个任务的开发成本，从而得到整个软件的开发总成本预估。

由于软件的开发技术总是在不断发展和完善，至今仍然没有一种能够对软件开发成本进行准确预估的技术。在对软件项目进行成本估算时，系统分析员需要灵活使用各种不同的技术，统筹兼顾，以便得到最准确的估算结果。

2）效益预估

软件的效益包括直接效益和间接效益。直接效益是指软件项目能够直接获取的经济效益或者节省的运行费用；而间接效益是指软件项目能够提高企业的信誉和形象，但不能用资金直接进行计算的效益。

因此，在进行效益预估时，系统分析员主要是对项目的直接效益进行预估，即对项目投入货币的时间价值、投资回收期以及投资收入等内容进行预估。

当然，在进行经济可行性分析时，系统分析员也不能忽略软件给企业带来的间接效益。在某些情况下，尽管软件的投资成本大于软件产生的直接效益，但是如果软件产生的间接效益很好，软件项目仍然值得开发。

3. 操作可行性

操作可行性主要考虑目标软件系统的使用和操作方式是否符合用户的技术水平和使用习惯。在进行软件项目开发之前，系统分析员需要评估目标用户的能力水平，然后分析目标软件的操作和使用是否能够方便用户。因此，操作可行性分析主要是对目标软件系统的运行和使用方式进行评估。

4. 社会可行性

社会可行性分析主要是指分析和论证目标软件系统在当前的法律和道德情况下，其运行方式、操作规程在用户组织或者环境内是否合理、合法，以及是否存在违规、侵权等一系列问题。因此，社会可行性分析至少需要包括市场政策和法律问题两个方面。

市场政策主要是指分析人员根据市场调查和预测的结果，结合相关的产业政策因素等内容来论证目标软件系统开发和设计的必要性；而社会法律方面主要考虑目标软件系统是否会触犯法律，或者是否存在侵权行为，否则开发出来的软件无法得到社会的认可。

2.3　项目开发计划

当软件项目的建设方案确定以后，项目管理人员需要清楚地了解项目涉及的范围、能够使用的各种资源，然后，通过对各种资源进行规划，制订出项目开发期间各项工作和任务的进度计划。

项目开发计划就是项目管理人员对参与项目的人员、组织、进度、资金、设备、时间、资源等因素进行合理规划，对开发过程中涉及的问题，如各项工作的负责人员、成本、进度及所需要的软硬件条件做出合理估算框架的过程。

一般而言，由于软件项目的不同开发阶段对应着不同的工作内容，项目开发组织会根据软件开发方法将软件项目的开发内容划分为不同的阶段。此时，项目管理人员需要在项目开发计划中将目标项目涉及的内容划分为不同的工作任务，且确定各个阶段的里程碑，标识各个阶段任务的完成。除此以外，项目开发计划中还将约定各个阶段的开始时间、持续时间，以及参与这个阶段工作的人员、设备和经费预算。

当项目开发计划制订完成后，软件开发组织需要对完成的项目开发计划进行评审，对不合理的计划内容进行修改或重新制订。如果项目的规模比较大，项目开发计划可能还会存在其他子计划内容，如测试计划、分包商计划、风险管理计划、评审计划和验收计划等。

2.3.1　制订项目开发计划

项目立项后，软件开发团队在开发过程中能够使用的资源就确定下来了，例如人员、时间、资金、设备等。此时，软件开发团队和用户就可以在可行性分析报告的基础上，对项目不同开发阶段涉及的工作内容和所需资源进行估算，形成项目开发计划书。

相对于现在的敏捷软件开发而言，传统软件项目的开发过程非常依赖项目开发计划。项目开发计划的合理性、准确性和完善性都将对项目的成败造成较大影响。因此，在制订项目开发计划时，项目管理人员必须充分地考虑所有已知因素、未知因素和不确定因素。

那为什么说"项目开发计划在传统项目开发中至关重要"呢？其实，现在的软件项目开发普遍采用敏捷方式进行组织，软件开发团队采用"小步快跑"方式推进项目。为了帮助大家了解敏捷开发过程，本书将在"现代软件开发"部分（第5篇），结合腾讯公司的敏捷开发平台为大家系统地介绍敏捷以及敏捷实践方面的知识。但是在进入敏捷理念之前，我们觉得还是有必要向大家介绍一下如何制订项目开发计划，让大家对软件项目管理以及软件项目的整体规划有一个了解。

一般而言，项目开发计划主要包括以下三个方面的内容。

1. 项目的内容范围

在制订项目开发计划时，软件开发团队首先需要确定项目涉及的工作内容和范围，能够对软件的功能、性能、可靠性等形成一个总的说明，并将其作为项目开发计划的设定基础。

但是，由于项目开发计划的制订工作在需求分析之前，此时软件开发团队估计项目开发内容的主要依据来源于项目可行性分析报告；因此，软件开发团队必须结合软件需求和建设方案来估算软件各个开发阶段的工作量和所需资源。

与此同时，在进行项目内容划分时，软件开发团队需要将项目内容划分为多个可以管理的活动或任务，并确定各个活动或任务之间的相互依赖关系。例如，有些活动必须按照顺序出现，有些任务可以并发出现，有些活动只有在其他任务完成后才能开始，或者有些活动必须独立进行等。

2. 资源计划

项目开发计划中的另外一个重要内容是对可用的资源（人力、设备、软件以及时间等）进行规划，并制订出完整的资源分配和使用计划等。

1）人力资源

由于软件项目的研发离不开完成工作的各类工作人员，因此，软件开发团队在制订项目开发计划时，必须结合项目的需要对可获得的人力资源进行规划，即在项目开发的不同阶段安排合适的工作人员，以及协调不同工作人员之间的组织关系。

同时，在划分项目进度时，项目的每个任务或者活动都应该指定特定的团队或人员来负责。在进行任务分配时，项目管理人员可以结合经验数据和理论分析来确定人员与工作量之间的关系，对人力资源进行统筹规划。

2）软、硬件资源

在项目开发过程中，项目的某些工作内容可能需要特定的软、硬件资源支持才能正常进行，例如使用超级计算机、GPU 服务器、特定软件系统等。所以，在进行项目开发规划时，软件开发团队必须分析各个任务项或者活动对软、硬件资源的需求，并在规划项目任务和活动时加入软、硬件资源的可用性分析。

在实际的软件项目开发过程中，软、硬件资源的可用性在很大程度上会影响软件项目的实施，项目管理人员必须结合当前的可用资源情况进行规划。如果可用资源无法满足项目开发需求，项目管理人员可以设计《资源获取计划》等辅助文件，对相关内容进行规划。在项目开发过程中，软件开发团队可以通过多种方式来降低软硬件资源缺乏带来的影响，减少项目开发风险。

3）时间资源

时间资源是指项目从立项到完成所允许的时间范围，也就是说项目在截止时间之前必须完成。

在进行项目进度规划时，项目管理人员可以结合各项任务或者活动的工作量，以及安排的各项资源，为各个任务或者活动规划时间范围。

3. 项目开发进度规划

项目的开发进度安排需要综合考虑各种情况，例如项目的开发内容、人员分配、资源分配等。项目管理人员必须综合考虑各个方面的内容，将各种资源规划到最佳。

在规划软件开发进度时，项目管理人员需要重点考虑开发进度与开发人员的数量关系、开发进度与开发人员的合理分配，以及工作量和工作之间的衔接关系和要求。同时，项目开发进度中还需要包含每项任务的完成标准，确定好各个阶段的标志性里程碑。例如，以文档交付或者复审通过为阶段通过的标准。

通常，项目开发计划文档可以包括以下内容。

（1）项目概述。

说明软件的功能、类型、性能、项目开发所使用的程序语言、存储形式等。

（2）项目实施计划。

说明各阶段的任务、进度，各项任务的负责人，项目各阶段的预算。

（3）项目人员配置。

说明各阶段项目所需人员的数量和类型。

（4）项目交付日期。

说明项目交付的截止日期。

2.3.2 项目开发计划评审

由于项目开发计划需要对项目开发过程中的各种资源进行规划，项目开发计划的准确性、合理性和可行性将对整个项目的顺利实施起到关键作用。因此，当项目开发计划制订完成以后，软件开发团队需要对完成的计划内容进行多次评审。例如，对完成的进度安排、资源分配等内容进行评判。

经过评审后，项目管理人员必须结合评审意见对原有的项目开发计划内容进行再次修订。通过多次评审和修订，最终形成指导项目开发、实施的计划文档。

2.4 需 求 分 析

需求分析是继可行性分析后真正对待开发软件的核心进行审视的阶段。在软件开发过程中，需求分析起到承上启下的作用，是软件开发过程中必不可少的重要步骤。

当目标软件项目的大致方案确定后，需求分析人员通过与用户沟通，从用户的角度出发对项目需要完成的功能、性能、操作等内容进行完整、准确、具体的描述，从而进一步确定目标软件的规格和范围。

为了开发出真正满足用户需求的软件产品，软件开发团队必须结合实际的应用场景来了解用户对软件的需求。因此，需求分析是对目标软件项目进行发现、求精、建模、规格说明和复审的过程。同时，需求分析也是从宏观角度调查、分析用户面临的问题，然后从微观角度分析并描述用户实际需求的过程。

除此以外，软件开发团队必须在需求分析阶段对目标软件项目需要达到的目标进行具体化和细节化。因此，需求分析也是软件定义期间需要完成的主要任务。软件需求分析阶段的成果直接决定了软件开发的后续工作，对项目的成功与否起到决定性的影响。

需求分析阶段的最终产出是需求分析规格说明书。

2.4.1　需求的定义和组成

软件需求是用户对目标软件系统各种要求的通称，表达了用户需要目标软件完成的功能、达到的性能目标，以及对软件的期望。根据 IEEE 1997 年发布的《软件工程结构标准词汇表》，可以认为软件需求的定义如下。

（1）用户解决问题或者达到目标所需的条件或能力；

（2）系统或者系统部件为满足合同、标准、规范或其他正式文档所需具备的条件或能力；

（3）一种反映上述（1）和（2）两种条件或者能力的文档描述。

由于软件需求涉及的范围很广，并且包含的层次较多，需求分析人员必须从不同的层次、角度和程度来挖掘需求的不同细节。一般而言，软件需求包括业务需求、用户需求、功能需求和非功能需求四个层次，如图 2-1 所示。

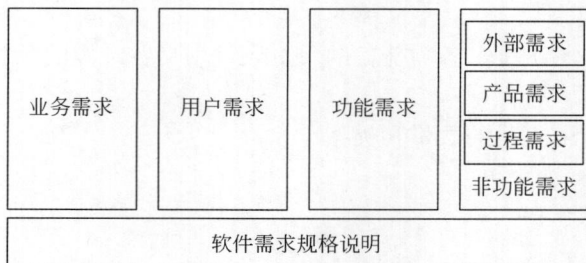

图 2-1　项目需求构成

业务需求是指目标软件系统的主要研发内容，是开发软件系统的主要目标。例如，空中楼阁中的业务需求就是修建一栋飘在空中的房子。业务需求规定了楼阁的尺寸、窗户和门的数量、位置以及是否有楼梯等。

用户需求是指除业务需求以外，用户希望目标软件系统提供的其他需求。例如，用户希望门向左开还是右开，空中楼阁中是否提供桌子、床等生活用品，空中楼阁的外墙颜色等。用户需求是附加在业务需求上的额外需求。

功能需求是指目标软件项目在满足业务需求和用户需求的同时还必须提供的其他系统功能。例如，空中楼阁的门是否可以打开/关闭，空中楼阁的高度是否可以调整，空中楼阁是否能够移动。

除了上述需求以外，用户还可能会提出大量非功能需求。非功能需求从多个角度对目标软件系统进行约束和限制，反映了用户对目标软件系统质量和特性的额外要求。通常，非功能需求包括过程需求、产品需求和外部需求等内容。

1）过程需求

过程需求对目标软件系统的交付方式、实现技术细节和实现标准进行了约束，例如约定目标软件系统使用的操作系统类型、程序设计语言和数据库等。

2）产品需求

产品需求对目标软件系统的性能、可用性、实用性、可靠性、可移植性、安全保密性、容错性等内容进行约束。

　　3）外部需求

　　外部需求对软件产品需要遵循的法规、成本、操作性、开发时间等内容进行约束。

　　同样以空中楼阁为例，非功能需求可能包括对建筑材料的要求、对项目使用/维护年限的约定，以及对建设过程中必须符合的国家法规等内容进行阐述。

　　由于需求分析必须明确目标软件系统所需实现的具体功能和内容细节，并且项目后期的所有工作都是基于需求分析阶段的产出来进行的，需求分析成为软件项目开发中最关键的步骤。同时，需求分析阶段的产出结果也是今后用户对软件产品进行验收的依据，软件开发团队必须将需求分析工作放在项目开发中比较重要的位置。

2.4.2　需求管理

　　到 20 世纪 80 年代中期，软件需求分析的重要性被越来越多的人承认。需求工程也成为了软件工程的子领域。软件的需求分析不再仅限于软件开发的最初阶段，而是贯穿于软件系统开发和维护的整个生命周期。

　　从项目管理角度而言，需求的开发和管理过程是指获取、导出、确认和维护需求的一系列行为的组合。从需求管理角度出发，需求管理可以分为以下几个部分的内容。

　　1. 需求获取

　　需求获取是指通过需求调研，获得清晰、准确的用户需求的过程。需求分析人员通过了解即将实施的项目，准确表达用户对项目的需求内容。

　　一般而言，常见的用户需求获取方法有正式访谈（提出事先准备好的问题）、非正式访谈（提出可自由回答的开放式问题）、分发调查表（针对需求进行调研）、情景分析（对用户运用目标软件系统解决某个具体问题的方法和结果进行分析）和快速原型（快速制作系统原型，与用户多次沟通交流）等。

　　需求获取要求需求分析人员从用户提供的资料中整理并抽取出能够反映用户真实需求的内容，并结合其他需求形成"软件需求规格说明书"。

　　2. 需求建模

　　由于自然语言存在一定的二义性，采用自然语言描述的用户需求可能会产生歧义，或者导致需求描述不准确。

　　为了对问题、理解进行准确的描述，人们将事物以及对事物的理解抽象为模型。同样，在描述软件需求时，需求分析人员可以借助各种成熟的需求建模工具对用户的需求内容进行建模，保证需求在描述和理解过程中不会失真。

　　在需求分析过程中，需求分析人员可以首先对当前系统进行物理建模，然后从物理模型中抽象出系统的逻辑模型，并对逻辑模型进行需求规格文档化；同时，需求分析过程中完成的用户需求内容应该能够准确地表达需求的逻辑模型，并能通过模型实例化的方式得到具体的物理模型，从而还原为目标软件系统。可以看到，需求的建模过程如图 2-2 所示。

　　随着软件开发技术的快速发展，人们也形成了各种有效的需求建模方法，主要有结构化分析、面向对象分析、面向数据分析等。

　　3. 需求规格说明

　　软件需求规格说明定义了目标软件系统必须实现的功能和性能，并对软件开发过程中需要注意的事项和约束进行了说明。

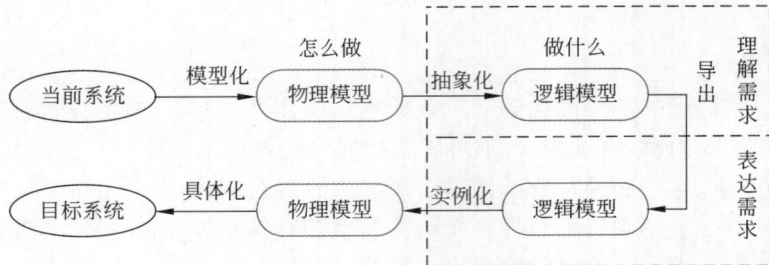

图 2-2　建模过程

软件需求规格说明是需求分析阶段的最终产出，也是用户、软件设计人员和软件分析人员之间进行理解和沟通交流的工具。软件设计人员以需求规格说明中描述的内容为基础来设计软件，开发出满足需求规格说明的软件产品；软件测试人员结合需求规格说明中的描述内容来设计测试用例，排查已开发软件与软件需求之间存在的不一致；同时，用户也可以通过需求规格说明中的内容来确认系统完成的功能是否满足原始预期。

因此，软件需求规格说明在整个软件开发过程中具有以下三个重要作用。

（1）反映问题的结构，作为系统设计和编码的依据；

（2）作为测试和验收目标软件系统的依据；

（3）作为用户和开发方之间的约束或者合同内容。

对于不同的需求建模方式，软件需求规约的文档描述方式也不尽相同。需求分析人员可以采用已有的且可以满足项目需求的文档模板，也可以根据项目或开发小组的特点对标准模板进行定制、修改，形成满足要求的软件需求规格说明模板。

4. 需求评审

由于软件需求涉及软件开发的各个方面，软件需求内容的准确程度对软件开发至关重要。为了减少软件需求的不准确对软件开发过程带来的影响，在需求内容交付设计之前，软件开发团队必须对完成的软件需求规格说明书进行彻底的评审。

通过需求评审，需求分析人员或用户可以发现需求规格说明书中的错误或者遗漏，并根据实际情况对需求规格说明书进行修正。同时，通过需求评审，软件开发团队可以确保需求规格说明书中描述的内容是用户真实的需求，避免因为需求描述不准确带来的需求变更，降低项目开发的风险。

通常而言，软件开发团队和用户可以从多个方面对完成的需求进行评审，如表 2-1 所示。

表 2-1　需求评审指标

评审指标	指 标 含 义
正确性	需求规格说明书中的功能、特性等描述是否与用户的期望相吻合，是否代表了用户的真实需求
无歧义性	需求规格说明书中的描述内容对不同的人来说不应该产生不同的理解
完整性	需求规格说明书是否涵盖了所需完成的全部任务，没有遗漏用户需求
一致性	需求规格说明书对各种需求的描述内容不存在冲突
可变更性	当需求内容发生变更时，需求规格说明书是否能够比较容易地进行变更，不会给系统带来大规模的影响
可检验性	需求规格说明书中描述的内容是否能够通过一些可行的手段进行实际测试
可读性	需求规格说明书中描述的内容是否容易被读懂

评审指标	指标含义
可跟踪性	需求规格说明书中的各项需求是否都能和它的来源、设计、源代码和测试用例联系起来，为分析和评估需求变更对系统其他部分带来的影响提供帮助

5. 需求变更

在软件项目的开发过程中，原有的项目需求可能会由于各种原因出现变更。例如，可能会出现新的需求，或者原有的需求需要进行调整。

需求的管理过程，其实也是对需求的内容进行控制的过程。在需求分析过程中，需求规格说明书可能会经历多个不同的版本。后继的版本均是在上一版本的基础上进行的完善或者修订。当有需求发生变更时，需求分析人员将根据新的需求内容来更新需求规格说明书，形成新的需求规格说明书版本。

然而，由于软件需求是软件项目开发和测试的基础，软件的需求变更可能会给软件项目开发带来较大的影响。因此，软件开发团队必须有效地管理需求，减少需求变更，降低需求变更带来的风险。

通常而言，需求变更需要经过评审、裁定和实施变更三个步骤。

（1）评审。

评审是指评估提出的需求变更，分析需求变更对项目开发或实施带来的影响。

（2）裁定。

当需求变更评审结束后，相关职能部门或者团队必须对需求变更情况进行裁决。

（3）实施变更。

需求变更裁定结果出来以后，软件项目团队根据需求变更的裁定结果来实施变更，或者放弃变更。

为了保证需求变更的成功实施，需求变更必须严格执行规定的变更控制流程。首先，软件开发团队必须为需求建立严格的版本管理制度，确保软件开发团队能够根据一致的需求版本来区分不同的软件需求内容；其次，软件开发团队必须建立明确的需求变更控制流程，且严格按照控制流程来实施需求变更；然后，需求变更必须通知到所有涉及的相关人员，确保需求变更能够有效地实施；最后，软件开发团队需要结合需求变更的内容，及时更新受影响的软件开发计划、相关活动等。

6. 需求跟踪

为了减少需求变更对软件项目开发造成的影响，软件开发团队需要对需求涉及的内容进行跟踪，即通过了解需求的提出者、需求存在的原因以及需求与其他需求之间的关联来发现和跟踪与需求变更相关的内容。

软件开发团队可以通过建立软件项目各个需求与其他系统元素之间的依赖关系和逻辑联系来跟踪需求，帮助软件开发团队发现需求变更的影响范围，并做出正确的变更决策。软件开发团队开展需求跟踪的方式如图 2-3 所示。

通常，软件开发团队会借助需求跟踪矩阵来记录特定需求与其他系统元素之间的关系。当需求发生变更时，软件开发团队可以发现该需求变更影响的范围，找到每个受影响的系统元素（例如各种类型的需求、业务规则、系统架构、设计组件、源码、测试用例、帮助文档等），降低需求变更给软件项目带来的风险。表 2-2 给出了一个简单的需求跟踪矩阵案例。

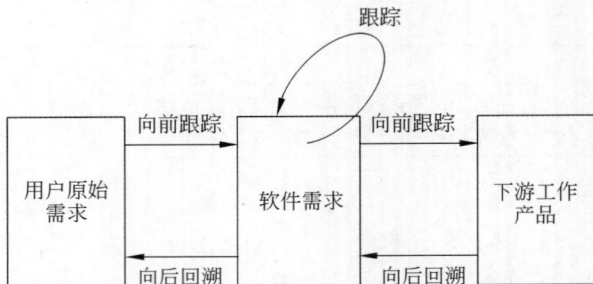

图 2-3 五种类型的需求跟踪

表 2-2 需求跟踪矩阵案例

需求	其他需求	业务规则	系统架构	设计组件	源码	测试用例	帮助文档
R1	R5,R6	B1,B3	T1,T3	D1,D3,D3.1	S1,S3,S31	U1,U3	H1,H3
R2	R3,R6	B5	T3	D3,D6	S3,S6.1	U3,U6,U7	H1,H6
R3	R7,R5	B1,B6	T5,T4	D4,D5	S4,S5	U2,U5,U6	H2,H6
⋮	⋮	⋮	⋮	⋮	⋮	⋮	⋮

然而，需求跟踪是一个高阶的管理活动。随着需求规模的不断扩大，需求跟踪所需付出的工作量也成倍增加。软件开发团队可以借助电子表格或者专用的需求管理工具来实施需求跟踪，降低需求跟踪的复杂度。

7. 需求状态跟踪

通常而言，项目需求具有多种属性，如状态、优先级、稳定性、创建时间、创建人等。而结合不同的工作情况，需求的状态可分为已建议、已批准、设计中、实现中、已实现、测试中、已验证等多种形式。

在进行需求管理时，项目管理人员可以借助合适的需求管理工具来跟踪、统计项目需求的各种属性或者状态，帮助项目管理人员了解项目的实际情况，为项目决策提供依据。

总而言之，良好的需求管理将对软件项目的进展和状态管理起到较大的帮助。尽管需求管理的效果并不能非常明显地体现在项目开发过程中，但是如何有效地管理需求仍然是项目管理人员所必须掌握的重要技能之一。

2.5 软 件 设 计

软件需求分析阶段结束以后，软件开发团队将根据软件需求规格说明定义的内容来开展软件设计，完成目标软件系统的概要设计和详细设计，为后续的编码、测试和维护奠定基础。

由于软件设计是后续软件开发活动的基础，良好的设计将会极大地降低软件开发和维护的工作难度；相反，如果软件项目缺乏设计，软件开发人员就只能在不稳定的系统架构上堆积代码，如图 2-4 所示。此时，软件开发团队编写的代码极有可能无法满足需求规格说明书中列举的功能和性能要求，导致软件项目不能按期保质完成，甚至导致整个软件项目的失败。

随着软件开发技术的快速发展，软件设计领域也积累了大量的设计经验，并逐渐形成了一系列经典的软件设计方法。软件设计人员可以结合目标软件系统的特点，参考相关的经验积累，来完成软件设计。

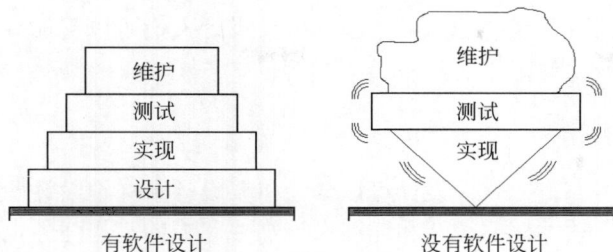

图 2-4　软件设计的重要性

2.5.1　软件设计的目标和任务

软件设计是软件开发过程中的核心内容，也是后期软件开发和维护的基础。因此，软件设计的目的是依据需求分析阶段的成果，设计适合开发目标软件系统的体系结构、数据描述、软件构件与接口、软件系统组成等相关内容。

1. 软件体系结构

软件体系结构是指实现整个软件系统的程序框架或者软件架构。当目标软件系统的体系结构确定以后，软件的模块划分或者类划分以及各个模块之间的关系约定也大致确定了。

在设计目标软件系统的体系结构时，软件设计人员除了可以采用成熟的结构化方法或者面向对象方法来设计全新的体系结构以外，也可以参考业界积累的经典软件实践来得到适合的软件架构。除了经典的结构化和面向对象软件架构以外，随着互联网技术的快速发展，一些适合于开发 Web 端、移动客户端以及云端应用的软件架构也逐渐成熟起来。

在软件体系结构设计过程中，软件设计人员必须根据软件项目的需求规格说明，结合目标软件系统的特点来优化设计，争取得到适合于开发、维护的体系结构，为将来的软件开发、集成、维护等工作奠定基础。

2. 数据描述

经过需求分析或软件需求规格说明以后，为了准确地表达目标软件系统中的处理数据，软件设计人员需要结合被处理数据的特点来选择或者设计一种能够准确承载被处理数据的数据结构或者数据存储对象，通过数据设计对待处理的数据进行建模。

软件设计人员在对数据进行描述时必须结合需求规格说明书中的数据字典或者数据描述内容，对流入、流出系统，或者系统、构件之间传递的消息信息内容进行描述。

好的数据描述和表达方式是解决问题的基础，也是提高解决问题效率的关键。

3. 软件构件与接口

当目标软件系统的体系结构和数据描述设计完成以后，软件设计人员就可以结合前期的设计内容来规划实现软件功能的各个函数模块或者类、构件，最终得到目标软件系统的详细设计。

通过合理地规划各个函数、类、构件，软件设计人员可以集成多个函数或者类来完成目标软件系统所需的具体功能。同时，在设计函数处理内容或者类的属性和方法时，软件设计人员可以结合数据描述内容来设计各个模块的接口信息，例如函数或方法的参数个数、参数类型等，便于软件实现阶段的代码实现。

4. 软件系统组成

除了完成软件内部的代码逻辑设计以外，软件设计人员还需要对目标软件系统的代码文件组织、系统选型、系统组成以及软件部署方式等内容进行设计。通过规划代码与文件的关系、构件与系统的关系以及系统的组成关系，软件设计人员可以更加有效地帮助软件开发人员实现目标软件，提高软件编码的效率。

2.5.2 软件设计阶段

从工程管理的角度而言，软件设计可以分为概要设计和详细设计两个阶段。由于在不同阶段关注的内容不同，软件概要设计和详细设计需要完成的工作任务也是不同的。

1. 概要设计

概要设计，也称为总体设计，是指软件设计人员从整体上对目标软件系统的结构或者架构进行设计说明。

对于软件开发团队的不同成员而言，概要设计需要体现的内容可能也不尽相同。项目管理人员关心目标软件系统的开发阶段划分；软件设计人员将用户需求转换为软件架构设计和相应的数据结构等；软件开发人员关心系统的构造、模块之间的接口信息；安装、维护人员关心目标软件系统的设备组成。

同样，对于采用不同软件开发方法的软件项目而言，概要设计阶段需要完成的工作内容也存在一定的差异。针对采用结构化方法来分析、设计的软件项目，概要设计的工作内容主要包括划分功能模块，确定模块之间的层次结构和调用关系，得到各个模块之间的接口参数传递信息等；如果采用面向对象方法来实现软件，则概要设计阶段就需要完成目标软件系统的架构设计，每个类的属性和方法，各个类、构件之间的调用关系，以及构件对外提供的接口信息等。

除此以外，软件开发团队必须在概要设计阶段将目标软件系统中使用的数据结构、数据存储结构以及目标软件系统与用户、通信程序之间的接口交互方式等确定下来。

概要设计的结果将成为软件详细设计与系统集成的基本依据。

2. 详细设计

详细设计以概要设计为基础，是对概要设计中各项内容的进一步细化。

在详细设计阶段，软件设计人员将对目标软件系统各个模块的内容以及模块之间的关系进行设计。此时，软件设计人员更加关注项目的实现细节，即模块采用的算法、模块内部的工作原理、模块之间的交互细节、软件构件与代码之间的关系以及目标软件系统的实施细节等。

同样，针对使用不同软件方法研发的软件项目而言，详细设计阶段所需要完成的内容也差异较大。如果采用结构化方法来设计目标软件系统，软件设计人员在本阶段的主要工作是明确概要设计阶段划分模块的内部实现细节，包括模块使用的算法、局部数据结构、代码文件组织等；然而，针对以面向对象方法开发的软件系统而言，详细设计阶段将进一步细化概要设计阶段完成的软件架构，定义类所包含的属性和方法实现细节，设计多个类协同完成用例的方法以及得到不同对象、构件之间的消息互动等。

除此以外，如果目标软件系统涉及构件或者其他软件模块，软件设计人员还需要对软件项目的文件组成、系统组成和系统部署方式等内容进行设计。同样，目标软件系统中使用的数据内容（数据结构、数据库或大数据）设计也必须在详细设计阶段完成。

2.5.3 模块化与模块独立

随着软件复杂度的增加，软件开发团队通过一段代码实现整个软件的可能性变得越来越低。并且，如果单个程序文件的代码行数超过一定数量时，软件的设计、开发和维护复杂度将急剧增加，为软件后期的修改和维护工作带来巨大的挑战。

为了降低软件设计、开发、实现的复杂度，高级程序设计语言引入了模块化机制。通过模块化机制，软件设计人员可以将复杂的程序逻辑划分为若干个程序模块（逻辑模块或者物理模块），然后再根据项目进度安排逐个设计、实现划分好的程序模块，并最终实现完整的目标软件系统。

在设计软件时，模块化是指软件设计人员通过"分而治之"方法将目标软件系统的业务内容划分为若干个独立的模块，通过将多个完成特定功能的模块内容进行集成，最终实现完整的软件需求。

在程序设计中，模块是指在程序中具有明确的功能特性，可以独立命名且可以通过名称访问的程序模块。从狭义角度而言，软件模块主要是指软件内部实现的细节组成；从广义的角度来理解模块，则可以将模块理解为组成目标软件系统的各个部分，例如目标软件系统的文件组成、构件组成等。

一般而言，模块具有功能、逻辑和状态三个基本属性。功能描述了该模块实现的业务内容；逻辑用于描述模块内部的处理过程；而状态则描述了模块的使用环境和条件。

为了确保软件模块的划分质量，软件设计人员在划分模块时必须考虑模块的独立性。所谓模块的独立性是指软件系统中的每个模块只涉及软件要求的具体功能，并且模块之间的接口是简单的。通常而言，软件设计人员可以从"耦合"和"内聚"两个角度来度量模块的独立性。其中，耦合是对软件结构中不同模块之间互连程度的度量；而内聚是对模块内部各个元素彼此结合的紧密程度（模块功能强度）的度量。

在结构化方法中，模块主要是指实现特定功能的过程函数、子程序或者宏定义。此时，耦合是指函数与函数之间的连接程度，而内聚是指函数内部所涉及业务逻辑的紧密程度。由于结构化方法通过分析数据的处理过程来设计软件，从功能上对程序业务逻辑进行划分，以结构化方法开发的软件往往具有较高的耦合度，且内聚度较低。

然而，在面向对象方法中，模块不再是独立的函数，而是指组成目标软件系统的各个类、构件。由于类和构件本身就具有较高的独立性，"耦合"和"内聚"的相关概念也需要进一步延伸。此时，"耦合"是指类与类之间，或者对象与对象之间为完成业务功能所需的消息交互密切程度以及类与类之间关系的紧密程度；而"内聚"是指在类中封装的属性和方法以及构件包含内容的紧密程度。

由于软件模块可以独立编译，软件开发团队可以独立地设计、开发、编译不同的程序模块。同时，在编写程序时，软件开发人员可以方便地排查模块中出现的错误，降低软件模块开发的复杂度。最后，当所有的软件模块开发、编译完成以后，软件设计人员可以根据软件架构设计，将编译好的模块与目标文件进行集成，得到满足业务功能需求的软件系统。

2.5.4 经典软件体系结构

在软件开发中，良好的软件体系结构是软件项目取得成功的保障，也是决定软件项目成功与否的重要因素。软件架构模式是指特定环境下对常见问题的通用且可重用的解决方案。架构模式与软件设计模式很相似，但架构模式的层次更高，且外延更大。

随着软件开发技术的快速发展，计算机领域也沉淀了大量的软件开发经验，形成了许多优秀的软件架构模型。在进行软件架构设计时，软件设计人员可以结合目标软件系统的需求和约束，参考经典软件架构模型的工作原理来设计适合目标软件系统的体系结构。

1. 管道/过滤器模式

管道/过滤器模式（Pipe-filter Pattern）是从 UNIX 操作系统中提取出来的一种软件体系结构，它将要处理的数据通过管道（Pipes）进行投递，把数据的处理封装到过滤器（Filter）中。

在管道/过滤器模式中，过滤器处理后的数据通过管道传递给其他过滤器，如图 2-5 所示。软件设计人员可以结合需要在数据处理流程中增加过滤器，通过组装过滤器完成目标数据的处理。

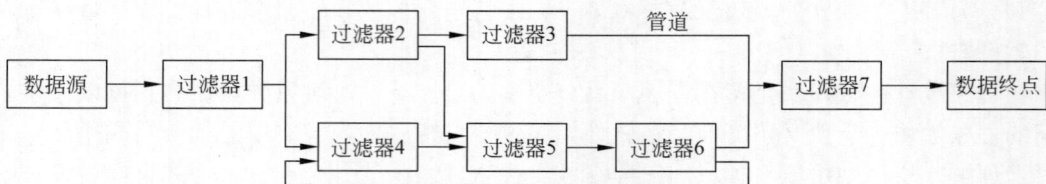

图 2-5　管道/过滤器模式

管道/过滤器模式适合于对数据进行批处理，可用于构造生成或者处理数据流的系统。管道上端的过滤器与管道下端的过滤器无须知道编号，过滤器与过滤器之间互不共享状态，可以独立运行。

然而，由于管道/过滤器模式将数据的处理过程进行了封装，系统无法及时响应系统输入，不适合用于交互式应用。

2. 黑板模式

黑板模式（Blackboard Pattern）允许程序在指定的位置共享待处理数据，各个独立的业务处理流程可以根据需要来获取和更新数据，共同完成目标数据的处理。

黑板模式由黑板（Blackboard）、知识源（Knowledge Source）和控制组件（Control Components）三个部分组成。其中，黑板用于存储解空间对象的全局数据；知识源是一个专门用于表示知识的模块；而控制组件为各种选择、配置和执行模块，如图 2-6 所示。

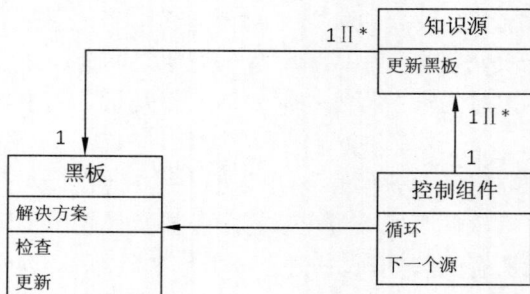

图 2-6　黑板模式

在黑板模式中，所有的组件均能访问黑板。控制组件可以将新生成的数据对象写入黑板，也可以通过模式匹配从黑板中获取知识源生成的特定数据。

3. 分层架构

分层架构（Layered Architecture）是软件开发中最常见的架构模式，也是在现实生活中使用最多的标准架构。在设计软件时，如果软件设计人员将大量的业务和处理功能混编为一个层次，软件的开发和维护复杂度将急剧增加。分层架构将软件包含的业务功能分解为若干个水平层，每个层次均为独立的抽象，具有清晰的角色和分工。

在分层架构中，层与层之间往往通过接口进行通信，下层为其上层抽象提供服务，如图 2-7 所示。

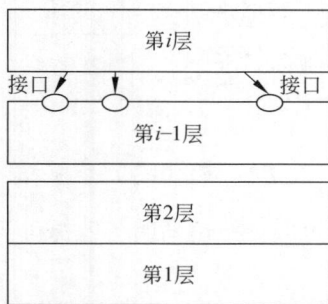

图 2-7　分层架构

通常而言，软件设计人员可以借助分层架构将软件系统拆分为表示层、应用层、业务逻辑层和数据访问层四个层次。

（1）表示层，也称 UI 层，主要负责响应用户的请求以及将处理数据展现给用户。此处的用户可以是人，也可以是其他客户端。

（2）应用层，也称服务层，主要负责将业务逻辑层提供的各种服务进行组织，按照业务处理要求为表示层提供完整的业务功能。可以发现，应用层将表现层和业务逻辑层进行解耦，应用层的逻辑的变化不会影响表现层和业务逻辑层中的相关内容。

（3）业务逻辑层，也称领域层，主要是对目标软件系统中的共同业务、通用业务、基础操作进行封装，为应用层中的各种业务逻辑提供支持。

（4）数据访问层，也称持久化层，主要提供对数据存储的必要操作，例如对数据库的插入、删除和修改等。

相对于其他单机软件架构而言，分层架构比较简单，容易理解和开发。然而，由于分层架构层与层之间的耦合度较高，一旦软件需求发生变更，整个软件系统都需要进行代码调整和重新部署。因此，采用分层架构开发的软件无法做到持续发布。

4. 客户端/服务器模式

随着软件规模的不断扩大，单台设备的业务处理能力可能已经无法满足用户的性能需求，并且单节点的工作模式本身就具有较大的故障风险。

客户端/服务器模式（Client/Server Pattern）将目标软件系统涉及的业务功能进行了分离，借助服务器与多个客户端共同完成业务功能。客户端向服务器发送服务请求；服务器根据请求类型进行处理，并将相应的处理结果返回给客户端。在客户端/服务器模式中，服务器可以同时为多个客户端提供服务。目前，客户端/服务器模式已经在软件项目开发中得到了广泛应用。

在客户端/服务器模式中，人们根据客户端完成业务功能的多少，将客户端分为瘦客户端和胖客户端两种类型。相对于胖客户端而言，瘦客户端完成的业务功能较少。与此同时，根据客户端的类型不同，客户端/服务器模式又可以分为客户端/服务器模式（C/S）和浏览器/服务器模式（B/S）两种方式，如图 2-8 所示。

5. 三层架构

尽管客户端/服务器模式能够满足处理大量业务逻辑的需求，但是，随着业务复杂度和业务量的增加，服务器和客户端上承担的业务负载也急剧递增，系统性能下降明显。同时，由

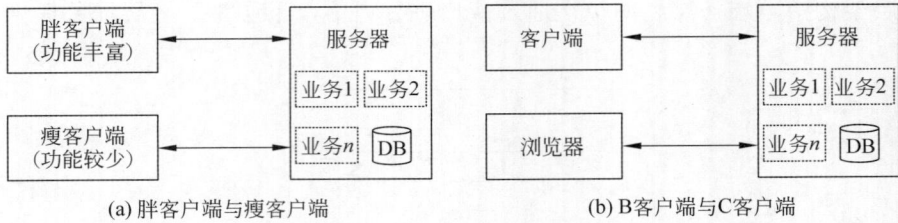

(a) 胖客户端与瘦客户端　　　　　　　　(b) B客户端与C客户端

图 2-8　客户端/服务器模式

于客户端/服务器模式中的客户端可以直接访问服务器提供的业务功能，软件系统的安全性无法得到保障。

三层架构（3-tier Architecture）是在客户端/服务器模式的基础上，将整个业务应用划分为表示层、业务逻辑层和数据层三个部分，如图 2-9 所示。

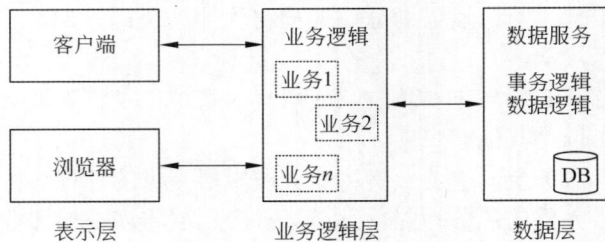

图 2-9　三层架构

表示层的主要功能是接收输入系统的数据，对输入数据进行格式校验以及显示业务处理结果等。表示层位于三层架构的最上层，直接与用户进行交互。表示层将接收到的数据发送给业务逻辑层，并接收业务逻辑层的反馈结果。在实际软件开发中，软件设计人员可以直接使用 B/S 架构中的浏览器或 C/S 架构中的客户端来实现表示层的相关业务。

数据层位于三层架构的最底层，负责对数据进行存取、修改等操作。

业务逻辑层位于表示层与数据层中间，是表示层与数据层的桥梁，负责对具体问题进行业务逻辑判断及处理。业务逻辑层接收表示层传来的输入数据，并根据业务规则对接收的数据进行处理。当业务逻辑需要使用底层数据资源时，业务逻辑层与数据层进行交互，通过数据层访问底层数据资源。业务逻辑处理完成以后，业务逻辑层再将处理结果返回给表示层。

在三层架构中，为了提高软件系统的业务处理能力以及确保软件系统的安全性，软件架构设计人员通常将业务逻辑层和数据层单独部署在不同的服务器上。

与此同时，随着业务逻辑层的复杂度不断提高，很多厂商也针对性地开发了专门的软件系统来部署各种业务逻辑，即中间件。软件开发团队可以根据业务访问规模和安全性需求来选择使用客户端/服务器模式或三层架构。

6. 主/从模式

随着计算机应用技术的快速发展，软件系统的可靠性和处理性能逐渐成为影响软件系统快速发展的瓶颈。由此，分布式架构中逐渐演变出了主/从模式架构（Master/Slave Pattern），如图 2-10 所示。

当前，分布式架构中的主/从模式主要用于冗余备份及负载均衡。在冗余备份模式中，主设备和从设备均可以向客户端提供服务。在正常情况下，主设备优先向客户端提供服务，从设备侦听主设备的工作状态；当主设备失效时，从设备将及时接替主设备，保证软件系统提供的服务不会因为主设备的故障而中断。在负载均衡模式中，主设备负责接收客户端提交的业务请求，并按照设定的负载分配规则将需要处理的作业请求分发给多个从设备，从而提高整个系统的业务处理能力。

7. 模型/视图/控制器模式

模型/视图/控制器模式（Model/View/Controller Pattern，MVC 模式）是当前软件设计中的一种主流模式。MVC 模式将交互式应用系统中的元素分为模型（Model）、视图（View）和控制器（Controller）三种类型，如图 2-11 所示。视图负责将系统内部的信息呈现给外部环境，与外部环境进行数据交互；控制器负责实现软件系统的业务逻辑；而模型负责对软件系统中的数据进行查询和存储等。

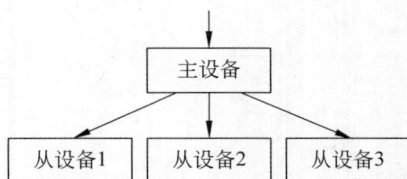

图 2-10　主/从模式

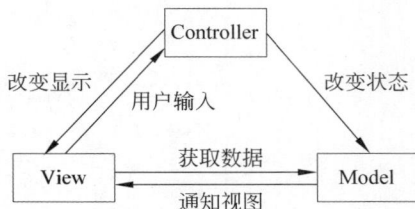

图 2-11　MVC 模式

MVC 模式将用户界面、业务处理以及数据存储分开，能够有效地解耦各个软件成分，实现高效的代码重用。

8. 代理模式

在日常生活中，代理是指为人们代办各种业务的中介机构。代理模式（Broker Pattern）参考生活中的代理，将代理（Broker）组件引入到软件系统的业务处理中，让客户通过代理组件使用各个服务端发布的服务，如图 2-12 所示。

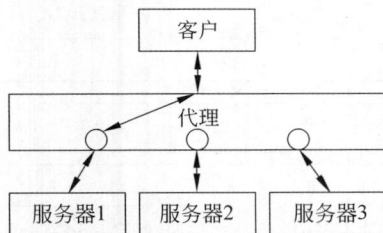

图 2-12　代理模式

在代理模式中，服务器组件将其能力（服务以及特性）发布给代理组件；代理组件收集所有可以使用的服务，并统一对外提供服务；在实际的业务处理中，客户仅需将业务请求发送给代理组件，由代理组件将服务请求重定向到对应的服务组件，完成业务处理。

9. 对等模式

在客户端/服务器模式中，客户端向服务器发起请求，服务器向客户端提供服务。然而在对等模式（Peer-to-peer Pattern）中，各个对等体（Peer）组件在运行过程中可以动态地改变角色，既可以作为向其他对等体发起服务请求的客户端，又可以作为响应其他对等体请求的服务端，如图 2-13 所示。

例如，当多个客户端都通过服务器下载同一个数据资源时，可能不同的客户端已经从服务器下载了资源的不同部分。如果客户端之间传输资源的代价低于客户端从服务器下载资源

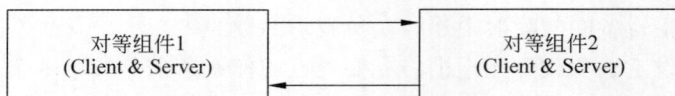

图 2-13　对等模式

的代价,软件设计人员可以直接借助对等模式思想,让客户端之间相互共享已有的下载资源,无须从服务器进行远程下载,如图 2-14 所示。此时,在共享资源的过程中,客户端既作为资源的需求方,也作为资源的提供方。

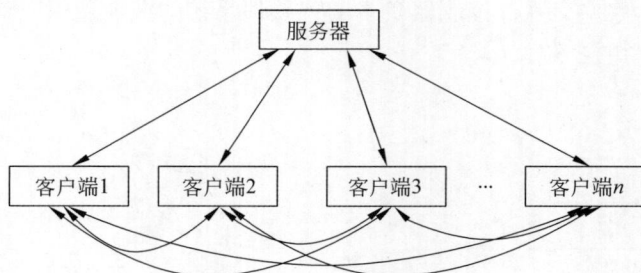

图 2-14　对等模式下载资源

10. 事件总线模式

事件总线模式（Event-bus Pattern）是一种通过事件进行通信的软件架构。为了实时响应系统中的各种消息或者事件,事件总线模式将软件组件分为事件源（Source）、事件侦听者（Listener）、通道（Channel）以及总线（Bus）四种类型,如图 2-15 所示。事件源将消息发布到总线的特定通道,侦听者订阅相应的通道;事件源发布的消息经通道告知给订阅通道的侦听者。

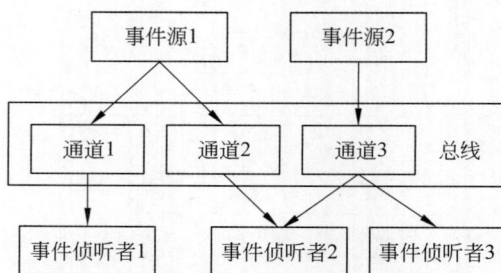

图 2-15　事件总线模式

可以发现,事件总线模式是典型的分布式异步架构,也是发布—订阅模式的一种实现。事件总线模式采用集中式事件处理机制,允许多个相互独立的组件借助通道进行通信,降低了系统组件之间的耦合度。同时,事件总线模式的各个事件处理器可以独立地加载和卸载,具有较好的扩展性。

然而,由于软件的某些业务逻辑可能会涉及多个事件处理器,事件处理器之间可能存在较高的耦合,导致事件总线模式难以支持原子性操作,且已经完成的处理很难被回滚。同时,事件总线模式涉及异步编程,软件的开发难度相对较高。

11. 微核架构

微核架构（Microkernel Architecture）,又称为"插件架构"（Plug-in Architecture）,是指软件主体的内容相对较少,主要通过插件来实现需要的功能和业务逻辑,如图 2-16 所示。例如，Visual Studio Code 通过各种插件来扩展功能。

通常而言，微核架构中的内核（Core）仅包含系统运行的最小功能。同时，为了避免出现插件之间的互相依赖，微核架构要求各个插件尽量独立。

软件开发团队可以渐进地开发各个插件，逐步丰富软件功能，因此微核架构具有较好的功能延伸性。然而，由于内核通常是一个独立的单元，不容易做成分布式系统，采用微核架构开发的软件系统扩展性较差。

12. 微服务架构

微服务架构（Microservices Architecture）是面向服务架构（Service-oriented Architecture）的升级。它通过将软件功能分离到各个独立的微服务中，实现对软件业务逻辑的解耦。

在传统软件架构中，软件涵盖的功能或者服务均被集中在一个系统内，软件开发团队无法根据需要对软件的部分功能进行独立维护和扩容。微服务架构将软件业务封装成一个个可以独立开发、部署和维护的服务单元，且服务单元之间通过协议进行联系。通过微服务架构，软件开发团队可以有效地对目标软件系统的业务逻辑进行解耦合，并根据业务需要来独立部署和维护各个微服务，如图 2-17 所示。

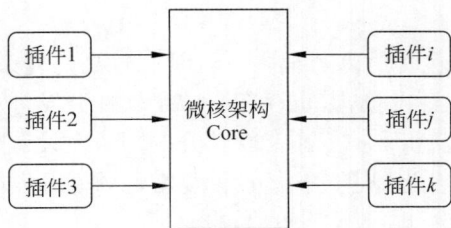

图 2-16　微核架构

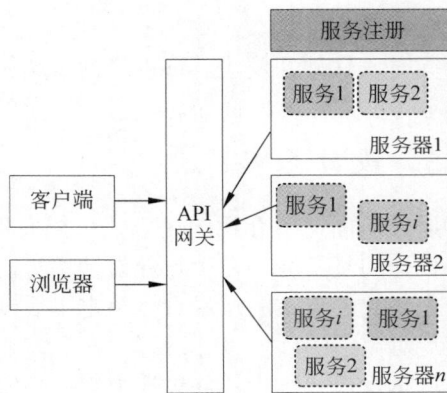

图 2-17　微服务架构

目前，常见的微服务架构主要有 RESTful API 模式、RESTful 应用模式和集中消息模式。在 RESTful API 模式中，客户端可以通过 API 调用系统部署的微服务；而 RESTful 应用模式则主要用于企业内部，允许客户端通过网络协议或者应用协议调用各种微服务；集中消息模式采用消息代理（Message Broker）方式来实现消息队列、负载均衡，能够统一对系统日志和异常进行处理。

采用微服务架构，软件开发团队可以根据需要对各个微服务进行独立开发和维护，做到微服务的持续开发、实时部署、不间断升级。随着云计算技术的快速发展，微服务架构也得到了广泛的应用和快速发展。然而，微服务架构将软件系统中的各种业务逻辑进行分拆，可能会增加服务间的通信开销。同时，由于各个微服务之间相互独立，微服务架构难以实现原子性操作，交易回滚的难度较大。

13. 云架构

随着云计算技术的快速发展，云架构（Cloud Architecture）也被广泛运用于现代软件开发中。由于云计算平台将存储、计算和网络等资源进行虚拟池化，软件开发团队可以按需弹性使用云计算平台提供的各种资源，无须关注底层平台的实现细节，如图 2-18 所示。

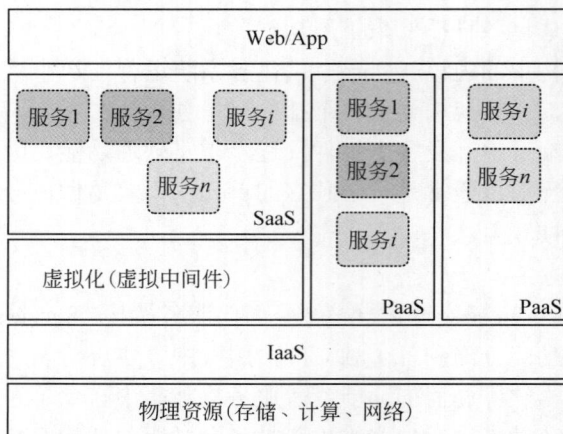

图 2-18 云架构

在云架构模式中，软件开发团队除了可以将软件系统中的业务功能部署到云计算平台以外，还可以直接使用云计算平台中提供的各种服务，直接以云原生方式开发软件系统，快速实现核心业务价值。

同时，软件开发团队可以借助云架构，根据业务访问量来调整系统容量需求，能较好地解决业务扩展和并发问题。

2.5.5 设计复审

通过前面几节介绍的内容，可以发现软件设计包含的内容很多，且具有较高的复杂性。软件设计的复杂性存在于软件设计本身，存在于软件开发机构，也存在于整个软件开发行业。

由于软件设计的质量直接决定了后续的软件开发和维护工作，软件开发团队在设计阶段结束后对完成的软件设计进行审核具有非常重要的意义。通过软件设计复审，软件开发团队可以尽早发现并排除软件设计中存在的缺陷，减少设计缺陷带来的影响。

在进行软件设计复审过程中，软件开发团队可以要求软件设计人员讲解完成的设计成果，回答与会者提出的各种质疑。同时，评审记录员需要记录复审中产生的各种意见和建议，方便软件设计人员在评审结束后对评审意见和建议进行思考，对发现的问题进行纠正。软件复审结束以后，软件开发团队可以结合软件设计的评审结果来决定是否通过该设计，或者决定是否需要继续完善设计。

通常而言，软件设计复审可以分为对概要设计的复审和对详细设计的复审。

在结构化方法中，概要设计复审主要关注系统的体系结构、模块划分、模块接口、内外接口等；而详细设计复审则需要关注各个软件模块的实现细节，对模块采用的算法、数据结构、性能等内容进行评估。然而，在面向对象方法中，概要设计复审主要关注软件系统的架构设计、类设计是否合理；详细设计复审主要检测实现软件业务的对象交互、软件构件、软件部署模式等内容是否存在缺陷。

从另一个角度来看，设计复审实际上也是针对软件设计成果开展测试的过程。通过在复审过程中设定相应的测试目标，软件开发团队可以检测软件设计成果的质量，减少不合理的软件设计对后期软件实现带来的影响。

2.6　软件实现

软件实现是指软件开发团队利用程序设计语言，将详细设计的成果转换为软件系统，并对完成的软件系统进行质量保障的过程。通俗来讲，软件实现主要是指完成目标软件系统的编码工作，即利用程序设计语言，按照软件设计结果来实现目标软件系统包含的业务逻辑。

可以看到，软件实现是软件设计的延续。软件实现涉及程序设计语言的选择、软件编码规范、软件效率等内容。

2.6.1　程序设计语言的选择

在计算机中，程序是一组计算机能够识别和执行的指令。通过编写计算机程序，人们可以让计算机按照指定的方式或逻辑进行工作，完成人们需要的特定功能。

程序设计语言，通常称为编程语言，是一种具有严密语法规则，能够用来准确表达业务处理逻辑或者事件运行机制的表达符号和语法规则的集合。

随着计算机技术的快速发展，计算机程序设计语言经历了机器语言、汇编语言和高级语言三个阶段。尽管机器语言和汇编语言的执行效率较高，但是机器语言和汇编语言都是以机器实际处理数据的方式来解决问题，其思维方式与人类思考问题的习惯存在一定的区别。高级语言的出现，让软件设计人员以近似人类思维的方式来完成程序设计，让程序设计的业务处理和逻辑处理更加自然。同时，高级语言对计算机底层的处理进行了封装，原来需要多条机器语言代码完成的功能被集成为一条高级语言代码，提高了软件编码的效率。因此，在软件实现过程中，除非软件需求对程序的效率要求极高，否则软件开发团队均可以采用高级语言来编写程序。

与此同时，随着软件开发技术的快速发展，软件设计人员能够使用的高级语言也越来越多。然而，由于各种高级语言产生的背景和目的不同，不同程序设计语言的特点和风格也存在一定的差异。通常情况下，程序设计语言的选择对软件实现没有太大影响。但是，在某些特殊的情况下，软件开发团队必须结合项目需求以及解决问题的实际情况为目标软件系统选择合适的程序设计语言。

在选择程序设计语言时，软件开发团队需要从理论和实际两个方面来综合考虑程序设计语言的特性。

从理论上讲，一门好的程序设计语言应当具备以下四个特点。

（1）具有理想的模块化机制。

好的模块化机制允许软件设计人员将复杂的软件系统进行分模块处理。软件开发团队可以通过"分而治之"方法，在各模块中实现系统涵盖的业务需求。

除此以外，模块化机制的另一个优势就是支持并行开发。通过对目标软件系统进行模块化划分，软件开发团队可以并行实施多个软件模块的开发任务。

（2）拥有可读性好的控制结构和数据结构。

一般而言，高级程序设计语言中均提供了丰富的控制结构和数据结构。软件开发人员可以借助高级程序设计语言来实现各种复杂的业务逻辑。同时，具有较好可读性的控制结构和数据结构可以帮助软件开发人员更好地理解程序。

（3）编译程序能尽可能多地发现程序代码中的错误。

优秀的编译程序可以帮助软件开发人员更好地发现错误、调试程序，提高软件系统的可靠性。因此，是否具有好的编译环境也是软件开发团队选择程序设计语言的标准之一。

（4）具有良好的独立编译机制。

在软件开发过程中，支持对一个或者多个软件模块/文件进行独立编译的程序设计语言将有利于降低软件实现的复杂度。同时，通过对各个模块进行独立编译，软件开发人员容易发现程序编写中出现的错误，提高软件的生产效率。

然而，在实际选择程序设计语言时，软件开发团队除了需要考虑上述理论标准以外，还必须同时考虑以下各种实用方面的限制。

（1）系统用户的要求。

如果目标软件系统是用户委托开发或者联合开发，从用户的角度而言，为了减少软件维护费用、使用历史平台以及降低软件二次开发的代价，用户往往会指定项目使用的程序设计语言。此时，软件开发团队必须尊重用户的意见，选择用户要求的程序设计语言来开发软件项目。

（2）可以使用的编译程序。

由于目标软件系统的运行环境可能对编译环境和程序运行条件进行了约束，不是所有的程序设计语言都可以使用。如果用户对目标软件系统的运行环境做出限制，软件开发团队必须结合实际情况，选择目标软件环境支持的、可用的程序设计语言来开发软件。

（3）可以得到的软件工具。

软件工具是软件开发过程中必不可少的重要因素，且某些软件开发工具仅支持特定的程序设计语言。在进行软件开发之前，软件开发团队需要结合目标软件系统平台以及自己可以得到的软件工具来选择程序设计语言。

（4）工程的规模和复杂程度。

软件项目的规模和复杂程度对程序设计语言的选择也有较大影响。在选择程序设计语言时，软件开发团队可以结合目标软件系统的特点来选择合适的软件架构或者开发技术，然后再根据软件架构或者开发技术来选择程序设计语言。

（5）软件的应用领域。

随着软件开发技术的快速发展，各个软件应用领域也积累了大量软件产品。同时，由于各种程序设计语言的特性不同，某些程序设计语言可能已经在特定的应用领域内积累了一定的优势。因此，在选择程序设计语言时，软件开发团队还需要考虑目标软件系统的应用领域和行业积累。

（6）软件的可移植性要求。

如果目标软件系统需要部署在多个不同类型的操作系统中，或者需要支持多个不同的软件平台，那么软件开发团队就必须选择可移植性较好的程序设计语言。

可移植性好是指程序设计语言在各个目标环境中都有合适的编译、解释工具，且该语言开发的程序源代码在不同的软件平台上也无须进行较大的调整。

（7）程序员的知识。

除了以上客观因素以外，软件开发人员的知识水平也是选择程序设计语言的重要标准。软件开发团队选择熟悉的程序设计语言，可以充分利用历史积累的软件构件和开发经验，提高软件项目的开发质量和开发效率。

在实际软件开发过程中，程序设计语言的特性和风格会深刻地影响软件产品的质量和可维护性。为了保证软件的编码质量，软件开发团队在编码之前必须对程序设计语言有深刻的理解，并能正确、熟练地掌握、运用程序设计语言的特性。

2.6.2　软件编码规范

在编写程序代码时，软件开发人员除了需要完成软件设计指定的功能以外，还必须重视程序代码的风格和规范程度。可读性较好的程序代码不仅方便移植和交流，也可以为将来程序代码的修改、调试和维护带来较大的便利。

程序代码不仅仅是完成业务逻辑的代码文件，从另外一个角度来看，程序代码也是一种供人阅读的文章。软件开发人员不仅需要编写自己能够读懂的程序代码，还必须保证软件开发团队中的其他成员同样容易阅读和理解该程序代码。因此，在整个软件项目开发过程中，甚至在整个软件开发团队中制定统一的编码规范是必要的。

软件编码规范是指软件开发团队或者开发组织为了规范软件开发人员的编码风格和编程习惯所定义的软件代码编写规则。许多著名的软件公司都制定了全面的编码规范，对程序代码的命名、排版、注释和目录结构等内容进行了约束。

1. 空行

在程序代码中，空行起着分隔程序内容的作用。软件开发人员可以合理地使用空行，将多段功能或者业务逻辑相对独立的代码相分离，使程序的逻辑和内容变得更加清晰，提高程序代码的可读性。

2. 空格

在编写程序时，软件开发人员可以借助空格来强调程序代码中的运算操作。例如，软件开发人员可以在程序代码中的赋值运算符、关系运算符、算术运算符、逻辑运算符、位运算符等双目运算符的前后增加空格，让程序代码中的运算符更加明显。

3. 排版规范

在软件编码过程中，程序代码的排版对程序源文件的可读性至关重要。排版较好的程序代码除了可以体现出良好的视觉效果以外，还可以帮助软件开发人员快速地了解软件代码的逻辑结构。

通常而言，程序代码的排版是通过对代码行进行合理缩进来实现的。良好的代码行缩进可以让程序代码具有层次感。如果某段程序代码属于另一段程序代码的内部逻辑，软件开发人员可以借助组合符号"{}"来包括该段内部代码，并将这段代码进行合理缩进。在软件源程序文件中，属于同一层的程序代码行应当左侧对齐。

尽管现在已有部分集成开发环境提供了代码自动排版功能，但是对于软件开发人员而言，养成良好的代码排版习惯非常重要。

4. 代码注释

为了帮助软件开发人员标注程序内容，高级程序设计语言中通常提供了行尾注释、行注释和块注释功能。块注释用于对文件、方法、数据结构和算法进行描述。例如，在源程序文件的开头位置对文件包含代码的功能和版权进行说明，在模块之前对模块的调用形式、参数信息进行说明；单行注释主要用于对该注释行后继的一行或者多行代码的功能进行说明；行尾注释处于被注释代码行的尾部，主要用于对注释前面的代码内容进行说明。

良好的代码注释可以帮助代码阅读人员或者将来的自己更好地读懂代码逻辑，对软件代码的修改和维护帮助较大。在软件开发过程中，软件开发团队需要对程序代码中定义的变量、函数、模块等内容进行合理注释，对程序代码中的关键业务逻辑或模糊代码进行详细说明，提高程序代码的可读性。

5. 代码行

代码行作为程序源文件的基本组成部分必须简单、清晰、直接。

软件开发人员应当尽量用易懂的方式来撰写程序代码，避免使用复杂的条件测试，避免大量使用循环嵌套和条件嵌套。

同时，程序源文件的一行只包含一条程序代码，避免为了片面追求效率而降低程序代码的可读性。

6. 括号的合理使用

通常而言，高级程序设计语言中的运算符和表达式都具有一定的优先级。当程序代码中的表达式涉及多个不同优先级的运算符，或者混合了多种不同类型的表达式时，软件代码的业务逻辑和计算优先级就会显得比较模糊。

在编写程序代码时，软件开发人员可以合理地利用括号来强调程序代码不同部分的执行优先级，降低程序源代码的理解难度。

7. 标识符命名与定义

标识符是软件设计人员为程序代码中的变量、常量、函数、模块等内容定义的名称。软件设计人员可以合理采用完整的单词或者单词组合，配合数字、下画线来命名标识符，确保使用的标识符命名清晰，无歧义。当然，如果标识符的长度超长，软件设计人员也可以使用统一的命名规则对标识符进行缩写。

通常而言，软件设计人员可以采用"名词"或者"形容词＋名词"的方式来命名变量、常量；采用"动词"或者"动词＋名词"的方式来命名函数；采用"全大写字母"和"大写字母+下划线"的方式来命名宏；采用模块的名称来命名实现模块的代码文件等。

在软件开发过程中，同一个软件项目/项目组的程序代码必须保持统一的标识符命名规则。

8. 目录结构及文件命名规范

当软件项目复杂到一定程度时，软件开发团队可以将目标软件系统的程序代码分解到多个文件或者文件夹中，从而有效地降低使用单个超长篇幅代码文件带来的复杂度。

然而，与程序代码中的标识符一样，如何为程序文件命名，如何管理程序文件，如何将多个程序文件组织成为复杂软件项目、增加项目的可维护性，是所有软件开发团队必须考虑的重要内容。

一般而言，如果软件项目中使用了经典或者标准的软件架构，软件开发人员可以参考软件架构建议的文件命名和管理规范来组织程序文件。然而，如果软件项目比较特殊或者必须设计新的软件架构，软件设计人员必须认真分析各个项目文件之间的关系，结合使用的软件架构来组织各个文件，合理管理软件项目。

由于软件编码规范涉及的内容很多，并且不同技术、领域涉及的内容也存在差异，软件开发团队无法编制一套适合于所有开发方法或过程的全能编码规范。在编写程序代码时，软件开发团队需要从多个角度来设计合适的编码规范，保证程序代码在实现业务逻辑的同时具有较好的可读性和可维护性，从而提高软件项目的开发效率。

在项目开发过程中，软件开发团队可以不断总结和优化编码规范，努力提高软件项目的代码质量。

2.6.3 软件效率

在编写程序代码时，软件开发人员除了需要考虑软件涉及的业务逻辑以外，还应当思考如何才能编写出高效率的程序代码。一般而言，软件效率的高低仍然是一个相对的概念。软件的效率高实际上是指软件能够在尽可能短的时间内，用尽可能少的存储空间来实现要求的功能。

可以发现，软件的效率往往取决于多个方面的因素，例如数据信息的表达（数据结构）、详细设计阶段确定的算法、软件实现阶段的编码实现。

一般而言，软件的效率可以分为全局效率、局部效率、时间效率和空间效率四个方面。全局效率是指从整个系统的角度来评估软件的效率；局部效率是指从软件模块或函数角度上来评价软件的效率；时间效率用于衡量软件处理任务所需的时间长短；而空间效率是对软件运行时所需内存空间的衡量，如机器代码空间、数据空间和栈空间等。

在软件开发过程中，软件开发团队可以参考以下原则来提高目标软件的效率。

1. 选择合适的数据结构

数据结构可以理解为软件设计人员为了表示、处理和存储数据所创建的逻辑结构和物理结构以及它们之间的关系。通常，逻辑结构是计算机在程序处理中所采用的特殊结构，如队列、栈、树和图等；而物理结构是指数据在存储器中的存储形式。

在处理数据时，精心选择或设计的数据结构可以带来更高的程序运行效率或者存储效率。例如，使用顺序表处理密集数据，使用线性链表处理稀疏数据等。

2. 选择优化的算法

通俗而言，算法是能够使目标问题在有限步骤内得到正确解的可行方法。当然，对算法的评价指标也比较多，例如正确性、时间效率和空间效率等。

当目标软件需要解决的问题确定后，目标问题的输入、输出以及数据的处理需求就确定下来了。最初，为了便于理解问题的实质内容和业务处理流程，软件设计人员可以采用蛮力法来尝试解决问题，力争得到解决问题的一般途径。随着对问题理解的深入，软件设计人员可以结合多种方式对问题的解决方法进行优化，不断降低使用算法的复杂度，例如，将算法的复杂度从 $O(n^3)$ 降低到 $O(n\log n)$ 等。

3. 提高存储效率

尽管随着计算机技术的快速发展，存储器的容量得到了较大提高，但是如何利用存储原理和存储策略来优化程序的执行方式，改进程序的运行性能，仍然是软件开发过程中需要掌握的技巧。

由于数据结构不仅涉及数据的逻辑结构，还涉及数据的物理结构，如果目标软件系统的数据结构与程序逻辑的工作原理之间存在差异，软件的运行效率就会受到极大的影响。

以图 2-19 中所示的两个程序为例，在以数组行优先存储为策略的机器中，程序（a）对各数据的引用步长为 1，程序（b）对各个数据的引用步长为 N。相对而言，程序（b）的空间局部性较差。

在为目标软件系统设计数据的物理结构时，软件设计人员必须考虑计算机存储策略的局部性。通常，存储器的局部性包括时间局部性和空间局部性两个方面。时间局部性是指被引用过的存储器位置很可能在不久会被再次引用；而空间局部性是指如果存储器的某个位置被引用，则其附近的存储位置也可能会被引用。在计算机硬件中，高速缓存正是利用这个特性来优化缓存内容，从而大大提升对主存的访问效率。

为了提高计算机的存取速度，计算机系统中采用了多级缓存机制，如图 2-20 所示。

```
int SumArrayRows(int a[M][N])
{
    int i, j, sum =0;
    for(i = 0; i < M; i++)
        for(j=0; j < N; j++)
            sum += a[i][j];
    return sum;
}
```

（a）步长为 1 的引用

```
int SumArrayRows(int a[M][N])
{
    int i, j, sum =0;
    for(i = 0; i < N i++)
        for(j=0; j < M; j++)
            sum += a[j][i];
    return sum;
}
```

（b）步长为 N 的引用

图 2-19 数据物理结构与逻辑结构工作原理差异的案例

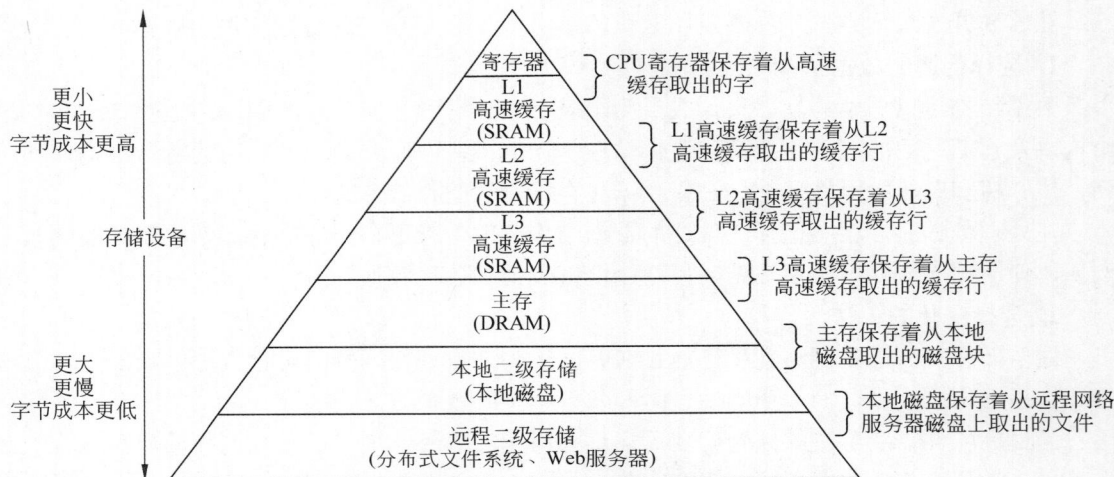

图 2-20 计算机存储层次结构

由于各层存储的空间有限，为了提升数据访问效率，操作系统让第 k 层的存储器为第 $k+1$ 层的存储器缓存数据。在进行软件设计时，软件开发人员应尽可能地将经常使用的数据放入高层缓存，即软件开发人员应尽可能地编写局部性较好的程序，提高数据的访问命中率，优化 CPU 读取数据的速度。

4. 优化输入/输出效率

在实际的软件运行过程中，软件的输入/输出效率也是影响软件运行性能的关键因素。当数据输入方与数据接收方的处理速度存在差异时，软件设计人员必须采取特定的措施来处理差异，提高软件系统的运行效率。

根据输入/输出的对象不同，软件的输入/输出可以分为面向人（操作员）的输入/输出和面向设备的输入/输出。

1）面向人（操作员）的输入/输出

在面向人（操作员）的输入/输出中，良好的人机交互界面是提高软件运行效率的关键因素。在设计人机交互界面时，软件设计人员除了需要考虑实际的数据交互以外，还需要遵循许多优化措施。人机交互设计方面的内容将在本书第 14 章中进行介绍，大家也可以阅读“人机交互”方面的内容，了解人机交互设计中需要注意的内容和关键点。

2）面向设备的输入/输出

在面向设备的输入/输出中，软件设计人员首先需要结合业务需求确定设备或程序之间通信的信令格式或者消息内容，并且让通信双方严格按照指定的信令协议标准交换数据。当目标软件系统需要在不同类型的设备或者不同程序设计语言开发的程序之间交换数据时，软件设计人员还需要针对设备以及程序开发语言的特性进行分析，避免可能存在的"隐形自动化处理"对信息交换或者传输带来的影响。例如，以 C/C++编写的程序与用 Java 编写的程序通过网络协议传输数据时，就可能出现数据的自动对齐等现象。

与此同时，由于不同设备之间的处理速度可能存在差异，软件设计人员可以在设备之间设定缓冲区，减少设备处理速度差异带来的额外开销。

5. 提高程序的运行效率

除了上述因素以外，软件开发人员在编写程序代码时还可以从编码角度对软件的效率进行优化。例如：

（1）简化程序代码中的算术、逻辑表达式，避免不必要的运算；

（2）仔细研究代码中的循环内容，将非必须重复执行的语句移出循环，减少不必要的重复处理；

（3）尽量避免使用多维数组，减少程序占用的内存空间；

（4）尽量避免使用复杂的表；

（5）采用执行时间短的算术运算，尽量用加法，少用乘法；

（6）尽量减少不同数据类型的混合运算；

（7）尽量采用整数运算和布尔表达式；

（8）尽量选用等效的高效率算法。

同时，在编译程序代码时，软件开发团队应尽量使用具有良好优化特性的编译程序来生成目标代码，提高目标软件系统的运行效率。

尽管软件的效率非常重要，但是软件开发人员在编写程序时不能因为追求软件效率而忽略了程序设计中的其他需求。在开发软件时，软件开发团队一定要遵循"先使程序正确，再使程序有效率；先使程序清晰，再使程序有效率"的准则。毕竟"有"和"没有"是两个不同的状态，软件开发的最根本原则是实现能够满足用户需求的软件系统。

2.7 软 件 测 试

随着计算机技术的快速发展，计算机软件也变得越来越复杂，且经常会面临各种突发的变更或异常情况。与之相反的是，用户在使用软件的过程中，对软件的要求越来越高。如何保证软件产品的质量成为计算机软件领域必须解决的关键问题。

软件测试是伴随着计算机软件的出现而产生的活动。可以认为，软件测试是一种用来促进鉴定软件的正确性、完整性、安全性和质量的过程。通常而言，软件测试是指在规定的条件下对软件进行操作，以发现程序错误，衡量软件质量，并对软件是否能够满足设计要求进行评估的过程，即软件测试是一种将实际输出与预期输出进行比较、审核的过程。通过软件测试，软件开发团队可以发现已实现软件中存在的错误和缺陷，提高软件产品的质量。

根据 IEEE 在 1983 年给出的软件工程术语表，软件测试可以被定义为"使用人工或自动的手段来运行或测定某个软件系统的过程，其目的在于检验它是否满足规定的需求或弄清预期结果与实际结果之间的差别。"可以发现，IEEE 对软件测试的定义明确地指出：软件测试的目的是为了检验软件系统是否满足需求。

然而，从不同的立场出发，软件测试的目的是不同的。用户希望通过软件测试暴露软件中隐藏的错误和缺陷，从而考虑是否可以接受该软件产品；软件开发团队希望软件测试能够表明软件产品中不存在错误或缺陷，能够验证该软件已正确地实现了用户的需求，并确立人们对软件产品质量的信心。

2.7.1 软件测试的发展历程

在早期的软件开发过程中，软件的规模都比较小。所谓软件，其实就是由程序员编写的简单计算机程序。那时，软件测试的含义比较狭窄，软件测试等同于"调试"，即纠正软件中已经知道的故障，并且常常由软件开发人员自己完成。

自从 1972 年在美国北卡罗来纳大学举办了首届软件测试会议以来，越来越多的软件开发人员、学者和测试人员开始探讨软件测试方面的问题。1975 年，John Good Enough 和 Susan Gerhart 在 IEEE 上共同发表了一篇名为《测试数据选择的原理》的文章，正式将软件测试确定为计算机领域的一个独立研究方向。

随着计算机软件复杂度的增加，软件测试也变得越来越复杂。此时，软件测试的定义也发生了改变。软件测试不再单纯是发现程序中存在错误或缺陷的过程，还包含了对软件质量进行评价等内容。

1979 年，Glenford Myers 在《软件测试艺术》一书中对软件测试的定义为"测试是为了发现程序中的错误而执行程序的过程"（如图 2-21 所示）。在 1983 年，Bill Wetzel 在《软件测试完全指南》一书中指出："测试是以评价程序或者系统属性为目标的任何一种活动。测试是对软件质量的度量。"Myers 和 Wetzel 对软件测试的定义至今仍被引用。

到了 2002 年，Rick 和 Stefan 在《系统的软件测试》一书中对软件测试做了进一步的定义："测试是为了度量和提高被测软件的质量，对测试软件进行工程设计、实施和维护的整个生命周期过程"（如图 2-22 所示）。

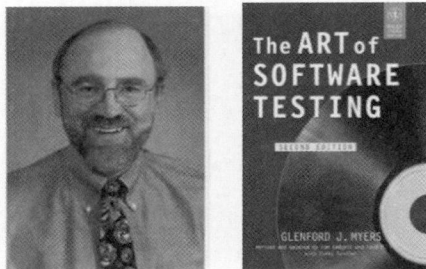

图 2-21　Glenford Myers 和《软件测试艺术》

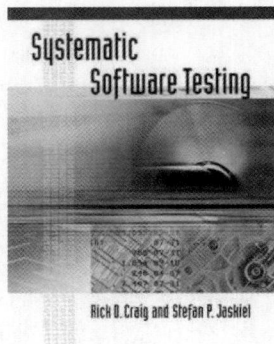

图 2-22　《系统的软件测试》

可以发现，上述针对软件测试的经典论著对软件测试研究的理论化和体系化产生了巨大的影响。

尽管软件测试技术发展很快，但是软件测试技术的发展仍然落后于软件开发技术的进步，从而导致软件测试在今天仍然面临着巨大的挑战。近年来，随着计算机技术和软件开发技术的飞速发展，软件测试领域也取得了较大的突破。通过总结多年的软件测试经验，测试专家们总结出了大量的优秀测试模型，例如著名的 V 模型和 W 模型，如图 2-23 所示。

在实际的软件开发过程中，软件测试就是使用人工或者自动手段来运行或者测试目标软件系统的过程。软件测试致力于以最少的人力、物力和时间来找出软件中存在的问题，并通过修正软件错误（Bug）来提高软件质量，规避软件隐患带来的商业风险。

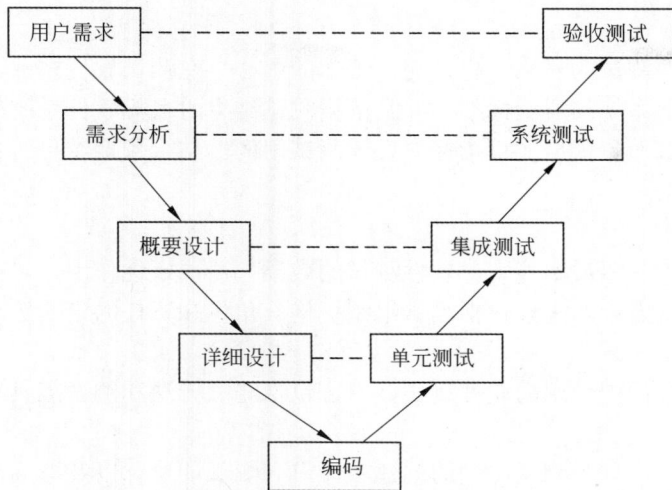

(a) V模型

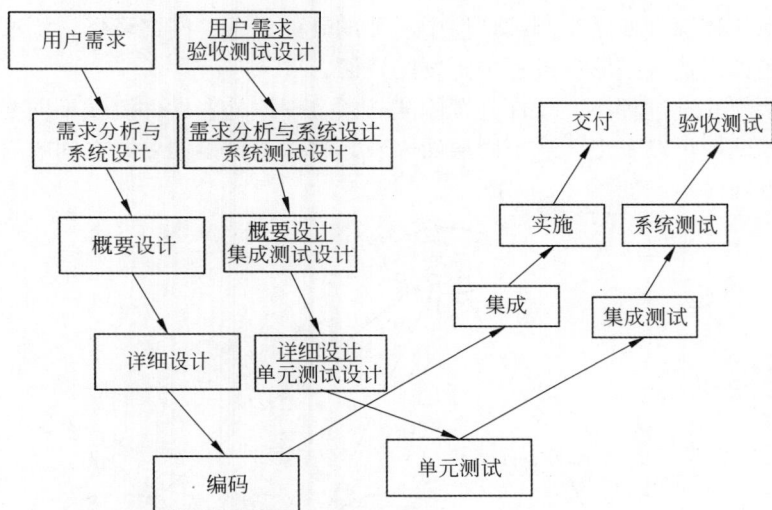

(b) W模型

图 2-23　经典软件测试模型

与此同时，通过分析软件测试结果，软件开发团队可以客观地评估目标软件系统的质量和可接受程度，检验目标软件系统是否满足需求规格说明书中的要求，或者分析被测软件与软件需求规约之间的差异。因此，可以认为软件测试的主要工作内容是验证和确认。

（1）验证是保证已完成的软件系统可以实现软件需求规格说明书中的内容，即保证软件实现了期望的功能。

（2）确认是软件测试中的一系列活动和过程，其目的是确认完成的软件以正确的方式实现了期望的功能。

一般而言，软件测试包括制订软件测试计划、设计测试用例、测试准备、执行测试、测试结果评估和缺陷跟踪等阶段。软件测试的每个阶段均设有相应的完成标准。

然而，从项目管理角度来看，软件测试的实施必须围绕质量、人员、技术、流程和资源等要素进行。

软件生命周期

1）质量

软件质量是软件测试的目标，也是测试工作的中心。在测试软件之前，软件开发团队必须事先确定目标软件系统的质量标准，并且依据测试结果对目标软件系统的质量进行正确分析和评估。软件测试人员依据质量指标来设计测试用例，结合预期结果对目标软件系统的输出进行校验。

2）人员

测试人员的态度、素质和能力对软件测试的效果起着决定性作用，对被测软件的质量有较大影响。软件测试人员的因素包括测试组织机构、角色和责任的定义等。

3）技术

技术是指测试过程中使用的软件测试技术，包括测试方法和测试工具等。

4）流程

流程是指从测试计划和测试用例的创建、评审到测试的执行以及形成测试报告的整个过程。同时，流程中还包括了各个测试阶段完成的标准。

5）资源

软件测试中的资源主要是指测试环境中需要的硬件设备、网络环境、测试数据、测试时间等。当然，测试人员也是测试过程中重要的资源。

在实际的软件开发过程中，软件开发团队必须合理地处置软件测试不同要素之间的关系，合理安排软件测试。可以发现，从不同层面来看，软件测试不同要素之间的组合体现了软件项目管理中的不同内容，如图 2-24 所示。

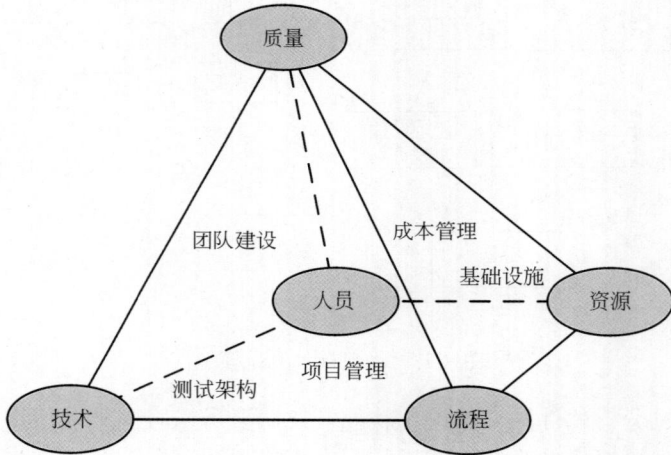

图 2-24　软件测试金字塔

（1）质量、人员和技术共同体现了团队建设方面的内容，主要包括人员的招聘、培训、考核等。

（2）质量、人员和资源组合则体现了成本管理方面的内容。由于人员和软、硬件资源都是测试的投入，资源的使用成本必须计算到项目成本中。但是，相对于软、硬件资源而言，人比较特别，必须特殊对待。

（3）质量、技术和流程组合体现了测试架构方面的内容。由于技术和流程结合起来就是软件的测试架构或测试框架，软件开发团队借助技术，可以将测试流程融入到系统或工具中，确保测试流程执行的稳定和高效。而技术只有通过框架固化才能发挥出最大的效益。

（4）质量、流程和资源组合体现了基础设施方面的内容。通过构建测试环境，软件开发团队可以将测试建立在坚固、流程化的基础设施之上。

（5）人员、技术、流程和资源的组合体现了项目管理方面的内容。在软件开发过程中，如何以特定的质量标准来平衡各个要素，如何获得最大的生产力，是软件测试管理的主要任务。

可以发现，软件测试已经成为软件开发中的重要组成部分，其执行效果直接决定了软件产品的质量。目前，在软件开发企业中，软件测试人员与软件开发人员的比例已经达到了5：3，甚至更多。随着敏捷开发的流行，测试驱动开发（Test-Driven Development，TDD）逐渐占据主流，软件测试在软件开发中的比重还会不断提高。

2.7.2 软件测试技术

在软件测试过程中，如何为被测软件找到合适的测试用例是软件测试的关键。

由于所有的软件测试内容都应该能够追溯到用户需求，软件测试人员可以结合软件需求、软件设计以及软件所处领域的知识来为被测软件编写测试用例。

随着软件测试技术的快速发展，软件测试人员在设计测试用例的过程中积累了丰富的经验。根据软件测试用例的设计依据不同，软件测试用例的设计方法可以分为白盒测试、黑盒测试和性能测试三种类型。

1. 白盒测试

白盒测试，又称结构测试、基于代码的测试或者逻辑驱动测试。白盒测试是在软件结构或者程序代码已知的情况下，软件测试人员利用程序内部的逻辑结构及相关信息来设计或选择测试用例，检验程序是否按照要求正常运行的测试过程。

根据软件测试人员是否在计算机上执行被测试程序，白盒测试可以进一步分为静态白盒测试和动态白盒测试两种。

1）静态白盒测试

软件编码结束以后，为了找出并修正软件开发初期未发现的错误，确保软件的开发质量，软件开发团队必须对完成的软件源代码进行系统化的审查。

静态白盒测试主要依靠人工审查方式对完成的软件设计、软件体系结构和代码进行检验，力争发现软件中可能存在的错误。常见的静态白盒测试方法有代码审查法、静态结构分析法、静态质量度量法。其中，代码审查法是最常用的静态白盒测试方法。

代码审查法通常采用软件同行评审方式，借助各种技术和方法对完成的代码进行审查。代码审查法首先关注软件代码与软件设计的一致性，代码结构的合理性，代码编写的标准性和可读性以及代码逻辑表达的正确性等内容；其次，代码审查人员对完成代码的业务逻辑、运行性能、程序缺陷等内容进行检查；最后，代码审查人员还需要检测完成代码的编程风格、文件结构、命名规则、表达式与基本语句、程序注释等内容是否遵循给定的编码规范。

在实际的软件开发过程中，软件开发团队可以结合项目的实际情况采用多种方式开展代码审查，例如采用正式的代码审查、结对编程以及轻量型的非正式代码审查。

（1）正式的代码审查（例如范根检查法）。

代码审查人员按照严格且仔细的审查流程，分阶段地审查提交的软件代码。在进行代码审查之前，软件开发团队一般会将软件源代码打印好，然后再组织审查人员、软件设计人员、软件开发人员参加代码审查例会，按计划、逐行地审查代码。

在传统软件开发中，代码审查一般都采用正式的代码审查方式进行。尽管正式的代码审查可以查找到大量的程序缺陷，但是，该方法需要占用大量资源。

（2）结对编程。

结对编程是指两个软件开发人员在一台计算机上同步工作。在一个软件开发人员编写程序代码的同时，另一个软件开发人员同步审查编写的程序代码，即时发现编码过程中出现的错误或缺陷。通常而言，编写代码的工程师被称作驾驶员，而审查代码的工程师被称作观察员（或导航员）。

随着极限编程、敏捷开发等模式的兴起，结对编程逐渐成为对代码模块进行静态白盒测试的主流方法。

（3）轻量型的非正式代码审查。

轻量型的非正式代码审查需要投入的资源比正式的代码审查要少，通常在软件开发过程中同步进行。从这种情况上来看，可以将结对编程视为轻量型代码审查的一种特例。

《软件工程通史》一书的作者卡珀斯·琼斯（Capers Jones）通过对 12 000 多个软件开发项目进行统计，得到了不同代码审查方法查找软件潜在错误的效率（如图 2-25 所示）。他得出结论：使用正式的代码审查可以发现 60%~65% 的潜在缺陷；非正式的代码审查，潜在缺陷发现率不到 50%；大部分的代码审查，潜在缺陷发现率在 30% 左右。

图 2-25 Capers Jones 和《软件工程通史》

对于软件产品生命周期很长的公司而言，代码审查法是提高软件产品代码质量的有效的工具。代码审查法一般可以从程序源代码中找到并移除 65%~85% 的错误和缺陷。

代码审查法除了可以帮助软件开发团队提高软件代码的质量以外，还可以协助软件开发人员找到代码中存在的漏洞，例如格式化字符串攻击、内存泄漏及缓存溢出等隐患，提升软件代码的安全性。统计结果表明：代码审查法找到的缺陷中有 75% 是与计算机安全隐患有关的。

通常，以人工方式进行代码审查的速度大约是一小时 150 行。当然，审查人员也可以借助自动化的代码审查软件来系统化地检测源代码中是否存在已知的计算机安全隐患，减少代码审查的工作量，例如使用 Subversion、Git 等软件来分析、审核软件代码。

2）动态白盒测试

动态白盒测试是指软件测试人员根据程序的内部结构、处理逻辑等因素来设计软件测试用例，并利用构造的测试用例来运行被测软件，按照一定的策略发现软件代码中存在的错误和缺陷的过程。

在结构化方法中，动态白盒测试通常可以采用逻辑覆盖法、基本路径测试法、域测试、符号测试、路径覆盖和程序变异等多种方法来设计测试用例。本书将在结构化测试部分（5.3节）对最常用的逻辑覆盖法（逻辑驱动测试）和基本路径测试法进行详细介绍。

然而，在面向对象方法中，软件测试人员除了可以使用结构化方法中的动态白盒测试方法为类中的方法设计测试用例以外，还需要结合面向对象程序设计的特点对类以及类之间的方法组合、业务组合进行测试。关于面向对象白盒测试方面的详细内容将在面向对象实现章节（第9章）中进行说明。

为了达到最佳的软件测试效果，实际软件开发过程中的白盒测试往往采用静态和动态相结合的方式。在进行动态白盒测试之前，软件开发团队首先会对软件的代码和文档开展静态结构分析，理清程序代码中的逻辑结构，改正发现的错误和缺陷；在动态白盒测试中，软件测试人员通过设计完整、有效的测试用例，比对和分析目标软件系统运行测试用例得到的预期结果和测试结果，发现软件代码中存在的潜在错误。

2. 黑盒测试

黑盒测试，又称功能测试、基于规格说明的测试或数据驱动测试。黑盒测试主要根据软件的需求规格说明和软件使用说明来设计或选择测试用例，检测软件实现的功能是否与需求规格说明书相符。

在黑盒测试中，由于程序的内部结构不透明，软件测试人员只能通过软件的外部操作和数据输入来检测软件内部的功能和业务是否符合需求。

同样，由于各种因素的限制，软件测试人员对待测软件或模块进行穷举测试是不可能的。软件测试人员必须结合特定的策略对待测软件开展针对性测试，确保软件测试能够有组织、按步骤、有计划地进行。

常见的黑盒测试用例设计方法包括等价类划分法、边界值分析法、因果图法、判定表驱动法、错误推测法等。

1）等价类划分法

为了以较少的测试用例来发现软件中存在的错误和缺陷，软件测试人员可以根据软件需求规格说明以及软件说明书中的相关内容将软件的输入域或操作分为多个子集合。在划分子集合时，软件测试人员必须确保每个子集合中的各个数据输入或者操作系列对于揭露软件中的错误是等效的，即测试了该集合的代表值或代表操作系列就等同于对这一类集合的其他测试用例进行了测试。因此，这种根据输入数据或者操作系列来划分等价类并设计测试用例的方法称为等价类划分法。

为了保证测试的完整性，软件测试人员在划分等价类时必须确保得到的等价类覆盖了软件的所有输入或者操作系列，并且各个等价类之间不相交，即各个等价类中不存在相同的输入测试数据或者操作系列。同时，软件测试人员不仅需要考虑待测软件能够接受的、合理有效的输入数据或操作系列，还需要对软件不能接受的、不合理的输入数据和操作系列进行测试。

根据输入数据或者操作系列对待测软件是否有效，软件测试人员可以将所有的输入数据或操作系列划分为有效等价类和无效等价类两种类型。

（1）有效等价类

有效等价类是指需求规格说明中设定的合理、有意义的输入数据或操作系列构成的集合。在进行有效等价类测试时，软件测试人员可以验证完成的软件是否正确实现了需求规格说明书中包含的功能和性能要求。

（2）无效等价类

相反，无效等价类是指那些对软件需求规格说明而言是不合理的、无意义的输入数据或操作系列构成的集合。

为了保证测试用例具有完整性和代表性，软件测试人员在设计测试用例时需要同时考虑有效等价类和无效等价类，并从等价类中选取具有代表性的用例参与测试。

在进行等价类测试时，软件测试人员可以采用以下步骤来实施测试。

① 等价类编号。为了便于管理和包含各个等价类，软件测试人员在开展测试之前必须为每个等价类规定一个唯一的编号。

② 为待测软件设计合理的测试用例，并开展测试。一个好的有效测试用例应当尽可能多地覆盖那些尚未被覆盖的有效等价类。软件测试人员实施了一个测试用例，就相当于验证了多个合理输入，减少软件测试的工作量。

③ 为待测软件设计不合理的测试用例，并开展测试。与为有效等价类设计测试用例相反，为了便于发现错误，一个好的无效测试用例只能覆盖一个尚未被覆盖的无效等价类。

软件测试人员可以结合上述原则为目标待测软件设计和补充测试用例，直到所有的等价类都被覆盖为止。

借助等价类思想，软件测试人员可以将软件的所有输入数据或操作内容合理地划分为若干等价类，并在每个等价类中选取具有代表性的数据或操作系列作为测试用例。在等价类测试中，一个理想的测试用例能够独自发现一类错误。可以发现，通过等价类划分，软件测试人员就可以用少量的代表性测试用例来测试程序，并取得较好的测试结果。

2）边界值分析法

尽管软件测试人员可以利用等价类划分法从输入数据或操作系列中选取代表性数据参与测试，但是代表性元素可能只是等价类中的典型值，不一定能够代表等价类中的所有区域。

大量事实表明，开发人员在处理边界情况时最容易发生错误。因此，边界值分析法将处理数据或者操作系列的边界情况纳入到测试用例中，将边界情况设计为测试用例参与测试。

如果在需求规格说明书中遇到第一个/最后一个、最小值/最大值、开始/完成，超过/在内、空/满、最短/最长、最慢/最快、最早/最迟、最大/最小、最高/最低、相邻/最远等关键字时，就需要结合边界值分析方法来设计测试用例。

可以发现，边界值分析法是等价类划分法的补充，能够帮助软件测试人员对待测软件进行更加全面的测试。

3）因果图法

因果图是一种简化的逻辑图，能够直观地表现输入和输出之间的对应关系。图 2-26 中给出了一个简单的因果图案例。

	1	2	3	4	5	6
条件项 1	T	T	T	F	F	F
条件项 2	T	T	F	T	T	F
条件项 3	T	F	T	T	F	F
动作桩 1	√				√	
动作桩 2				√		
动作桩 3		√				
动作桩 4						√
动作桩 5			√			

图 2-26　因果图案例

当待测软件需要处理多种输入条件的组合时，因果图可以帮助软件测试人员将注意力集中到与软件功能有关的输入组合上。软件测试人员可以根据输入条件的组合、约束关系与输出结果的因果关系来构建测试用例，即将程序的输入条件组合与输出结果的对应关系作为测试用例，检查程序内部逻辑处理是否存在错误。

4）判定表驱动法

判定表驱动法的工作原理与因果图表相类似，只是将因果图换为判定表，如图 2-27 所示。

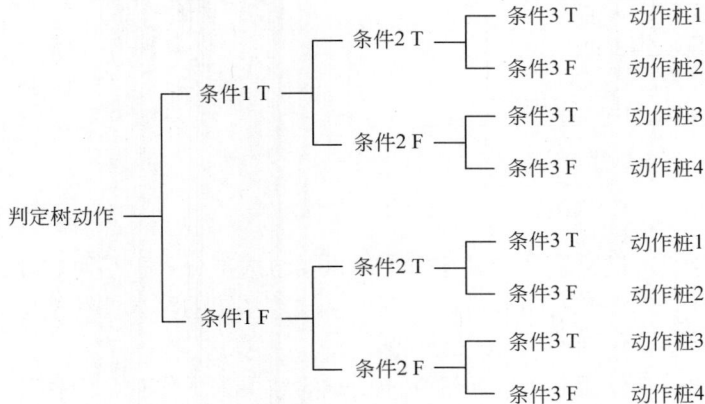

图 2-27　判定表案例

5）错误推测法

除了根据需求规格说明书设计黑盒测试用例以外，软件测试人员也可以根据自己的直觉和测试经验来列举待测软件中可能出现的错误或者容易发生的错误。错误推测法就是软件测试人员针对推测出的错误来设计测试用例的方法。

值得注意的是，错误推测法中列举的错误必须来源于需求规格说明书，并针对软件开发团队可能遗漏或忽略的需求内容以及软件开发人员容易出现的错误设计测试用例，确保软件对特定需求处理的正确性。

除了上述通用的测试用例设计方法以外，不同的软件开发方法在设计黑盒测试用例时可能还存在一些特殊的方法。在结构化方法中，软件测试人员通过跟踪数据的处理过程来设计单个模块的黑盒测试用例。接着，软件测试人员再为多个集成的数据处理模块设计黑盒测试用例；然而在面向对象方法中，除了使用结构化方法中的黑盒测试用例设计方法来测试类的单个方法以外，软件测试人员还需要结合多种方法来设计测试多类协同的黑盒测试用例。

可以发现，黑盒测试忽略软件的内部结构和处理过程，主要检测待测软件的功能是否达到需求规格说明书中的要求，检测待测软件是否能够恰当地接收输入数据，检测待测软件是否能够满足对应的操作，并产生正确的输出信息。一般而言，黑盒测试可以发现功能不正确或遗漏、程序接口界面错误、数据结构错误、性能错误、初始化和终止错误等问题。

3. 性能测试

除了对软件的功能进行测试以外，软件测试人员还可以结合需求规格说明书中的非功能性需求设计测试用例。

性能测试主要是指软件测试人员利用特定的测试工具或者开发的测试软件，依据软件需求规格说明书中的非功能性需求和约束条件，对目标软件系统不断施加压力的负荷测试过程。因此，性能测试也称为压力测试、强度测试和负载测试。

在性能测试中，软件测试人员通过模拟目标软件系统在实际应用或者用户使用过程中出现的真实负荷，检测目标软件系统的性能、可靠性、稳定性等指标是否满足要求。例如，软件测试人员使用 JMeter、Postman、LoadRunner 等工具对软件接口发送服务请求，模拟系统使用压力。当然，除了使用传统的压力测试工具以外，软件测试人员也可以利用云计算服务商提供的压力测试服务对目标软件系统进行测试，如图 2-28 所示。

图 2-28　性能测试

可以发现，性能测试是软件测试工作中的重要组成部分，也是对软件质量进行保障的行为。通过性能测试，软件开发团队可以了解目标软件系统的可靠性和性能瓶颈，确定被测系统能够提供的最大服务级别。

与此同时，软件开发团队可以通过性能测试的结果来优化软、硬件架构设计，确保在系统正式投入使用之前或者系统负荷达到极限之前能够采取相应的措施来提高软件系统的可靠性和稳定性，减少系统宕机或者失效带来的损失。

2.7.3　软件测试策略

为了能够充分发现软件开发过程中出现的错误，排除软件代码中存在的缺陷，软件开发团队必须结合软件项目的特点来制定相应的测试策略，通过多个不同的步骤，从各个层面对目标软件系统进行系统的、有计划的、有步骤的测试。

通常而言，软件测试策略包括软件测试规划、软件测试用例设计、测试实施和测试结果收集与评估等活动。而软件测试规划又可以分为软件测试步骤划分，测试工作量、进度和资源估算等内容。

除了通用的软件测试策略以外，软件测试人员也可以根据软件测试的不同阶段将测试过程顺序地分为单元测试、集成测试、确认测试和系统测试四个阶段，如图 2-29 所示。

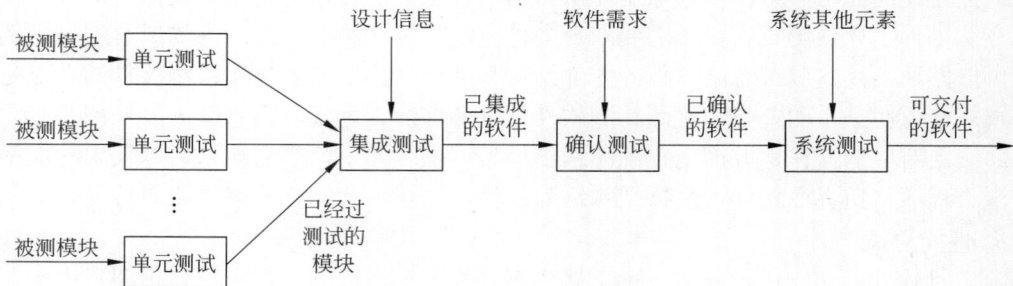

图 2-29　软件测试阶段

1. 单元测试

单元测试也称为模块测试，是针对目标软件系统的最小程序单元实施的测试工作。单元测试的目的是发现并排除所有模块内部的错误和缺陷，为后期的软件集成做准备。

由于在不同的软件方法中的软件模块概念存在一定的差异，单元测试的方法也不一定相同。例如，结构化方法中的单元是函数，面向对象方法中的单元是类或者构件，而云原生中的单元为某个微服务或者云服务。

在单元测试中，软件测试团队可以并行地测试目标软件系统中的多个独立模块，加快软件测试的进度。

2. 集成测试

集成测试也称为组装测试，是软件测试人员按照一定的集成策略，根据软件设计内容将各个经过测试的单元模块集成为目标软件系统的过程。

在集成测试中，软件测试人员主要检验各个程序单元是否能够按照软件设计中的内容组装成为目标软件系统以及组装后的目标软件系统是否能够实现软件设计时要求的功能。

由于不同软件开发方法的设计方式不同，结构化方法、面向对象方法以及基于云原生的软件方法的软件架构组织差异较大。结构化方法主要是将多个函数组装成为目标软件系统；而面向对象方法则需要协调多个类对象之间的关系，共同完成目标软件系统需要的功能；基于云原生的软件设计除了需要协调类对象以外，还需要组织各个离散的微服务、云服务内容，实现用户对目标软件系统的需求。

3. 确认测试

确认测试也称为验收测试，主要用来验证软件的有效性，即验证开发完成的软件系统在功能、性能及其他特性方面是否与用户的要求一致。

在进行确认测试时，软件开发团队必须确保待测软件已经按照软件设计进行了集成，并且符合"软件需求规格说明书"中规定的全部功能和性能要求。

在确认测试中，确认（Validation）是指检查待测软件实现的功能是否能够满足用户的需求；而验证（Verification）是指检验待测软件是否能够正确地实现软件需求规格说明书中规定的功能。由于软件系统涉及的内容很多，软件开发团队和用户可以根据项目的规模和情况不同来安排确认测试流程。图 2-30 给出了一个典型的确认测试流程案例。

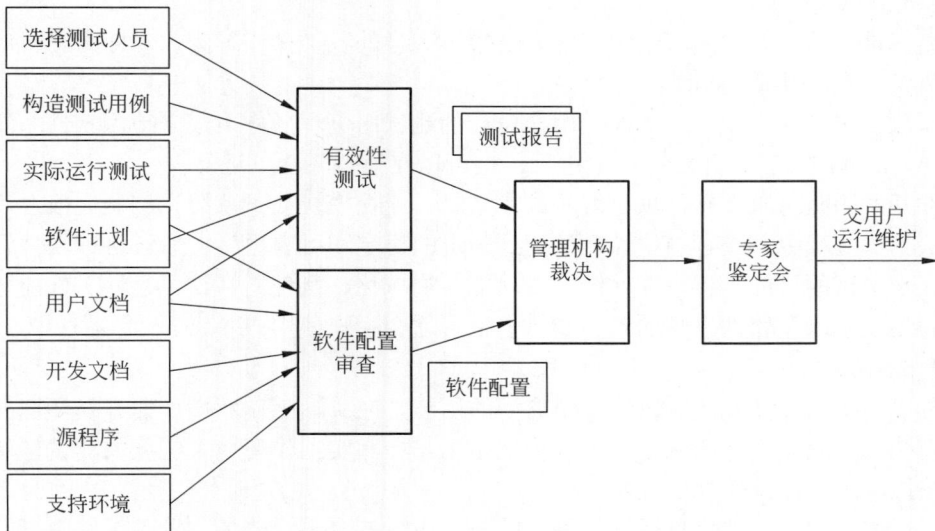

图 2-30　确认测试流程

通常而言，完整的确认测试需要包括有效性测试、配置复查和验收测试三个步骤。

1）有效性测试

有效性测试是指在模拟的环境下（可能就是开发环境），运用黑盒测试法来验证被测软件是否满足需求规格说明书中列出的需求。

在有效性测试中，软件测试人员通过实施预定的测试计划和测试内容来确定待测软件的功能特性和非功能特性是否与需求相符。除此以外，软件项目的文档资料检查也是有效性测试包含的内容。软件测试人员需要确保项目提交的所有文档是正确且便于使用的。

如果待测软件的有效性测试结果与预期目标相符，则说明被测软件该部分的功能或性能特征符合需求规格说明书的要求，即这部分的软件功能是可以被接受的；如果有效性测试的结果与预期目标不符，则说明软件该部分的功能或性能特征与需求规格说明不一致。未通过有效性测试的内容将列入到问题报告中，便于软件开发团队定位并发现问题。

有效性测试完成后，软件开发团队必须对问题报告上列出的缺陷进行重新处理。

2）配置复查

配置复查的目的是保证目标软件系统配置的所有成分都齐全，软件各方面的质量都符合要求，软件与文档保持一致，提交的程序代码具有维护阶段所必须的细节，项目涉及的所有材料已经编排好分类目录，便于查看。

同时，软件配置复查也会验证用户手册或操作手册的使用步骤，检查项目相关的文档是否完整、正确。

3）验收测试

当完成的软件系统通过了有效性测试和软件配置审查以后，软件开发团队可以立即申请对软件系统开展验收测试。

验收测试也称为确认测试，是指以用户为主，且用户参与设计测试用例，并使用生产中的实际数据来测试软件的一系列过程。在验收测试中，软件开发人员和质量保证人员协助用户，对完成的软件系统进行全面测试。

目前，行业内广泛使用的两种验收测试方式是 α 测试和 β 测试。

（1）α 测试

α 测试是指软件开发团队组织内部人员模拟用户的各类操作行为，对即将交付的软件系统（α 版本）进行测试的过程。

在 α 测试中，软件测试人员根据用户设计的测试用例和操作习惯来检测软件系统中是否存在错误。α 测试可以在开发环境中进行，也可以在模拟环境下进行。

软件开发团队可以在软件项目编码结束之时，或在模块（子系统）测试完成之后，也可以在确认测试过程中，或者当软件产品达到一定的稳定和可靠程度之后对目标软件开展 α 测试。开展 α 测试的目的是评价软件产品的功能、局域化、可使用性、可靠性、性能和支持能力是否满足要求以及软件产品的界面和特色是否适合用户使用。

（2）β 测试

β 测试是指软件开发团队组织多个典型的用户，在实际工作环境（非开发环境）中对目标软件系统的 β 版本进行测试。由于 β 测试是用户在真实工作环境下实施的测试，软件开发人员无法控制用户测试软件的过程。

β 测试主要测试并评价目标软件系统的技术内容是否满足要求，发现软件中可能存在的隐藏错误和边界效应。由于 β 测试需要覆盖软件产品的所有功能点，软件测试人员在开展 β 测试之前应准备好软件测试计划，列出测试目标、范围和执行的任务，定义出描述测试安排的测试矩阵。

在 β 测试过程中，用户记录测试中遇到的问题、异常情况以及真实的、主观的认定结果，并定期向软件开发团队报告。同时，β 测试还要对软件系统是否易于使用以及完成的用户文档初稿进行评价。

如果用户在软件系统的使用过程中发现问题，或者对软件系统的使用产生建议，用户可以将相关内容汇报给软件开发团队，并提出修改意见，以供软件开发团队参考。

可以发现，β 测试着重于对软件系统的支持性进行测试，例如对软件文档、客户培训和支持产品的生产能力等内容进行评价。因此，只有当 α 测试达到一定的可靠程度时，软件开发团队才能申请开展 β 测试。

β 测试处于软件测试的最后阶段，软件开发团队可以在进行 β 测试的同时，完成软件使用手册最终版本的撰写工作。

由于 α 测试和 β 测试是让用户在开发环境或者真实环境中测试软件，其测试方式能够跳出软件开发团队的思维方式和开发环境，从而能够发现一些在软件开发过程中未发现的错误（尤其是那些似乎只能由用户发现的错误）。同时，通过 α 测试和 β 测试，软件开发团队可以进一步确认用户需要的功能是否被正确地实现。

在 α 测试和 β 测试中，如果用户得到的测试结果与预期目标相符合，则表示该软件完成的功能和性能满足用户要求；相反，如果用户得到的测试结果与预期目标不相符，则需要列出问题清单，并提交给软件开发团队，作为后续改进的依据。

确认测试完成以后，软件开发团队应当向用户提交确认测试的分析报告、最终的用户手册和操作手册以及项目开发总结报告。

4. 系统测试

尽管集成测试和确认测试已经对目标软件系统的业务功能完整性进行了确认，但是软件需求规格说明中约定的非功能性需求是否达到仍然未被确认，软件的性能、可用性、可靠性等指标是否达到预期目标仍然无法得到保障。

在系统测试中，软件测试人员将经过确认测试的软件系统与工作环境中的其他软、硬件环境集成起来，将完成的软件系统作为计算机系统的一部分，在实际的运行环境中开展严格、规范的测试。通过实际运行软件，软件测试人员可以进一步排查软件系统中可能存在的错误，确保完成的软件系统能够正常运行。

可以发现，系统测试主要是从用户使用的角度去评估软件，软件的内部设计和实现细节已经不再重要。用户以软件的功能需求为依据，对整个软件系统开展全方位的测试。

通常而言，系统测试的内容主要包括以下五个方面。

（1）用户层。

软件测试人员从用户的角度出发，围绕软件用户界面的规范性、可操作性、支持性以及数据的安全性等内容展开测试。

（2）功能层。

功能层测试主要关注目标软件系统是否实现了需求规格说明中定义的所有功能，测试目标软件系统的功能之间是否存在类似共享资源访问冲突等情况。

（3）应用层。

应用层测试是指软件测试人员从使用角度出发，测试目标软件系统在实际应用环境中的运行性能。应用层测试包含的主要内容有兼容性测试、可靠性测试、并发性能测试、负载测试、压力测试、强度测试、破坏性测试等。

（4）子系统层。

如果目标软件系统由多个组件、部分或者子系统组成，则软件测试人员需要对软件系统的各个部分分别开展性能测试，确保目标软件系统的各个部分均满足要求。

（5）协议/指标层。

协议/指标层测试主要用于检测目标软件系统支持的协议、参数是否满足设计要求，对相关的内容开展一致性和交互性测试。

具体而言，在系统测试中，软件测试人员可以针对目标软件系统开展以下测试内容。

（1）易用性测试。

易用性测试通俗而言就是测试目标软件系统是否好用，即测试软件的操作是否方便，用户界面是否友好，对用户的支持是否完善等。

通常，易用性测试包括图形用户界面（GUI）测试、文档测试和帮助测试等几个方面。其中，GUI测试用于检测目标软件系统提供的人机交互界面是否与需求规格说明书中要求的界面一致，以及测试完成的软件界面是否能够满足使用要求；文档测试对软件开发团队提交给用户的文档进行验证，确保文档的正确性和可读性；帮助测试用于检验软件的辅助功能是否完整以及帮助文档是否准确、全面。

（2）功能测试。

功能测试是系统测试中最基本的测试，主要是依据软件需求规格说明书中列举的内容和功能要求来逐一确认各个功能或业务是否已被正确实现，验证完成的软件系统在功能方面是否满足需求规格说明中的要求。

功能测试主要是指用户从使用层面对完成的软件系统进行检验，因此，软件测试人员无须了解软件系统的实现细节，依据需求规格说明对目标软件系统开展黑盒测试即可。

（3）安全测试。

对于一些安全要求较高的软件系统而言，软件的安全性是除软件需求以外最重要的内容。安全测试用于验证目标软件系统内部的安全保护机制是否满足用户需求，即验证系统的安全保护机制是否能够抵御入侵者的攻击，检验系统是否存在安全、保密漏洞。

在安全性测试中，软件测试人员可以利用各种方式尝试侵入目标软件系统，以及尝试突破系统的安全防线，检测目标软件系统是否能够对指定的非法入侵方式进行防范。与此同时，除了对软件抵御各种入侵方式的能力进行测试以外，软件测试人员还需要对软件安全机制的性能进行测试，例如对安全机制的有效性、生存性、精确性、反应时间和吞吐量等进行评估。

同时，软件测试人员在安全测试中也需要对目标软件系统的数据泄露危险进行测试，确保软件数据的安全性。

（4）压力测试。

压力测试又称强度测试，是指软件测试人员通过特定工具向待测软件系统注入异常的访问量、增加软件系统的使用频率或提交超量数据，寻找目标软件系统能够承受的负载范围，以及比较软件系统实际性能与预期目标的差距。

（5）性能测试。

性能测试是指软件测试人员结合预设的性能指标来测试目标软件系统的运行性能，如传输错误率、计算精度、响应时间、恢复时间等。通常，软件测试人员将性能测试与强度测试同步进行，得到目标软件系统在不同压力情况下的性能指标。

（6）容量测试。

容量测试是指软件测试人员结合预设的容量要求（如最大并发用户数、数据库记录数等）

来评估目标软件系统能否在指定的容量极限情况下正常工作。

（7）失效恢复测试。

失效恢复测试也称为健壮性测试，主要测试目标软件系统能否按照预设的需求从故障中自动恢复或者忽略故障继续运行。

在失效恢复测试中，软件测试人员可以根据需求规格说明书中要求的内容，采用人工干预方式导致软件系统出错，进而检测软件系统的错误恢复能力或者容错能力。同时，软件测试人员也将对软件系统恢复的性能进行评测，确保目标软件系统能够在规定的时间、损失情况下恢复运行，减少错误或故障带来的影响。

（8）备份测试。

备份测试是失效恢复测试的补充，主要用于测试目标软件系统能否按照需求规格说明书中的备份需求来备份系统数据，以及将备份数据恢复到软件系统中。

（9）兼容性测试。

兼容性测试主要用于检测目标软件系统能否按照需求规格说明书中的要求来集成其他业务子系统、软硬件设备，以及测试目标软件系统与其他系统的兼容性。

（10）协议一致性测试。

如果待测软件系统需要与其他软件、设备进行通信，软件测试人员就必须对待测软件系统实现的通信协议、通信方式等内容进行测试，确保目标软件系统实现的协议满足一致性、互操作性和健壮性等指标。

（11）安装/卸载测试。

安装/卸载测试是指软件测试人员对目标软件系统的安装和卸载过程进行测试，确保目标软件系统能够被正常安装以及能够从系统中干净地卸载。

2.7.4 软件测试步骤

从表面上来看，软件测试就是运行软件并尝试找出软件中可能存在的缺陷的过程。然而，在实际的软件开发中，一个完整的软件测试过程可以分为以下几个步骤。

1. 撰写测试计划

在开展软件测试之前，软件测试人员需要根据用户需求规格说明中的功能需求和性能指标内容为本次测试制订测试计划。测试计划对将要进行的测试活动的范围、方法、资源和进度进行规划，对测试项、被测特性、测试任务、测试人员等内容进行安排。

除了制订测试计划以外，项目管理人员在撰写测试计划时还要明确测试需求。由于后期所有的测试工作都将围绕着测试需求进行，符合软件测试需求的测试即是合格的测试，反之即是不合格的测试。

2. 设计测试用例

测试用例是软件测试人员针对软件产品的功能、业务规则和业务处理逻辑所设计的测试方案。从本质上来说，测试用例是为实现某个特殊目标（验证或者找错）而设计的软件系统执行过程。测试用例包括一组精心设计的测试输入、执行条件以及预期结果，以便验证某个软件的功能是否满足特定需求。

由于不同的软件开发方法在分析、设计和实现软件时存在差异，不同软件的测试用例设计策略、方法和侧重点也是不同的。为了对软件进行全面的测试，软件测试人员必须结合软件需求、软件设计，以及软件测试人员的相关经验来为被测软件设计测试用例。

在设计测试用例时，软件测试人员可以对测试需求进行分解。例如，软件测试人员可以将测试需求分解、细化为若干个可执行的测试内容，并为各个测试内容选择、设计适当的测试用例（测试用例质量的好坏将直接影响到测试结果的有效性和测试效率）。

通常，一个完整的测试用例包括测试用例标识符、简短的目的描述、前置条件描述、实际的测试用例输入、期望输出。同时，为了便于管理测试，测试用例中也需要包括执行记录栏目，对测试的执行日期、执行人、测试的软件版本以及测试是否通过等信息进行记录，如表 2-3 所示。

表 2-3　测试用例表

项目名称					
用例编号	*用例唯一标识*	创建人		创建时间	
测试类型		测试人		测试时间	
用例标题					
测试目标					
测试环境	*硬件环境和软件环境*				
前置条件	*详细描述该用例执行的前提条件*				
测试数据	*填写测试时的输入数据*				
测试步骤	*详细描述测试时的操作流程*				
预期结果	*详细描述该用例预期实现的功能或者输出的数据*				
实际结果	*如实填写软件按照测试步骤操作后的实际响应或输出结果*				
备注					

3. 测试设计与执行

当测试用例设计好以后，软件测试人员可以为各待测软件或模块编写测试驱动程序，并按照测试计划来执行测试。软件测试一般由单元测试、集成测试、系统联调及回归测试等步骤组成，软件测试人员应本着科学负责的态度，按照测试规律实施测试过程。

4. 测试评估

软件测试结束以后，软件测试人员可以采用量化分析的方式对本次测试的覆盖域及测试结果进行统计、分析，并形成相应的软件测试报告。同时，软件测试人员也可以根据测试结果对软件的质量和测试工作的进度、效率进行综合评价。软件开发团队可以根据测试的反馈结果来修订软件，提高软件产品的质量。

2.7.5　软件测试的原则

从前面几节的内容可以发现：软件测试是一项极富创造性和智力挑战性的工作。

随着软件测试技术的发展，软件测试人员也在测试过程中积累了大量经验。软件测试人员除了需要了解软件测试的本质以外，还必须注意以下基本原则。

（1）所有的测试内容都应该能够追溯到用户需求。

从软件开发团队的角度出发，软件测试的目标是发现缺陷。而从用户的角度而言，最严重的缺陷是那些导致程序不能满足用户需求的缺陷。软件测试人员必须依赖软件需求规格说明中的内容来设计测试用例，对目标软件系统开展完整的测试。

（2）测试计划的制订必须先于测试。

软件项目的需求分析完成以后，软件开发团队就可以结合项目的实际情况来制订测试计划，并结合软件需求规约来编写测试用例。

通常而言，软件的测试与编码同步进行，甚至测试工作要先于编码。例如，软件测试人员可以根据软件需求、软件设计来构建测试用例，并对完成的软件模块进行白盒测试、黑盒测试。同时，随着敏捷开发过程的盛行，"测试驱动开发"逐渐成为软件开发中的一种常态，即让软件开发人员通过各种测试用例来驱动软件开发。测试工作开展的时间要远远早于软件程序实现。

（3）软件测试应从"小规模"开始，逐步转向"大规模"。

在测试软件系统时，软件测试人员先重点测试程序的单元模块，然后再将测试重点转向集成的模块簇，最后才在整个系统中寻找缺陷。

（4）对软件进行穷举测试是不可能的。

所谓穷举测试就是把软件所有可能的输入或者执行路径都检查一遍。然而，根据软件开发常识，即使是一个中等规模的软件，其执行路径的排列数也是十分庞大的。同时，受时间、人力以及其他资源的限制，软件测试人员也不可能对软件开展穷举测试。

软件测试人员要学会如何设计和选择合适的测试用例，争取做到减少测试工作量的同时，降低软件中存在的缺陷和风险，优化测试过程。

（5）测试只能查找出软件中的缺陷，不能证明软件中没有缺陷。

即使目标软件系统经过了最严格的测试，软件开发团队仍然不能证明软件代码中不存在缺陷。在测试软件时，软件开发团队除了需要对目标软件系统开展通过性测试以外，还要实施失效性测试。通过性测试确认软件能做什么，能否按照要求正常运行；失效性测试蓄意破坏软件，通过尝试各种可能让软件失败的条件来找出软件系统中可能存在的缺陷。

（6）在一个软件缺陷附近很可能还有更多的软件缺陷。

软件测试人员在系统中找到的缺陷越多，就越说明该软件中存在着更多的缺陷。根据帕累托（Pareto）原理，软件项目中 80%的缺陷很可能是由软件中 20%的模块造成的。因此，软件测试的问题在于怎样找出这些可疑的模块，并彻底地测试它们。

（7）避免使用相同的测试用例来测试软件。

软件测试人员如果反复使用相同的测试用例来检查某一个软件缺陷，最后可能会使软件缺陷对该测试用例产生免疫。因此，软件测试人员必须不断编写不同的、新的测试用例，从不同方面对软件的不同部分进行测试，争取在软件中找出更多的缺陷。

（8）并非所有找到的软件缺陷都需要修复。

如果在软件测试中出现以下情况，软件开发团队可以根据项目的实际情况来选择是否修复发现的缺陷。

① 发现的缺陷只是问题的表象，并非问题的实质。

② 修复该缺陷将给软件系统带来较大的风险，暂时不修复。

③ 软件缺陷的影响太小，不值得修复等。

与此同时，为了应对激烈的行业竞争，软件开发团队可能直接将某些未经严格测试的功能投入使用，也可能在开发过程中直接修改或者删除一些经过测试且已经报告缺陷的软件功能。软件测试人员需要结合软件项目的实际情况，灵活地制订测试计划和执行测试。

为了达到最佳的测试效果，软件开发团队可以申请由独立的第三方机构来执行测试工作。所谓最佳测试效果是指有最大可能性发现软件缺陷的测试。目前，在大多数软件企业中都设有专门的软件测试部门和软件测试人员，他们的工作目标就是尽可能早、尽可能多地发现软件项目中存在的错误和缺陷，并确保发现的问题能够被及时修复。

2.7.6 软件调试

相对于软件测试而言，软件调试（Debug）是指软件开发人员通过分析软件的运行情况，确定导致软件出现错误或者缺陷的原因，并诊断和改正错误的过程。一般而言，软件调试发生于软件测试之后，是对软件测试结果的进一步诊断。

与软件测试一样，软件调试也是一件具有很强技巧性的工作。由于软件运行失效或出现问题往往只是潜在错误的外部表现，而外部表现与内在原因之间常常没有明显的联系，如何有效找出导致软件出现错误的真正原因，排除潜在的错误，是一件困难的事情。因此，软件调试也可以被认为是通过软件运行的外部现象找出导致软件出现错误的内在原因的思维分析过程。

结合软件开发领域的实际情况可知，软件开发人员从软件错误的表象来查找、定位导致软件运行出现错误的原因具有较大难度。其主要理由如下。

（1）软件的错误表象与导致错误的原因所处的位置可能相距甚远。

（2）当其他错误得到纠正时，当前的错误表象可能会暂时消失，但并未得到实际排除。

（3）错误表象可能是由一些非错误原因（例如，舍入不精确）引起的。

（4）错误表象可能是由于一些不容易发现的人为错误引起的。

（5）错误可能是由于时序问题引起的，与处理过程无关。

（6）错误是由于难以精确再现的输入状态（例如处理过程中的信号干扰）引起的。

（7）在软、硬件结合的嵌入式系统中，软件系统可能还会出现周期性错误。

除了上述原因以外，不同的技术内容和方式可能还会引入其他错误。调试人员需要综合分析软件需求、设计和实现与软件表象之间的联系，定位错误原因，从而排除错误。

1. 软件调试的途径

软件调试的根本目的是通过系统地评估，寻找导致软件错误的原因并加以改正。然而，正如上文所述，软件错误的表象与产生错误的原因之间没有直接关系，软件开发人员必须通过软件调试来定位错误原因，从而排除软件中存在的缺陷。

通常，软件调试可以采用下列三种方法来定位错误。

1）蛮干法

蛮干法就是将程序中的关键变量或者所有变量的内容打印、列举出来，程序员通过分析大量数据的运行情况，寻找导致程序出错的原因。

蛮干法是软件调试中最常用的方法，也是最低效的方法。软件开发人员可以将打印语句设置在出错源代码的各个关键变量改变位置、重要分支位置、子程序调用位置，通过跟踪程序的执行来监视重要变量的变化。

目前，几乎所有的软件开发集成环境中都提供了调试功能。软件开发人员可以通过单步执行或者断点来跟踪或者中断程序的执行，分析各个关键变量的值变化。利用调试工具，软件开发人员无须修改程序内容，方便了蛮干法的调试过程。

2）回溯法

回溯法是指软件开发人员从软件发生症状的地方开始，人工沿着程序的控制流往回追踪源代码，直到找到导致软件出现错误或缺陷的原因为止。

作为一种常用的调试方法，回溯法在调试规模较小的程序代码时效果显著。如果软件代码的规模较大，软件调试过程中需要回溯的路径数量可能也会变得非常庞大，回溯法找到错误原因的难度也会急剧增加。

3）原因排除法

原因排除法是指软件开发人员结合已经获得的信息，通过软件调试来分析故障代码，并不断排除与软件故障无关的因素，寻找导致软件出现故障的根本原因。

根据工作方式不同，原因排除法又可以分为对分查找法、归纳法和演绎法三种形式。

（1）对分查找法。

如果变量在程序代码内若干个关键点的正确值已知，则软件开发人员可以使用赋值语句或者输入语句在程序代码中的关键点附近"注入"这些变量的正确值。然后，软件开发人员再次运行程序，检查"被注入变量"的程序输出结果是否与预测目标相符。如果"被注入变量"的程序输出结果与预测目标相符，软件开发人员可以认为本次导致软件出现错误的原因位于注入变量值的前半段程序代码；否则，情况反之。

在调试过程中，软件开发人员可以重复使用对分查找法，直到将导致软件出错的代码范围缩小到容易诊断的程度为止。

（2）归纳法。

归纳法是指利用软件故障现象来推断导致软件出现错误的一般性原因，如图 2-31 所示。

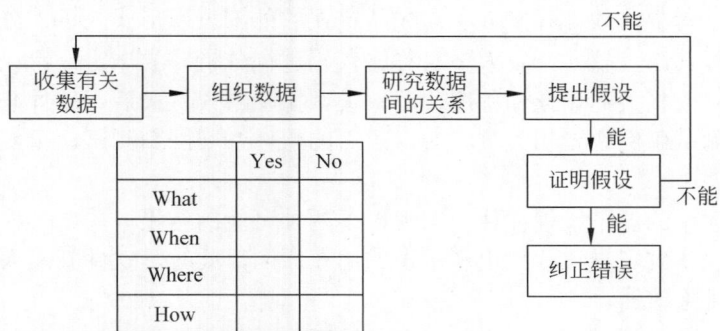

图 2-31　归纳法

在进行软件调试之前，软件开发人员首先将与软件错误相关的数据信息组织起来；接着，软件开发人员通过对数据进行分析，推断出可能导致软件出现错误的一个或多个原因假设；然后，软件开发人员利用已知的数据来验证这些假设。如果本次验证未能查找到错误原因，则需要软件开发人员继续为该错误推断新的假设，并通过收集更多与错误相关的数据信息来帮助调试，对目标软件开展进一步测试。

（3）演绎法。

演绎法与归纳法相反，是指从一般原理或前提出发，经过排除和精化，推导出致使软件出现故障的原因，如图 2-32 所示。

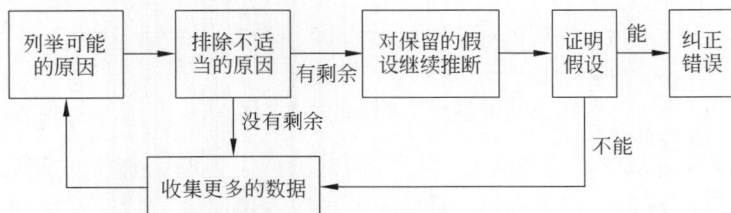

图 2-32　演绎法

　　软件开发人员在进行调试之前，首先设想出所有可能导致软件出现故障的原因，然后再试图用软件测试来逐一排除每一个假设。如果测试结果证明该假设成立，则软件开发人员继续细化测试用例数据，精确定位出软件代码中的错误原因；如果测试结果不能证明假设，则需要软件开发人员收集更多与故障相关的数据，重新开始新的推断。

　　可以发现，软件的调试过程就是根据错误的表象确定错误的性质和出错原因的过程。由于软件调试是对软件开发团队在设计和编码中出现的错误或缺陷进行深入诊断，涉及人类心理学方面的内容，软件调试工作对软件开发团队具有较大的挑战性。

　　在使用上述软件调试方法前，软件开发人员应当对软件的错误征兆进行全面彻底的分析，推测软件设计和代码的错误性质及出错位置，然后再选用适当的软件调试方法来检验推测的正确性。值得注意的是，由于蛮干法是一种效率非常低的调试方法，当且仅当所有其他调试办法都失败以后，软件开发人员才考虑使用蛮干法进行调试。

2. 软件调试的步骤

　　一般而言，软件的调试活动分为两个步骤：①确定错误的性质和故障位置；②对软件的设计和编码进行修改，排除错误。

　　在软件调试过程中，软件开发人员首先从错误的外部表现形式入手，分析可能导致软件出错的内在原因；其次，软件开发人员对程序代码进行分析，尝试定位错误原因；然后，软件开发人员通过修改相关的设计和程序代码，尝试排除错误；最后，软件开发人员利用暴露这个错误的原始测试用例或者相关测试对修改后的软件开展回归测试，重复检测错误的修正结果。

　　可以发现，软件的调试过程往往会出现以下两种可能的结果。

　　（1）调试过程找到了导致软件出现错误的内在原因。此时，软件开发人员改正软件设计和程序代码，并排除该错误。

　　（2）调试过程未找到导致软件出现错误的原因。为此，软件开发人员需要结合软件的执行结果来猜想其他原因，并针对新情况设计新的测试用例来验证猜想是否正确。

　　上述过程不断重复，直到软件开发人员找到导致软件出现错误的原因并纠正错误为止。软件的调试过程如图 2-33 所示。

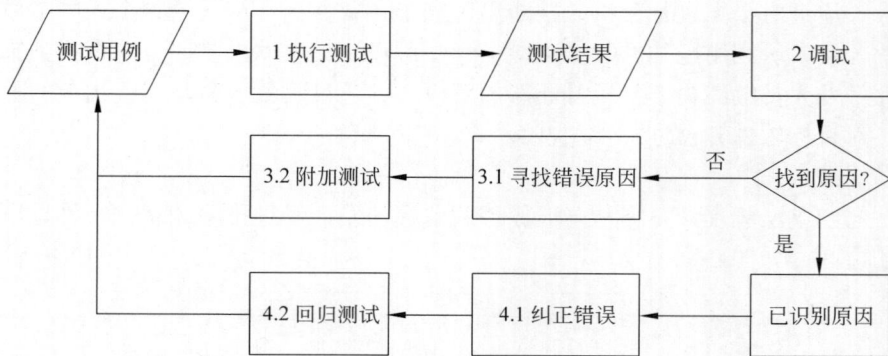

图 2-33　软件的调试过程

　　在进行软件调试时，软件开发人员可以将调试工具作为调试的辅助手段。调试工具可以帮助人们思考，但不能代替人们思考。同时，当导致软件出现故障的原因和位置确定后，软件开发人员在修改程序错误时还需要遵守以下原则。

　　（1）在出现错误的代码位置，很可能还存在着别的错误。

（2）本次修改工作可能只解决了错误的某一个征兆或表象，导致错误的主因未触及。

（3）在修正错误时，修改过程有可能会引入其他新的错误。

（4）修改错误代码时，不要改变目标程序的功能。

软件调试过程结束以后，软件开发人员除了需要对导致软件出现错误的代码进行修正以外，还必须与其他团队成员一起对修改工作涉及的软件设计文档和源代码进行仔细审查，进一步排除软件开发中可能存在的错误。

2.7.7　软件可靠性

软件测试的最终目的是消除软件中存在的错误和缺陷，提高软件的可靠性。然而，什么是软件的可靠性呢？

有人会说，我们团队中都是牛人，我们做的软件很可靠。那么，你有什么证据呢？

软件可靠性是指软件产品在规定的条件下和时间区间内完成规定功能的能力。规定的条件是指直接与软件运行相关的各种软、硬件环境以及系统运行的状态、输入，即计算机系统运行的外部条件；规定的时间区间是指软件的实际运行时间长度或者时间区间；而规定的功能是指软件提供的服务以及软件产品提供的业务功能。

可以看到，软件的可靠性不但与软件存在的缺陷和错误有关，还与系统的输入和使用环境相关。然而，由于各个软件系统的性质不同，软件可靠性的衡量指标也不一定相同。目前，衡量软件可靠性的指标主要有可用性、可靠性、推测残留在程序中的错误数等。软件测试人员可以结合项目的类型和需求对设定的指标进行统计分析。

除此以外，软件可靠性的另外一个重要指标是健壮性，即软件对非法输入、异常情况的容错能力。软件测试人员可以针对软件系统对异常情况的处理结果进行可靠性分析。

由于计算机领域中的开发技术发展较快，并且不同软件项目对可靠性的定义也不一定相同，本书只是对软件可靠性的一般概念进行了介绍。在评估软件可靠性时，软件开发团队可以借用统计学的相关方法对软件测试结果进行分析，对软件的可靠性进行定量评价。

2.8　软　件　维　护

软件系统开发完成、交付用户使用以后，软件产品的生命周期就进入了软件的运行和维护阶段。在软件的运行过程中，软件开发团队或者用户可能会发现一些在测试过程中未曾发现的错误，或者软件在实际运行过程中无法满足新的需求等情况。

根据国标 GB/T 11457—2006 所述，软件维护是指在软件产品交付使用后，软件维护人员对软件进行修改，纠正软件错误、改进软件性能和属性，使产品能够适应环境的过程。简而言之，软件维护的目的就是纠正软件在开发过程中未发现的错误，增强、改进和完善软件的功能和性能，使之能够适应软件需求的发展。通过软件维护，软件开发团队可以保证软件系统能够持续地与用户环境、数据处理操作相协调，确保软件系统能够稳定运行，延长软件系统的使用寿命，从而创造更多价值。

软件维护涵盖了从软件交付使用到软件被淘汰的整个时期。相对软件开发而言，尽管软件维护是单调乏味的重复性工作，但是在实际应用中，软件维护是软件系统可靠运行的重要技术保障，必须予以重视。

2.8.1 软件维护分类

根据维护的内容不同，软件维护可以分为纠错型维护、适应型维护、完善型维护和预防型维护四种类型。

1. 纠错型维护

纠错型维护也称改正型维护，是指对在软件开发过程中已发生，但是在软件测试阶段未能发现的软件错误进行纠正的过程，即在软件投入使用后，软件维护人员对暴露出来的错误进行测试、诊断、定位、纠错以及验证、修改的过程。

据统计，纠错型维护的工作量约占整个维护工作的17%～21%。

在纠错型维护中发现的错误，有的可能不太重要，并不影响软件系统的正常运行，其维护工作可以随时进行；而有的错误却至关重要，将会对整个软件系统的正常运行带来较大影响。在执行维护工作之前，软件维护人员必须对该问题制订详细周密的维护计划，同时结合软件运行的实际情况来实施维护计划内容，并定期进行复查和控制。

2. 适应型维护

随着计算机技术的快速发展，计算机的软、硬件价格不断下降，并且各类系统软件层出不穷。为了更换失效的系统部件或者提升软件系统的运行性能，用户可能会要求利用新的软、硬件系统来更换原有的系统部件，例如，采用性能更好的数据库系统、更换其他网络设备、更换其他类型的存储等。以上种种因素都将直接促使适应型维护工作的诞生。

适应型维护是指为了使软件能够适应新的、其他类型的软件、硬件、数据环境和管理环境，软件开发团队对原有软件系统进行修改的过程。适应型维护的工作量约占整个维护工作的18%～25%。同样，开展适应型维护工作也要有计划、有步骤地进行。

3. 完善型维护

完善型维护是为了满足用户在使用过程中提出的新功能和性能需求，软件维护人员对原软件系统进行功能扩充和性能改善，即完善型维护是指在软件系统原有的基础上添加一些在系统分析和设计阶段没有规定的功能与性能特征。

由于完善型维护需要对原软件系统的功能和性能进行完善，除了要有计划、有步骤地实施以外，软件维护人员还需要将相关的维护信息加入对应的开发文档中。一般而言，完善型维护活动的工作量占整个维护工作的50%～60%。

4. 预防型维护

预防型维护是指软件开发团队为了提高软件的可靠性和可维护性，对需要维护的软件或者其中某一部分进行重新设计、编码和测试的过程。预防型维护通过为软件增加预防性的新功能，使软件系统能够适应未来面临的软、硬件环境和需求变化，即预防型维护要求软件开发团队对将来可能发生变更的软件采取预防性措施，使软件能够适应可能发生的变化，为将来进一步的维护和运行打好基础。

由于预防型维护工作的必要性存在争议，预防型维护活动的工作量在整个维护工作中的占比较小，约为4%。

2.8.2 软件维护实施

软件的维护过程可以看作一种特殊的、经过修改并压缩后的软件定义及开发过程。在维护活动开始前，为了有效避免维护过程中出现的混乱，软件维护团队必须首先明确本次维护的责任和范围。

通常而言，软件的维护活动由识别与跟踪、分析、设计、实施、系统测试、验收测试、交付使用、维护管理等步骤组成，如图 2-34 所示。

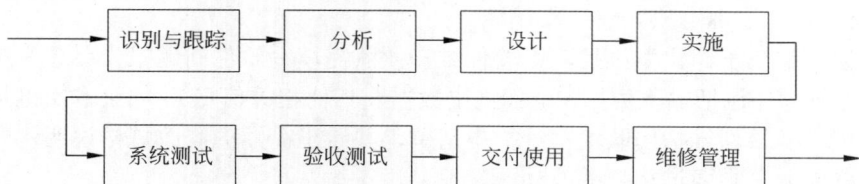

图 2-34　软件维护活动

然而，在实际的软件维护中，软件的维护实施过程可以分为以下五个部分。

1. 建立维护组织

在进行软件维护之前，软件开发团队必须结合软件系统的维护内容和情况来建立合适的维护团队，从而对软件的维护过程进行有效的控制。

在正式的维护工作开展之前，软件维护团队必须先对目标软件系统进行全面快速的理解。同时，软件维护团队可以建立维护活动的登记、申请制度，规定对维护方案的审批制度，以及复审的评价标准。

一般而言，软件维护团队由维护管理人员、系统管理人员、维护决策机构、维护人员和配置管理人员组成，如图 2-35 所示。维护管理人员、系统管理人员、维护决策机构等角色均代表维护工作的某个职责范围，可以是指定的某个人，也可以是包括管理人员和高级技术人员在内的小组。

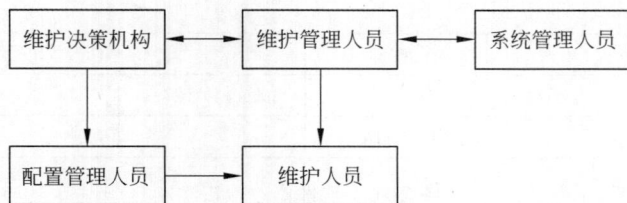

图 2-35　软件维护团队组成

维护管理人员收到维护申请后，将维护申请提交给系统管理人员；系统管理人员一般是对目标软件系统特别熟悉的技术人员；系统管理人员对维护申请可能引起的软件修改提出意见，并交由维护决策机构来确定是否采取行动。

如果维护决策机构做出决定，并且启动维护过程后，维护人员将对目标软件系统进行修改；此时，配置管理人员严格把关项目的修改内容，控制修改范围，对软件配置进行审计。

根据维护工作的持续时间不同，软件维护团队可以分为短期维护团队和长期维护团队两种。短期维护团队一般是指需要执行某项具体的维护任务时，软件开发团队临时组织起来解决维护问题的团队，例如，对程序排错的检查，检查完善型维护的设计和进行质量控制的审查等。如果需要对长期运行的复杂软件系统进行维护，软件开发团队必须在开发完成之前建立一个稳定、具有严格组织和良好沟通渠道的软件维护团队，即长期维护团队。

然而，无论是短期维护团队还是长期维护团队，无论维护任务简单与否，为了避免在维护过程中出现由于责任不清楚而造成的混乱，明确软件维护团队中的人员职责和分工是极为重要的。特别地，无论是短期维护团队还是长期维护团队，都需要把有经验的员工和新员工进行混合搭配，减少由于人员不稳定带来的影响。

2. 维护申请

在开展维护工作之前，软件维护团队首先需要确定本次维护的类型，并以文档方式提出软件维护申请。

如果本次维护属于纠错型维护，则软件维护团队需填写软件问题报告单，完整地记录出错信息和出错场景（包括输入数据、全部输出数据及其他相关信息）；如果本次维护是其他类型的维护，则需要软件维护团队填写维护申请单，并给出简短的修改规格说明，即说明在原来的需求规格说明书中要进行哪些改动。

维护申请将由维护管理人员和系统管理人员共同研究处理，并给出相应的软件修改报告。一般而言，软件修改报告包括维护性质、维护优先级、维护所需工作量以及维护结果等信息。软件修改报告是确保软件版本进化过程可跟踪所必需的文档，其内容框架可以根据待维护项目的特点进行定制。图2-36给出了一份典型的软件修改报告模板。

软件名称				
源程序名称		备份程序名称		
相关文档列表				
维护描述：				
日期	修改内容	修改原因		特别说明
增加代码行数		删除代码行数		修改代码行数
注释修改		相关文档修改		
修改开始日期		修改完成日期		维护人

图2-36 软件修改报告

在拟定详细的维护计划之前，维护管理人员先将软件修改报告提交给维护决策机构，由维护决策机构根据软件修改报告的内容和软件项目的实际情况来裁决是否进行后续的维护活动。然后，同意进行维护的软件修改报告被提交给授权人，由授权人审查批准。

3. 系统维护

软件的维护活动从用户提交维护申请后就开始了。软件维护团队需要根据不同类型的维护开展相应活动。

（1）纠错型维护。

系统管理人员首先判断该维护申请涉及问题的严重性。对于非常严重的错误，软件维护团队必须尽快安排维护人员，在系统管理人员的指导下对本次维护进行问题分析、寻找导致错误发生的原因，并进行紧急维护；对于问题不严重的纠错型维护，软件维护团队可以将其放入维护列表，并根据评估的优先级进行后期处理。

（2）适应型维护。

如果维护申请为适应型维护，系统管理人员可以先评估该维护申请的优先级，然后将该申请放入系统维护列表。软件维护团队将根据实际情况对维护列表中的内容进行处理。

（3）完善型维护。

软件决策机构将根据维护的内容和项目实际情况来决定是否需要开展完善型维护。

所有被接受的维护申请将被评定优先级，并放入维护活动列表；如果软件决策机构拒绝用户的维护申请，则需要通知提交维护申请的用户，并说明原因。

尽管软件维护团队对不同类型的维护申请的处理方式有所区别，但是软件维护的过程是相同的（例如，修改软件需求说明、修改软件设计、设计评审、必要时重新编码、单元测试、集成测试、回归测试、确认测试等）。软件维护团队将结合各个维护请求的优先级，依次从维护队列中取出相应的维护任务，按照软件工程方法来规划、组织和实施维护。

如果所有接受的维护请求都处理完毕，软件维护团队将释放占用的维护资源；否则，软件维护团队将按照维护计划，继续开展剩余的维护任务，如图 2-37 所示。

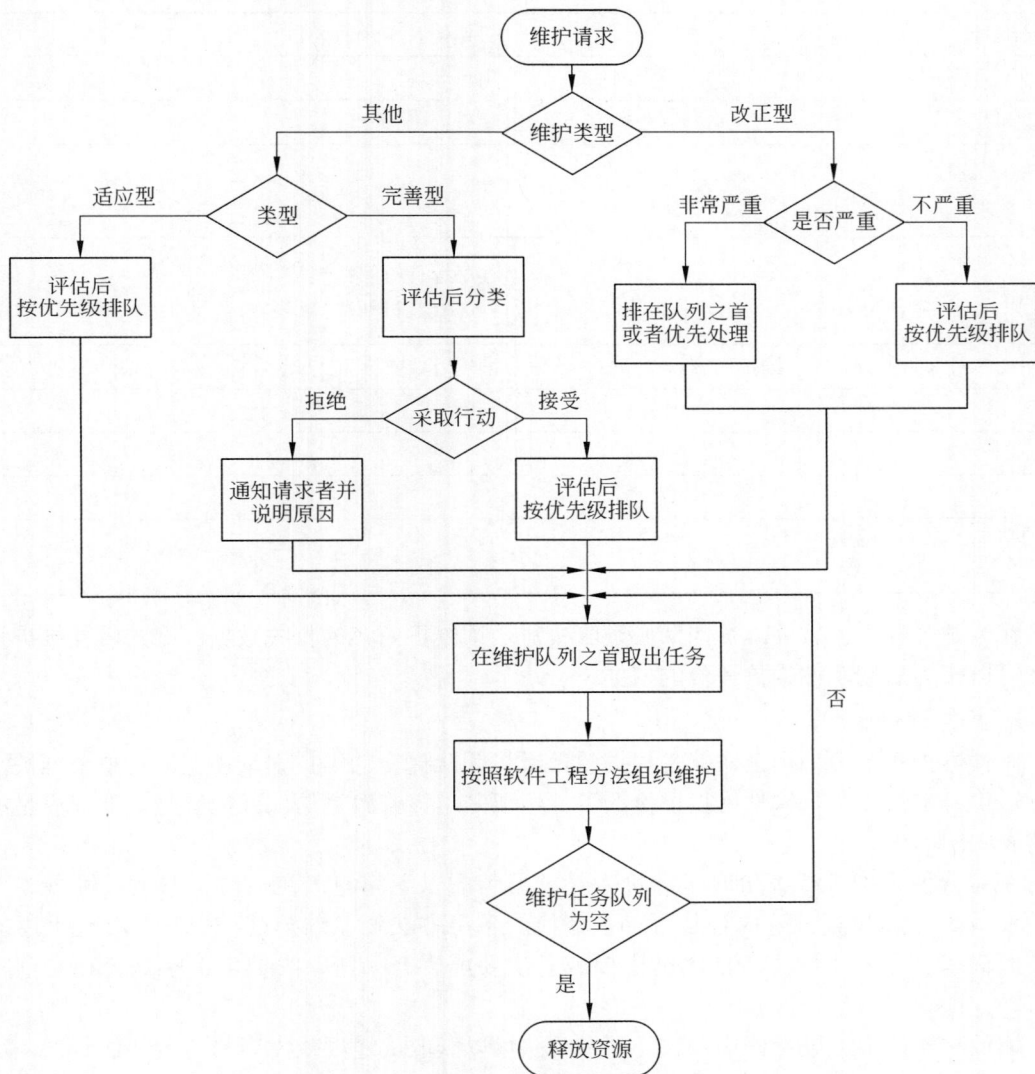

图 2-37　软件维护过程

4. 维护档案记录

除了软件维护申请单和软件维护申请报告以外，为了评估软件维护的有效程度，确定软件维护的质量以及计算维护的实际开销等，软件维护团队在进行软件维护时还需要记录一些与维护工作相关的数据信息。例如，记录编号、记录日期、计划编号、项目名称、模块名称、编号、初始状态描述、维护需求、源语句行数、使用的程序设计语言、失效次数、程序安装的日期、自安装以来软件失败的次数、程序变动的层次和标识、因程序变动而增加的代码行数、因程序变动而删除的代码行数、每个变动消耗的人时数、程序变动日期、软件工程师的名字、维护要求的标识、维护类型、维护的起始时间、用于维护的累计人时数、与完成的维护相关联的纯收益等。

表 2-4 给出了一份软件维护记录示例。在实际的软件维护过程中，软件维护团队可以根据项目的特点和需要对维护记录信息内容进行完善。

表 2-4　软件维护记录

记录编号：		日期：×年×月×日		
计划编号：		项目名称：		
模块名称：		编号：		
初始状态描述： 维护需求：				
源程序行数： 编程语言： 失效次数：		程序运行时间： 程序安装日期：×年×月×日		
日期（×月×日）	维护内容	增/删/改	工作量（×个人月）	维护人员
…				
…				
…				
维护结果： 维护人员：				

在维护过程中，软件维护团队必须收集每一项维护内容的相关数据。好的软件维护记录档案可以作为后期软件维护评价的依据。

5. 维护评价

软件维护的最后一项工作就是根据软件维护团队提交的维护记录档案，对整个维护活动进行评价、定量度量。软件维护评价的目标主要是审核修改过的软件配置是否能够满足维护申请表中的需求。

在对软件维护进行评价时，评价人员需要考虑以下问题：在当前状态下，维护工作使用的设计、编码和测试等内容是否存在其他的备用方法？在维护过程中，有哪些可用的维护资源尚未使用？本次维护活动的主要或者次要障碍有哪些？维护申请中是否存在预防型维护？

通过对软件维护进行评价，软件开发团队可以获取上述度量内容的定量评估数据，从而对此次维护活动制订的维护工作计划、资源分配、选择的开发技术和程序设计语言等内容进行客观评价。通过维护评价，软件开发团队在判断此次维护活动是否顺利、成功的同时，也可以积累维护经验，为将来的维护工作决策提供参考。

2.9 小　结

软件生命周期是指软件项目从立项、可行性分析、制订软件开发计划、需求分析、软件设计、软件实现、软件测试、系统验证、软件运行与维护，到最终废弃使用的整个过程。

软件生命周期作为软件开发和维护的一般过程，是所有软件开发方法的最基本原则。

在软件开发之前，软件项目的立项和可行性分析主要是对软件项目的意义和建设方案进行论证；而软件开发计划是结合软件项目的可用资源，对软件开发过程中的各个因素进行合理规划，统筹管理软件项目的实施过程。

随着软件开发技术的持续发展，各种软件开发技术层出不穷，并形成了结构化方法和面向对象方法两种经典的软件开发方法。可以发现，各种方法均结合自身特点对软件生命周期中的需求分析、软件设计、软件实现和测试进行了补充和优化，使其可以更好地满足相应的软件开发流程。

与此同时，软件维护作为软件生命周期中的重要环节，可以持续地优化目标软件系统，充分发挥软件系统的价值。

2.10 习　题

1. 软件生命周期是什么？所有类型软件的生命周期是否都一致？

2. 你认为软件需求中的功能需求和非功能需求有什么区别？举例说明哪种需求实现起来更加困难。

3. 软件设计中的概要设计和详细设计分别完成什么工作？结构化方法和面向对象方法中的概要设计、详细设计是否完成相同的工作？

4. 在设计程序时，为什么需要将程序模块化？如何才能提高模块的独立性？

5. 学习了经典的软件架构以后，你认为设计软件时直接参考经典架构和根据自身能力或者项目特点来定制软件架构，哪种方式更好？

6. 为什么要进行设计复审？

7. 如何为目标软件系统选择合适的程序设计语言？如何提高软件编码的效率？

8. 软件测试的目的是什么？如何设计测试用例才能有效地发现程序代码中存在的缺陷？

9. 怎样才能编写出高可靠性的软件？

10. "只有差的软件才需要维护"这句话正确吗？为什么？

第二篇 结构化方法

为了降低编程的难度，20 世纪五六十年代诞生了一批接近人们使用习惯的高级语言，如 FORTRAN、Pascal、BASIC 和 C 语言等。高级语言在程序设计中引入了丰富的数据结构和控制结构，允许软件设计人员采用接近人们使用习惯的自然语言和数学语言来开发计算机程序，极大地推动了计算机技术的快速发展。

然而，早期程序设计中的代码编写风格比较随意，程序中的流程可以随意跳转，程序的可维护性较差。为了使程序代码容易被阅读和维护，人们提出了结构化程序设计方法，即规定程序必须由具有良好特性的基本结构（顺序结构、分支结构和循环结构）构成，且程序中的流程不允许随意跳转；程序总是由上而下、顺序地执行各个基本结构。

在结构化程序设计中，软件开发人员可以将特定的业务处理功能封装为函数，以自顶向下、逐步求精的方式，采用模块化思想来实现软件功能分解，为设计复杂的应用程序奠定基础。

随着计算机技术的快速发展，人们从结构化程序设计中总结出了结构化方法。从内容上来看，结构化方法主要包括结构化分析（Structured Analysis，SA）、结构化设计（Structured Design，SD）和结构化编程（Structured Programming，SP）3 个部分。结构化方法作为一种经典的、面向数据流的程序设计方法，一经提出就备受业界关注，并得到了广泛的应用。

本篇将结合具体的案例，向大家介绍如何使用结构化方法来分析、设计和实现软件。

第3章 结构化分析

与所有的软件开发过程一样，软件开发团队在开发软件之前必须对软件的需求进行分析，并严格按照用户给出的需求内容来完成软件的设计和实现。

高级语言的出现让开发计算机程序变得越来越方便，软件开发人员可以根据自己的思维模式来创作软件。与结构化分析相关的概念最早出现于 20 世纪 60 年代后期，Douglas Ross 阐述了如何使用结构化思想来分析软件需求。但是，直到 20 世纪 70 年代末 Demarco 设计了结构化分析的建模方法和描述工具之后，结构化分析方法才被逐渐用于软件开发中。

结构化分析就是指采用结构化的方法对目标软件系统的需求进行描述和建模。由于结构化程序设计主要跟踪数据的处理过程和处理流程，结构化分析中通常采用功能模型、数据模型和行为模型来建模用户需求，即采用数据流图（Data Flow Diagram，DFD）、状态转换图（State Transition Diagram，STD）和数据字典（Data Dictionary，DD）等方式对软件需求进行模型化描述。

在结构化分析中，功能模型用于定义目标软件系统应当完成的业务功能；行为模型表示目标软件系统对外部事件响应的系统行为；数据模型用于理解和表示问题的信息域。

3.1 结构化需求描述方法

在结构化程序设计中，软件系统根据业务流程对输入系统的数据进行处理。输入数据经过多个函数的"处理"以后，再输出系统。可以发现，在结构化程序设计中，软件开发人员可以将数据处理功能封装为"函数"，将复杂的处理分解为更小的函数，通过业务功能组合来实现要求的数据处理过程。

因此，在使用结构化方法描述用户需求时，需求分析人员必须关注数据在系统内部的处理过程，即数据从输入到输出的过程中经过了哪些"处理"以及处理的对象是什么，对象的内容是什么。

根据人类语言常识，可以认为：关于处理的动作一般采用"**动词短语**"来表示，例如，均分苹果，打印文件，显示结果，休息等，且动词短语可以由"动词+宾语"和"动词"两种情况组成。

（1）动词+宾语

"动词+宾语"表示了一个完整的动作及动作处理对象，即动词表示需要对宾语处理的动作，宾语表示被处理的对象。在进行需求分析时，需求分析人员可以将动词理解为数据处理的功能，宾语表示被处理的数据。

（2）动词

单一的动词可以表示目标软件系统在处理该动作时，仅需要进行一些内部处理，或者进行一些不需要输入操作的动作。

在结构化分析中，为了准确地描述数据在业务系统中的处理流程，需求分析人员必须重点关注用户需求描述中的动词以及动词处理的数据对象。

本书以一个简单的、类似火车订票系统的软件为例来介绍结构化分析过程。为了简单示例，假设该系统仅有一个用户操作订票软件，暂不考虑软件并发需求。与此同时，该案例屏蔽了软件与其他软件系统进行通信的细节。

假设需求分析人员在与用户进行沟通时获得了以下的需求描述内容。

用户进入订票系统后，系统将向用户显示订票软件的操作界面。

软件界面中显示了软件名称、系统软件Logo、系统通知信息、当前时间等。同时，系统提供输入用户名和密码的登录方式，允许注册用户填写注册信息进行注册。

未注册用户可以在软件界面上选择注册功能，进行注册。用户选择注册功能以后，系统将进入软件注册界面。用户在注册界面上填写合法的注册信息后，提交系统检验。检验合格后，完成注册过程。

订票系统提供车次录入功能。管理员可以登录系统后台，录入车次信息。车次信息包括车次、始发地、目的地、实发时间、车票数量信息等。系统将保存录入的车次信息。

用户进入系统后，系统将显示订票提示信息。同时，界面提供用户输入想要订票的车次信息和出行日期。用户也可以输入始发站和终点站信息来查询满足要求的所有列车。

用户确认订票车次和日期后，系统将从后台数据库中寻找满足用户需求的车次信息，并通过列表方式进行显示。列表由多个列车信息项组成。列车信息项中显示了车次信息、出发时间、到站时间、可订座位数量信息和票价。

用户选择好想要预订的车次后，单击"预订"按钮进行车票订购。此时，订票客户端将向系统提交订票请求。系统验证订票信息以及车次信息有效性后，向用户反馈订票结果。如果订单有效，系统将要求用户进行在线支付；如果订单无效，系统将向用户提示订票失败。

网络支付页面显示当前需要支付的订单信息。订单信息包括车次信息、出发时间、到站时间、订单价格。同时，为了方便用户支付，系统将显示当前支持的多种支付方式。用户选择特定的支付方式进行支付，系统将提供订单支付页面。用户在支付页面填写支付信息后，系统将支付信息提交给银行审核。银行审核支付信息合法后，系统提示订票成功，系统修改后台的车次、坐席、数量信息，同时提醒用户订票成功；银行审核支付信息无效时，系统提示当前订票支付失败。

从上述需求可以得出：该软件涉及的数据主要包括系统软件、用户身份信息、车次信息、订票信息和银行卡信息五个方面。

依据前面论述的需求分析方法可以知道，在采用结构化方法建模软件需求时，需求分析人员需要重点把握最初的输入数据，并跟随输入数据寻找数据在软件系统中被处理的过程，即需求分析人员需要重点对输入数据的处理过程进行关注。

需求分析人员首先从需求描述中挑选出所有的"动词+宾语"和"动词"；其次，由于此时的需求描述只是对目标软件系统的需求进行一般性概述，在需求描述中可能包含了大量与目标软件系统无关的内容。因此，需求分析人员可以对选取的动词短语进行分析，去除所有与本项目无关的动词；最后，需求分析人员可以对剩余的动词短语进行过程排序，追踪数据进入系统后被处理的过程。

通过以上处理过程，需求分析人员对文字描述的需求进行了再次整理，可以得到本案例需求中对上述五种数据的主要处理动作如下。

（1）系统

显示订票软件操作界面、保存车次信息、显示软件信息、提供登录信息、提供注册信息、显示订票提示信息、验证订票信息、显示支付方式、提示订票结果。

（2）用户身份信息

用户注册、用户登录、用户身份验证。

（3）车次信息

录入车次信息、保存车次信息、查询车次、列举车次信息。

（4）订票信息

订购车票。

（5）银行卡信息

审核支付信息。

除了获取需求分析中所有的"处理"和"处理对象"以外，需求分析人员还需要关注需求描述中各个"处理"过程的次序和先后关系，即数据在系统中被处理的流程。

与此同时，在撰写需求内容时，需求分析人员还需要对动词处理的对象"宾语"进行重点关注，即对各个数据项目的内容组成和内容格式进行详细描述。同样以上述订票软件为例，需求分析人员必须对系统中涉及的五种数据对象的内容和格式进行记录。例如，用户身份信息由姓名、出生日期、性别、身份证号、用户名、密码等信息组成。其中，姓名由2~10个汉字组成。

在描述了系统需求涉及的"动词"和"宾语"后，如果软件系统在处理数据过程中涉及状态变化，则需求分析人员还应该对系统在运行中的处理状态进行区别，对系统在不同状态下的行为进行描述。同样以上述订票软件为例，在订票环节中就涉及是否有剩余车票这个状态。如果选定车次的车票还有剩余，则系统进入订单支付状态；相反，如果选定车次的车票已经售罄，则系统将提示订票失败。

可以发现，在以结构化方法对目标软件系统进行需求描述时，需求分析人员可以从"动词短语""宾语的内容及组成""动词的处理顺序"以及"系统状态"四个方面对业务内容进行说明，对用户给出的处理需求进行准确、完整的描述。

3.2　结构化需求建模

尽管 3.1 节已经对如何描述用户需求进行了介绍，但是，由于自然语言在描述事物时往往存在随意性和二义性等问题，文字描述的软件需求可能会对后期的软件设计带来障碍，影响软件设计人员对需求内容的理解。

为了准确地描述用户需求，便于软件开发团队理解问题，需求分析人员可以采用模型化方式对目标软件系统的需求内容进行无歧义的描述。所谓模型是指人们为了理解事物而对事物做出的抽象，即模型是人们对于某个实际问题或客观事物、规律进行抽象后的一种形式化表达方式。通常，模型由一组图形符号和组织这些符号的规则组成。

结合上述需求分析所要描述的内容，需求分析人员在进行结构化需求建模时，可以分别使用数据流图、数据模型、数据字典、处理/加工逻辑说明和状态转换图对需求中数据处理的次序、数据处理的对象和对象内容、处理对象的内容组成、处理数据的过程，以及系统在处理数据时的状态进行建模。

3.2.1　数据流图

数据流图，顾名思义，是对数据的流向进行描述的建模工具。数据流图以图形方式来表达数据在系统内部的逻辑流向和逻辑变化过程，可用于对系统内部的数据处理过程建模。

在绘制数据流图时，需求分析人员可以根据对需求的理解程度，采用分层方式描述数据处理的细节，即在需求分析初期，需求分析人员可以采用概述方式对数据流进行建模；随着需求分析人员对问题理解的深入，顶层数据流图中的处理可以被分解，并进一步拆分为更细致的数据处理过程，形成细化后的下层数据流图。通过分层数据流图，需求分析人员可以从整体到局部对目标软件系统处理数据的流程进行建模，准确描述数据在系统内部的处理过程，帮助软件开发团队对数据的处理过程有一致的理解。

因此，对于根据数据处理过程来设计程序的结构化方法而言，数据流图除了是一种描述系统处理数据逻辑的图形工具以外，还可以清楚地说明系统的组成部分以及各个组成部分之间的数据联系。

1. 数据流图表示

由于数据流图采用抽象的图形符号来表现数据在软件中的流动和处理的过程，如何定义数据流图中的符号至关重要。目前，主流的数据流图图示符号有 Yourdon 和 GaneSarson 两种体系，且每种体系都由处理、数据存储、外部实体和数据流四种符号组成。

尽管 Yourdon 和 GaneSarson 两种体系非常成熟，但是，目前支持这两种体系的绘图工具较少。因此，本书以主流的矢量图绘图软件 Microsoft Office Visio 来介绍数据流图。数据流图的主要符号如图 3-1 所示。

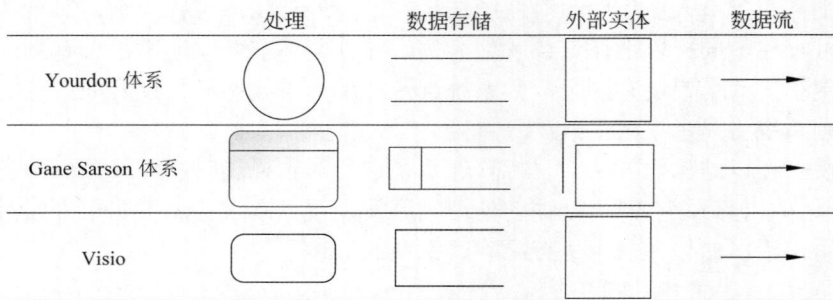

图 3-1　数据流图符号

在数据流图中，处理也称为加工，即数据的处理或变换。处理可用于表示目标软件系统中对数据进行处理的逻辑单元。一般而言，处理的名字对应着与之相关的"动词短语"，表述处理的动作。

外部实体一般简称为实体，也可以称为数据源点或终点、外部对象等。外部实体用于表示数据的外部来源和输出，也可以是软件之外的其他系统。

数据存储在数据流图中表示对数据的存储。数据存储可以是系统中的文件、数据库等，也可以是系统中的表单、账本等。数据存储一般用"名词"或"名词短语"命名，可以在备注中说明数据存储的介质或者物理设备，便于软件开发人员理解。

数据流图采用带标识的箭头来表示数据流，表示系统处理数据对象的流动方向。一般而言，数据流由一个或者一组确定的数据项组成。数据流可以连接两个处理，也可以连接处理和数据存储，或者连接处理和外部实体，表示数据在系统中的传递过程。

除此以外，需求分析人员在绘制数据流图时应遵循以下原则。

（1）数据流的实体和存储之间至少需要一个处理过程。

数据流不能从外部实体直接流向其他外部实体，也不能直接流向数据存储；同样，数据流也不能直接从数据存储流向其他数据存储或外部实体。

（2）数据流必须标出名字，且名字必须反应出数据流中的数据内容。

由于数据流表示数据进入处理环节或离开处理环节，数据流的命名必须体现进入或离开时的细节。

（3）数据流的名字不允许重复。

从（2）中可以知道，数据流用于建模参与处理的数据。即使不同数据流在结构上是相同的，但是由于数据流处于不同的处理阶段，其内容和状态已经发生了变化。因此，在绘制数据流图时，需求分析人员必须为数据流设定不同的名字来表述具体的数据内容，对数据的内容进行准确定义。

（4）数据流描述被处理的数据，不应体现具体的处理控制内容。

数据流中应当体现处理的数据内容细节，即流入、流出处理的内容细节。对数据进行的处理应该封装到处理中，数据流中无须体现。

2. 数据流与处理之间的关系

在复杂的数据流图中，处理之间可能不仅仅只有一条数据流，即处理可能会产生多个数据流输出，或者处理需要多个数据流的输入。

为了表示处理之间多个输入数据流或者输出数据流之间的逻辑关系，数据流图中增加了额外的标记符号来表达处理与数据流以及数据流之间的关系。在数据流图中，符号"*"表示相邻数据流之间存在"与"关系，即流入或流出处理的多个数据流必须同时存在；符号"+"表示相邻数据流之间存在"或"关系，即流入或流出处理的数据流可以存在其中一个，或者多个数据流同时存在；符号"⊕"表示相邻数据流之间存在"异或"关系，即流入、流出处理的数据流中只能取其中一个，多个数据流不能同时存在，如图 3-2 所示。

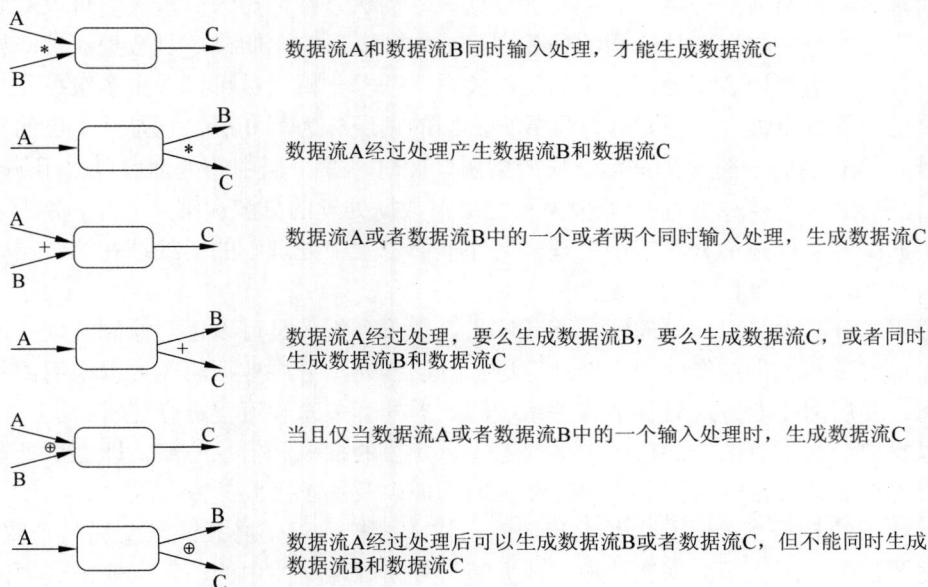

图 3-2　数据流和处理之间关系的符号表示

3. 数据流图分层

对于大型的软件系统而言，由于涉及的业务逻辑比较复杂，需求分析人员不可能马上明确系统需求，也不可能一次性将全部的处理和数据流绘制到一张完整的数据流图中。此时，需求分析人员可以采用分层数据流图对系统的业务流程进行抽象、建模。

一般而言，分层数据流图包括顶层数据流图、中间层数据流图和底层数据流图三层，如图 3-3 所示。图中，L0 表示顶层数据流图，L1 表示中间层数据流图，L2 表示底层数据流图。可以看到，下层数据流图是对上层数据流图的进一步细化。

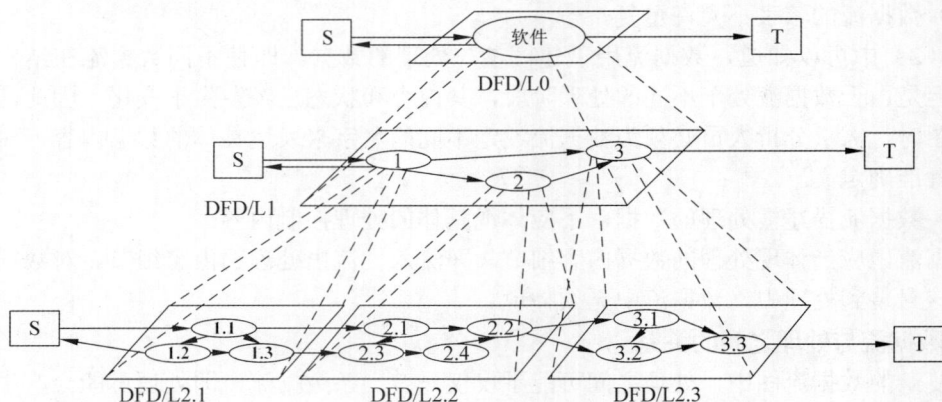

图 3-3　分层数据流图案例

在分层数据流图中，顶层数据流图用于描述整个软件系统的作用范围。此时，需求分析人员可以将整个目标软件系统看成顶层数据流图的处理，而处理的输入和输出描述了系统与外部环境的接口。

中间层数据流图是对顶层数据流图的分解，可以认为是顶层数据流图的功能划分。

底层数据流图是对中层数据流图的再次分解、细化。底层数据流图由一些不能再分解的处理和简单数据流组成。当然，如果底层数据流图仍然复杂，需求分析人员可以对底层数据流图进行再次细分。底层数据流图的处理应当功能独立，简单明确，且数据流被严格定义。

同时，为了清晰地表明处理之间的层次关系，需求分析人员可以采用多级编号方式来索引数据流图中的各个处理。通常，分层数据流图的顶层称为第 0 层，它是第 1 层的父图；而第 1 层既是第 0 层的子图，又是第 2 层的父图。此时，第 1 层中的处理可以采用编号 1、2、3…来进行标记；由于第 2 层中的处理为第 1 层中数据处理的分解和细化，需求分析人员可以用下一层的编号来标记拆分后的子处理。例如，第 1 层中处理 1 的子处理在第 2 层中可以用编号 1.1、1.2、1.3…来标记，以此类推。

随着需求分析人员对问题理解的不断深入，需求分析人员可以逐层绘制数据处理的具体细节。通过对目标软件系统中的"处理"进行分层描述，分层数据流图可以采用由外至内、自顶向下、逐层细化的方式对复杂软件系统的数据处理关系和流程进行建模。

可以发现，数据流图的分层思想体现了需求建模的抽象和信息隐藏，即上层处理不需要考虑下层处理的细节，暂时掩盖了下层加工的功能以及加工之间的复杂关系。

值得注意的是，在绘制分层数据流图时，需求分析人员还必须注意父图与子图的平衡，即保持父图与子图的输入数据流和输出数据流一致，确保父图中的输入、输出数据流也是子图的输入、输出数据流。如果数据流在子图中得到了细化，需求分析人员需要在数据字典中对分解的数据流进行准确描述。

同样以上述订票软件为例，在进行首次需求调研时，需求分析人员可以将其业务过程抽象为图 3-4 所示的数据流图。

图 3-4　L0 级车票订购业务数据流

随着需求分析人员对订票流程的进一步理解，可以发现图 3-4 中的"订票"处理可以分解为"查询车次"和"订购车票"两个子处理，如图 3-5 所示。

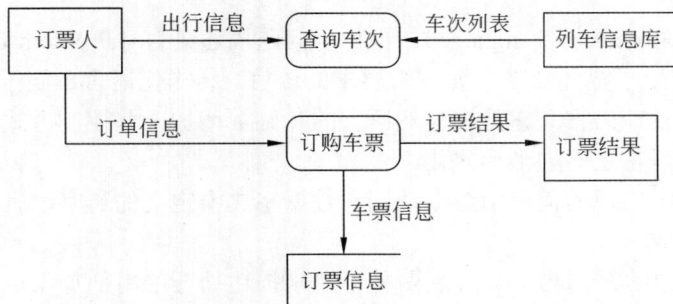

图 3-5　L1 级车票订购业务数据流

接着，需求分析人员可以根据业务流程对"订购车票"处理进行继续细化，分为"查询余票"与"生成订单"两个子处理。其中，"生成订单"处理的输出中，"成功信息"和"失败信息"两个数据流为异或关系，如图 3-6 所示。

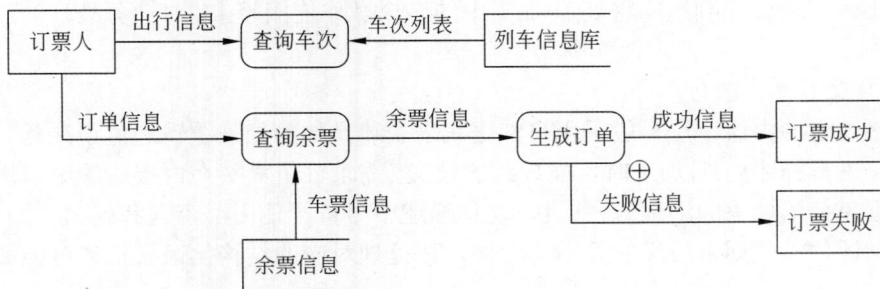

图 3-6　L2 级车票订购业务数据流

通过分层数据流图，需求分析人员可以将火车订票业务逐层细化，对订票的业务处理流程进行详细建模。

可以发现，需求分析人员可以借助数据流图，对需求描述中的数据处理顺序和处理之间传递的数据内容（数据输入和数据输出）进行准确建模。同时，需求分析人员可以采用分层数据流图来建模复杂的业务处理过程和数据内容，实现对复杂业务需求内容的精准建模。

3.2.2　处理/加工逻辑说明

在需求分析过程中，需求分析人员可以借助数据流图对目标软件系统处理数据的过程进行建模。然而，即使需求分析人员将数据流图分解到了最低层次，"处理"的概念仍然很抽象，无法具体到数据的实际操作过程。

处理/加工逻辑说明对数据流图中出现的"处理或加工"进行详细描述，即描述处理是"做什么"和"怎么做"的。具体而言，处理/加工逻辑说明对指定处理的数据处理过程、处理逻辑进行说明，描述处理如何将输入数据转变为输出数据的加工规则。同时，处理/加工逻辑说明还包括其他与处理相关的信息，如处理的执行条件、优先级、执行频率和出错处理等。

一般而言，数据流图中的每一个处理都应有相应的处理/加工逻辑说明。处理/加工逻辑说明应当完整、严密、易于理解。

目前，需求分析人员主要采用结构化语言、判定树和判定表三种形式描述处理的业务逻辑。

1. 结构化语言

结构化语言（Structured Language），也称为问题描述语言（Problem Describe Language，PDL），是一种专门用于描述功能单元逻辑要求的语言。结构化语言不同于自然语言，也区别于任何特定的程序设计语言。它是在自然语言的基础上增加一些控制方式而得到的一种介于自然语言和形式化语言之间的半形式化语言。

在结构化语言中出现的词汇由命令动词、数据字典中定义的名字、有限的自定义词和逻辑关系词等内容组成。

同时，结构化语言采用内层和外层两种语法来描述处理的内部加工逻辑。

1）外层语法

结构化语言的外层语法用于描述操作的控制结构，如顺序、选择和循环等。

（1）顺序结构：采用简短的语句对多个连续的业务处理进行描述，避免使用复合语句。

（2）判定结构：采用 IF THEN ELSE 或 CASE OF 来组织多个可选动作。

（3）循环结构：采用 WHILE DO 或 REPEAT UNTIL 表示动作的多次重复。

结构化语言通过控制结构将处理/加工中的多个操作连接起来，对业务处理的过程进行宏观说明。

2）内层语法

结构化语言的内层语法一般采用自然语言来表述具体的处理逻辑。值得注意的是，为了减少结构化语言描述处理/加工时可能导致的歧义，需求分析人员在内层语法中使用的动词必须具体（避免使用抽象的动词），并且，动作描述中尽量不使用形容词和副词。

以一个评估学生期末成绩的处理为案例，该处理对应的结构化语言描述可能如下：

```
IF 成绩 >= 85 THEN
    该生成绩等级为 A
ELSE
    IF 期末分 >= 75 THEN
        该生成绩等级为 B
    ELSE
        IF 期末分>= 64 THEN
            该生成绩等级为 C
        ELSE
            IF 期末分>= 60 THEN
                该生成绩等级为 D
            ELSE
                该生成绩等级为 F
            ENDIF
        ENDIF
    ENDIF
ENDIF
```

2. 判定树

当处理中存在复杂的判断逻辑时，需求分析人员可以借助判定树（Decision Tree）来表达处理在不同条件下的行为方式。

判定树的左边为树根，从左向右依次排列各个条件；在设计判定树时，需求分析人员可以根据条件的取值不同产生各类分支。判定树各分支的最右端（即树梢）为处理在不同条件取值状态下所采取的行动（也称为策略），判定树优先考虑左边的条件，如图 3-7 所示。

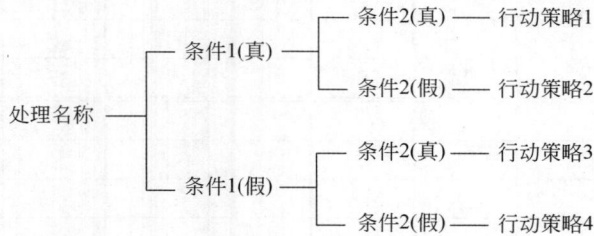

图 3-7　判定树结构

以一个假定的行李托运费计算处理为例，其判定树可能如图 3-8 所示。

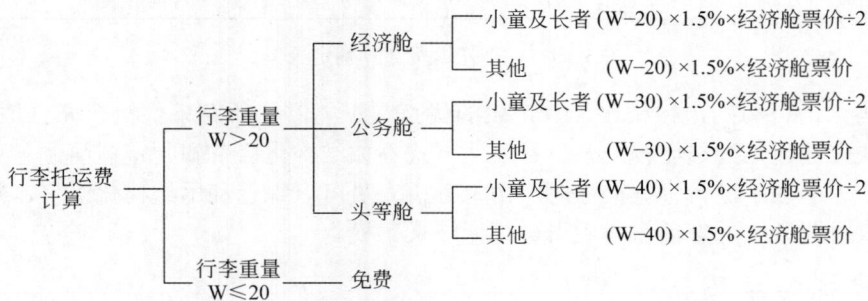

图 3-8　行李托运费计算判定树案例

判定树的优点在于形式简单，易于掌握和使用。然而，判定树的缺点在于简洁性较差，相同的行为方式会在判定树中多次重复，且越接近叶端，重复的次数越多。与此同时，判定树分枝选择的条件次序可能会对最终完成的判定树的简洁程度造成较大影响。

3. 判定表

判定表（Decision Table）是需求分析中的另一种用于表达复杂逻辑判断的工具。当处理中包含多重嵌套的条件判断时，判定表可以清晰地表示复杂的条件组合与应做动作之间的对应关系。

判定表由条件桩、动作桩、条件项和动作项四个部分组成，如图 3-9 所示。

条件桩	条件项
动作桩	动作项

图 3-9　判定表结构

（1）条件桩（Condition Stub）列出问题的所有判断条件，条件的先后次序无关紧要。

（2）动作桩（Action Stub）列出处理所有可能采取的操作行为。同样，操作行为的排列顺序没有约束。

（3）条件项（Condition Entry）列出处理可能会遇到的多个条件取值的组合，即多个条件组合得到的真假值列表。

（4）动作项（Action Entry）列出处理在某种条件取值组合情况下采取的操作行为。

同样以计算行李托运费为例，可以得到该处理对应的判定表如图 3-10 所示。

结构化分析

	1	2	3	4	5	6	7
小童及长者		T	F	T	F	T	F
经济舱		T	T	F	F	F	F
公务舱		F	F	T	T	F	F
头等舱		F	F	F	F	T	T
W≤20	T	F	F	F	F	F	F
免费	√						
(W－20)×1.5%×T÷2		√					
(W－20)×1.5%×T			√				
(W－30)×1.5%×T÷2				√			
(W－30)×1.5%×T					√		
(W－40)×1.5%×T÷2						√	
(W－50)×1.5%×T							√

图 3-10　行李托运费计算判定表案例

与结构化语言和判定树相比，判定表的优点在于能够将所有条件组合充分地表达出来；判定表的缺点是建立过程比较繁杂，且表达方式不如结构化语言和判定树简便。

在对处理的加工逻辑进行描述时，需求分析人员可以综合利用结构化语言、判定树和判定表，争取对业务的处理动作和逻辑进行无歧义建模。

3.2.3　状态转换图

在日常生活中，状态是指某个物体所处的情况。而在数据处理过程中及在软件系统内部，状态则是指决定程序分支走向和循环量的关键变量值。当软件系统处于不同的状态时，或者处理中的状态发生改变时，软件对数据的处理或动作也都将随之改变。因此，在对目标软件系统开展需求分析时，需求分析人员除了对数据的处理流程、处理的内部细节进行建模以外，还必须对目标软件系统的状态以及软件系统在不同状态下对外部事件、数据输入的响应行为进行建模。

状态转换图（State Transform Diagram）是一种用于描述系统对内部或者外部事件响应的行为模型，它描述了系统的各种行为模式（称为"状态"）以及系统在事件作用下的状态转换，即状态转换图是针对系统状态以及系统状态变化的描述。

状态转换图由状态和事件两种元素组成。

1. 状态

状态是指软件系统在运行中的不同阶段，或者软件系统任何可以被观察到的系统行为。直观而言，状态就是指影响软件系统数据流图走向，或者影响处理内部动作流程的关键变量取值。

状态转换图中设置了初态（初始状态）、终态（最终状态）和中间状态三种符号，且每节点表示一个系统状态，如图 3-11 所示。初态采用实心圆或者空心圆表示；终态采用双圈表示；中间状态使用圆角矩形表示。状态可以标注状态的名称、状态的变量标志和动作。

同时，需求分析人员可以利用中间状态中提供的进入（entry）、执行（do）和退出（exit）三种内部事件来细化状态行为，如图 3-12 所示。进入事件用于指定软件系统在进入该状态时需要执行的动作；执行事件表示系统在该状态下的行为；而输出事件用于指定软件系统退出该状态时需要执行的动作。

(a) 初态   (b) 终态   (c) 中间状态

图 3-11   状态转换图符号   图 3-12   中间状态标准事件

值得注意的是，软件系统对应的各个状态转换图中有且仅有一个初始状态。然而，根据软件系统的运行结果不同，各个状态转换图中可以设置 0 到多个终态。

2. 事件

通常而言，事件是对引起软件系统动作或系统状态发生改变的外部动作的抽象，即事件是引起系统做动作或（和）状态转换的控制信息。

事件的表达式语法如下：

事件名(参数表)〔守卫条件〕／动作表达式

其中，事件名是用户与需求分析人员对事件的命名；参数表中列出了事件在触发或者运行时接收的参数；守卫条件表明事件触发时必须满足的条件；而动作表达式则给出了事件在运行过程中伴随的动作。

在状态转换图中，事件采用箭头表示，用于连接状态转换图中的两个状态。事件的箭头指明了状态的转换方向，表示前一个状态经过事件以后转换为后一个状态。事件上可以标记出事件说明、守卫条件和动作表达式等，如图 3-13 所示。

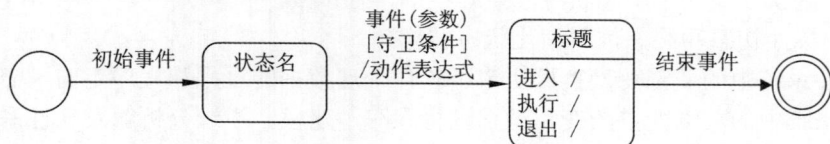

图 3-13   状态图案例

通常，软件系统的状态发生转换可以表示为软件系统对一个动作或者一系列动作的响应，也可以是软件系统本身状态的改变，还可以是动作和状态改变的结合。如果软件系统的状态转换是由事件触发的，需求分析人员必须在引起状态发生转换的事件箭头上标出相应的事件表达式；如果箭头上未标明事件表达式，则意味着软件系统在原状态的内部活动执行完成之后，自动触发转换为后一个状态。

同样以订票系统为例，其订票过程的局部状态转换图可能如图 3-14 所示。订票系统将根据是否有余票对订票结果进行区分处理。

如果软件系统的状态数量较多，系统对应的状态转换图的复杂度也将急剧增加。此时，需求分析人员可以在状态转换图中引入复合状态和子状态，采用分层、嵌套方式来建模复杂软件系统的状态转换关系。复合状态中嵌套了两个或者两个以上的子状态，可用于表示软件系统的宏观状态，如图 3-15 所示；而子状态则可用于对软件系统的微观状态进行建模。

可以发现，状态转换图可以用来标识系统分析与设计中的关键变量信息，有助于软件设计人员结合软件系统的状态变化来设计程序的运行路径。

在需求分析过程中，需求分析人员可以采用以下步骤来绘制系统的状态转换图。

步骤 1：列出产品/系统的所有状态。

结构化分析

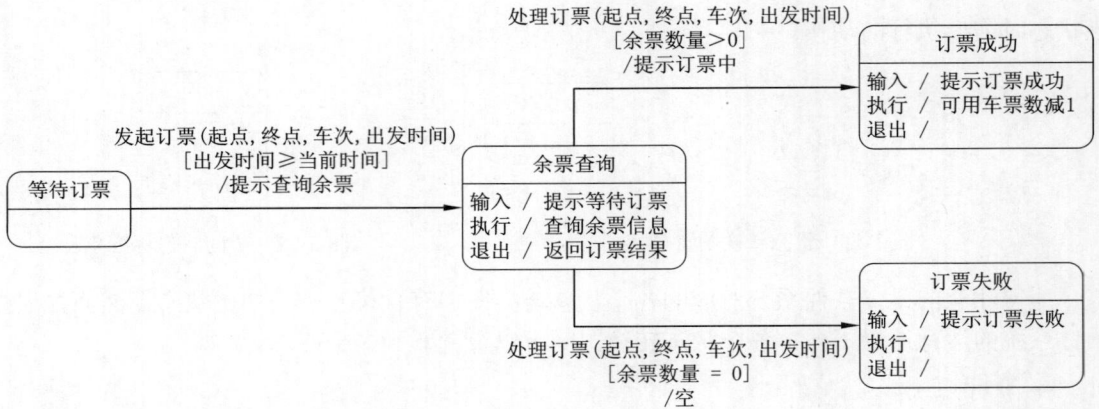

图 3-14 订票系统的状态转换图局部案例

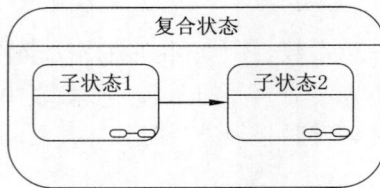

图 3-15 复合状态与子状态

步骤 2：列出每个状态须执行的动作。

步骤 3：确认并绘制出引起状态发生转换的事件。

步骤 4：标注初态和终态，并细化状态转换图。

由于软件系统中的关键变量直接决定了软件处理数据的过程和程序走向，需求分析人员必须对软件系统中的关键变量的变化过程进行跟踪、建模。通过分析触发软件系统关键变量值发生变化的事件以及观察软件系统在特定情况下的行为，需求分析人员可以借助状态转换图对软件系统的状态和行为进行精确建模，确保需求分析的完整性。

3.2.4 数据模型

这里所谓的"数据"是狭义的数据，并非大数据。数据是指输入、输出系统以及在系统各个处理之间传递的信息及其格式。

可以发现，尽管需求分析人员可以借助数据流图对目标软件系统的数据处理过程进行建模，但是，数据流图仅用数据流对待处理的数据进行了笼统表述，缺少对数据流的明确定义。因此，为了准确定义各个处理的输入/输出数据，需求分析人员必须对数据流图中的数据流进行建模，得到目标软件系统的数据模型。

在数据模型中，需求分析人员通过对数据流图中存在的数据内容、数据关系等信息进行描述，确保数据模型的内容能够对各个处理的输入/输出数据以及设计的数据结构进行准确表述。因此可以认为，数据模型通过无歧义的、系统化的表达方式，从含义、结构和组成上对处理的输入/输出数据、数据存储及数据加工进行准确定义。

通常而言，数据模型由数据的结构、数据之间的关系和数据项的组成三部分构成。

1. 数据的结构

在结构化程序设计中，处理可以理解为完成具体功能的函数。而输入/输出处理的数据流则对应着函数的输入参数和输出结果。

以 C 语言中的函数为例,函数的输入/输出信息中除了简单的原子型数据以外,在涉及数据处理、数据存储或者数据输出等软件功能时,往往存在着特定的数据结构,如结构型数据、文件格式等。

1)结构型数据

结构型数据是指数据中包含了若干属性信息,并且各属性数据依次排列,形成一个整体。数据的各个属性是数据信息在软件处理范围内的具体描述。

为了表达和记录需求中各个实体的相关信息,人们在计算机系统中将需求中的实体抽象为特定的数据结构,对目标软件系统涉及的实体属性进行抽象。此时,需求分析人员仅需关心目标软件系统涉及的信息。例如,"人"在不同的软件系统中存在着不同的属性。在学籍管理系统中,人的属性可能有学号、姓名、性别、出生日期、所属学院、绩点等;在医保系统中,人的属性可能有社保号、姓名、性别、出生日期、社保类型、社保余额等;同时,在订票系统中,人的属性可能有身份证号、姓名、登录号等。需求分析人员可以将实体涉及的属性信息封装为结构型数据。

如果目标软件系统处理的数据涉及用户定义的表格,需求分析人员可以与用户协商,咨询是否存在已有的数据表格,或者与用户共同设计合适的数据表格来表示相应的数据内容。

当然,如果目标软件系统中涉及的数据呈现出特定的结构,如通信信令、机器之间的通信数据等,需求分析人员可以采用表格或者框图形式对数据的结构进行描述。例如图 3-16 对 ICMP 数据包的结构进行了建模。

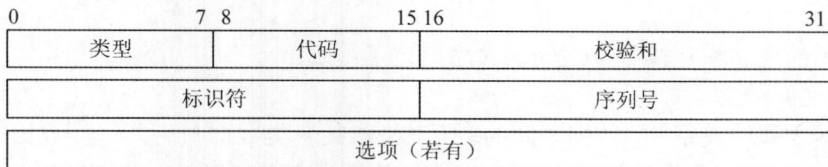

0	7 8	15 16	31
类型	代码		校验和
标识符		序列号	
选项(若有)			

图 3-16　ICMP 包结构

2)文件数据格式

当目标软件系统涉及文件数据时,需求分析人员还必须对文件的数据格式进行建模。

从操作系统的角度而言,文件是指计算机为了存储信息而采用的信息编码格式。然而,从程序的角度来看,文件是计算机程序按照指定的文件格式或者文件标准保存处理数据的结果。程序可以通过文件存储数据,或者与其他程序交换数据。

当目标软件系统涉及文件读取或者写入时,需求分析人员必须与用户沟通并获取对应的文件格式,或者根据用户要求寻找满足需求的标准文件格式。如果目标文件为特殊文件格式,需求分析人员还需要向用户索取样例文件,便于软件开发人员对文件格式进行解析。

2. 数据之间的关系

在软件设计过程中,软件设计人员除了需要明确数据的内容组成以外,还必须依赖数据之间的关系来设计目标软件系统获取、处理和存储数据的方式。因此,当目标软件系统涉及处理大量数据,以及数据之间的关系时,例如数据存储、数据查找等,需求分析人员就必须对如何区别数据,以及对数据之间的关系进行建模。

1)数据标识

为了标识大量结构相同的同类数据内容,需求分析人员可以结合实际的软件应用场景,在数据内容中选择一个或者多个属性的组合来唯一标识数据记录。此时，被选择用于标识数据的属性或者属性组合被称为该数据的标识符（标识符在数据库存储中也可以称为数据的主码、主键）。

例如，如果目标软件系统需要使用一个特定的数据结构来存储仅有少数几个人的小团体人员数据，需求分析人员可以选择人员数据中的"姓名"属性作为该数据结构的标识符；但是，如果目标软件系统需要用某个数据结构来存储人数较多的学校或班级学生人员数据，此时多个学生的"姓名"属性可能会出现重复。此时，需求分析人员可以选择学生信息中的"学号"属性作为该数据结构的标识符。当然，如果目标软件系统需要用一个特定的数据结构来存储国内多所高校的学生数据，且不同高校采用了相同的"学号"编码方式，则学生数据结构中的"学号"属性可能会出现重复。为了唯一标识这些学生数据，需求分析人员可以将数据结构中的"学校编码"与"学号"两个属性组合为标识符，对来自多所学校的学生信息进行唯一标识，如图 3-17 所示。

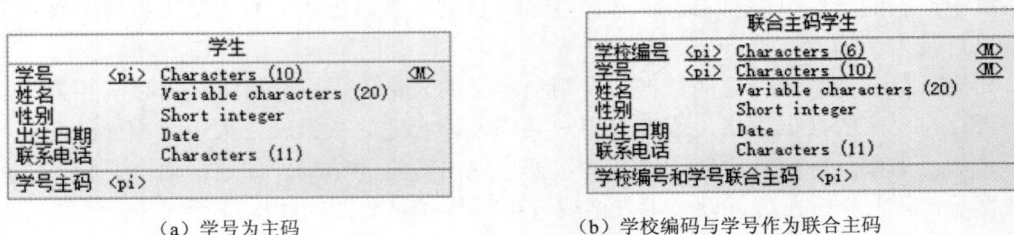

图 3-17　数据标识案例

（a）学号为主码　　　　　　　　（b）学校编码与学号作为联合主码

数据标识的建立为建模数据之间的关系奠定了基础。

2）数据之间的关系

所谓数据之间的关系，即数据之间的联系，是指某一类数据与另外一类数据的对应关系，用于描述数据之间彼此相互连接的方式。常见的数据关联关系有一对一（1∶1）、一对多（1∶N）和多对多（M∶N）三种。

（1）一对一关联（1∶1）

如果两类数据的记录是一一对应的，则这两类数据之间存在着一对一的关联关系。此时，需求分析人员可以将这两类数据中表示主要内容的数据当成主数据，把另外一类数据作为主数据的扩展。例如，学生数据与紧急联系人数据，一个学生可以设置一个紧急联系人，如图 3-18 所示。学生信息为主数据，而紧急联系人为主数据的扩展。

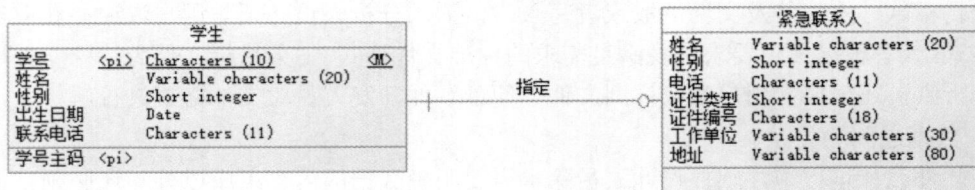

图 3-18　1∶1 案例

（2）一对多关联（1∶N）

如果需求中某一类数据中的记录与另外一类数据中的零条或者多条记录相关联，则可以认为这两类数据之间存在着一对多的关联关系。在这两类数据中，处于"1"的数据内容可以认为是主数据，另一方处于"0 或者多"的数据为关联数据。例如，学生数据与书籍数据，一个学生可以有多本书籍，如图 3-19 所示。此时，学生数据为主数据，书籍数据为关联数据。

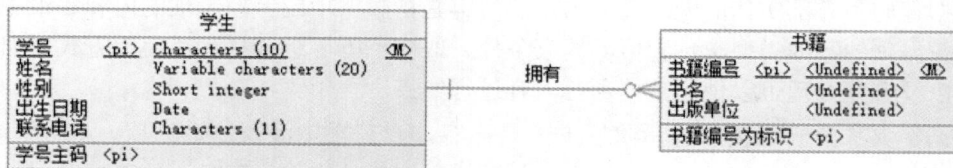

学生		
学号	`<pi>`	Characters (10) `<M>`
姓名		Variable characters (20)
性别		Short integer
出生日期		Date
联系电话		Characters (11)
学号主码 `<pi>`		

拥有

书籍		
书籍编号	`<pi>`	`<Undefined>` `<M>`
书名		`<Undefined>`
出版单位		`<Undefined>`
书籍编号为标识 `<pi>`		

图 3-19　1 : N 案例

（3）多对多关联（M : N）。

如果两类数据中的任意一条记录均可以与另一类数据中的零条或者多条记录相关联，则可以认为这两类数据之间存在着多对多的关联关系。此时，这两类数据均为独立数据，不存在主数据和关联数据之分。例如，学生数据和课程数据，一个学生可以选择多门课程，而一门课程也可以被多个学生选择，如图 3-20 所示。

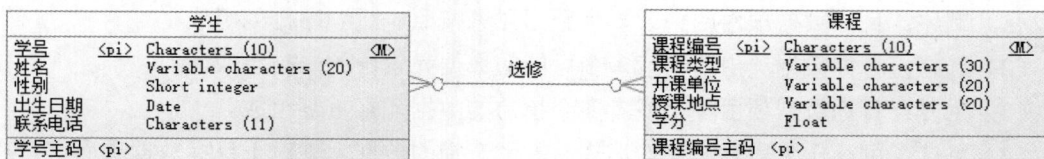

学生		
学号	`<pi>`	Characters (10) `<M>`
姓名		Variable characters (20)
性别		Short integer
出生日期		Date
联系电话		Characters (11)
学号主码 `<pi>`		

选修

课程		
课程编号	`<pi>`	Characters (10) `<M>`
课程类型		Variable characters (30)
开课单位		Variable characters (20)
授课地点		Variable characters (20)
学分		Float
课程编号主码 `<pi>`		

图 3-20　M : N 案例

除了建模数据之间的关联重数以外，需求分析人员在表达数据关系时还需要对数据关系的约束情况进行建模，如可选、强制等，如图 3-21 所示。

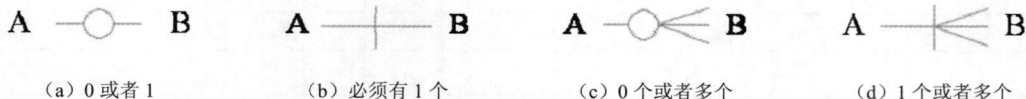

(a) 0 或者 1　　(b) 必须有 1 个　　(c) 0 个或者多个　　(d) 1 个或者多个

图 3-21　数据之间的关系约束

其中，图 3-21（a）表示数据 A 中的 1 条记录与数据 B 中的 0 条或者 1 条记录存在着对应关系；图 3-21（b）表示数据 A 中的 1 条记录必须对应着数据 B 中的 1 条记录；图 3-21（c）表示数据 A 中的 1 条记录对应着数据 B 中的 0 条或者多条记录；图 3-21（d）表示数据 A 中的 1 条记录对应着数据 B 中的 1 条或者多条记录。

如果目标软件系统涉及多类数据的处理和存储，需求分析人员首先需要对目标软件系统涉及的数据进行分析，并对数据的标识和数据之间的关系进行建模。通过对数据进行建模，需求分析结果可以帮助软件设计人员理清目标软件系统中需要处理的各项数据，并帮助软件设计人员根据数据之间的关系来选择合适的数据结构。如果目标软件系统中需要处理的数据记录较多时，数据模型中的数据标识和数据之间的关系也是将来软件设计人员开展数据库设计的依据。

3. 数据项的组成

除了对数据组成、数据之间的关系进行建模以外，需求分析人员还必须对数据的各个数据项内容进行描述。在需求分析中，对数据项的内容描述被称为数据字典。

1）数据字典的组成

为了准确地描述数据项，数据字典必须从名字、内容、补充信息和使用方式等多个角度

结构化分析

来定义与数据项相关的内容。名字是指用户和需求分析人员对系统中出现的各种数据、控制项、数据存储和外部实体的无歧义命名；而内容是指数据项或者控制项的内容和组成；补充信息对数据项的数据类型、预置值、约束条件、取值范围等进行描述；使用方式对如何使用数据项以及哪些处理可以使用数据项等内容进行约束。

数据字典作为软件需求分析阶段的重要内容，对需求中涉及的数据项、数据流、处理/加工逻辑、数据存储和外部实体等信息进行精确、严格的定义；同时，数据字典也对各种数据内容的预设值、约束条件、取值范围、出现时间、频率以及最大值等内容进行描述。

2）数据字典的定义和编写格式

在现实世界中，数据项是指对客观世界中实体的属性描述，而描述信息往往可以由简单的原子数据元素组成。因此，需求分析人员在定义数据字典中的内容项时可以采用自顶向下、逐步分解的方式来表达数据项的内容组成，做到对数据内容的精确、无歧义定义。

通常，数据项的内容组成方式有顺序、选择、重复和可选四种方式。

（1）顺序：目标数据项由两个或多个数据元素按照先后顺序排列组成。

（2）选择：目标数据项由两个或多个可能的数据元素中的一个组成。

（3）重复：目标数据项由零个或者多个指定的数据元素重复组成。

（4）可选：可选作为重复的特殊形式，表示选择的数据元素对于目标数据项而言可有可无，即重复零次或一次。

为了更加清晰、简洁地表达数据项内容，需求分析人员可以采用表 3-1 所示的符号来定义各个数据项的内容。

表 3-1　数据定义符号

符　　号	含　　义	案　　例
=	被定义为/等价于	
+	顺序	日期 ＝ 年＋月＋日
[···,···]或[···|···]	选择	性别 ＝[男,女]，年级 ＝[一|二|三|四]
{···}或 m{···}n	重复	文件 ＝{记录}，密码 ＝3{字母,数字}8
(···)	可选	区号 ＝(0755)
"···"	基本数据元素	字母 ＝"A"
···	连接符	数字 ＝"1"···"9"，字母="A"···"Z"

以火车票订票系统为例，火车票的车次信息数据项可以定义如下：

车次信息文件＝{车次类型＋车次号＋起点＋终点＋日期＋出发时间＋到站时间}

车次类型＝[D｜G｜Z｜T｜K]

车次号 ＝2{十进制数字}4

十进制数字＝"0"···"9"

起点＝终点＝1{汉字}10

日期＝年＋月＋日

年＝4{十进制数字}4

月＝"01"···"12"

日＝"01"···"31"

出发时间＝到站时间＝时＋分

    时＝"00"…"23"

    分＝"00"…"59"

可以看到，车次信息数据项中存在以下组合项、重复项、选择项和原始数据项。

组合项：车次信息＝车次类型＋车次号＋起点＋终点＋日期＋出发时间＋到站时间

    日期＝年＋月＋日

    出发时间＝到站时间＝时＋分

重复项：车次号 ＝2{十进制数字}4

    起点＝终点＝1{汉字}10

    年＝4{十进制数字}4

选择项：车次类型＝[D｜G｜Z｜T｜K]

原始数据项：十进制数字＝"0"…"9"

    时＝"00"…"23"

    分＝"00"…"59"

    月＝"01"…"12"

    日＝"01"…"31"

除了对数据内容进行严格定义以外，需求分析人员也可以在数据项的描述中对数据的约束条件、补充信息和使用方式进行说明。

通过对目标软件系统中出现的各种数据进行准确定义，数据字典使用户和软件开发团队对于软件系统的输入/输出、数据存储和中间计算结果的数据内容有了共同的理解，有助于改进软件开发团队与用户之间的通信。

3.3 小　　结

由于结构化方法主要通过跟踪数据的处理过程来完成程序设计，需求分析人员在结构化分析过程中必须对用户需求中的"动词短语"进行重点关注，围绕动词短语开展软件的需求分析工作。

为了准确地描述用户需求，需求分析人员可以借助数据流图来建模数据的处理过程，并使用处理/加工逻辑说明对数据流图中各个处理的内部动作流程进行详细描述。与此同时，由于系统状态往往会影响软件系统处理数据的流程，需求分析人员在分析过程中可以借助状态转换图对目标软件系统的工作状态变迁进行建模。

数据模型对目标软件系统中出现的数据组成、数据之间的关系进行建模。

作为需求分析中的核心内容，数据字典对数据流图、处理/加工逻辑说明、状态图以及数据模型中出现的各种数据的内容进行准确定义。

在需求分析过程中，需求分析人员必须综合利用多种工具来准确描述用户需求，为将来的软件设计工作奠定基础。

3.4 习　　题

1. 结构化程序的主要组成元素是什么？如何根据结构化程序设计的特点来优化需求分析？

2. 数据流图在结构化需求分析中的作用是什么？

3. 在结构化需求分析中，处理/加工逻辑说明的意义是什么？

4. 状态转换图主要用于建模什么信息？在结构化程序设计中起到什么作用？

5. 数据模型包括哪些内容？这些内容分别有什么作用？

结构化设计

在结构化分析阶段，需求分析人员对目标软件系统的数据输入、处理和输出过程进行了分析，并采用多种方式对需求内容进行了建模。在结构化设计阶段，软件设计人员将围绕目标软件系统的数据处理过程来设计软件，为结构化实现和测试奠定基础。

由于结构化程序设计语言通常采用"函数"来封装程序功能，软件设计人员在设计过程中可以采用"自顶向下、逐层分解"的思想来分解复杂的数据处理过程，并将数据流图中的处理"映射"为功能函数，最终完成整个软件系统的设计。

为了得到结构化设计中的各函数模块及函数之间的关系，软件设计人员必须对需求分析阶段完成的数据流图、处理/加工逻辑说明、状态转换图、数据字典等内容进行分析，完成目标软件系统的数据、体系结构、接口和过程设计，为后期的结构化实现提供依据。

本章将从软件模块化、系统结构图、HIPO 图、过程设计、数据设计等角度出发，介绍结构化设计的工作内容。

4.1　结构化设计与结构化分析的关系

由于结构化程序主要由顺序、选择、循环及函数调用等内容组成，软件设计人员在设计阶段必须确定目标软件的处理过程、函数的内部逻辑、函数的调用关系、函数的接口信息以及待处理的数据，即结构化设计阶段的主要任务是将需求分析阶段建模的数据处理需求转换为软件设计内容。

在结构化需求分析过程中，需求分析人员通过数据流图、状态转换图、数据模型、数据字典等工具对目标软件系统处理数据的业务流程进行了建模。那么，如何将结构化需求转换为结构化设计呢？

（1）由于数据流图对软件处理数据的过程进行了建模，软件设计人员可以直接将数据流图映射为结构化软件的体系结构设计（函数名及函数调用关系）。

（2）在结构化分析中，数据流图和数据字典对进出各个处理的参数进行了定义，因此软件设计人员可以从数据流图和数据字典中导出各个处理的接口，即完成函数的原型定义（对进入处理和处理输出的参数名称、个数及类型进行定义）。

（3）当软件的体系结构和函数的接口设计完成后，软件设计人员可以结合处理/加工逻辑说明、状态转换图等内容来设计各个函数的内部处理过程。

（4）同时，软件设计人员可以直接从需求分析中的数据模型和数据字典中导出目标软件系统处理的数据结构以及数据存储。

可以发现，结构化分析与结构化设计之间的转换关系如图 4-1 所示。

在进行结构化设计时，软件设计人员必须依据结构化需求分析的内容来设计软件，即结构化需求分析是结构化设计的依据。因此，好的需求分析对软件设计至关重要。

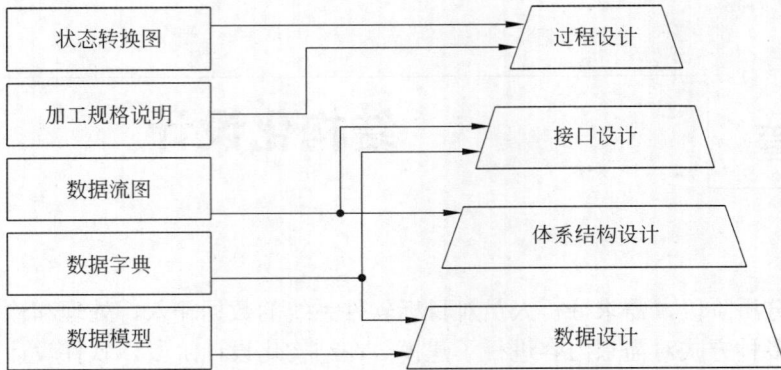

图 4-1　结构化分析与结构化设计的转换关系

4.2　结构化模块及模块独立性

目前，结构化程序设计语言提供了函数、宏定义等模块化机制，允许软件设计人员将复杂的软件功能分解为多个独立的功能模块，降低软件开发的复杂度。因此，在结构化设计中，软件设计人员可以将需求分析中定义的数据处理映射为函数或者宏定义，利用函数或宏定义对业务处理功能进行抽象，完成程序的模块化。

本书以 C 语言中的函数为例来介绍结构化方法的模块化过程。函数的定义形式如下：

函数类型　函数名(形参类型　形参名){}

其中，函数名为函数的标识符，形参名表示函数在运行时需要的输入参数，而函数类型则表明了该函数在执行完成后返回的结果类型。函数涉及的业务功能位于边界元素{…}内部。

在结构化程序设计中，软件设计人员通过业务处理和模块调用来实现软件需求包含的业务逻辑功能。那么，如何评价模块划分的质量呢？如何改进结构化设计呢？

4.2.1　结构化的模块独立性

通常而言，软件设计采用模块的独立性来评估模块划分的质量，即以模块的内聚和模块间的耦合来评价目标软件系统的设计质量。在软件设计中，模块内聚是指模块内部各个元素之间彼此结合的紧密程度，而耦合是指软件内不同模块之间的互联程度。如果模块的功能单一且与其他模块之间的相互作用较小，则表明该模块具有较好的独立性。

1. 内聚

在高级程序设计语言中，软件设计人员可以利用函数将完成特定功能的数据变量和程序语句封装为独立的程序模块，便于后期进行功能调用。对于函数中封装的数据变量而言，软件设计人员在设计函数时必须遵循信息隐藏原则，即确保函数内部的数据对于其他模块而言是不可访问的，从而提高模块的安全性；然而，对于函数封装的功能语句而言，软件设计人员必须从模块内聚（Cohesion）的角度来评价模块内容的关联程度。

所谓"内聚"，就是对模块内部各元素之间相关联程度的度量，也是对模块信息隐蔽和局部化概念的自然扩展。简而言之，内聚是从模块的功能角度出发来度量模块内部各个元素存在的必要性。内聚程度较高的模块应当功能唯一，且模块内部的所有元素对于实现模块功能是不可或缺的。

在结构化设计中，软件设计人员可以按照模块内聚程度的高低将模块内部元素之间的关系分为功能内聚、顺序内聚、信息内聚、通信内聚、过程内聚、时间内聚、逻辑内聚和巧合内聚 8 种情况，如图 4-2 所示。

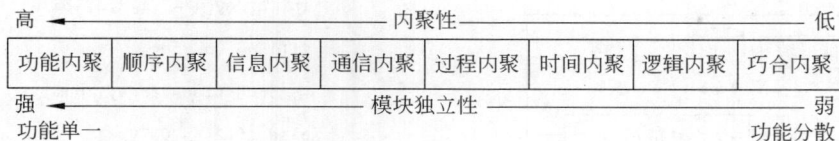

高 ◄─────── 内聚性 ─────── 低							
功能内聚	顺序内聚	信息内聚	通信内聚	过程内聚	时间内聚	逻辑内聚	巧合内聚

强 ◄─────── 模块独立性 ─────── 弱
功能单一　　　　　　　　　　　　　　　　　　　功能分散

图 4-2　内聚类型

1）功能内聚

功能内聚是指模块内部的所有元素均属于一个整体，共同完成模块的单一功能，即模块内部的各个元素对于模块的单一功能而言是不可或缺的，如图 4-3 所示。

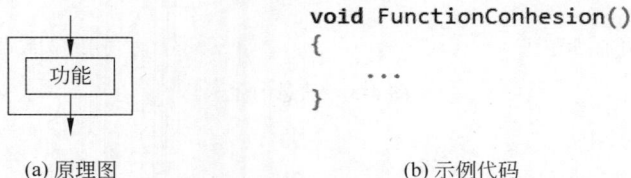

```
void FunctionConhesion()
{
    ...
}
```

　　(a) 原理图　　　　　　　　　　　　(b) 示例代码

图 4-3　功能内聚

在结构化程序设计中，功能内聚是最高程度的内聚，其处理过程仅包括一个动词和一个特定目标，功能明确。

2）顺序内聚

顺序内聚是指在模块内部封装了业务处理的多个功能步骤。上一个步骤的输出为下一个步骤的输入，依次执行。例如，在图 4-4 所示模块中，功能 A 的输出作为功能 B 的输入；功能 B 的输出作为功能 C 的输入。

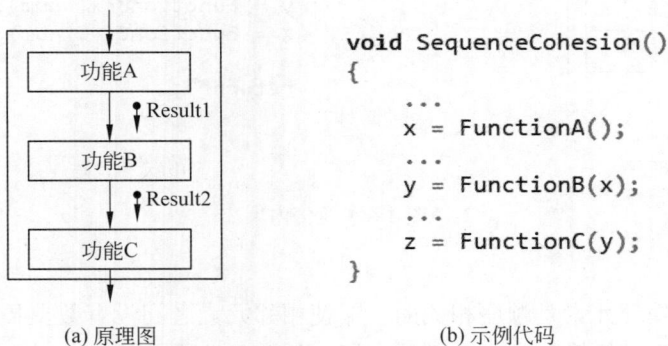

```
void SequenceCohesion()
{
    ...
    x = FunctionA();
    ...
    y = FunctionB(x);
    ...
    z = FunctionC(y);
}
```

　　(a) 原理图　　　　　　　　　　　　(b) 示例代码

图 4-4　顺序内聚

可以看出，顺序内聚往往是多个"动词"的排列，例如，查找并打印结果，修改并保存文件。顺序内聚将多个功能步骤封装在一个模块内，不利于代码的重用。

3）信息内聚

在软件设计过程中，如果软件设计人员将共享同一个数据的多个功能封装在一起，并且允许模块根据不同的需求来执行特定功能，以达到信息隐藏的目的，则可以认为该模块内部出现了信息内聚。如图 4-5 所示模块中，功能 A、功能 B 和功能 C 共享数据，且根据模块的

结构化设计

输入信息来选择执行相应功能。

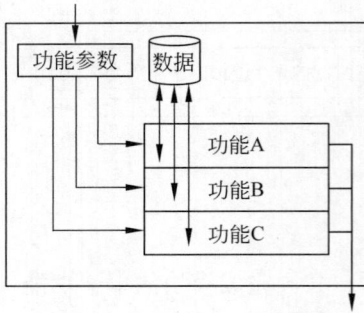

```
int InfoCohesion(int num, int OpType)
{
    //共享数据
    int array[] = {1,2,3,4,5,6,7};

    if(1 == OpType)
    {
        FunctionA(array, num);
    }
    else if(2 == OpType)
    {
        FunctionB(array, num);
    }
    else if(3 == OpType)
    {
        FunctionC(array, num);
    }

    return 0;
}
```

(a) 原理图　　　　　　　　　　　　　　　　(b) 示例代码

图 4-5　信息内聚

4）通信内聚

如果模块内部封装了一系列与特定步骤顺序相关的元素，并且模块内的所有元素都使用同一个输入数据或产生同一个输出结果，则认为在该模块内部存在通信内聚，即通信内聚将多个需要相同输入的模块放到一起，或者将组成同一结果的多个功能封装在一起。如图 4-6 所示的模块中，功能 A、功能 B 和功能 C 共享输入数据，并且按照顺序依次执行，得到共同的输出。

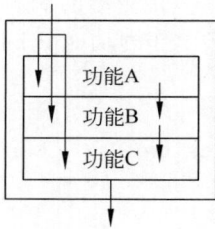

```
int CommunicationCohesion(int num)
{
    ...
    x = FunctionA(num);
    y = FunctionB(x, num);
    z = FunctionC(y, num);
    ...
    return 0;
}
```

(a) 原理图　　　　　　　　　　　　　　　　(b) 示例代码

图 4-6　通信内聚

5）过程内聚

如果模块内的处理元素是顺序相关的，即使相邻元素之间没有数据传递也必须以特定次序执行，则可以认为在该模块内存在过程内聚。如图 4-7 所示模块中，功能 A、功能 B 和功能 C 按照指定顺序依次执行，该模块将多个需要顺序执行的小模块封装为一个大模块。

6）时间内聚

如果模块内部包含的各个处理元素必须在同一段时间内执行，或者处理元素之间允许设置一定的时间限制，则该模块内存在时间内聚。如图 4-8 所示的模块中，功能 A、功能 B 和功能 C 通过时间来控制运行。

7）逻辑内聚

如果某个模块将多个相关的功能组合在一起，且每个功能的执行由传入模块的参数来决

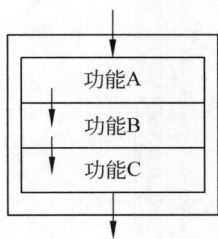

| 功能A |
| 功能B |
| 功能C |

(a) 原理图

```
void ProceduralCohesion()
{
    ...
    FunctionA();
    ...
    FunctionB();
    ...
    FunctionC();
}
```

(b) 示例代码

图 4-7　过程内聚

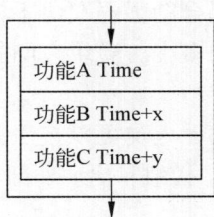

| 功能A Time |
| 功能B Time+x |
| 功能C Time+y |

(a) 原理图

```
void TimeCohesion()
{
    FunctionA();
    sleep(x);
    FunctionB();
    sleep(y);
    FunctionC();
}
```

(b) 示例代码

图 4-8　时间内聚

定，则可以认为该模块的内容组织方式为逻辑内聚。如图 4-9 所示模块中，功能 A、功能 B 和功能 C 被封装为一个大型模块，模块内部的执行依赖于外部参数。

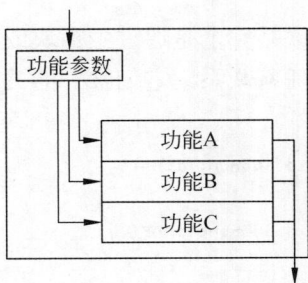

| 功能参数 |
| 功能A |
| 功能B |
| 功能C |

(a) 原理图

```
int LogicCohesion(int OpType)
{
    switch(OpType)
    {
        case 1: FunctionA();break;
        case 2: FunctionB();break;
        case 3: FunctionC();break;
        default: FunctionD();break;
    }

    return 0;
}
```

(b) 示例代码

图 4-9　逻辑内聚

可以发现，逻辑内聚中的各个处理元素依赖于同一个输入，由输入决定模块内部的执行方式，元素之间是互相纠缠的；而在信息内聚中，模块内部的各个功能是完全独立的，只是多个模块共同使用相同的数据内容而已。

8）巧合内聚

如果模块内的各个元素没有必要联系，或者即使有联系，也是很松散的联系，则称这种模块内存在着巧合内聚，或者称为偶然内聚。例如，软件开发人员在编写程序时发现一组语句在两处或多处重复出现，于是将这些语句封装为一个模块。该模块封装的语句之间没有任何业务逻辑，仅仅是因为常在一起出现而已。如图 4-10 所示模块中，功能 A、功能 B、功能 C、功能 D 和功能 E 只是临时拼凑在一起的，

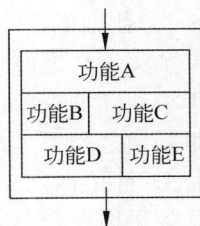

功能A	
功能B	功能C
功能D	功能E

图 4-10　巧合内聚

结构化设计

并不存在任何逻辑可言。

巧合内聚是内聚程度最低的内容组织方式。

一般而言，软件设计人员在进行模块设计时应当使用内聚度较高的功能内聚，减少或者避免使用内聚度较低的顺序内聚、信息内聚、通信内聚、过程内聚，尽量不要使用时间内聚、逻辑内聚和巧合内聚。

2. 耦合

在结构化程序设计中，软件设计人员通过将软件功能分解为多个函数，并通过函数调用来完成目标软件系统包含的功能。为了评价不同函数模块之间的连接程度，即评价模块与模块之间的关联程度，人们引入了"耦合"（Coupling）的概念。

可以看到，耦合强调的是模块与模块之间的关系，耦合的强弱取决于模块之间接口的复杂程度、调用模块的方式，以及通过模块界面传递数据的多少。模块之间的联系越多，表明模块之间的耦合度越高，模块的独立性越差。

根据结构化设计中模块之间的依赖程度不同，软件设计人员可以按照耦合度的高低将模块之间的依赖关系分为非直接耦合、数据耦合、标记耦合、控制耦合、外部耦合、公共耦合、内容耦合 7 种类型，如图 4-11 所示。

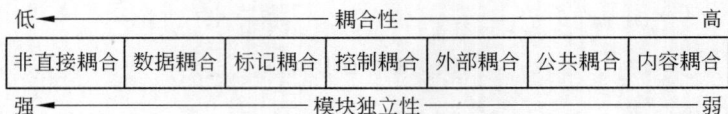

低 ◀—————————————— 耦合性 ——————————————▶ 高						
非直接耦合	数据耦合	标记耦合	控制耦合	外部耦合	公共耦合	内容耦合
强 ◀—————————————— 模块独立性 ——————————————▶ 弱						

图 4-11　耦合类型

1）非直接耦合

非直接耦合是指模块之间没有直接联系，它们之间的联系完全是通过主模块或者调用模块来实现的。例如图 4-12 中的模块 A 和模块 B 之间没有任何联系，它们唯一的关系就是被同一个模块调用。

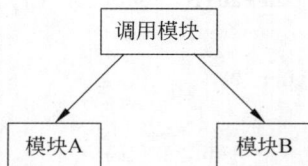

```
void SubFunctionA()
{}

void SubFunctionB()
{}

void IndirectCoupling()
{
    SubFunctionA();
    SubFunctionB();
}
```

　　　　　　(a) 原理图　　　　　　　　　　　　　　(b) 示例代码

图 4-12　非直接耦合

在所有的耦合案例中，非直接耦合的耦合度是最低的。

2）数据耦合

如果模块之间仅存在参数调用关系，且模块之间通过传值方式来交换信息，则可以认为调用模块和被调模块之间存在数据耦合。例如图 4-13 中，调用模块在调用其他模块时，仅与被调模块之间通过传值方式传递数据。

3）标记耦合

如果模块之间存在调用关系，且调用过程中使用引用、地址等方式来进行单向或者双向值传递，则可以认为调用模块和被调模块之间存在标记耦合。例如图 4-14 中，调用模块通过传引用或者传地址方式调用被调模块。

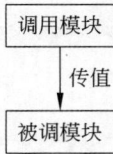

(a) 原理图

```
int SubFunction(int x, int y)
{
    return x > y ? x : y;
}

void DataCoupling()
{
    int temp = SubFunction(5, 6);
}
```

(b) 示例代码

图 4-13　数据耦合

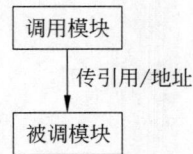

(a) 原理图

```
void SubFunction(int &x, int &y)
{
    ...
}

void MarkCoupling()
{
    int a = 10;
    int b = 20;

    SubFunction(a,b);
}
```

(b) 示例代码

图 4-14　标记耦合

4）控制耦合

如果模块之间传递的信息中存在控制信息，即调用模块通过参数、开关来控制被调模块的内部运行，则可以认为调用模块和被调模块之间存在控制耦合。例如图 4-15 所示的模块调用案例。调用模块通过参数 Flag 来控制被调模块内部的多个独立功能。

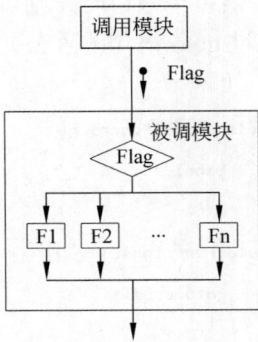

(a) 原理图

```
void SubFunction(int OpType)
{
    switch(OpType)
    {
        case 1: Function1();break;
        case 2: Function2();break;
        case 3: Function3();break;
        default: Function4();break;
    }
}

void ControlCoupling()
{
    SubFunction(1);
    SubFunction(2);
}
```

(b) 示例代码

图 4-15　控制耦合

5）外部耦合

外部耦合是指多个模块通过全局变量进行数据交换和共享。如图 4-16 所示，模块 A 和模块 B 通过全局变量交换或共享数据。

有经验的软件开发人员都知道，全局变量不利于程序调试和代码重用。在软件开发中应当尽量避免使用外部耦合。

结构化设计

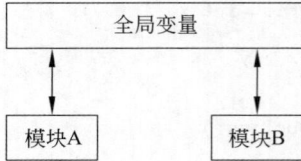

```
int CommonPara = 0;

void FunctionA()
{
    // 使用，修改 CommonPara
}

void FunctionB()
{
    // 使用，修改 CommonPara
}
```

(a) 原理图　　　　　　　　　　　　　　　　　(b) 示例代码

图 4-16　外部耦合

6）公共耦合

如果多个模块之间共享的全局数据为复杂数据类型，如链表、内存块等，则可以认为这些共享数据的模块之间出现了公共耦合。如图 4-17 所示，模块 A 和模块 B 通过全局数组、全局链表或者内存块交换或共享数据。

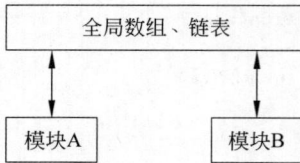

```
int CommonMemory[100];

void FunctionA()
{
    // 使用，修改 CommonMemory
}

void FunctionB()
{
    // 使用，修改 CommonMemory
}
```

(a) 原理图　　　　　　　　　　　　　　　　　(b) 示例代码

图 4-17　公共耦合

7）内容耦合

如果一个模块通过特殊手段直接访问另一个模块的内部数据，或者一个模块通过非正常入口转到另一个模块的内部以及被调模块通过加注标记方式提供多个入口时，则可以认为这些模块之间出现了内容耦合。如图 4-18 中，模块 A 和模块 B 通过 goto 语句跳入公共模块中，则可以认为模块 A 和模块 B 与公共模块之间存在内容耦合。

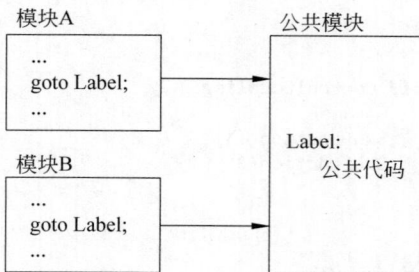

```
void CommonFunction()
{
    Label:
        // 公共程序代码
}

void FunctionA()
{
    goto Label;
}

void FunctionB()
{
    goto Label;
}
```

(a) 原理图　　　　　　　　　　　　　　　　　(b) 示例代码

图 4-18　内容耦合

在进行结构化设计时，软件设计人员应尽量使用非直接耦合、数据耦合和标记耦合，减少或者避免使用控制耦合、外部耦合和公共耦合，完全不使用内容耦合。

4.2.2　结构化设计启发式规则

随着软件开发技术的快速发展，软件设计人员在长期的实践中积累了大量软件设计、开发经验，并从经验中总结出了一些经典的软件设计启发规则。在进行结构化设计时，软件设计人员可以参考这些启发式规则，优化软件设计，提高模块的独立性。

（1）改进软件结构，提高模块的独立性。

软件设计人员可以认真分析、审查完成的软件体系结构，通过模块分解或合并，降低模块之间的耦合，提高模块的内聚。

例如，软件设计人员可以将多个模块中完成相同业务的子功能独立为一个模块；也可以通过模块分解或合并，减少模块之间控制信息的传递；以及避免对全局数据的引用，降低模块接口的复杂度。

（2）模块的规模应该适中。

一般而言，模块的规模可以用模块内包含的语句数量来衡量。过大的模块往往是由于分解不充分造成的；而小模块的调用开销可能大于有效操作，增加了软件系统的结构复杂度。

在进行模块设计时，软件设计人员应当尽量确保模块的规模适中，即模块的大小应当限制在一定的范围之内。例如，模块内包含的软件代码或者业务逻辑尽量不要超过一页纸，或者模块的语句行数控制在 60 行以内。

对于规模较大的模块，软件设计人员可以对问题进行仔细分析，将模块进一步分解；对于规模较小的模块，特别是被调用次数很少的简单模块，软件设计人员可以将该模块合并到上级模块中，降低软件系统的结构复杂度。

（3）软件架构的深度、宽度、扇入、扇出应当适中。

软件架构的深度是指软件架构中最多需要经过多少次调用才能完成软件功能；而宽度是指软件架构在同一层次上，最多需要的模块数量，如图 4-19 所示。

在进行结构化设计时，软件设计人员需要综合考虑软件架构的深度和宽度，尽量降低深度，限制宽度，从而降低整个软件架构的复杂度。

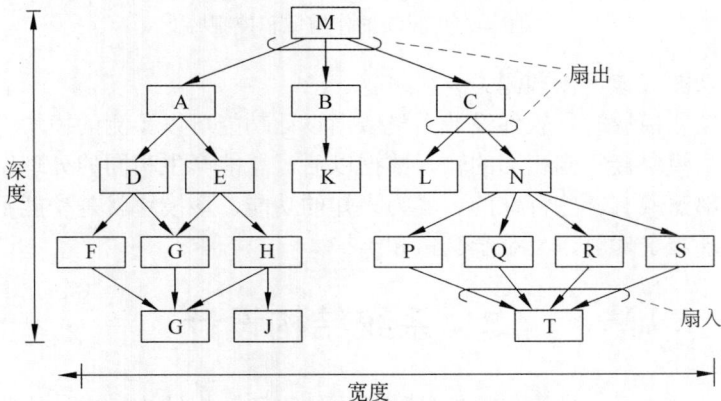

图 4-19　软件架构的深度、宽度、扇入、扇出

同时，模块的扇入是指输入模块的信息流数量；而模块的扇出是指模块调用其他子模块的数量。如果一个模块的扇出较大，则意味着该模块需要大量子模块进行协助，模块的复杂度较高；与此同时，如果一个模块的扇入较多，则意味着该模块与外界的接口复杂。

在进行软件架构设计时，软件设计人员可以在模块之间适当增加中间层次模块，对模块

结构化设计

的扇入和扇出进行优化降低软件架构中模块的扇入、扇出，如图 4-20 所示。

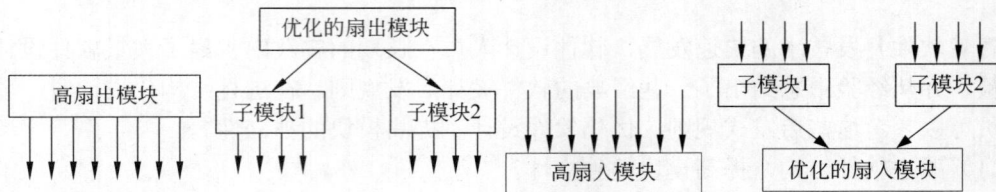

图 4-20　模块的扇入、扇出优化

（4）模块的作用域应该在模块的控制域内。

模块的控制域是指模块本身及其所有从属模块的集合，而模块的作用域是指受该模块内部因素影响的所有模块的集合。

如果模块的作用域在模块的控制域内，则可以认为这种软件结构是简单的；否则，可以认为该软件结构是不简单的。如图 4-21 中，如果模块 A 可以控制模块 B 的运行（模块 B 在模块 A 的控制域内），则模块 A 和模块 B 之间的结构是简单的；然而，如果模块 A 能够控制模块 G 的运行（模块 G 不在模块 A 的控制域内），则认为模块 A 和模块 G 之间的结构是不简单的。

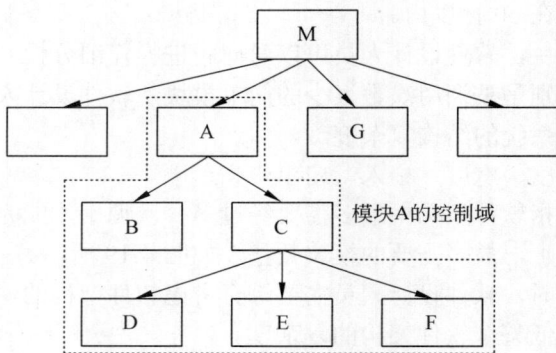

图 4-21　模块的作用域和控制域

（5）模块的功能应该可以预测。

在设计软件功能模块时，软件设计人员应当设计功能可以预测的模块，即不论模块的内部处理细节如何，模块接收到相同的输入数据以后，总能产生相同的处理结果。

如果模块内部蕴藏有一些特殊的、鲜为人知的功能，该模块就是功能不可预测的。功能不可预测的模块既难于理解，又难于测试和维护。

4.3　系统结构设计

一般而言，软件的系统结构包括软件的模块结构和数据结构。在结构化设计中，模块结构就是指软件系统中各个模块或者函数的组成结构，而数据结构则表示软件中的数据由哪些部分组成以及数据之间的关系是什么。

在进行软件系统结构设计时，软件设计人员可以结合数据流图中不同层次的抽象来形成不同层次的系统结构设计内容。例如软件设计人员可以将数据流图的首层内容映射为软件结构的最高层次抽象，即系统结构的首层内容；然后，根据数据流图的中间层内容，软件设计人员可以得到目标软件系统结构的较低层次抽象,即系统结构的中间层;以此类推,直到软件设计人员完成目标软件系统结构的最低层次抽象为止。

在进行软件结构设计时,软件设计人员可以使用系统结构图和 HIPO 图对模块调用关系进行建模。

4.3.1 系统结构图

系统结构图又称为层次图,是对软件系统结构进行整体设计的图形化工具。

在结构化分析阶段,需求分析人员已经采用分层数据流图对软件的需求内容进行了抽象;在结构化设计阶段,软件设计人员在数据流图的基础上进行设计,将数据流图映射为对应的系统结构图。由于系统结构图可以清晰地表达软件系统不同模块或者函数之间的调用关系,系统结构图被广泛用于结构化程序的系统架构建模。

在系统结构图中,模块由矩形框表示。模块之间的连线表示调用关系,即位于上方的矩形框所代表的模块调用位于下方的矩形框所代表的模块,如图 4-22 所示。

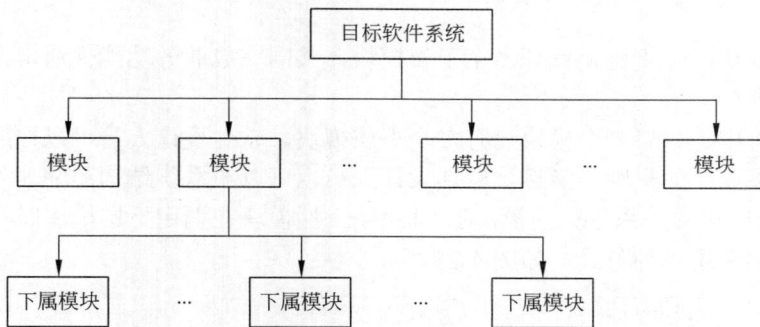

图 4-22 系统结构图

在绘制系统结构图时,软件设计人员可以直接采用对应处理的名称来命名软件模块。同时,为了便于软件开发人员后期跟踪各个模块的调用关系,软件设计人员也可以为系统结构图中的各个模块增加编号。由于逐层分级编号可以明显地标识出各模块的调用关系,系统结构图中的编号信息建议采用逐层分级编号方式,如图 4-23 所示。

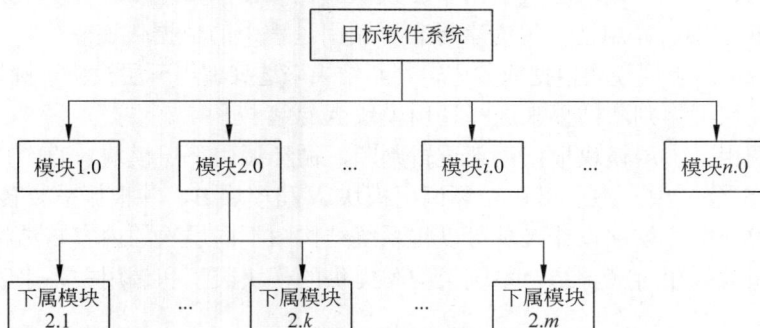

图 4-23 加了编号的系统结构图

在系统结构图中,不同的层次可以表示对目标软件系统不同层次的抽象。系统结构图中不能再分解的底层模块称为原子模块。如果一个软件系统的全部功能均能通过原子模块来完成,而其他上层非原子模块仅负责控制或者协调功能,则可以认为该系统是完全因子分解系统。如果系统的结构是完全因子分解的，则意味着该系统已经完成了分解。

系统结构图除了可以表示模块的调用关系以外，还可以为各模块增加数据流向，用于表示数据在各个模块中的传递、变换关系。根据数据的流向不同，系统结构图中的模块可以分为传入模块、传出模块、变换模块和协调模块 4 种类型，如图 4-24 所示。

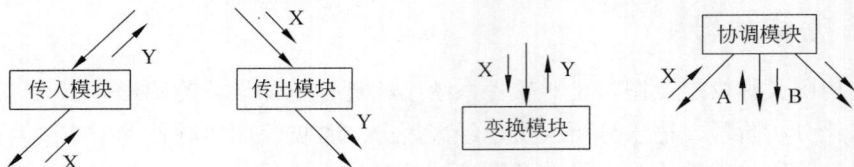

图 4-24　系统结构图中的 4 种模块

（1）传入模块：负责从下属模块获取数据，并将数据处理以后提交给上级模块。

（2）传出模块：负责从上级模块获取数据，并将数据处理以后传递给下级模块。

（3）变换模块：负责对上级模块传入的数据进行处理，再将处理后的数据返回给上级调用模块。

（4）协调模块：负责协调管理多个下属模块，共同完成业务功能。通常，协调模块位于系统结构图的高层。

在建模过程中，如果一个模块设有多个下属模块，软件设计人员可以按照模块调用次序来排列各个下属模块的位置。当然，软件设计人员也可以在系统结构图中加入模块的调用逻辑，对模块之间的调用关系进行建模。通常而言，上层模块在调用下层模块时存在简单调用、选择调用和循环调用三种方式，如图 4-25 所示。

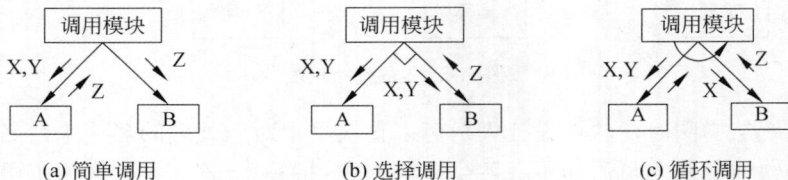

(a) 简单调用　　　　　　(b) 选择调用　　　　　　(c) 循环调用

图 4-25　模块之间的调用关系

（1）简单调用：上层模块直接调用下层模块。例如图 4-25（a）中，上层模块直接调用下层模块 A 和模块 B。调用箭头上的字母表示调用过程中的数据传递。

（2）选择调用：上层模块根据业务逻辑判断结果来选择调用下层模块。例如在图 4-25（b）中，上层调用模块根据判断结果来选择调用模块 A 或者模块 B。

（3）循环调用：上层模块根据内部逻辑判断，循环调用下层模块，直至内部循环条件终止。例如图 4-25（c）中，上层模块循环调用模块 A 和模块 B，并根据需要传入对应参数。

在结构化设计中，软件设计人员可以将系统结构图不同层次的内容与结构化需求分析中的分层数据流图抽象相对应，结合系统架构图提供的模块类型和调用关系来表达目标软件系统的架构设计。

在系统结构图中，上层模块通过调用下层模块来实现指定功能。系统结构图这种分层细化的内容建模方式特别适合于对软件进行"自定向下、逐步求精"分析，有利于软件设计人员分解软件系统的功能内容。与此同时，软件设计人员也可以参考模块独立原则来划分各个软件模块，优化目标软件系统的架构设计。

4.3.2　HIPO 图

当软件的系统结构确定以后，软件设计人员就可以结合需求分析过程中完成的数据流图、数据字典以及处理/加工逻辑说明来设计各个模块的接口和处理过程了。

层次图加输入/处理/输出图（Hierarchy Plus Input/Processing/Output，HIPO）是美国 IBM 公司发明的一种表明软件模块隶属关系和输入、处理、输出的图示工具。HIPO 图由一组输入/处理/输出表（Input/Processing/Output，IPO）和一张层次图（Hierarchy Chart，HC）组成。

当层次图用于表示软件各个功能模块的隶属关系时，其功能和作用类似于系统结构图，以自顶向下、逐层分解方式建模软件的系统结构。软件设计人员在每个模块框内给出模块的名称及编号，记录模块所在的层次及在该层次的位置。

为了详细说明各个模块的输入、处理及输出过程，软件设计人员必须为系统结构图中的每一个模块设计一个 IPO 图，如图 4-26 所示。IPO 图除了可以表明模块的所属信息和编号以外，还重点对模块的调用关系、输入/输出/处理过程进行描述，给出了模块内部涉及的关键数据定义和描述。同时，为了便于项目管理，IPO 图内也可以嵌入作者和创作日期等信息。

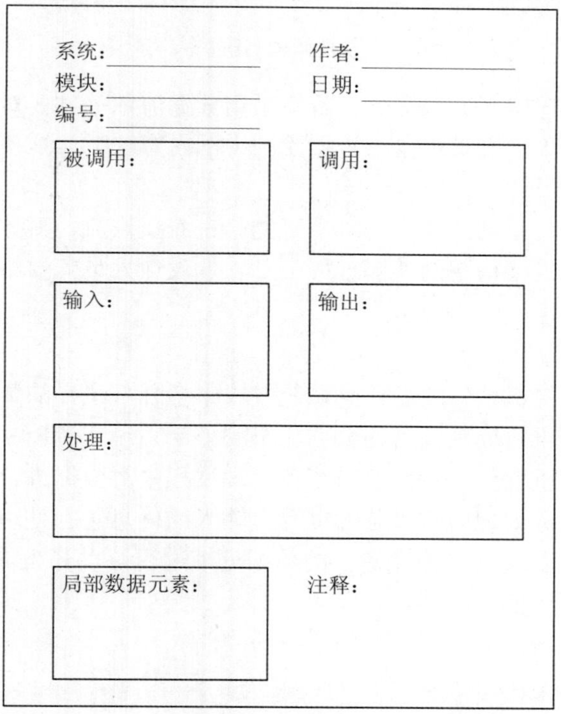

图 4-26　IPO 图

由于 IPO 图采用图形方式表达模块的接口和内部信息，软件设计人员在使用过程中的便利程度较低。为此，软件设计人员可以将 IPO 图的内容直接映射为表格，通过 IPO 表来建模相应设计内容，降低定义模块接口和内部信息的复杂度，如图 4-27 所示。

4.3.3　面向数据流的设计方法

在结构化设计中，软件设计人员可以通过特定的划分方式分割需求分析中确定的软件系统功能，采用一个或者多个软件成分来实现某个功能分割包含的内容，最终完成整个目标软

系统			
模块		编号	
作者		日期	
被调用		调用	
输入		输出	
处理			
局部数据		注释	

图 4-27   IPO 表

件系统的业务功能，如图 4-28 所示。

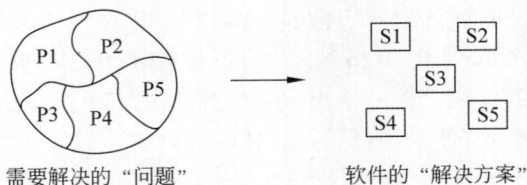

图 4-28   软件问题与解决方案映射

由于需求分析人员已经在结构化分析阶段采用数据流图等方式对需要解决的"问题"进行了建模，此时，软件设计人员可以将数据流图中的内容映射为系统结构图，并结合数据字典完成各个模块的接口设计。

根据业务的处理流程不同，用户需求中可能存在着变换流、事务流两种不同的数据处理形式。在数据流图到系统架构图的映射过程中，软件设计人员需要结合数据流的不同类型来选择合适的映射方式。

1. 变换流

在现实世界中，计算机软件或者信息系统接收来自外部世界的数据，并且按照特定的业务流程处理数据，然后再将处理以后的数据输出到外部系统或者控制其他外部设备的运行。此时，可以认为，计算机软件或者信息系统在处理过程中对数据进行了变换。

所谓"变换型"业务处理即将"外部世界"输入的信息进行处理，然后再将处理后的信息输出到"外部世界"。因此，变换流对应的数据处理过程可以分为输入数据、变换数据和输出数据三个步骤，如图 4-29 所示。

图 4-29   变换流

在变换流中，输入数据模块负责从外界获取各种输入信息；变换数据模块是变换流的核心，它遵循特定的业务规则，对输入系统的数据进行处理；输出数据模块将处理后的数据结果输出到外部系统。

对于变换流，软件设计人员可以采用以下步骤来获得对应的系统结构图。

（1）复查并精化数据流图。

在对变换流进行分析之前，软件设计人员首先需要对目标软件系统的数据流图进行再次复核，确保数据流的输入、处理、输出符合实际情况。同时，软件设计人员需要结合实际情况对数据流图进行精化，确保数据流图给出了目标软件系统的正确逻辑模型，并使数据流图中的每个处理都代表了一个规模适中、相对独立的子功能。

下面以一个简单的汽车仪表盘控制系统为例，假设该系统的数据流图如图 4-30 所示。

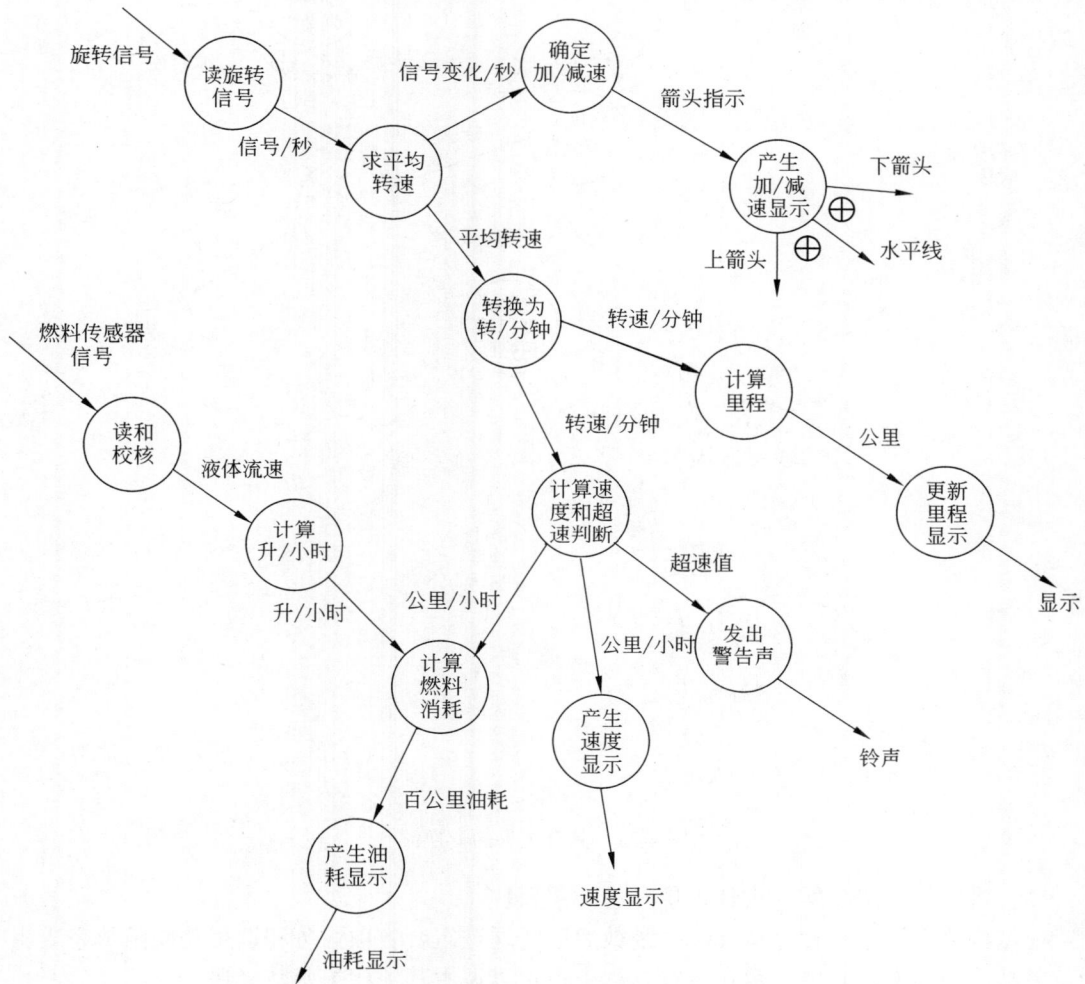

图 4-30　汽车仪表盘数据流图

（2）确定输入流和输出流的边界，孤立出变换中心。

数据流图经过复审以后，软件设计人员就可以结合目标软件系统涉及的领域知识，确定目标软件系统的输入流和输出流边界，孤立出变换中心。当然，输入流和输出流的边界划分与软件设计人员对目标软件系统的理解以及用户对概念的解释有关，软件设计人员可能会在数据流图内选取不同的处理作为边界的位置。

假设上述汽车仪表盘案例的数据流图边界划分如图 4-31 所示。输入数据部分包括读旋转信号、求平均转速、转换为转/分钟、读和校核和计算升/小时 5 个处理；变换数据部分包括确定加/减速、计算里程、计算速度和超速判断和计算燃料消耗 4 个处理；输出数据部分包括产生加/减速显示、更新里程显示、发出警告声、产生速度显示和产生油耗显示 5 个处理。

结构化设计

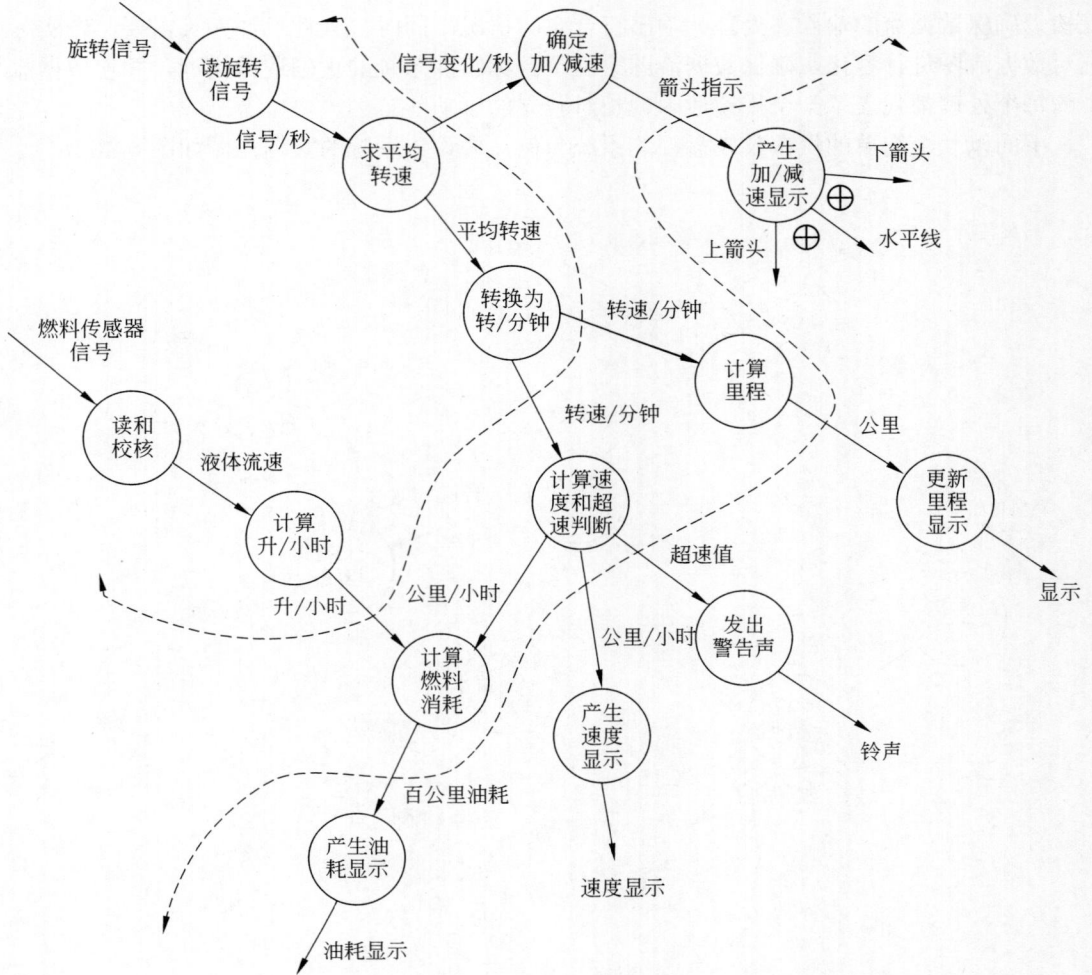

图 4-31　具有边界的变换流

（3）进行第一级分解，设计顶层和第一层模块。

在结构化程序中，程序从 main 函数启动，通过组合各项业务和调用功能函数完成相应的业务功能。当然，功能函数在运行过程中也可以调用其他相关函数模块。

结合变换流的特点，软件设计人员可以将变换流对应的数据流图映射为一个特殊的软件结构，即采用控制模块来调用输入模块、变换模块和输出模块，协调多个下层模块共同完成目标业务功能，如图 4-32 所示。

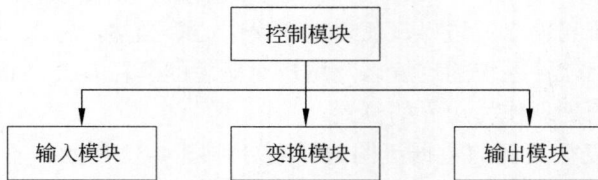

图 4-32　DFD 第一级分解

位于软件结构最顶层的控制模块负责协调下层从属模块。输入模块用于协调、处理所有与数据输入相关的操作；变换模块负责协调、控制软件系统内部的数据处理和操作；输出模块协调所有的数据输出操作。

此时，软件设计人员可以将完成的第一级分解架构与划分边界的数据流图相对应，将输入流中的模块内容挂入架构中的输入模块，将变换中心包含的模块内容挂入架构中的变换模块，并将输出流中的模块内容挂入架构中的输出模块，如图 4-33 所示。

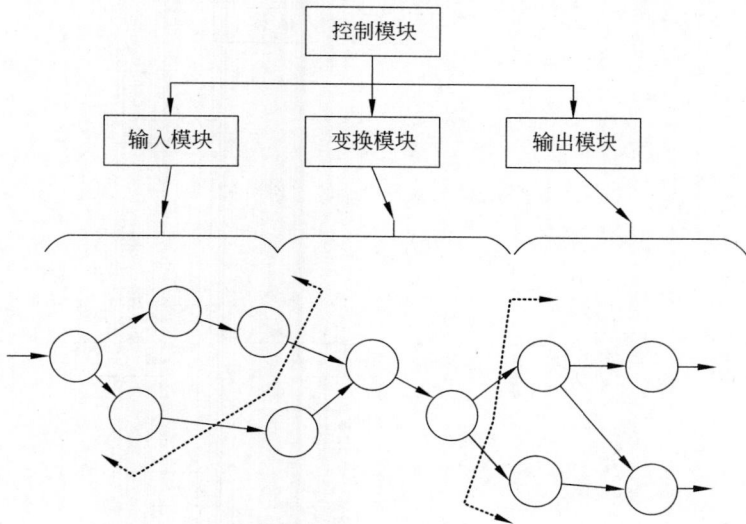

图 4-33 变换流与一级分解对应关系

同样以汽车仪表盘控制系统为例，软件设计人员可以得到该系统的第一级分解。可以认为，该系统的第一级分解如图 4-34 所示。

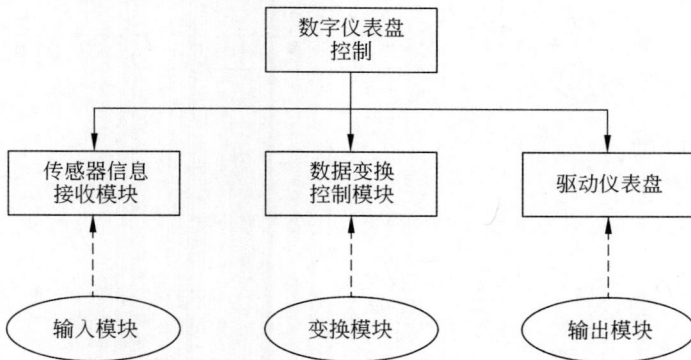

图 4-34 汽车仪表盘控制系统第一级分解

（4）进行第二级分解，设计中、下层模块。

在处理输入流时，软件设计人员可以从变换中心边界开始，沿着输入通路向外移动分界线，将输入通路中遇到的处理映射成输入模块的一个下属模块，如图 4-35 所示。

在处理输出流时，软件设计人员也可以从变换中心边界开始，沿着输出通路向外移动分界线，把输出通路中遇到的处理映射成直接或间接受输出模块控制的下属模块，如图 4-36 所示。

同时，软件设计人员可以将变换中心包含的处理映射成数据变换控制模块的下属模块，如图 4-37 所示。

同样以汽车仪表盘控制系统为例，通过第二级分解以后，软件设计人员可以得到如图 4-38 所示的系统结构图。

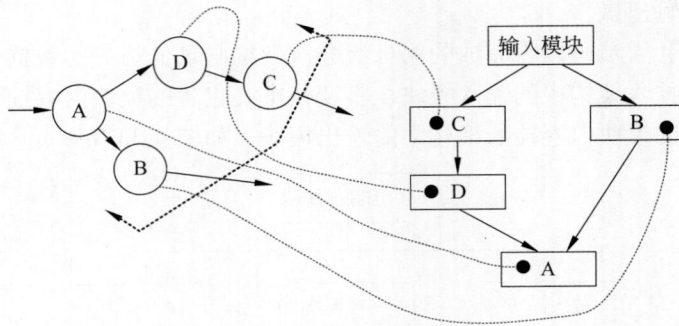

图 4-35　输入模块第二级分解

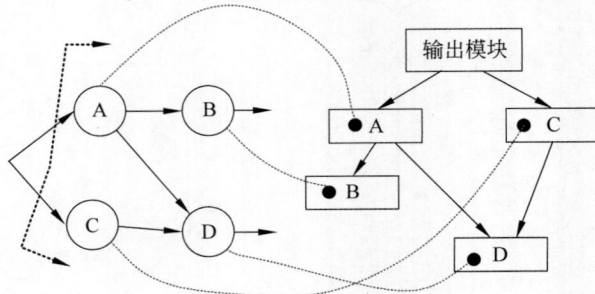

图 4-36　输出模块第二级分解

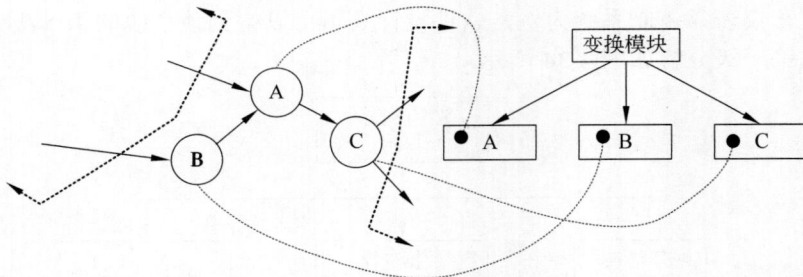

图 4-37　变换模块第二级分解

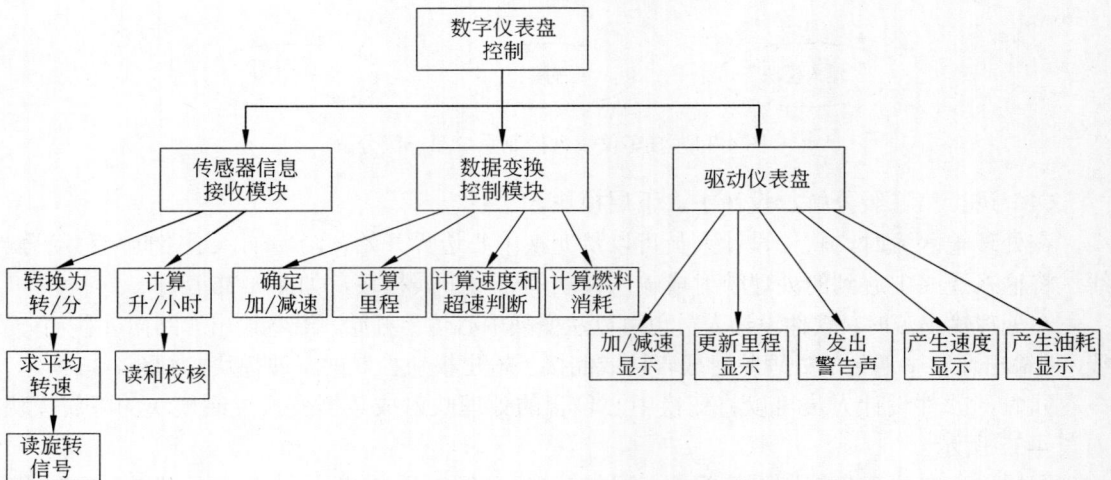

图 4-38　未精化的汽车仪表盘控制系统结构图

（5）软件层次结构精化。

当软件的数据流图到系统结构图的映射工作完成以后，软件设计人员可以结合软件设计标准和启发式规则，对得到的软件系统结构进行复查、评估和精化。

根据美国著名的软件工程专家巴利·玻姆给出的基本原则，在软件实现之前对软件系统结构进行修改是一件非常必要的事情。对软件系统设计进行详细完善只需要很少的附加工作，但是却能够对软件质量，特别是软件的可维护性产生深远的影响。

为了得到容易实现、测试和维护的软件系统结构，软件设计人员可以对软件系统结构中的模块进行合理的分解和合并。同时，软件设计人员在设计各个模块时，应该尽可能地降低模块之间的耦合程度，提高模块的内聚。

例如，在汽车仪表盘项目中，软件设计人员可以将读旋转信号模块与求平均转速模块合并；将加/减速显示模块放到产生速度显示模块下面；将确定加/减速模块放到计算速度和超速判断模块下方，以减少耦合。于是，精化后的汽车仪表盘控制系统结构图如图 4-39 所示。

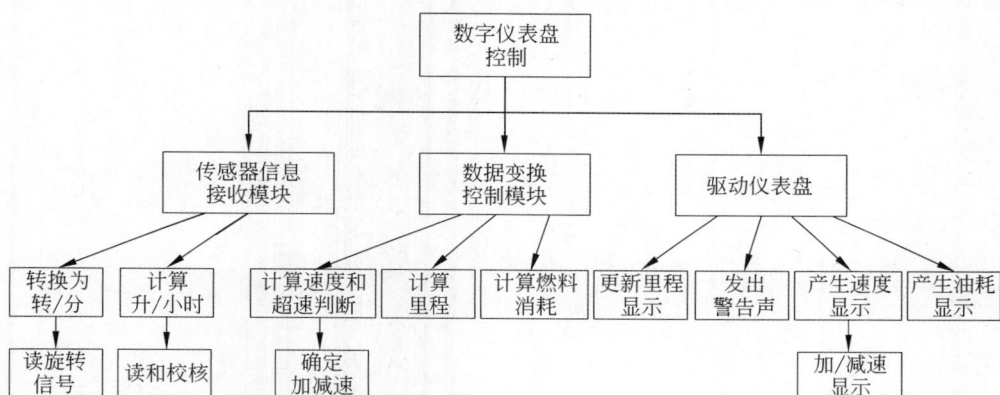

图 4-39　精化后的汽车仪表盘控制系统结构图

2. 事务流

在数据流图中，事务流与变换流不同，是系统根据状态或处理结果将业务进行分类处理的数据流。如果目标软件系统中存在事务处理，且事务处理根据输入数据的状态处理或结果在若干处理序列中选择一个执行，则这种数据流被称为"以事务为中心"的数据流。

可以发现，事务流由至少一条输入路径、一个事务处理中心和若干条活动通路组成，如图 4-40 所示。

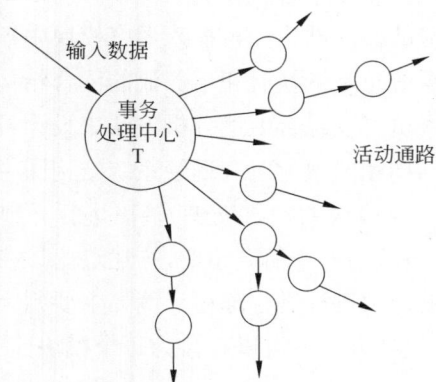

图 4-40　事务流

结构化设计

事务处理中心接收输入数据，并根据事务处理中心的处理结果来选取一条对应的活动通路完成业务逻辑。结合事务流的特点，软件设计人员可以将事务流分为输入流、事务处理中心和多个活动流通路，如图 4-41 所示。

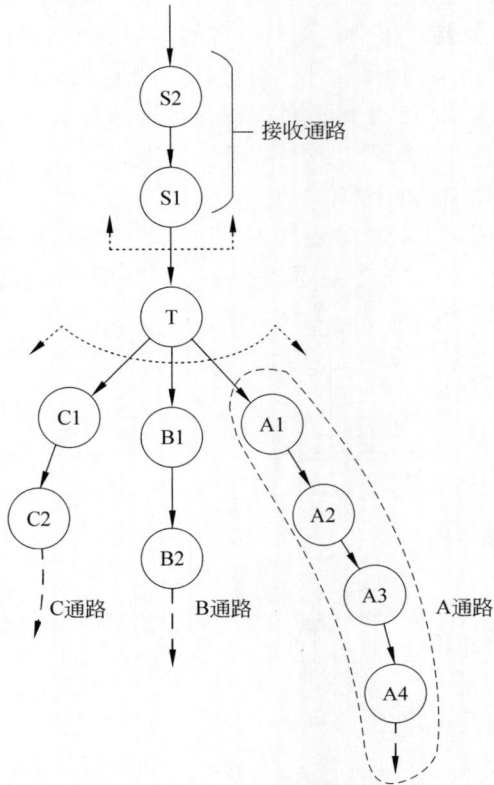

图 4-41　具有边界的事务流

在事务流和系统结构图的映射过程中，事务流的分析步骤与变换流的分析步骤类似，只是事务流到软件结构的映射方法与变换流不同，需要明确事务处理中心和各条活动路径。

针对输入流，软件设计人员可以从事务中心的边界开始，沿着输入通路向外移动分界线，把输入通路中遇到的处理映射成输入模块的下属模块。

事务处理中心作为活动流的调度中心，控制下属所有的活动通路模块。软件设计人员可以将各条活动通路映射成对应的模块结构，再挂入调度模块中，如图 4-42 所示。

通常而言，大型的软件系统总是变换流和事务流的混合结构，且以变换流为主。在进行系统结构设计时，软件设计人员可以综合上述分析方法来设计目标软件系统的结构。

在进行数据流图到系统结构图的映射时，尽管系统结构图中的模块名称表明了模块的简单功能，但是系统结构图并未对模块的输入/处理/输出进行详细说明。此时，软件设计人员可以借助数据字典，为每个模块撰写一个简要说明，描述进出该模块的信息(模块接口描述)、模块的内部信息，并对模块的内部过程进行陈述（例如主要判定点及任务，对约束和特殊点进行简短讨论）。当然，软件设计人员也可以直接为每个模块建立一个 IPO 表，通过 IPO 表来对模块内容进行详细描述。

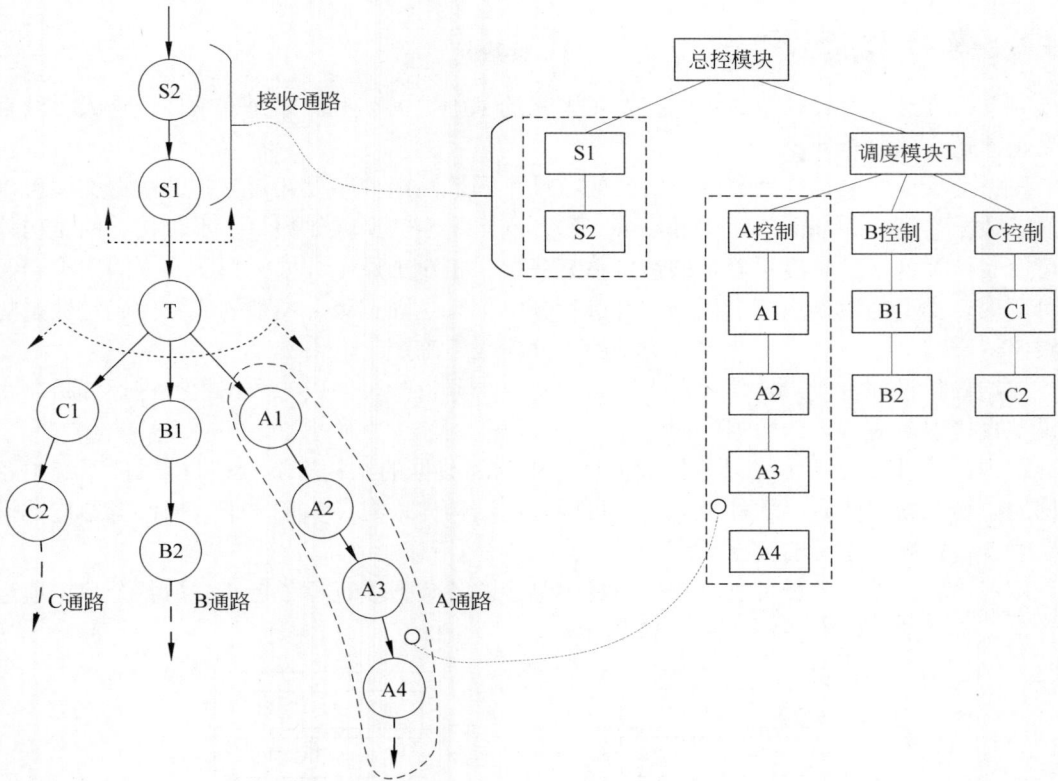

图 4-42　事务分析的映射方法

4.4　数 据 设 计

在使用高级程序设计语言编写程序时，程序代码中所有的变量、常量或表达式都有确定的数据类型。数据类型显式或者隐式地规定了变量或者表达式在程序运行期间的取值范围和允许的操作。

所谓数据设计是指软件设计人员对软件系统中模块之间交换的数据、模块处理过程中需要的数据以及软件系统存储的数据进行设计。如果模块涉及的数据类型为原子数据类型，软件设计人员直接给出参数的类型和名称即可。但是，如果模块涉及复杂的数据类型，即模块在输入、输出和处理过程中涉及的变量为非原子数据类型，软件设计人员就必须对数据的内容进行分析，为模块选择或者设计符合项目需求的数据类型。

尽管需求分析人员在结构化分析中对目标软件系统中使用的数据进行了建模，但是前期的数据模型只是通过抽象的方式表达了数据的组成、数据的关系和数据项的内容组成，无法直接应用到程序设计中。

同样，在前期的系统结构设计中，软件设计人员采用 IPO 表对输入、输出各个模块的数据以及模块内部的局部变量进行了建模。然而，可以发现，IPO 表中仅对涉及数据的类型和名称进行了描述，并未对数据的类型进行详细说明。

因此，在结构化设计中，软件设计人员除了需要设计软件系统的结构，还必须对软件系统涉及的数据进行分析，即针对数据元素、数据的结构以及数据的存储进行设计。

4.4.1　数据元素设计

目前，高级程序设计语言中均提供了丰富的基础数据类型，并允许软件设计人员结合需要来构建适合的复合数据类型。

根据变量或者表达式所表达"值"的特性不同，高级程序设计语言中的数据类型可以分为原子数据类型（如 int、char、double 等）、固定聚合类型（如数组、不带指针的结构体）和可变聚合类型（如长度不确定的结构体）三种。相对于原子数据类型而言，固定聚合类型和可变聚合类型的数据均可以根据需要进行分解，只是固定聚合类型的成分由确定数量的成分按照特定结构组成，而可变聚合类型的成分构成不确定。

在结构化设计阶段，软件设计人员可以对需求分析阶段完成的数据模型进行分析，将数据模型直接映射成具体的数据结构。

首先，软件设计人员可以分析数据模型中的"数据的结构"，了解目标软件系统中各个数据的内容组成。此时，软件设计人员可以采用结构体来封装多个原子数据或者结构数据，构建适合目标软件系统的数据元素。

接着，软件设计人员可以对数据元素中包含的各数据项进行分析，并为各个数据项选择或者定义合适的数据类型，如图 4-43 所示。

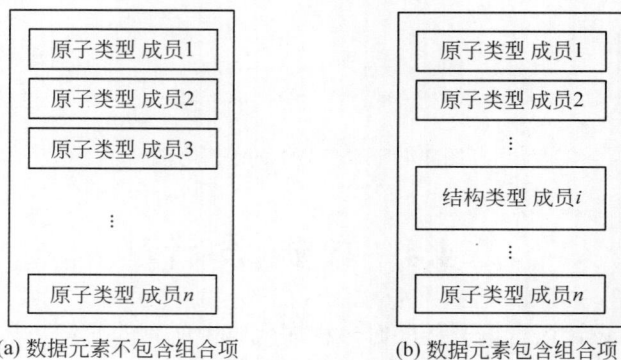

(a) 数据元素不包含组合项　　(b) 数据元素包含组合项

图 4-43　数据元素结构

（1）如果数据项为非组合项（例如数据字典中的选择项、重复项或者可选项），软件设计人员可以直接利用上述内容包含的基本数据元素对应的原子类型来定义相关数据项。

（2）如果数据项为组合项，即数据项由多个非组合项或者子组合项组成，软件设计人员可以递归地为各个组合项定义结构体来表示子数据项，并最终完成数据元素的定义。

（3）如果数据项为可变聚合类型，即数据元素中的内容待定，软件设计人员可以继续对数据元素进行分析，在数据元素中加入可变信息控制内容。此时，由于可变聚合类型涉及内容长度变化，软件设计人员可以在数据元素中增加数据元素长度及可变内容起始地址指示等信息。如果数据项涉及其他类型的可变聚合类型，则需要软件设计人员结合数据之间的关系来选择或者设计合适的数据元素。

4.4.2　数据结构设计

随着计算机技术的快速发展，计算机软件除了需要处理数值数据以外，还会遇到大量的非数值计算问题。例如，对目标数据进行寻优、查找等。此时，软件设计人员除了需要考虑数据本身的数学性质以外，还必须考虑数据的结构。也就是说，为了编写一个"好"的处理，软件设计人员必须分析待处理的数据以及待处理数据之间的关系。

根据数据元素之间的关系不同,软件设计人员可以将数据元素的组织形式分为以下 4 种类型,如图 4-44 所示。

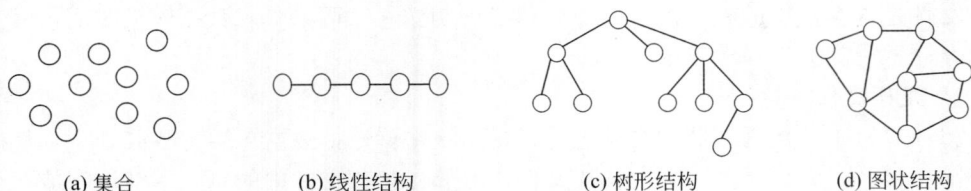

| (a) 集合 | (b) 线性结构 | (c) 树形结构 | (d) 图状结构 |

图 4-44　数据元素组织

(1)集合

软件中的数据元素除了"同属于一个集合"的关系以外,没有其他关系。

(2)线性结构

软件中的数据元素之间存在一对一的关系。

(3)树形结构

软件中的数据元素之间的关系是一对多的。

(4)图状结构或者网状结构

软件中的数据元素之间存在多对多的关系。

在结构化设计阶段,软件设计人员可以依据结构化分析阶段完成的数据模型内容,根据数据之间的关系来选择或者设计合适的数据结构。

当然,除了选择和设计合适的数据结构以外,软件设计人员还需要同步完成数据结构的物理存储设计。例如选择数组或链表来存储线性表,选择邻接矩阵或者邻接表来存储图信息等。此时,软件设计人员需要分析待解决的问题,结合选择的算法来选择或设计数据结构的物理存储方式。

目前,为了方便软件设计人员直接使用各种数据结构,部分高级程序设计语言将常见的数据结构及算法封装成模板库。例如,C++语言中的标准模板库(Stardard Template Library,STL)提供了向量(vector)、双端队列(deque)、表(list)、队列(queue)、堆栈(stack)、集合(set)、多重集合(multiset)、映射(map)和多重映射(multimap)等容器。软件设计人员可以结合软件需求,使用特定的数据类型对模板类进行实例化,得到满足要求的数据结构。

当然,如果程序设计语言提供的模板不方便使用,软件设计人员也可以结合需要来定制符合需求的数据结构。此时,软件设计人员需要重新返回到数据元素的设计阶段,结合数据结构对应的存储方式来扩展数据元素内容。

4.4.3　文件格式设计

如果目标软件系统涉及数据的持久化,即保存数据或者读取数据,软件设计人员就需要结合软件项目的实际情况来为目标软件系统选择或者设计合适的数据存储和读取方式。

文件是指存储在计算机外部介质上的数据的集合。根据文件的数据组织形式不同,文件可以分为二进制文件和 ASCII 文件两种。

1)二进制文件

在计算机内存中,数据以二进制形式存在。如果软件直接将内存中的数据输出到磁盘(或者其他外部介质)上,即采用二进制形式将输出的数据存储为文件,则可以认为此类文件为二进制文件。

由于二进制文件是内存单元数据的映像，文件中的一个字节并不一定代表一个字符。在存取二进制文件时，软件设计人员必须按照指定的格式对二进制文件进行解析。同时，由于二进制文件是内存数据的映像，软件在处理二进制文件时可以节省数据转换时间，并且更好地利用存储器空间。

2）ASCII 文件

在将计算机中的数据存储到文件之前，如果软件首先将数据转换为 ASCII 码，然后再保存为外部文件，则称此类文件为 ASCII 文件。由于 ASCII 文件中的每一字节均存放一个字符的 ASCII 码，ASCII 文件也被称为文本文件。

在 ASCII 文件中，字节与字符一一对应。软件系统可以方便地以字符为单位来处理文件内容。但是，在读取和写入 ASCII 文件时，软件系统需要对文件数据和内存数据进行数据转换（二进制形式与 ASCII 码之间的转换），因此，采用 ASCII 文件存储数据需要花费一定的转换时间，并且占用较多的存储空间。

在选择文件作为数据的持久化方式时，软件设计人员首先需要选择目标文件的存储类型，然后再结合不同的文件类型来设计文件的内部格式。

为了更好地保存或者读取数据，计算机软件通常以数据元素为单位对文件进行存取。此时，软件设计人员可以结合需要，将数据元素封装为特定的结构体，然后以结构体为单位来操作文件。在存取文件数据时，由于数据元素存在固定聚合类型和可变聚合类型两种形式，软件设计人员需要结合数据元素的类型对文件的读写操作进行区分处理。

1）固定聚合类型

如果目标软件系统需要将某个固定聚合类型对应的多条数据记录持久化为数据文件，由于数据元素的内容和长度固定，软件设计人员可以以数据元素为单位，依次将多条数据写入到同一个文件中，使用单个文件来保存多条数据记录。同样，在从文件中读取固定聚合类型数据时，软件设计人员仅需以数据元素为单位，依次从文件中读取数据即可。

2）可变聚合类型

如果目标软件系统需要将多条可变聚合类型对应的数据记录持久化为数据文件，软件设计人员就需要结合数据的特性来重新设计文件的存储形式。由于可变聚合类型数据元素的长度不固定，软件设计人员可以将每条数据记录单独保存为一个文件，以文件为单位对多条数据记录进行存储。此时，软件设计人员需要对文件的名称进行设计，从而通过文件名来标识不同的数据记录。

与此同时，如果目标软件系统需要存储多类数据记录，软件设计人员在设计文件持久化方案时还需要重点考虑数据之间的关系，根据数据之间的关系来设计文件存储方案。

1）一对一

如果两类数据记录之间的关系为一对一，软件设计人员可以将主数据对应的数据记录保存为单个文件或者保存为以数据标识为名称的多个数据文件。

在保存从数据时，软件设计人员可以将主数据的标识符提取出来作为对应从数据元素的标识符。同时，在保存从数据文件时，软件系统以从数据元素（包含主数据标识符）为单位读写文件。多条从数据元素记录可以保存为单个数据文件，或者保存为以主数据标识符为文件名的多个文件，实现主数据与从数据的一一对应。

2）一对多

如果两类数据记录之间为一对多的关系，软件设计人员可以首先将主数据对应的数据记录保存为单个文件或者保存为以数据标识为名称的多个数据文件。

然后，软件设计人员可以将主数据中的标识符提取出来，将主数据的标识符连同从数据中的次标识符共同组成从数据的标识符。在存储从数据时，软件设计人员可以将包含从数据标识符的多条数据记录存为一个文件，或者将从数据对应的记录保存为以从数据标识符命名的多个数据文件，便于后期通过主数据定位对应的多个从数据。

3）多对多

当两类数据之间的关系为多对多时，软件设计人员可以参考一对一关系中的主数据存储方式，分别将这两类数据存为对应的单个数据文件或者以标识符为名称的两类多个独立文件。

为了存储两类数据记录之间的多对多对应关系，软件设计人员可以在前两类数据存储文件的基础上创建第三类文件。在创建第三类文件时，软件设计人员需要结合前两类数据之间的关系来新建对应的数据元素，即将前两类数据的标识符组合起来成为第三类关系数据的标识符。如果第三类关系数据对应的数据元素为固定聚合型，软件设计人员可以直接将包含前两类数据标识符的多条关系数据元素存储到一个文件中；如果对应的关系数据元素为可变聚合类型，软件设计人员可以将表达关系的数据元素保存到以"前两类数据标识符组合"为名的多个文件中。

在设计过程中，软件设计人员除了可以创建新的文件格式以外，也可以根据软件需求来选择已有的标准文件格式。此时，软件设计人员只需给出标准文件的格式内容，便于后期软件开发人员进行文件读写即可。

当目标软件系统的文件存储结构设计完成以后，软件设计人员可以结合需要在系统结构的适当位置增加文件读取、写入模块，对目标软件系统涉及的文件操作过程进行封装。

4.4.4 数据库设计

由于计算机中的文件主要用于存储数据，操作系统并未对文件内容的查找、修改和删除等操作进行优化。如果目标软件系统需要持久化大量具有共同特性的数据，并且需要频繁对数据文件内容进行查询、修改、删除操作，软件设计人员可以考虑将数据直接存储到数据库系统中，通过数据库系统实现对数据内容的高效管理。

数据库系统是为适应数据存储管理的需要而发展起来的一种较为理想的数据处理核心机构。早期比较流行的数据库模型有层次式数据库、网络式数据库和关系型数据库；而在当今计算机领域，最常见的数据库主要有关系型数据库和非关系型数据库两种。

关系型数据库将复杂的数据结构归结为简单的二元关系（表），对实体的属性和实体之间的关系进行建模。而非关系型数据库，也被称为 NoSQL 数据库（Not Only SQL），是关系型数据库的重要补充，能够在特定场景下发挥较高的效率和性能。由于篇幅和内容限制，本书仅对关系型数据库的设计进行介绍。

数据库设计是指软件设计人员结合软件需求来构造（设计）优化的数据库逻辑模型和物理模型，并建立数据库及其应用系统。通过构建有效的数据逻辑模型和物理模型，软件系统可以使用数据库高效地存储和管理数据，满足目标软件系统的数据持久化需求。

在结构化分析阶段，需求分析人员对目标软件系统涉及的数据进行了建模，给出了目标数据的组成和数据之间的关系，即完成了数据的概念模型。在结构化设计阶段，软件设计人员需要为完成的数据概念模型选取、设计适合的逻辑结构，完成数据库的逻辑设计。

在设计数据库的逻辑模型之前，软件设计人员需要确定各个数据元素的标识符，即主键。数据库中的二元组可以通过主键来唯一标识一条数据记录。

可以发现，数据库逻辑模型的设计原理实际上与数据文件的设计原理相类似，软件设计人员需要结合数据之间的关系来为存储数据设计合适的逻辑结构。

1）一对一

如果两类数据记录之间的关系为一对一，软件设计人员首先需要将主数据单独映射为一个独立的二元组，并将主数据的主键设置为从数据的主键，再为从数据设定对应的二元组结构，如图 4-45 所示。

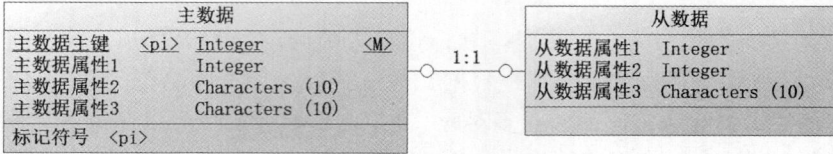

(a) 概念模型

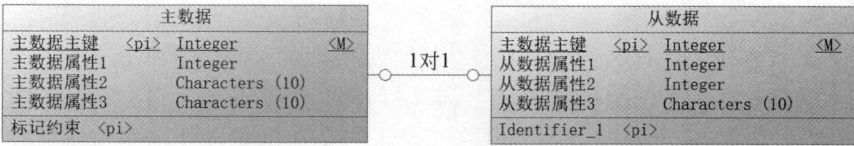

(b) 逻辑模型

图 4-45　一对一概念模型与逻辑模型的映射

2）一对多

如果两类数据记录之间的关系为一对多，软件设计人员可以首先将主数据对应的数据元素映射为一个独立的二元组；然后，软件设计人员将主数据中的主键与从数据中的候选主键联合，共同组成从数据的联合主键，如图 4-46 所示。在一对多关系中，联合主键可以唯一标识"多"方中的数据记录，作为从数据存储二元组的数据标识。

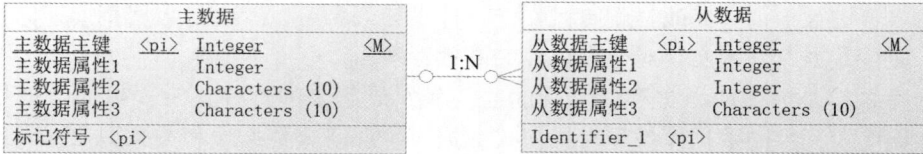

(a) 概念模型

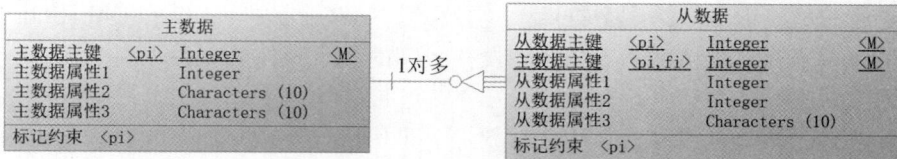

(b) 逻辑模型

图 4-46　一对多概念模型与逻辑模型的映射

3）多对多

当两类数据记录之间的关系为多对多时，软件设计人员可以参考一对一关系中主数据的存储方式，分别为这两类数据设计二元组结构。

为了表达这两类数据之间的对应关系，软件设计人员可以将这两类数据之间的联系信息抽象为第三类数据元素。此时，软件设计人员可以将参与关联的两类数据的主键组合为第三类数据的联合主键，共同对第三类数据进行标识，如图 4-47 所示。

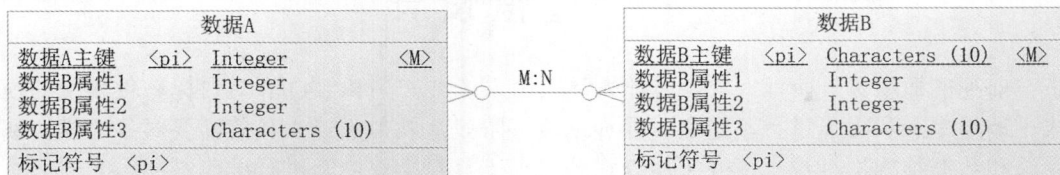

(a) 概念模型

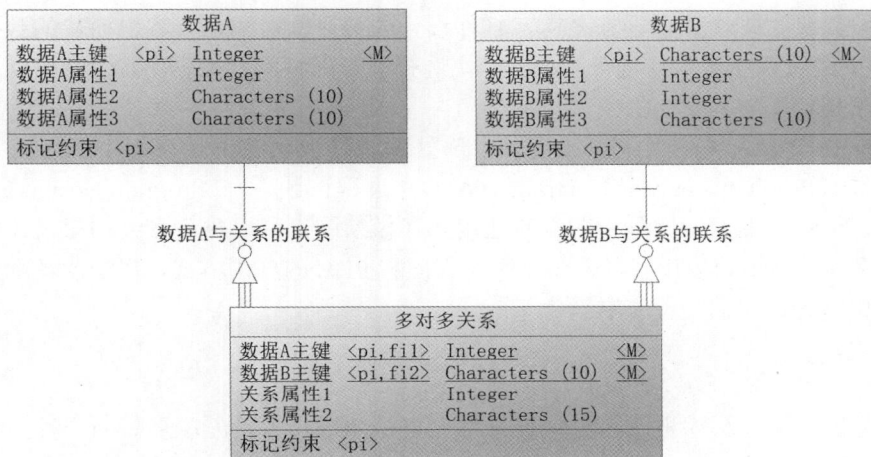

(b) 逻辑模型

图 4-47　多对多概念模型与逻辑模型的映射

　　在得到目标软件系统的数据库逻辑模型以后，软件设计人员还需要结合软件的需求对完成的逻辑模型进行完善，进一步提高数据库应用系统的性能。通常而言，数据库逻辑模型的评价重点在于模型的时间效率和空间效率。时间效率是对数据库系统的存取方式进行评估；而空间效率主要是对数据的存储结构进行度量。

　　在数据库设计的优化过程中，软件设计人员可以通过索引、聚簇等方式来优化数据库逻辑模型的查询效率，通过规范化理论来优化数据存储。同时，软件设计人员也可以结合已有的经验来优化数据库逻辑设计，进而达到以时间换空间，或者以空间换时间的目的，针对特定应用进行特殊优化。

　　如果完成的数据库逻辑模型满足业务要求，软件设计人员可以将得到的设计结果转换为对应的数据库物理模型，进入数据库的物理实施阶段；否则，软件设计人员就必须修改或者重新设计得到的逻辑模型。如果得到的逻辑模型无法达到目标软件系统的性能要求，软件设计人员甚至需要重新返回到概念设计阶段，对完成的数据概念模型进行修改。

　　如果目标软件系统需要保存的数据记录较多，或者数据库的查询性能优化达到极限，软件设计人员可以选用更加成熟的数据库管理系统来存取数据。必要时，软件设计人员可以对数据库底层模块进行优化，或者采用分布式数据存储方式来管理数据。

　　同样，数据库的存储结构设计完成以后，软件设计人员可以在系统结构中增加相应的数据库操作模块，用于封装目标软件系统涉及的数据库操作。

4.5 过程设计

在前期的概要设计阶段，软件设计人员采用系统结构图和 IPO 表对目标软件系统的模块组成、调用关系和接口进行了定义。在详细设计阶段，软件设计人员就需要对各个模块使用的算法和数据结构进行设计，并采用合适的建模工具对模块内容进行准确描述。

尽管在结构化分析阶段，需求分析人员采用处理/加工逻辑说明对处理的内部流程进行了建模，但是，处理/加工逻辑说明仅对处理的逻辑进行了描述，无法对软件模块的处理细节进行准确定义。在进行模块处理设计之前，软件设计人员必须对输入、输出模块的数据以及模块的处理/加工逻辑说明进行详细分析，为模块选择适当的算法和数据结构，并设计模块解决问题的具体流程。

目前，软件设计人员可用于表述模块内部处理规格说明的工具有程序流程图、N-S 盒图、问题分析图（Problem Analysis Diagram，PAD）和过程设计语言（Program Design Language，PDL）。由于 N-S 盒图、问题分析图没有通用的建模绘图工具，目前在结构化设计中应用较少。本书从流行和易用角度出发，说明程序流程图和 PDL 的使用方式，帮助读者掌握模块处理规格说明和内容标识的建模方法。

4.5.1 程序流程图

程序流程图，又称程序框图，是软件开发人员最熟悉，也是应用最早的一种流程逻辑表达工具。程序流程图采用统一的符号来描述软件业务处理流程，具有结构清晰、逻辑性强、使用简单等特点，能够直观地描述程序的控制处理逻辑。

目前，程序流程图使用的符号类型分为国际标准 ISO 5807—1985 和国内标准 GB/T 1526—1989 两种，并且主流的矢量图设计软件均提供了相应的绘制模块。本书以 Microsoft Office Visio 中的流程图绘制模块为例介绍程序流程图的建模方法，软件设计人员可以使用的符号如图 4-48 所示。

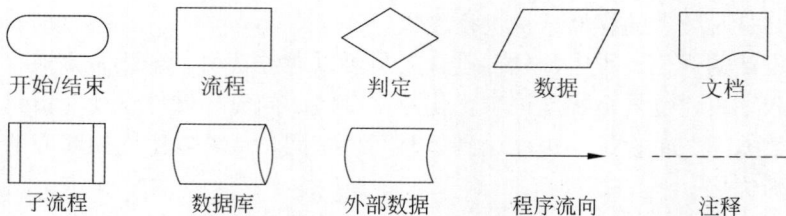

图 4-48　程序流程图符号

其中，圆角矩形表示处理流程的"开始"与"结束"；矩形表示具体的处理行为或流程，能够表示一个行为动作；菱形表示问题判断或判定，常用于选择、循环等；平行四边形表示系统的输入与输出；箭头表示工作流方向；虚线连接图中的内容和对该内容的注释；除此以外，文档表示程序需要从外界文档中读取/写入数据；子流程表示模块在运行过程中需要调用其他子过程或者函数处理业务；而数据库表示模块需要从数据库中读写数据。

在对软件模块的内部业务逻辑进行建模时，软件设计人员可以综合使用顺序、选择和循环三种基本形式来建模软件模块的业务处理流程。

1）顺序结构

如果在模块的业务处理过程中连续出现了多个"动词"，则表明这些动作需要顺序执行。此时，软件设计人员可以采用"顺序"结构对这一系列动作进行建模，如图4-49（a）所示。

2）选择结构

如果在模块的业务处理过程中出现了"当……时""如果……，就……""如果……，就……；否则……，就……"等文字，则意味着该模块内部出现了"选择"结构。此时，软件设计人员需要根据实际情况来选用合适的"选择"结构，而文字中出现的处理内容也自然成为了选择结构分支中相应的处理，如图4-49（b）和图4-49（e）所示。

3）循环结构

当模块的业务处理描述中出现了"直到……为止""重复""同样处理"等内容，则意味着这些关键词后面的内容将被放入"循环"结构中，如图4-49（c）和图4-49（d）所示。

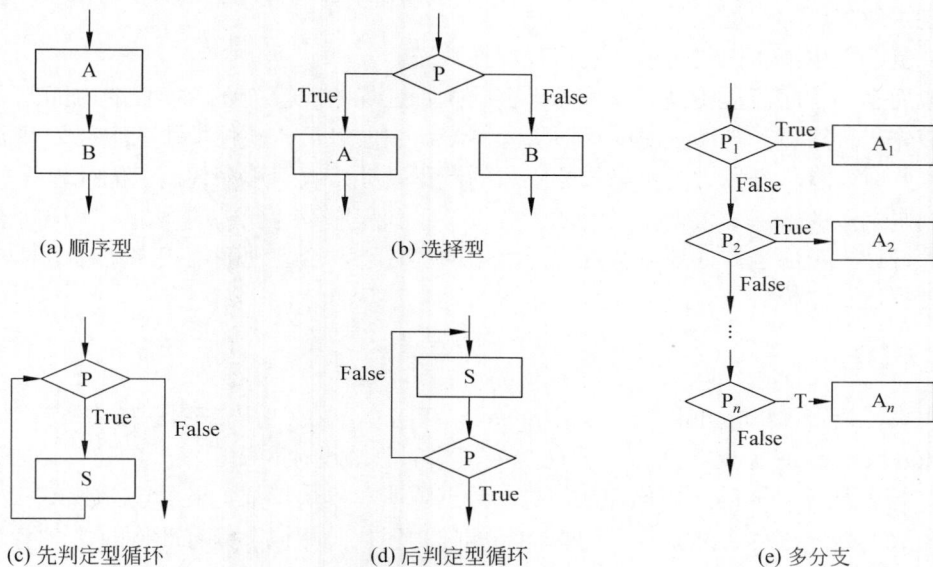

图 4-49　程序流程图的 5 种控制类型

同时，软件设计人员在设计程序流程图时，首先需要预估程序流程图的规模。如果程序流程图的规模较大，软件设计人员可以考虑将一些功能集中，且常用的模块规划为子模块，降低软件流程图的复杂度。

在绘制程序流程图时，软件设计人员除了需要遵守基本的绘图规则以外，还需要注意以下事项。

（1）程序流程图的符号绘制顺序为从上至下，从左至右。

（2）程序流程图必须只有一个入口、一个出口。

（3）流程处理有且仅能有唯一的一条出线。

（4）程序流向符号应尽量避免相互交叉，如果相交请选择绕过方式。

（5）程序流程图中的流程处理信息应使用规范的动词来表述，避免使用笼统词。

（6）流程图中的相同符号应大小一致。

（7）同一路径符号的指示箭头应只有一个。

（8）如果程序流程图能够一目了然，可省略开始符号和结束符号。

（9）在选择结构及重复结构中，选择条件或决策条件上标明的文字叙述应简明清晰，路

结构化设计

径上应标识"是""否"或其他相对性文字指示。

（10）如果程序流程图中使用到其他已经定义的子程序，则直接调用即可，无须重复绘制子程序的详细内容。

可以发现，程序流程图作为一种简单、直观的流程建模工具，能够帮助软件设计人员对模块的业务流程进行精确建模。同时，软件设计人员也可以将完成的数据流程图与实际的业务处理过程相比较，诊断流程中出现的问题，对业务处理流程进行优化。

然而，尽管程序流程图具备了上述优点，但是程序流程图也存在以下不可避免的缺点。

（1）程序流程图不利于软件设计人员采用"逐步求精"方式来设计程序逻辑。由于程序流程图中的一个流程处理对应着一行程序代码，它会诱使软件设计人员过早地考虑程序的控制流程，而不去考虑程序的全局结构。

（2）程序流程图中用箭头表示控制流而不是数据流，软件设计人员可以不受约束地随意转移控制，忽略结构化程序设计的原则。

（3）复杂程序流程图的可读性、可理解性较差。

一般而言，程序流程图是对模块内部实际执行过程的建模描述。模块的内部处理流程设计工作应先于程序设计，即模块的程序流程图设计完成以后，软件模块的主要处理流程才确定下来。此时，软件开发人员可以依据完成的流程设计来编写程序代码。因此，程序流程图是软件代码编写的最基本依据，它的质量直接关系到程序设计代码的质量。在详细设计过程中，软件设计人员应当辩证地看待程序流程图的优缺点，合理地利用程序流程图对模块的业务处理过程进行建模。

4.5.2　PDL

过程设计语言（Program Design Language，PDL），又称伪码或程序描述语言（Program Description Language），是一种用于描述功能模块的算法设计和加工细节的建模语言。

PDL 规范涵盖全面的结构化控制结构、数据说明和模块特征，采用正文形式来表示模块的数据和数据处理过程。PDL 正文的总体结构与程序代码相似，具有严格的关键字"外部语法"（类似于结构化程序设计语言的语法），可用于定义模块的内部控制结构和数据。同时，PDL 又提供了具有较高自由度的"内部语法"，允许软件设计人员根据各种工程项目的需要，采用特定语言（通常是某种自然语言）来表示模块内部的实际操作和条件。

1. 控制结构

为了准确地建模模块的控制结构，PDL 在外部语法规范中提供了顺序、选择和循环三种控制结构。

1）顺序结构

软件设计人员可以使用自然语言来顺序表述模块内部各个业务逻辑的处理过程，其语法如图 4-50 所示。

> 处理1
> 处理2
> ⋮
> 处理n

图 4-50　PDL 中的顺序结构

2）选择结构

PDL 规范也提供了丰富的选择结构，方便软件设计人员对多分支业务处理流程进行建模，其语法结构如图 4-51 所示。

```
                         IF 条件 THEN           CASE 条件 OF
                             处理 1              CASE (1)
   IF 条件 THEN            ELSE                      处理 1
       处理 1                 处理 2             CASE (2)
   ENDIF                 ENDIF                      处理 2
                                                ...
                                                CASE (n)
                                                    处理 n

   (a) IF-THEN 结构        (b) IF-THEN-ELSE 结构      (c) CASE 结构
```

图 4-51　PDL 中的选择结构

3）循环结构

在 PDL 正文中，软件设计人员可以直接使用 FOR、WHILE 和 UNTIL 三种循环结构来建模需要重复处理的业务逻辑，其语法结构如图 4-52 所示。

```
FOR i = 1 TO n          WHILE 条件              REPEAT
    循环体                   循环体                  循环体
END FOR                 END WHILE                   UNTIL 条件

  (a) FOR 循环结构          (b) WHILE 循环结构        (c) UNTIL 循环结构
```

图 4-52　PDL 中的循环结构

2. 数据说明

为了准确地建模业务流程中需要的数据内容和类型，PDL 规范中设置了数据说明机制，允许软件设计人员直接定义模块内部数据的类型和作用域。其形式如下：

```
DECLARE <数据名> AS <限定词>
```

其中，限定词表示被定义数据的类型。数据类型不仅可以是整型、字符型等基础类型，还可以是数组、列表、结构等复合类型。

3. 模块定义

PDL 正文撰写规范中还提供了模块定义机制，允许软件设计人员对 PDL 正文进行结构分割，使之更加易于理解。

1）分程序结构

分程序结构提供类似于程序设计语言中的组合语句"{}"功能，可将多个处理组合为一个完整的片段。其形式如图 4-53 所示。

```
BEGIN <分程序名>
    语句1
    语句2
    ...
    语句n
END <分程序名>
```

图 4-53　PDL 中的分程序结构

结构化设计

2）子程序结构

与程序设计语言类似，PDL 中提供了子程序定义与调用机制。软件设计人员可以将特定的业务处理操作封装为子程序。子程序的定义方式如图 4-54 所示。

```
PROCEDURE <子程序名>（参数）
<分程序PDL语句>
END <子程序名>
```

图 4-54   PDL 中的子程序结构

同时，软件设计人员可以直接使用 CALL 关键词来调用子程序，实现业务处理功能的嵌套。CALL 关键词的语法如下：

```
CALL 模块名（参数）
```

4. 输入/输出结构

在 PDL 伪码中，软件设计人员可以利用 GET、READ、PUT、PRINT、DISPLAY 等关键词来实现特定内容的输入/输出。其语法结构如下：

```
GET （输入变量表）
READ（输入变量表）
PUT （输出变量表或输出信息）
PRINT（输出变量表或输出信息）
DISPLAY（输出变量表或输出信息）
```

为了区分 PDL 正文中的外部语法关键词和其他内容，PDL 规范要求正文中的关键词一律大写，或者通过加下画线、设置为黑体等方式进行强调。与此同时，软件设计人员也可以在 PDL 正文中添加注释，对正文中的相应内容进行说明。

图 4-55 给出了一个文章拼写检查模块的 PDL 正文及正文内容精化案例。

```
PROCEDURE spellcheck
  BEGIN
    split document into single words
    look up words in dictionary
    display words which are not in dictionary
    create a new dictionary
  END
END spellcheck
```

(a) 拼写检查模块伪代码

```
PROCEDURE spellcheck
  BEGIN
    --* split document into single words
    …
    --* look up words in dictionary
    WHILE get word from word list
      IF word not in dictionary THEN
        --* display words not in dictionary
        display word
        prompt on user terminal
      ENDIF
      EXIT WHEN all words processed
    END WHILE
    …
END spellcheck
```

(b) 拼写检查模块逐步细化案例

图 4-55   PDL 正文及正文精化案例

可以发现，PDL 的建模过程无须使用特定的建模工具软件。软件设计人员直接使用普通的正文编辑程序或文字处理软件，即可方便地完成 PDL 正文内容的书写和编辑；PDL 正文可以作为注释内容直接嵌入到源程序代码中，方便维护人员在需要的时候直接修改程序设计的建模内容，有助于保持设计文档与程序代码的一致性。

然而，PDL 采用文本来建模业务处理过程，其内容表达形式不如图形方式形象直观，不能清晰地描述复杂条件组合与动作间的对应关系；同时，由于自然语言的自由度较高，采用 PDL 完成的过程设计可能存在一定的不确定性。

4.5.3　模块过程设计

在前期的系统结构设计阶段，软件设计人员通过面向数据流的设计方法，从需求分析中的数据流图中映射出了目标软件系统的系统结构图，得到了目标软件系统的架构。

由于目标软件系统架构中的模块是对数据流图中"处理"的映射，软件模块必须按照处理的业务要求来完成具体的软件功能。此时，软件设计人员可以结合各个模块对应的 IPO 表和数据设计，以模块对应处理的"处理/加工逻辑说明"和状态转换图为依据来完成模块的内部处理过程设计工作。软件设计人员可以通过程序流程图等方式对模块选用的算法处理流程进行建模，明确模块的内部处理流程。

然而，尽管系统结构图为软件设计人员提供了逐步求精的分析方法，但是，由于系统结构图主要用于表现目标软件系统包含模块的调用和组成关系，即使将系统结构图的顶层模块分解到了最底层的原子模块，系统结构图也无法对何时调用下层模块以及在什么情况下调用下层模块进行建模。因此，除了对最底层原子模块的内部处理流程进行设计以外，软件设计人员还必须对系统结构图中的上层模块和中层模块的内部处理流程进行设计，明确上层模块、中层模块调用下层模块的细节信息。

同样，为了便于项目管理，软件设计人员可以直接采用系统结构图上的模块编号和名称来命名模块对应的程序流程图，对各模块的业务流程进行详细建模。

4.6　设　计　优　化

当软件的设计工作完成以后，软件设计人员可以结合已有的软件设计经验或者相关准则对完成的设计内容进行优化。在进行优化之前，软件设计人员必须遵守软件开发的至理格言"先使它能工作，然后再使它快起来"。除此以外，在对设计工作进行优化时，软件设计人员还需要参考以下启发式规则。

（1）在有效的模块化机制前提下，首先使用最少量的模块来实现系统功能。

（2）在满足信息要求的前提下，尽量使用最简单的数据结构。

（3）首先在不考虑时间因素的前提下开发并精化软件结构。

（4）在优化设计内容时，先优化对时间有较高要求的模块。

（5）评估并优化模块的处理过程，降低模块处理的时间复杂度和空间复杂度。

（6）在保证模块功能的情况下，简化条件表达式，优化逻辑处理过程。

（7）尽量使用高级程序设计语言来编写程序。

（8）定位并孤立出软件中占用大量处理器资源的模块；必要时，重新设计或者采用依赖于机器的语言重写上述模块的代码。

当然，软件设计涉及的内容很多，软件设计人员可以结合项目的实际情况来评审完成的软件设计，不断优化软件设计的内容。

4.7 小　　结

在结构化设计阶段，软件设计人员可以依据结构化分析阶段完成的数据流图、处理/加工逻辑说明、状态转换图和数据模型来开展软件设计，实现软件需求到软件设计的映射。

为了降低结构化设计与实现的复杂度，软件设计人员可以从功能角度出发将目标软件系统分解为多个独立的功能模块。通常而言，优秀的软件模块内聚程度较高，且与其他模块耦合松散。

在数据流图到系统结构图的映射过程中，软件设计人员首先需要分析数据流图的类型，然后再结合变换流和事务流的特点将数据流图映射为相应的系统结构图。同时，软件设计人员可以借助 IPO 表对各个模块的输入数据、输出数据和内部数据进行说明。

除了对目标软件系统的结构进行设计以外，软件设计人员还必须为目标软件系统设计适合的数据结构。在设计过程中，软件设计人员需要认真分析软件需求，为目标软件系统设计合适的数据元素。如果目标软件系统涉及非数值运算，软件设计人员还需要结合数据之间的关系来选择或者设计适当的数据结构。

当目标软件系统需要对处理的数据进行持久化时，软件设计人员就需要结合需求分析阶段完成的数据模型来设计数据内容的保存方式，并根据项目需要选择采用文件或者数据库方式来存取数据。

软件模块的处理流程设计是指软件设计人员将处理对应的处理/加工逻辑说明和状态转换图转换为具体程序的处理流程。软件设计人员可以结合需要，采用适当的形式来建模软件模块的内部处理流程。

最后，软件设计人员可以结合已有的软件设计经验和启发式规则来优化软件设计。

4.8 习　　题

1. 如何在结构化程序设计中实现高内聚和低耦合？
2. 系统结构图在结构化程序设计中的作用是什么？
3. 变换流与事务流的区别是什么？如何区分不同的数据流图？如何将复杂的数据流图映射为系统结构图？
4. 数据设计中是否可以跳过数据元素设计？请简述数据元素在数据设计中的重要性。
5. 在编写程序之前，为什么需要进行软件设计？你认为软件设计的重要性是什么？

结构化实现

结构化实现是指软件开发团队在结构化设计的基础上，结合目标软件项目特点，使用合适的结构化程序设计语言将详细设计内容转换为软件系统，并对完成的软件系统进行质量保障的过程。具体而言，结构化实现包括结构化编码和结构化测试两个部分的内容。

为了获得高质量的程序代码，软件开发人员必须认真分析结构化设计阶段完成的系统架构图、IPO 表、数据设计和过程设计，将结构化设计的成果映射为软件模块、数据结构、软件文件结构，并依据系统结构图对完成的代码进行集成。

除此以外，软件测试人员还将结合结构化设计和软件需求来设计适合各个模块以及目标软件系统的白盒测试用例和黑盒测试用例，并按照软件测试策略对目标软件系统开展单元测试、集成测试、验收测试等工作。

本章将为大家介绍结构化实现过程中包括的工作内容。

5.1 结构化实现与结构化设计的关系

在结构化设计阶段，软件设计人员对目标软件系统的结构、模块接口、处理的数据以及模块的内部细节进行了设计。在结构化实现阶段，软件开发人员必须根据结构化设计阶段完成的内容，将结构化设计转换为数据结构、函数模块、代码文件和文件组织结构等。

1. 数据实现

在结构化设计阶段，软件设计人员通过数据模型对目标软件系统涉及的数据元素、数据结构、数据存储结构（文件、数据库）进行设计，软件开发人员可以直接将结构化设计阶段完成的数据设计转换为结构化实现阶段对应的数据结构、文件结构和数据库物理结构。

2. 函数模块

由于软件模块对应的 IPO 表、程序流程图与数据结构分别对模块的接口、处理流程和处理数据进行了描述，软件开发人员可以直接将结构化设计映射为结构化实现中的"函数"模块。

3. 代码文件及文件组织结构

在结构化实现过程中，软件开发人员可以依据结构化设计阶段完成的系统结构图来组织程序代码，并形成对应的代码文件和文件组织结构。

4. 软件测试用例设计

软件测试人员可以依据模块的内部结构来设计模块的白盒测试用例，根据 IPO 表和软件需求来设计模块的黑盒测试用例。

5. 软件项目集成

软件开发人员和软件测试人员可以结合不同层次的系统结构图和模块过程设计来集成各个软件模块，并设计集成测试用例。

结构化设计与结构化实现之间的对应关系如图 5-1 所示。

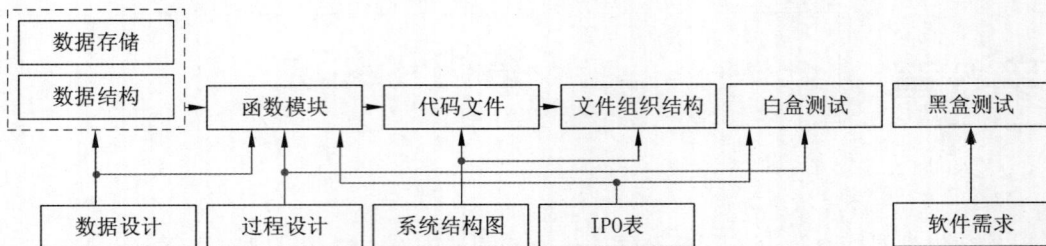

图 5-1　结构化设计与结构化实现之间的对应关系

可以发现，良好的结构化设计是得到高质量程序代码的保障。如果在结构化实现过程中发现了设计缺陷，或者在软件测试中发现了非程序性错误，软件开发团队必须重新返回到软件设计阶段，对相应的软件设计内容进行完善，然后再结合设计结果来开展结构化实现方面的工作。

5.2　结构化编码

在复杂的软件项目中，由某个软件开发人员单独完成整个软件系统的开发工作是不可能的。软件开发团队必须协同工作，共同完成目标软件系统的开发。

对于小型的软件项目而言，由于程序代码逻辑简单，且代码量较少，软件开发人员往往将所有程序代码写入到一个程序源文件中。然而，随着软件规模的不断扩大，软件涉及的业务流程分支急剧增多，代码量也成倍增长。此时，如果软件开发人员仍然将所有程序逻辑代码放在一个源代码文件中，则该源代码文件的内容将会变得非常庞大，且内容凌乱，不利于阅读，严重影响将来的代码修改和维护工作。

因此，在进行结构化编码之前，软件开发团队除了需要统一整个团队的编码规范以外，还需要结合软件设计来组织程序源代码的内容和程序源文件，提高编码的效率。

5.2.1　结构化程序的源代码组成

通常而言，高级程序设计语言均提供了分文件代码组织方式，即允许软件开发人员将软件代码分解到多个不同类型的文件中，以便对程序代码内容进行分类组织、管理。

以 C 语言为例，C 语言编写的项目源程序代码可以分为头文件（.h）、源程序文件（.c）和主程序源文件（包含 main 函数的源程序文件）三个部分。

1. 头文件

在 C 语言中，头文件是扩展名为.h 的源程序文件，主要用于全局变量、全局宏、函数的声明以及被其他源代码文件引用共享。

通常而言，C 语言的头文件包括以下四个方面的内容。

1）头文件区

头文件区用于包含项目开发过程中引用的系统头文件以及软件开发人员创建的头文件（如 MyFunc.h 等）。

2）全局宏区

全局宏区用于定义模块中公用的宏（#define），例如符号常量、带参数的宏等。

3）全局变量区

全局变量区中包含所有模块共同使用的公共变量（非 static）。

4）函数接口区

函数接口区给出源文件中定义的函数接口。

2. 源程序文件

源程序文件以.c 为扩展名，主要用于实现程序代码逻辑，包括主函数代码及头文件中定义的业务函数代码。

在编译软件项目时，编译器首先会在代码预处理阶段将多个程序源文件合并为一个临时中间文件，然后再对临时中间文件进行编译。可以发现，在项目开发过程中，软件开发人员将代码逻辑写入头文件或者源程序文件都可以参与编译，并最终得到目标代码。

既然如此，那么 C 语言为什么还要将程序源代码分为头文件和源程序文件呢？为什么一般在头文件中进行函数、全局变量、全局宏、全局结构体的声明，而在源程序文件中进行变量定义、函数实现呢？其实，在项目实现过程中，将程序代码分为头文件和源程序文件具有以下优点。

（1）将函数实现写入源程序文件，可以减少中间文件冗余。

如果把函数实现写在头文件中，当头文件被多次包含或者嵌套包含时，函数实现代码将会被多次嵌入到临时中间文件中，导致临时中间文件出现大量的冗余内容。与此同时，由于头文件中实现的函数均为全局函数，无法将函数定义为局部函数，当不同模块需要定义实现特定功能的、相同名称的函数时，将造成函数命名冲突。

（2）将公共变量写入头文件，有利于变量共享。

如果将变量写入到头文件中，编译器将为该变量生成一个全局空间，便于所有源程序文件共享该变量的内容（全局变量）。相反，如果将变量写到源程序文件中（未强制设为全局变量），编译器在编译源程序文件时，将根据文件中变量的数量来生成对应的空间。

（3）将宏和数据类型定义写入头文件中，有利于统一数据信息。

将公共使用的宏、结构体声明放到头文件中，可以方便地被源程序文件共享。当源程序文件需要使用公共的数据内容时，源程序文件仅需通过#include 语句包含定义数据内容的头文件即可。同时，当需要修改宏和结构体的内容时，软件开发人员可以直接修改头文件中的宏和结构体声明，无须进入各个源程序文件中进行修改。

（4）将业务逻辑写到源程序文件中，有利于保护实现业务逻辑的源程序内容。

在代码重用过程中，一种情况是将模块的头文件和实现业务逻辑的源程序文件都交给对方，直接进行代码复用。但是，直接代码复用方式不利于保护软件的知识产权。

如果程序的源代码不便（或者不准）向其他人员公布，软件开发人员为了避免其他人员直接阅读代码和修改程序业务逻辑，可以将函数声明写成头文件，将函数的业务逻辑代码写入源程序文件，并将源程序文件编译成"库"。

在高级程序设计语言中，"库"文件是经过编译的二进制文件，使用人员无法通过正常途径来查看库中的程序源代码。软件开发人员可以通过库文件对应的头文件来了解"库"中提供的函数功能，并进行功能调用。编译器也会从库中提取出相应的代码来响应调用。

（5）使用头文件可以加强类型安全检查。

在实现或者调用函数时，如果函数的定义形式与头文件中的声明不一致，编译器将会指出错误，减轻软件开发人员调试程序以及改正错误代码的负担。

因此，在利用多个文件对源程序代码进行组织时，将全局宏、全局变量和函数接口写入头文件，将程序业务逻辑代码写入源程序文件是一个良好的编程习惯。

5.2.2　结构化程序的编译过程

在进行程序源代码的组织和文件划分之前，首先需要了解一下程序的编译过程。以 C 语言编写的软件项目为例，编译器以文件为单位来编译软件项目源代码，即编译器首先逐个读取各个源程序文件，将多个源程序文件合并为一个中间文件，通过对多个源程序文件中涉及的函数与变量进行重定位，最终生成可执行文件。

通常而言，高级程序设计语言编写的软件项目在编译时需要经过预处理、词法与语法分析、编译和链接四个阶段。

1. 预处理

C 语言编写的程序是从 main 函数开始执行的。在预处理阶段，编译器首先扫描所有的源程序文件，并找出包含 main 函数的源程序文件，即主程序源文件；接着，编译器逐行扫描主程序源文件，处理该文件中的文件包含、宏定义、变量声明、函数声明和程序逻辑等，并生成一个临时的中间"C 文件"。

1）处理#include 语句

当预处理过程扫描到了文件包含语句（#include）时，编译器将会把被包含的目标文件内容引入到临时编译文件中。例如，如果预处理过程遇到#include <stdio.h>语句，编译器将把 stdio.h 文件中的内容包含到临时编译文件中。

由于软件项目的多个源程序文件是并行开发的，软件项目在代码集成过程中可能会出现头文件嵌套包含的情况，即被包含的头文件中又包含了其他头文件。此时，编译器将根据语法关系，将多个头文件内容逐层导入到临时编译文件中。如果某个头文件被多次包含，该文件会被多次导入到临时中间文件中。然而，由于编译器并不会自动删除或者处理重复的包含内容，被多次导入的头文件内容将被多次定义，从而引发内容定义冲突。

在 C 语言中，软件开发人员可以在头文件的首部和尾部增加标志性宏定义，借助条件编译来避免头文件内容被重复包含的情况。例如图 5-2 所示代码借助条件编译#if 和#endif，结合标志 TOUWENJIANNAME 来避免头文件内容被重复包含。

```
#if !defined(TOUWENJIANNAME)
//TOUWENJIANNAME是项目中唯一的标识符
//可以直接使用头文件的名称
#define TOUWENJIANNAME

//头文件内容

#endif
```

图 5-2　条件编译案例

以图 5-2 所示程序代码为例，当编译程序第一次读取并处理头文件中的内容时，宏 TOUWENJIANNAME 尚未被定义。此时，编译程序将执行头文件中的宏定义内容，并且将头文件中的内容引入到临时编译文件中；当编译程序再次遇到相同的头文件内容时，宏 TOUWENJIANNAME 已经被定义。此时，编译程序将忽略后期的头文件内容，即重复包含的头文件内容不再被引入临时编译文件。

2）处理宏定义#define

当预处过程扫描到宏定义语句（#define）时，编译器将使用宏定义中的内容来替换源程序代码中出现的宏。例如，图 5-3（a）中的代码通过编译后将转换为图 5-3（b）所示的内容。

```
#define PI 3.1415926
#define POWER(x) x*x
#define MAX(a,b) (a>b)?a:b

void main()
{
    double CircleArea = PI * POWER(5);

    int t = MAX(100,20);
}
```

```
#define PI 3.1415926
#define POWER(x) x*x
#define MAX(a,b) (a>b)?a:b

void main()
{
    double CircleArea = 3.1415926 * 5 * 5;

    int t = (100>20)?100:20;
}
```

(a) 宏替换前   (b) 宏替换后

图 5-3　宏定义案例

可以发现，程序的预处理过程就是编译程序将程序源代码中的所有包含文件、全局变量等合并为一个临时中间文件，以及替换中间文件中的宏定义内容的过程。

当编译器将头文件中的内容引入到临时中间文件后，它将继续寻找与头文件名称相同的源程序文件。如果找到了头文件对应的源程序文件，编译器将在源程序文件中逐个定位头文件中声明函数的代码实现，继续编译；如果找不到头文件对应的源程序文件，同时在其他包含文件中也没有找到声明函数的实现代码，编译器将返回编译错误。

2. 词法与语法分析

在词法与语法分析阶段，编译器将根据 C 语言的语法规则对生成的临时中间文件进行语法检查，确保临时文件中没有语法错误。

3. 编译

在编译阶段，编译器先将临时中间文件编译成汇编语句，然后再将汇编语句编译成与操作系统相关的二进制代码，并生成对应的目标文件（.obj 文件）。

4. 链接

在链接阶段，编译器将根据软件开发人员设置的参数信息，将编译阶段产生的多个目标文件与系统库文件进行链接。在编译过程中，编译器将对文件中的代码进行绝对地址定位，生成与指定操作系统平台相关的可执行文件（*.exe）。

5.2.3　结构化程序多文件组织

在结构化实现过程中，软件开发人员将程序源代码分散到不同的源程序文件中除了有利于降低目标软件系统的实现复杂度以外，还可以开展多文件并行开发，提高软件产品的开发效率。那么，在结构化实现过程中，如何将结构化设计包含的模块和处理逻辑组织到不同的程序头文件和源程序文件中呢？

通常而言，软件开发人员可以将功能比较集中或者相关的业务放到一个程序源文件中，即将关系比较紧密的多个函数放入同一个源程序文件；将关联比较紧密的函数定义、变量定义、宏定义等内容放入同一个头文件。当然，软件开发人员也可以根据"系统结构图"中的模块划分来组织源程序文件中的内容。

一般情况下，以 C 语言编写的软件项目源代码可以分为头文件、源程序文件和主程序源文件三个部分。除了区分主程序源文件以外，软件开发人员仅需要考虑程序代码的头文件、源程序文件划分和源代码组织即可。

1. 公共头文件划分

程序代码内容划分的第一项工作就是为整个软件项目创建公共的头文件。此时，软件开发人员可以根据项目的内容来划分公共头文件的头文件区（包括所有必需的系统库函数头文件）、全局宏区（对整个项目中需要的宏进行定义）、全局变量区（定义项目中的公共变量）和函数接口区（定义主程序源文件中需要的函数）等多个部分。

2. 程序源文件划分

公共头文件设置完成以后，软件开发人员可以结合"系统结构图"来创建各个模块的头文件和源程序文件，然后再对各个模块的内容进行规划。

一般而言，软件开发人员可以遵循以下步骤来划分软件项目的程序源文件。

（1）创建主程序源文件（包括 main 函数的源程序文件）。

主程序源文件是指包括 main 函数的源程序文件，也可以认为是软件项目的代表文件。编译器在编译软件项目时，首先编译主程序源文件。通常，软件开发人员可以将系统结构图的顶层模块规划为主程序源文件。同时，为了标识主程序源文件，软件开发团队可以直接采用项目的名称或者代号为主程序源文件命名，例如，ChatServer.c、SkyWalker.c 等。

（2）为系统结构图中的其他模块定义头文件和源程序文件。

主程序源文件创建完成以后，软件开发人员可以根据软件设计内容，为系统结构图中的其他模块创建头文件和源程序文件。

此时，软件开发人员可以采用模块名对应的英文表述来命名各个模块对应的头文件和源程序文件。为了让软件项目的代码文件组织清晰，便于编译，软件开发人员可以将模块对应的头文件和源程序文件以相同的名称命名。例如，"保存文件"模块对应的头文件和源程序文件可以分别命名为"FileSave.h"和"FileSave.c"。

然而，由于系统结构图中的模块与程序代码中的函数相对应，如果为每个模块都创建头文件和源程序文件将极大地增加项目源程序文件的管理难度。在规划软件项目的代码内容时，软件开发人员可以结合模块的独立性原则和软件开发需要来拆分源程序文件，将简单底层模块的内容汇合到上层模块对应的源程序文件中，即如果源程序文件的内容比较复杂，软件开发人员可以与软件设计人员沟通，将模块内容进行再次拆分；相反，如果模块的规模比较小，软件开发人员也可以考虑将模块包含的内容放入上层模块对应的头文件和源程序文件中。

（3）为系统结构图中的各个模块定义对应的测试文件。

除了为系统结构图中的模块定义对应的头文件和源程序文件以外，软件开发人员还需要为各个模块定义相应的测试驱动文件。测试驱动文件以模块的名称为依据，采用统一的方式进行命名。例如，如果模块的名称为"FileSave"，则该模块对应的测试驱动头文件和源程序文件可以分别命名为"FileSaveTester.h"和"FileSaveTester.c"。

同时，软件测试人员可以在测试驱动文件中设置执行函数，直接调用待测模块的相关内容，结合多种设定的测试用例来测试模块，确保模块的功能符合设计预期。

3. 源程序文件组织

当目标软件项目的程序源代码划分文件以后，实现软件项目业务逻辑的程序代码不再拥挤在一个文件中，而是根据系统结构图中的内容分布到多个以项目或者模块命名的头文件和程序源文件中。软件开发团队可以对程序源代码进行分文件管理，并行地开发多个软件模块，在降低软件开发复杂度的同时提高软件开发效率。

然而，如果软件项目的规模较大，模块众多，软件项目涉及的源代码文件数量也会急剧增加。此时，如果软件开发团队仍然将项目包含的所有头文件和源程序文件放到一个文件目录中，项目的文件管理就会变得非常凌乱，为软件项目的代码管理带来较大的负担。

为了提高软件项目的文件管理效率，软件开发团队可以结合"系统结构图"中的模块划分内容，利用文件夹来组织各个项目文件，即将多个头文件或者源程序文件放入以上层模块命名或者以适当信息命名的文件夹中，降低代码文件的管理复杂度。

同样以图 4-39 中的汽车仪表盘项目为例，软件开发团队可以采用图 5-4 所示的文件结构来组织项目源代码文件。

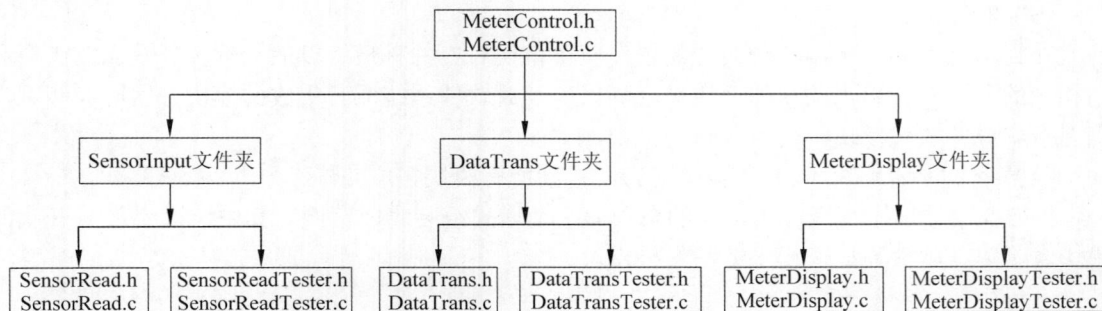

图 5-4　汽车仪表盘项目文件组织

5.2.4　结构化模块集成

当目标软件系统各个模块的编码、单元测试完成以后，软件开发团队就可以结合系统结构图和各个上层模块的处理流程来集成软件模块，得到目标软件系统或者相应子系统。

根据软件开发团队集成软件模块的方式不同，结构化程序的模块集成方式可以分为非渐增式组装和渐增式组装两种。

1）非渐增式组装

非渐增式组装，也称为整体拼装，是指软件开发团队将软件项目包含的所有模块同时集成到系统中。由于参与集成的软件模块数量众多，非渐增式组装的集成场面非常混乱。此时，软件开发团队很难定位集成过程中出现错误的原因，纠正错误困难。

2）渐增式组装

渐增式组装是指软件开发团队按照指定的顺序，逐一集成各个软件模块。

在实际的结构化集成过程中，软件开发团队常用自顶向下集成和自底向上集成两种渐增式组装方法来集成软件模块。

1. 自顶向下集成

自顶向下集成是指软件开发团队在集成软件模块时，首先从主控模块（主程序源文件）开始，沿着系统结构图和文件结构向下移动，将下层模块对应的源程序文件逐一集成到目标软件系统中。

根据底层模块的集成次序不同，自顶向下集成又可以分为深度优先和宽度优先两种模式。在深度优先集成模式中，软件开发团队依据系统结构图，逐一集成主控路径上的每一个软件模块；在宽度优先集成模式中，软件开发团队逐层集成所有下属软件模块。

通常而言，结构化实现中的自顶向下集成可以分为以下 4 个步骤。

（1）定位主程序源文件，从主控模块开始集成下层模块。

在主控模块集成过程中，目标软件系统的部分下层模块可能尚未集成，软件开发团队可以采用桩模块来替代这些下层模块。

所谓桩模块，也称为存根模块，是指仅需保证接口正确，无须关注业务逻辑代码，直接返回所需处理结果的临时模块。桩模块主要用于替代下层未完成的软件模块，或者无法获得的下层模块。在软件测试过程中，桩模块可以作为下层模块以及被调模块的替代模块。

（2）集成下层模块。

软件开发团队根据所选择的自顶向下集成模式（深度优先或者宽度优先），采用实际的软件模块来替代上层模块集成中调用的下层桩模块。

（3）回归测试。

在目标软件系统采用一个实际的软件模块替换对应的桩模块以后，软件开发团队需要利用相应的方法对新引入的软件模块进行测试以及对软件系统原有集成的模块开展回归测试，确保新集成的软件模块不会引入新的错误。

（4）重复上述步骤（2）和步骤（3），直到所有模块集成完毕。

图 5-5 中给出了一个深度优先的自顶向下渐增式组装集成案例。其中，以字母 S 开头的模块表示为在软件集成过程中编写的桩模块。

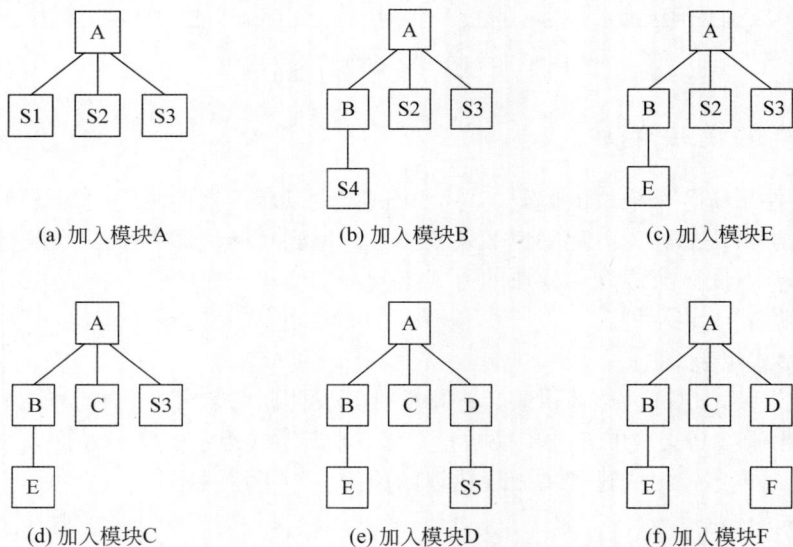

(a) 加入模块A (b) 加入模块B (c) 加入模块E

(d) 加入模块C (e) 加入模块D (f) 加入模块F

图 5-5　自顶向下集成案例（深度优先）

软件开发团队首先定位上层主控模块 A，并编写模块 A 需要的桩模块 S1、S2 和 S3；然后，软件开发团队使用模块 B 替代桩模块 S1，并为模块 B 编写桩模块 S4；由于软件开发团队按照深度优先方式集成软件，桩模块 S4 对应的模块 E 将被优先集成；当模块 E 集成完成以后，软件开发团队将集成桩模块 S2 对应的模块 C；接着，集成桩模块 S3 对应的模块 D，并为模块 D 撰写桩模块 S5；最后，软件开发团队使用桩模块 S5 对应的模块 F 替换桩模块 S5，完成整个软件系统的集成。

2. 自底向上集成

自底向上集成是指软件开发团队从系统结构图的最底层模块开始组装整个软件系统。

由于自底向上集成首先集成系统结构图中的底部模块，软件开发团队在集成上层模块时，上层模块调用的子模块（包括子模块的所有下属模块）在集成之前已经完成了集成，并且经过了回归测试。因此，在自底向上集成方式中，软件开发团队无须为上层模块编制桩模块。

根据自底向上集成的工作原理，软件开发团队可以采用以下 5 个步骤来集成目标软件。

（1）划分底层模块的功能簇。

在进行模块集成之前，软件开发团队先将底层模块组合成实现某个子功能的簇。

（2）编写功能簇的驱动程序。

软件开发团队为每个功能簇编写驱动程序，用于提供该功能簇的执行入口和输入、输出界面。

（3）编写功能簇测试程序。

软件开发团队为每个集成的功能簇编写测试驱动程序，排除功能簇在集成过程中出现的错误和缺陷。

（4）扩充底层功能簇。

软件开发团队在更高的层次上抽象功能簇以及在剩下的底层模块中寻找新功能簇，或者扩大原有的功能簇，根据自底向上集成方式的工作原理将新的底层模块集成到已完成的功能簇中。必要时，软件开发团队可以重新修改测试驱动程序，使其能够适应新功能簇的集成和测试。

（5）重复上述步骤（3）和步骤（4），直到所有模块集成为目标软件系统或子系统为止。

图 5-6 给出了一个自底向上的渐增式模块集成案例。

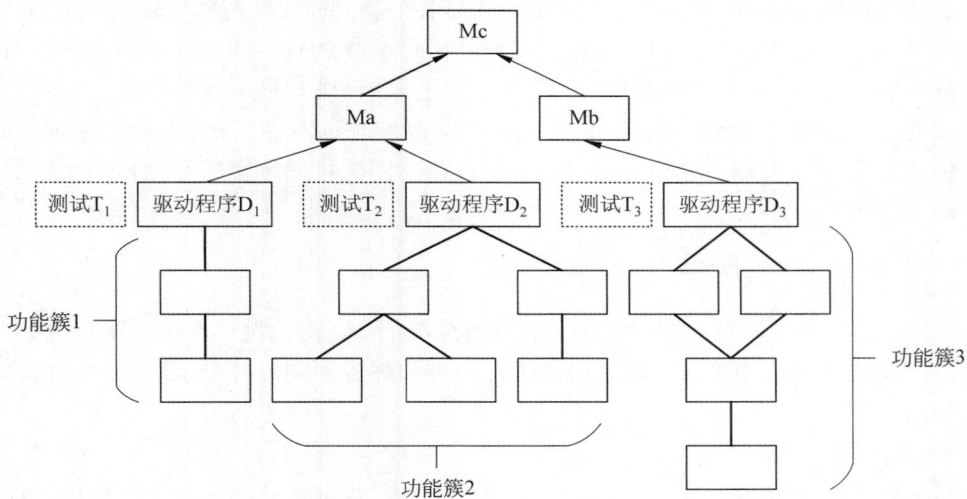

图 5-6　自底向上的模块集成案例

软件开发团队先从底层模块中寻找出功能簇 1、功能簇 2 和功能簇 3；然后，软件开发团队分别为功能簇 1、功能簇 2 和功能簇 3 编写驱动程序 D_1、驱动程序 D_2 和驱动程序 D_3，并对底层功能簇进行集成；接着，软件开发团队为每个集成的功能簇编写测试驱动程序，排除功能簇集成过程中出现的错误和缺陷；最后，软件开发团队从更高层次上抽象功能簇，不断向上集成，直到整个软件项目集成完毕为止。

3. 改进的自顶向下集成

尽管自顶向下集成和自底向上集成都有一定的优点，但是它们也有一些不可避免的缺点。

采用自顶向下集成方式可以直接使用主控模块来集成下层模块，软件开发团队无须编写集成、测试驱动程序。由于上层模块较早地参与集成，自顶向下集成方式能够较好地检测出上层模块在控制方面存在的问题。然而，自顶向下集成方式在模块集成过程中需要编写大量

结构化实现

桩模块，通过桩模块来模拟被调子模块的功能，因此自顶向下集成方式不容易发现底层模块中存在的错误和缺陷。如果在软件集成后期发现底层模块出现了错误，软件开发团队需要开展大量回归测试才能纠正、消除底层模块错误带来的影响。

相反，自底向上集成方式从系统结构图的最底层模块进行集成，容易发现底层模块中存在的问题。在模块集成初期，软件开发团队可以同时对多个功能簇进行并行集成和测试，最后再集成主控模块。但是，在自底向上集成方式中，主控模块中存在的错误或缺陷要到最后才能发现和解决。

为了克服自顶向下集成和自底向上集成中存在的缺点，有人提出将两种集成方式进行混合改进。也就是说，在软件模块集成过程中，软件开发团队基本上使用自顶向下集成。但是，在项目集成初期，软件开发团队可以先使用自底向上集成方式对系统结构图中的底层模块进行集成，减少自顶向下集成方式中撰写桩模块的工作量。

5.3　结构化测试

在结构化实现阶段，软件开发人员将根据结构化设计阶段的成果来实现各个软件模块，并按照特定的策略来集成软件模块，实现软件需求规格说明书中要求的内容。

那么在结构化方法中，软件开发团队如何保障各个软件模块以及整个软件系统的质量呢？其实，在结构化方法中，软件的开发过程同样伴随着软件测试。软件开发团队可以通过结构化测试来排除软件开发各个阶段中存在的错误，提高软件系统的质量。

通常而言，结构化测试包括对软件开发各个阶段的测试内容划分、结构化测试覆盖标准、测试用例设计和测试实施四个部分的内容。软件开发团队可以结合软件项目的实际情况来开展相关的测试内容。

5.3.1　结构化测试阶段

在结构化方法中，软件开发过程被分为结构化分析、结构化设计和结构化实现三个阶段。由于软件开发团队在不同阶段所需完成的工作内容和任务不同，各个阶段的测试内容和方式也不尽相同。

1. 结构化分析测试

在结构化分析阶段，软件开发团队的主要工作是对目标软件系统的数据处理过程、处理逻辑、系统状态、数据模型和数据字典等进行建模。因此，结构化分析阶段的测试内容主要包括以下几个方面。

1）检测数据处理流程是否完整

软件测试人员需要结合实际的业务处理流程来检测需求规格说明书中的数据流图是否完整，是否有遗漏的处理过程，各个数据处理之间交换的信息是否正确，数据在处理过程中是否存在丢失等。

2）测试处理对应的处理/加工逻辑说明是否正确

除了保证数据流图的完整性以外，对于数据流图中各个处理的内部细节测试也是结构化分析阶段测试的重点。软件测试人员可以结合实际的数据内容来测试各个处理，确保处理能够按照指定的业务规则产生正确的输出。

3）测试系统状态是否与实际要求一致

通过将完成的状态转换图与业务场景中的状态变迁进行比较，软件测试人员可以分析状态转换图中的内容是否与实际要求一致，排除状态转换图在建模中的不一致性。

4）测试数据模型是否正确

软件测试人员需要利用实际的业务数据来检测完成的数据模型，判断数据模型是否能够按照要求来表达业务数据和业务数据之间的关系，是否存在数据实体丢失，实体之间的关系是否正确等。

5）测试数据字典是否准确

通过对处理和数据模型中涉及的数据内容进行分析，软件测试人员可以检测数据字典是否有数据项定义遗漏。同时，软件测试人员可以采用数据项对应的真实值来检测数据字典模型，确保完成的数据字典能够对业务数据内容进行精确建模。

2. 结构化设计测试

在结构化设计阶段，软件设计人员依据结构化分析阶段完成的软件需求规格说明来设计目标软件系统，得到了目标软件系统的系统结构图、IPO 表、数据设计和过程设计，实现设计结果到软件实现的抽象。因此，针对结构化设计的测试主要是对完成的设计内容进行审查，确保得到的设计内容能够实现软件需求规格说明中的要求，并提供结构化实现所需要的细节信息。

可以发现，针对结构化设计的测试内容主要包括以下几个方面。

1）针对系统结构图的测试

由于系统结构图决定了后期结构化实现的模块划分、系统集成、文件代码管理等内容，合理的系统结构对软件系统的实现具有决定性作用。在结构化设计测试阶段，软件测试人员需要检测系统结构图是否合理，是否遗漏了数据流图中的处理，模块的内聚和模块间的耦合是否合理等。

2）针对 IPO 表的测试

在结构化设计中，IPO 表与系统结构图中的模块一一对应，并且可以直接映射到数据流图上的具体处理。此时，软件测试人员可以结合数据流图来检测模块对应的 IPO 表，检测模块的接口、模块的输入/输出参数、模块的内部数据等内容是否正确。

3）针对数据设计的测试

在测试数据设计时，软件测试人员需要尝试使用完整的真实业务数据来测试数据设计，确保数据元素、数据结构和数据存储能够有效地表达和存储实际数据。

4）针对过程设计的测试

结构化设计阶段的过程设计发生于结构化模块实现之前，是结构化实现阶段模块实现的依据。因此，软件测试人员必须对完成的过程设计内容进行审核，确保模块的处理过程中没有模糊的操作，过程的数据处理符合设计约束等。

3. 结构化实现测试

在结构化实现阶段，软件开发团队的主要任务是依据结构化设计的内容来实现各个软件模块，并按照系统结构图和上层模块的业务逻辑规则来集成软件。此时，软件测试人员可以结合结构化白盒测试和黑盒测试来设计针对目标软件模块或者软件系统的测试用例，确保完成的软件代码符合设计要求。

除此以外，软件测试人员还需要在结构化实现阶段对完成的软件代码进行以下测试。

1）软件编码风格是否统一，编码是否规范

在结构化实现阶段，软件测试人员必须检测软件开发人员完成的程序代码是否符合编码规范，软件开发团队的编码风格是否统一。

2）软件实现代码是否与设计结果相符

软件测试人员检测完成的软件代码是否实现了结构化设计中的所有细节，模块的业务处理逻辑是否与结构化设计中的内容相符，数据实现是否与数据设计相一致等。

3）软件系统是否被正确集成

软件测试人员依据系统结构图和上层模块的处理逻辑来检测目标软件系统是否被正确集成，检测各个模块之间传递的参数是否已经按照要求处理等。

4. 结构化软件测试

在结构化软件测试阶段，软件系统已经开发、集成完毕。此时，软件开发团队主要对完成的软件系统开展验收测试，即排查完成的软件系统与软件需求规格说明在功能、性能等方面的不一致性。

5.3.2 结构化白盒测试覆盖标准

为了检测和排除软件模块中可能存在的错误或缺陷，软件测试人员必须对模块的代码逻辑进行测试。此时，软件测试人员可以依据模块的内部逻辑来设计测试用例，对模块进行白盒测试。

根据白盒测试的覆盖目标不同，结构化白盒测试的覆盖级别可以分为语句覆盖、判定（分支）覆盖、条件覆盖、判定/条件覆盖和条件组合覆盖 5 种，并且这 5 种覆盖等级发现错误的能力由弱到强。

```
if (A && (B || C))
    x = 1;
else
    x = 0;
```

图 5-7　测试目标案例

下面以测试图 5-7 所示代码为例，介绍白盒测试的 5 种覆盖级别。

为了简化内容表达方式，假设符号 A、符号 B 和符号 C 分别代表一个独立的逻辑表达式，例如 Age>10、Score<100 等。

1. 语句覆盖

语句覆盖是指软件测试人员为待测模块选择或者设计足够多的测试用例，确保被测模块中的每条语句至少被执行一次。

以目标待测代码为例，软件测试人员可以设计测试用例，确保语句 x = 1 和 x = 0 至少被执行一次即可。假设软件测试人员选择的测试用例如图 5-8 所示。

测试目标：A && (B || C)

	测试用例 1	测试用例 2
A	T	F
B	T	F
C	T	F
A && (B || C)	T	F
语句覆盖率	100%	

图 5-8　语句覆盖测试案例（一）

可以发现，使用测试用例 1 和测试用例 2 可以确保判定 A && (B||C)为真一次，为假一次，让模块中的语句 x = 1 和 x = 0 至少被执行一次。

然而，如果软件开发人员将判定 A&&(B||C)误写成判定 A||(B||C)，使用测试用例 1 和测试用例 2 进行的白盒测试将无法检测出上述编码错误，如图 5-9 所示。

测试目标：A && (B || C)

	测试用例 1	测试用例 2
A	T	F
B	T	F
C	T	F
A && (B || C)	T	F
A || (B || C)	T	F
语句覆盖率	100%	

图 5-9　语句覆盖测试案例（二）

2. 判定（分支）覆盖

判定（分支）覆盖是指软件测试人员选择适当的测试用例，确保被测模块中的每个判定的分支至少被执行一次。

以目标待测代码为例，软件测试人员需要设计足够多的测试用例，确保判定 A&&(B||C) 至少为真一次、为假一次即可。假设软件测试人员可选的测试用例如图 5-10 所示。

测试目标：A && (B || C)

	1	2	3	4	5	6	7	8
A	F	F	F	F	T	T	T	T
B	F	F	T	T	F	F	T	T
C	F	T	F	T	F	T	F	T
A && (B || C)	F	F	F	F	F	T	T	T
判定覆盖率	50%					50%		

图 5-10　判定（分支）覆盖案例（一）

此时，软件测试人员可以从测试用例 1~5 中任选一个，再从测试用例 6~8 中任选一个，即可以使判定 A&&(B||C) 为真一次，为假一次，满足判定（分支）的覆盖要求。

然而，如果软件开发人员将判定 A&&(B||C) 误写为判定 A&&(B&&C)，软件测试人员则无法通过测试用例 1 和测试用例 8 找出模块中存在的错误，如图 5-11 所示。

测试目标：A && (B || C)

	1	2	3	4	5	6	7	8
A	F	F	F	F	T	T	T	T
B	F	F	T	T	F	F	T	T
C	F	T	F	T	F	T	F	T
A && (B || C)	F	F	F	F	F	T	T	T
A && (B && C)	F	F	F	F	F	F	F	T
判定覆盖率	50%							50%

图 5-11　判定（分支）覆盖案例（二）

3. 条件覆盖

条件覆盖是指软件测试人员通过选择足够多的测试用例，确保被测模块中的每个条件都至少为真一次、为假一次。

同样以目标待测代码为例，此时，软件测试人员仅需要寻找测试用例，确保条件 A、条件 B 和条件 C 至少为真一次、为假一次即可，假设选择的测试用例如图 5-12 所示。

测试目标：A && (B || C)

	测试用例 1	测试用例 2
A	F	T
B	T	F
C	T	F
A && (B || C)	F	F
条件覆盖率	100%	
判定覆盖率	50%	

图 5-12　条件覆盖案例

可以发现，尽管选择测试用例 1 和测试用例 2 能够实现对目标模块的条件覆盖，但是，在某些情况下，条件覆盖不一定能够达到完全的判定覆盖。

4. 判定/条件覆盖

判定/条件覆盖是判定覆盖和条件覆盖的组合。判定/条件覆盖要求软件测试人员选择足够多的测试用例，确保被测模块同时满足判定覆盖和条件覆盖两种标准。

以目标待测代码为例，软件测试人员需要设计测试用例，确保判定 A&&(B||C)至少为真一次、为假一次；同时，选择的测试用例还必须确保条件 A、条件 B 和条件 C 至少为真一次、为假一次。

根据条件 A、条件 B 和条件 C 的取值组合，软件测试人员可选的测试用例如图 5-13 所示。

测试目标：A && (B || C)

	1	2	3	4	5	6	7	8
A	F	F	F	F	T	T	T	T
B	F	F	T	T	F	F	T	T
C	F	T	F	T	F	T	F	T
A && (B || C)	F	F	F	F	F	T	T	T
A && (B && C)	F	F	F	F	F	F	F	T

图 5-13　判定/条件覆盖案例

从上述案例可以发现，尽管选择测试用例 1 和测试用例 8 可以满足对判定 A&&(B||C)的覆盖要求，也可以实现对条件 A、条件 B、条件 C 的覆盖，但是，测试用例 1 和测试用例 8 仍然无法发现判定 A&&(B||C)和判定 A&&(B&&C)的区别。

5. 条件组合覆盖

条件组合覆盖是一种比较严格的测试覆盖，它要求软件测试人员选择足够多的测试用例，确保被测模块中所有条件的每种组合至少为真一次、为假一次。

同样以目标待测代码为例，软件测试人员必须为待测模块设计足够多的测试用例，确保条件 A、条件 B 和条件 C 的各种组合为真一次、为假一次。此时，根据条件 A、条件 B 和条件 C 的取值组合，软件测试人员可选的测试用例如图 5-14 所示。

可以发现，软件测试人员只需要选择测试用例 1 和测试用例 8 就可以让所有条件的每种组合至少为真一次、为假一次，达到条件组合覆盖的要求。

測試目標：A && (B || C)

	1	2	3	4	5	6	7	8
A	F	F	F	F	T	T	T	T
B	F	F	T	T	F	F	T	T
C	F	T	F	T	F	T	F	T
B || C	F	T	T	T	F	T	T	T
A && (B || C)	F	F	F	F	F	T	T	T

图 5-14　条件组合覆盖案例

为了帮助大家理解不同级别的测试覆盖标准，下面以图 5-15 所示的程序流程图为例来介绍如何为模块设计不同覆盖级别的白盒测试用例。可以发现，由于影响待测模块运行的关键变量有 A、B、X 三个，软件测试人员可以通过不同的(A,B,X)取值组合来实现不同级别的白盒测试覆盖。

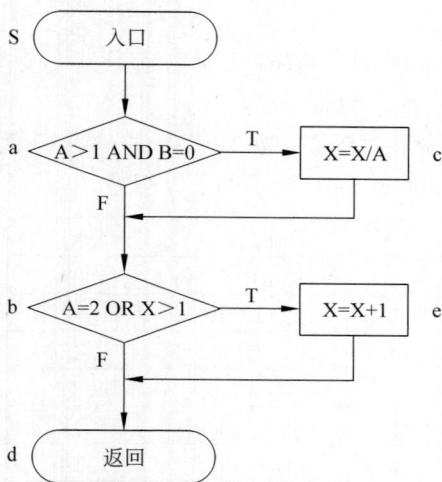

图 5-15　被测试模块的程序流程图

1）语句覆盖

软件测试人员可以使用测试用例(2, 0, 4)来测试目标模块，覆盖语句 sacbed，达到语句覆盖标准。

可以发现，该测试用例只关心判定表达式的值，未能测试出判定表达式中每个条件取不同值的情况。例如，该测试用例无法检测出第 1 判定式中的"AND"是否被误写为"OR"，或者第 2 判定式中的条件"X>1"是否被误写为条件"X<1"等。

2）判定覆盖

软件测试人员可以选择测试用例(3, 0, 1)和(2, 1, 1)，让目标模块中的判定为真一次，为假一次，实现对目标模块的判定覆盖。

其中，测试用例(3, 0, 1)覆盖语句 sacbd，让判定 1 为真一次，判定 2 为假一次；测试用例(2, 1, 1)覆盖语句 sabed，让判定 1 为假一次，判定 2 为真一次。

3）条件覆盖

软件测试人员可以采用测试用例(3, 0, 1)、(1, 1, 2)、(2, 1, 2)，让目标模块中所有的条件为真一次，为假一次，达到条件覆盖标准。

结构化实现

测试用例(3, 0, 1)覆盖语句 sacbd，让条件 1 为真一次，条件 2 为真一次，条件 3 为假一次，条件 4 为假一次；测试用例(1, 1, 2)覆盖语句 sabed，让条件 1 为假一次，条件 2 为假一次，条件 3 为假一次，条件 4 为真一次；测试用例(2, 1, 2)覆盖语句 sabed，让条件 1 为假一次，条件 2 为假一次，条件 3 为真一次，条件 4 为真一次。

4）判定条件覆盖

软件测试人员可以采用测试用例(3, 0, 1)、(1, 1, 2)、(2, 1, 2)，让目标模块中所有的判定为真一次、为假一次；这 3 个测试用例也可以让目标模块中所有的条件为真一次、为假一次，达到判定条件覆盖标准。

测试用例(3, 0, 1)覆盖语句 sacbd，让判定 1 为真一次，判定 2 为假一次，条件 1 为真一次，条件 2 为真一次，条件 3 为假一次，条件 4 为假一次；测试用例(1, 1, 2)覆盖语句 sabed，让判定 1 为假一次，判定 2 为真一次，条件 1 为假一次，条件 2 为假一次，条件 3 为假一次，条件 4 为真一次；测试用例(2, 1, 2)覆盖语句 sabed，让判定 1 为假一次，判定 2 为真一次，条件 1 为假一次，条件 2 为假一次，条件 3 为真一次，条件 4 为真一次。

5）条件组合覆盖

为了达到条件组合覆盖标准，软件测试人员必须对模块包含的各个条件组合进行分析，并让各种条件组合至少为真一次，为假一次。

令条件"A>1"为 T1，条件"B=0"为 T2，条件"A=2"为 T3，条件"X>1"为 T4。此时，软件测试人员可以得到如图 5-16 所示的条件组合。

序号	条件组合	效果
1	A>1,B=0	T1,T2
2	A>1,B!=0	T1,-T2
3	A<=1,B=0	-T1,T2
4	A<=1,B!=0	-T1,-T2
5	A=2,X>1	T3,T4
6	A=2,X<=1	T3,-T4
7	A!=2,X>1	-T3,T4
8	A!=2,X<=1	-T3,-T4

图 5-16　条件组合覆盖案例

通过分析上述各种条件的组合，软件测试人员可以选择如图 5-17 所示测试用例对目标模块包含条件的各种组合进行覆盖，满足条件组合覆盖要求。

序号	输入(A,B,X)	覆盖组合	覆盖条件	执行路径
1	2 0 4	1，5	T1,T2,T3,T4	T T
2	2 1 1	2，6	T1,-T2,T3,-T4	F T
3	1 0 2	3，7	-T1,T2,-T3,T4	F T
4	1 1 1	4，8	-T1,-T2,-T3,-T4	F F

图 5-17　条件组合测试案例

5.3.3　结构化白盒测试用例设计

尽管白盒测试中的"条件组合覆盖"标准能够较好地发现错误，但是如果待测模块中存在着多个条件，条件组合覆盖的复杂度就会指数级增长。那么，软件测试人员如何才能有效地为被测模块设计测试用例，让测试达到"条件组合覆盖"的要求呢？

在模块的处理流程中，各种条件取值的组合直接决定了模块的控制流程走向。如果软件测试人员能够从模块中抽取到处理流程的控制走向，即可得到对应处理的条件取值组合结果。因此，在为待测模块设计测试用例时，软件测试人员可以在分析模块处理流程的基础上，对模块的控制流程进行分析、建模，然后再结合模块的控制流程来设计测试用例。

1. 程序控制流图

为了准确地建模程序的控制流程，避免程序中其他非关键内容对程序控制流程的影响，软件工程引入了程序控制流图。

程序控制流图，简称流图，是对程序流程图的简化。程序控制流图无须表现具体的数据操作和处理细节，忽略分支或循环的具体条件，主要突出程序控制流的结构，对程序的控制流程进行建模。

程序控制流图使用节点和控制流线两种图形符号对程序的控制流程进行建模。其中，节点采用圆形符号"○"表示，用于建模程序处理流程中一个或多个无分支的数据处理。值得注意的是，由于程序中的判定是决定程序执行走向的关键位置，程序中的判定可以直接映射为流图中的节点（即程序流程图中的菱形决策框可以直接映射为流图中的节点）；控制流线，即边，代表了程序的执行方向，采用箭头线来表示。

借助程序控制流图，软件测试人员可以准确地对程序的控制流程进行建模。图 5-18 给出了常见控制结构对应的流图案例。

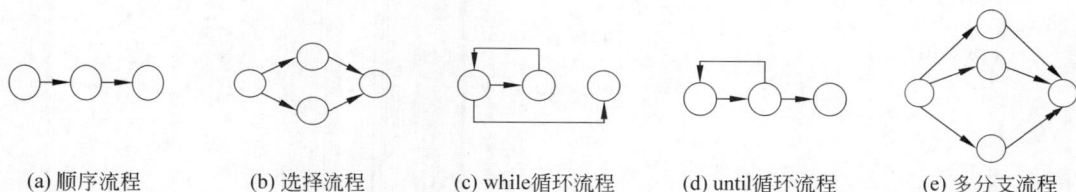

(a) 顺序流程   (b) 选择流程   (c) while循环流程   (d) until循环流程   (e) 多分支流程

图 5-18　控制流图案例

在程序控制流图中，所有的边都必须终止于节点。同时，如果程序控制流图遇到选择和分支结构，软件测试人员必须在选择或多分支结构的汇聚处设置汇聚节点。

由于程序控制流图使用非常简单，软件测试人员可以非常方便地将程序流程图、盒图、伪代码等内容映射为程序控制流图。图 5-19 中给出了一个程序流程图转换为程序控制流图的案例。可以发现，该图中的语句 2、3 和语句 4、5 都没有分支处理，语句 2、3 和语句 4、5 在程序控制流图中可以分别合并为一个节点。

值得注意的是，如果程序处理流程中的判定是由多个条件表达式通过逻辑运算符（与、或）组成的复合表达式，判定中任何一个条件表达式的取值改变都可能会影响判定的执行结果。在绘制程序控制流图时，软件测试人员必须突出组成判定的各个条件表达式的作用，将复合表达式分解为一系列单个条件表达式的嵌套。以图 5-20 中的程序代码为例，由于该程序中的判定是由两个条件表达式通过"或"关系组合而成的，软件测试人员可以对复合表达式进行分解，然后得到对应业务流程的程序控制流图。

通过对复合条件表达式的分解，程序控制流图可以将影响程序运行的各个条件建模为独立节点，便于软件测试人员分析各个条件表达式取值对程序控制流程的影响。

结构化实现

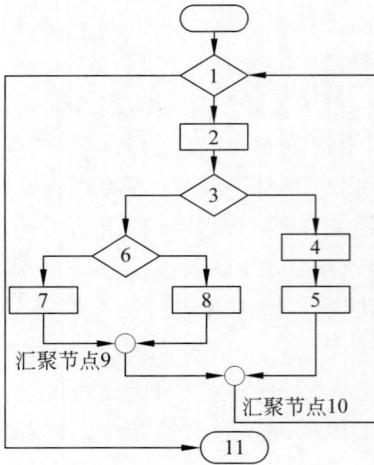

(a) 顺序流程图

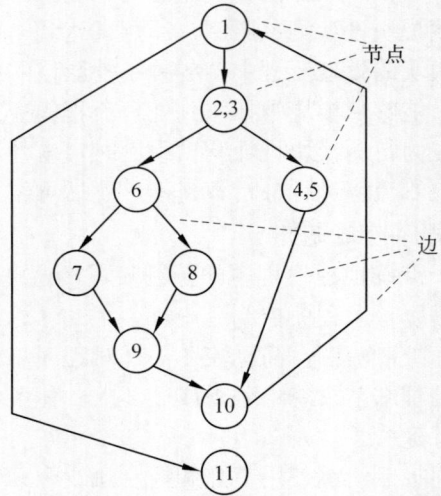

(b) 顺序控制流图

图 5-19   程序流程图转换为程序控制流图

(a) 原始判定

(b) 分解后的判定

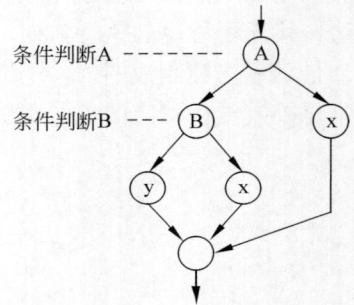

(c) 程序控制流图

图 5-20   复合条件表达式的分解

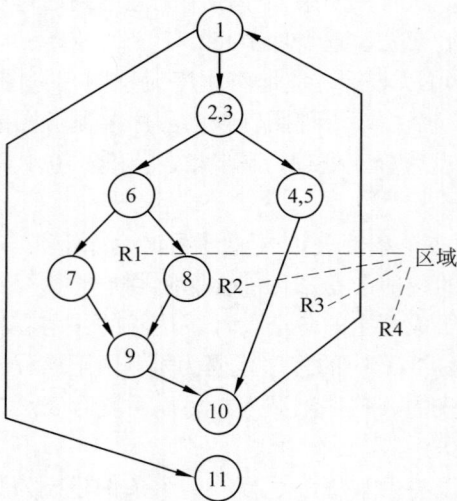

图 5-21   程序控制流图的区域

除了借助程序控制流图来建模程序控制流程以外，软件测试人员也可以通过分析程序控制流图的环形复杂度来定量评估待测模块的逻辑复杂度。

通常，软件测试人员可以采用以下方式来分析程序控制流图的环形复杂度 V(G)。

（1）程序控制流程图的环形复杂度等于流图中的区域数。

所谓区域是指程序控制流图中边和节点圈定的范围，如图 5-21 所示。在对区域进行计数时，流图以外的区域也需要计为一个区域。例如图 5-21 所示流图中的 R4 必须单独计为一个区域。

由于图 5-21 中的区域数为 4，可以得到该流图的环形复杂度 V(G)＝4。

（2）程序控制流程图的环形复杂度等于 E－N

＋2，其中 E 是流图中边的数量，N 是流图中的节点数。

同样以图 5-21 所示的控制流图为例，可以发现，该图的边数 E 为 11，节点数 N 为 9，则该图的环形复杂度 V(G)＝11－9＋2＝4。

（3）程序控制流程图的环形复杂度等于 P＋1，其中 P 为流图中判定节点的数量。

在图 5-21 所示的程序控制流图中，判定节点的数量为 3，即节点 1、节点(2,3)和节点 6。此时，可以得到该图的环形复杂度 V(G)＝3＋1＝4。

通过程序控制流图，软件测试人员可以对程序的控制流程进行清晰的建模以及评估待测模块的复杂度，为后期的测试用例设计提供依据。

2. 路径覆盖

由于模块的程序控制流图对模块内部的控制流程进行了建模，如果软件测试遍历了模块程序控制流图的所有路径，就相当于遍历了模块的所有执行路径。

为了全面测试目标软件模块，软件测试人员就必须认真地分析模块的程序控制流图，通过选取足够多的测试用例，确保程序控制流图中所有的路径至少被遍历一次，实现对程序控制流图的路径覆盖。

那么，软件测试人员在设计测试用例时需要覆盖程序控制流图中的哪些路径以及如何判定需要覆盖的路径数量呢？

在程序控制流图中，独立路径是指至少引入一个新处理语句集合或一个新条件的路径，即独立路径是指流图中至少包含一条在定义该路径前不曾用过的边的路径。由于软件测试人员在绘制程序控制流图时对所有的复合条件表达式进行了分解，如果遍历了模块程序控制流图上的所有路径，就相当于对各个判定节点进行了覆盖，可以实现对所有的条件以及条件组合为真一次，为假一次，达到"条件组合覆盖"的测试效果。并且，程序控制流图中独立路径的数量上界就是程序控制流图的环形复杂度。

以一个统计、求解学生成绩的模块为例，假设该模块采用数组来存储学生成绩信息，且模块中的数组最多可以存储 50 个学生的成绩（－1 为输入结束标志）。软件开发人员可以借助该模块来统计成绩数组中有效的学生成绩个数，并计算学生的总成绩和平均成绩。

为了覆盖模块的全部路径，软件测试人员必须通过以下 4 个步骤来设计测试用例。

步骤 1：将模块的内部处理流程转换为对应的程序控制流图。

通过对模块的处理流程进行分析，软件测试人员可以得到待测模块的程序流程图和程序控制流图。本案例模块对应的程序流程图和程序控制流图如图 5-22 所示。

步骤 2：分析程序控制流图的环形复杂度，确定程序控制流图中独立路径的数量。

通过分析模块对应的程序控制流图，软件测试人员可以通过以下方式来得到流图的环形复杂度 V(G)。

（1）流图中有 6 个区域，环形复杂度 V(G)＝6。

（2）流图中的边数 E＝16，节点数 N＝12，环形复杂度 V(G)＝E－N＋2＝16－12＋2＝6。

（3）流图中的判定节点数量 P＝5（节点 2、节点 3、节点 5、节点 6、节点 9），环形复杂度 V(G)＝P＋1＝5＋1＝6。

步骤 3：根据程序控制流图及其环形复杂度来确定模块基本路径集合中的独立路径。

由于该流图的环形复杂度为 6，软件测试人员可以确定该流图中的独立路径数量为 6，且流图的独立路径集合可能如下。

路径 1：1-2-9-10-12

路径 2：1-2-9-11-12

结构化实现

142

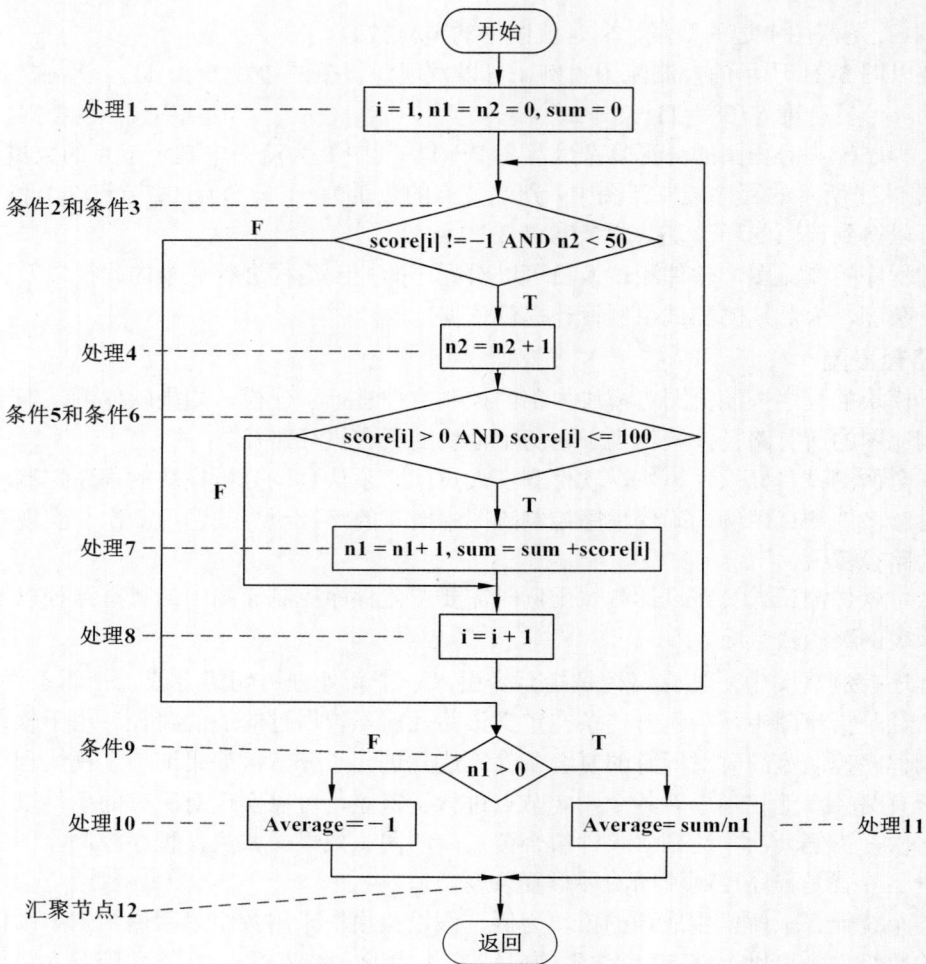

(a) 模块程序流程图

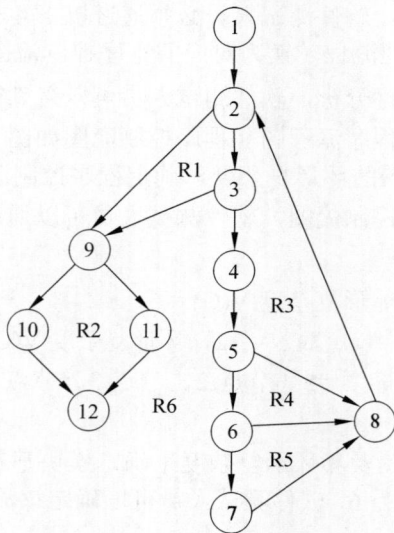

(b) 程序控制流图

图 5-22　统计、求解学生成绩模块的程序流程图及程序控制流图

路径 3：1-2-3-9-10-12

路径 4：1-2-3-4-5-8-2…

路径 5：1-2-3-4-5-6-8-2…

路径 6：1-2-3-4-5-6-7-8-2…

步骤 4：为每一条独立路径设计一组测试用例，确保每条独立路径至少被执行一次。

（1）路径 1(1-2-9-10-12)的测试用例：

　　score[1]＝−1。

　　期望的结果：average=−1，其他量保持初值。

（2）路径 2(1-2-9-11-12)的测试用例：

　　当 k＜i 时，score[k]＝有效分数值。

　　score[i]＝−1，2≤i≤50。

　　期望结果：根据输入的有效分数算出正确的分数个数 n1、总分 sum 和平均分 average。

（3）路径 3(1-2-3-9-10-12)的测试用例：

　　输入的有效成绩多于 50 个，即试图处理 51 个分数。

　　期望结果：n1＝50，且算出正确的总分和平均分。

（4）路径 4(1-2-3-4-5-8-2…)的测试用例：

　　当 i＜50 时，存在 score[i]＜0。

　　期望结果：根据输入的有效分数算出正确的分数个数 n1、总分 sum 和平均分 average。

（5）路径 5(1-2-3-4-5-6-8-2…)的测试用例：

　　当 i＜50 时，存在 score[i]＞100。

　　期望结果：根据输入的有效分数算出正确的分数个数 n1、总分 sum 和平均分 average。

（6）路径 6(1-2-3-4-5-6-7-8-2…)的测试用例：

　　当 i＜50 时，score[i]＝有效分数。

　　期望结果：根据输入的有效分数算出正确的分数个数 n1、总分 sum 和平均分 average。

尽管软件测试人员可以依据路径覆盖标准来设计测试用例，但是为了提高白盒测试的质量，软件测试人员还可以借鉴其他方式来补充测试用例，例如条件测试法、数据流测试法和循环测试法。其中，条件测试法对被测模块中的每一个条件进行合理测试；数据流测试法则根据模块中的变量使用来选择测试路径；循环测试法利用循环的特性来设计测试用例。

在实际的软件测试中，软件测试人员可以根据模块的逻辑规则和语句执行情况来选取合适的测试覆盖标准。同时，软件测试人员也可以根据不同测试用例的特征需求来组合多个覆盖标准，为目标模块设计最佳的测试用例，提高模块的白盒测试效率。

5.3.4 结构化黑盒测试用例设计

除了结合模块的内部结构来设计测试用例以外，软件测试人员也可以根据模块的需求规格说明来为待测模块设计或者选择黑盒测试用例，检验模块实现的业务功能是否与需求规格说明书相符。

在结构化方法中，目标软件系统由实现具体功能的函数模块组成。软件测试人员可以结合目标软件系统的系统结构图，采用标准的黑盒测试方法为每个函数模块设计测试用例。

下面以一个判断三角形形状的函数模块为例来介绍黑盒测试用例的设计方法。假设待测模块能够根据输入的三条整数边长来判断这三条边能否组成三角形以及能否组成等腰或等边三角形，并根据判断结果返回特定的输出。

此时，软件测试人员可以根据软件需求设 3 条边的长度分别为 A、B、C。根据常识，可以知道该模块的判断标准如下。

（1）如果三条边满足 A>0，B>0，C>0，且 A+B>C，B+C>A，A+C>B，则这三条边能够组成三角形。

（2）如果三条边能够组成三角形，且当 A=B 或 B=C 或 A=C 时，这三条边能够组成等腰三角形。

（3）如果三条边能够组成三角形，且当 A=B，B=C，A=C 时，这三条边能够组成等边三角形。

1. 等价类划分法

根据模块的需求描述和等价类划分标准，软件测试人员可以按照等价类测试用例设计方法为目标模块设计有效等价类测试用例和无效等价类测试用例。

根据本书 2.7.2 节的相关内容，为了准确表达测试内容，软件测试人员在设计测试用例之前必须对得到的等价类进行编号。测试判断三角形形状函数的等价类列表如表 5-1 所示。

表 5-1　判断三角形形状函数测试等价类列表

输入条件	有效等价类		无效等价类	
三角形的 3 条边	(A>0)	(1)	(A≤0)	(7)
	(B>0)	(2)	(B≤0)	(8)
	(C>0)	(3)	(C≤0)	(9)
	(A+B>C)	(4)	(A+B≤C)	(10)
	(B+C>A)	(5)	(B+C≤A)	(11)
	(A+C>B)	(6)	(A+C≤B)	(12)
是否等腰三角形	(A=B)	(13)	(A≠B) and (B≠C) and (C≠A)	(16)
	(B=C)	(14)		
	(C=A)	(15)		
是否等边三角形	(A=B) and (B=C) and (C=A)	(17)	(A≠B)	(18)
			(B≠C)	(19)
			(C≠A)	(20)

等价类编号完成以后，软件测试人员可以分步骤完成等价类测试用例设计。

（1）软件测试人员为待测软件模块设计有效等价类测试用例。

在设计有效等价类测试用例时，为了减少测试工作量，一个好的有效等价类测试用例应尽可能多地覆盖那些尚未被覆盖的有效等价类。此时，软件测试人员可以结合模块的输入情况，为待测模块设计合适的有效测试用例。

（2）软件测试人员为待测软件模块中的无效等价类设计测试用例。

在为待测模块设计无效等价类测试用例时，一个无效等价类测试用例必须只覆盖一个尚未被覆盖的无效等价类，从而实现对目标模块的完整测试。

根据上述步骤，软件测试人员可以由表 5-1 得到三角形形状判断模块的等价类测试用例，如表 5-2 所示。

2. 边界值分析法

如果在上述模块的需求中增加约束，要求三条边的长度取值范围为[1, 100]。此时，软件测试人员可以结合边界值分析法为模块增加检测边界值的测试用例。

表 5-2 三角形形状判断等价类测试用例

序号	（A，B，C）	覆盖等价类	输 出
1	（3，4，5）	(1)，(2)，(3)，(4)，(5)，(6)	一般三角形
2	（0，1，2）	(7)	
3	（1，0，2）	(8)	
4	（1，2，0）	(9)	不能构成三角形
5	（1，2，3）	(10)	
6	（1，3，2）	(11)	
7	（3，1，2）	(12)	
8	（3，3，4）	(1)，(2)，(3)，(4)，(5)，(6)，(13)	
9	（3，4，4）	(1)，(2)，(3)，(4)，(5)，(6)，(14)	等腰三角形
10	（3，4，3）	(1)，(2)，(3)，(4)，(5)，(6)，(15)	
11	（3，4，5）	(1)，(2)，(3)，(4)，(5)，(6)，(16)	非等腰三角形
12	（3，3，3）	(1)，(2)，(3)，(4)，(5)，(6)，(17)	等边三角形
13	（3，4，4）	(1)，(2)，(3)，(4)，(5)，(6)，(14)，(18)	
14	（3，4，3）	(1)，(2)，(3)，(4)，(5)，(6)，(15)，(19)	非等边三角形
15	（3，3，4）	(1)，(2)，(3)，(4)，(5)，(6)，(13)，(20)	

按照边界值分析法的工作原理，软件测试人员可以将处理数据或者操作的边界情况纳入测试用例中，检测待测模块对边界值的处理。可以得到三角形形状判断模块的边界值检测测试用例，如表 5-3 所示。

表 5-3 三角形形状边界值检测测试用例

测试用例	A	B	C	预期输出
Test1	60	60	0	非三角形
Test2	60	60	1	等腰三角形
Test3	50	50	100	等腰三角形
Test4	50	50	101	非三角形
Test5	60	0	60	非三角形
Test6	60	1	60	等腰三角形
Test7	50	100	50	等腰三角形
Test8	50	101	50	非三角形
Test9	0	60	60	非三角形
Test10	1	60	60	等腰三角形
Test11	100	50	50	等腰三角形
Test12	101	50	50	非三角形

除了使用等价类划分法和边界值分析法为目标待测模块设计黑盒测试用例以外，如果软件模块的业务逻辑比较复杂，软件测试人员也可以结合因果图法、判定表驱动法来设计测试用例。当然，软件测试人员也可以使用错误推测法为待测模块设计测试用例。

与此同时，软件测试人员可以根据数据的处理流程，利用流经多个模块的输入、输出，为多个紧密相连的模块设计黑盒测试用例。

结构化实现

5.3.5 结构化测试实施

与通用的软件测试流程一致，结构化测试也分为单元测试、集成测试、验收测试和系统测试 4 个阶段。由于验收测试与系统测试主要从功能需求、性能等方面展开测试，与具体的软件方法关联较小，软件测试人员可以参考标准的测试流程开展相关的测试工作。然而，结构化方法主要从数据处理的角度来思考问题，从功能的角度来划分函数模块，结构化方法的单元测试和集成测试必须从函数和功能划分角度来进行。

1. 结构化单元测试

在结构化单元测试中，软件测试人员着重测试每个单独的函数模块，排除函数模块中可能存在的错误或缺陷。通常而言，单元测试主要采用白盒测试技术来检测模块，通过覆盖模块控制结构中的特定路径，软件测试人员可以对函数模块的内部结构、控制流程、接口信息等内容开展测试，确保每个模块在功能、算法和数据接口上满足设计要求。

由于结构化程序中的被测模块可能并不是一个独立的模块，软件测试人员在测试模块时需要同时考虑被测模块与外界的联系。此时，软件测试人员可以结合模块的实际情况，为被测模块编写对应的辅助模块，共同完成模块的测试过程。

通常而言，在开展结构化模块测试时，软件测试人员需要编写以下两种辅助模块。

1）驱动模块（driver）

驱动模块相当于主模块，或者主程序，能够独立运行。驱动模块主要用于调用被测模块，并借助设计的测试用例，采用不同形式、从不同角度来测试被测模块。

2）桩模块（stub）

由于被测模块可能需要调用其他模块来完成指定的功能，而此时，与被测模块关联的子模块可能尚未开发完成，或者尚未经过测试。为了降低子模块对被测模块的影响，软件测试人员需要为被测模块编写必要的桩模块。

桩模块又称存根模块。桩模块无须是完整的软件模块，可以根据功能需要直接返回正确值即可。

在开发过程中，软件测试人员可以对完成的各个模块开展单元测试。软件测试人员可以利用模块对应的"模块名_Tester"源程序文件来编写测试驱动程序，通过执行特定的测试用例来检测待测模块；同时，为了顺利开展单元测试，软件测试人员必须认真分析被测模块，为被测模块编写必要的桩模块。

结构化单元测试的典型环境如图 5-23 所示。

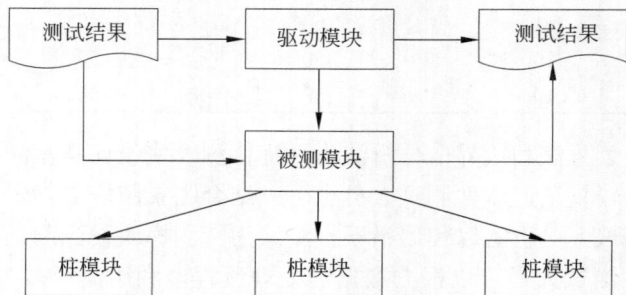

图 5-23 结构化单元测试环境案例

2. 结构化集成测试

模块的单元测试完成之后，软件开发人员和软件测试人员将根据概要设计阶段得到的系统结构图，按照指定顺序来集成各个完成的、经过测试的软件模块。

结构化集成测试在某种程度上等价于结构化集成。结构化集成实际上是系统结构图中上层模块内部细节的实现过程。在分析上层模块的业务逻辑时，软件测试人员同步完成了结构化集成测试用例设计。在结构化集成过程中，软件开发人员和软件测试人员可以根据指定的软件集成方式，逐一使用测试过的子模块来替代上层模块的桩模块，排除目标软件系统在集成过程中出现的错误。

5.4 小 结

本章以 C 语言为载体，向大家介绍了结构化编码和结构化测试方面的内容。

通过本章的学习，大家可以发现，结构化实现的基础是结构化设计和结构化分析。软件开发人员可以直接将结构化设计的内容转换为结构化实现，并且软件测试人员可以依据结构化设计和结构化分析来设计软件测试用例，排除软件中可能存在的错误或缺陷。

在软件开发过程中，软件开发团队可以对程序源代码进行分文件管理。通过将程序源代码划分到多个不同类型的源程序文件中，软件开发团队可以有效地降低软件开发的复杂度，提高软件开发的效率。

当软件模块开发完成以后，软件开发人员可以结合不同的策略对完成的软件模块进行集成，并最终得到实现目标业务功能的软件系统。

与此同时，为了提高软件开发的质量，软件测试人员可以对结构化方法中不同阶段的内容展开测试，排除软件开发各个阶段中可能存在的错误。

软件测试人员可以依据被测模块的内部细节，为待测模块设计白盒测试用例；当然，软件测试人员也可以从模块的需求出发，对目标待测模块开展黑盒测试。

在结构化实现过程中，软件开发团队需要结合项目的实际情况来采取合适的代码实现方式和测试手段，在提高软件项目开发效率的同时，优化软件产品的质量。

5.5 习 题

1. 在学习本章内容之前，你如何组织一个复杂的结构化程序？你认为软件开发最大的挑战是什么？现在如果让你重写原来的程序，你会如何组织软件项目的代码？

2. 将公共内容定义为统一的头文件对编写软件代码有什么作用？

3. 软件测试的目的是什么？为什么不能通过测试来证明软件是正确的？

4. 如何为待测程序有效地设计白盒测试用例和黑盒测试用例？

5. 在编写程序代码时，测试用例应该放在什么位置？如何组织测试代码以加快软件开发过程？

结构化实现

第三篇 面向对象方法

随着计算机软件开发技术的快速发展以及软件需求复杂度的提高，结构化方法的局限性也逐渐暴露出来，并严重影响了软件项目的开发和维护。

（1）结构化方法从计算机处理数据的角度来思考问题，以"动作"或"功能"划分为基础来构建软件，与人类认识世界的方式和思维方式不相符。

结构化方法采用数据流图来建模数据的传递和处理过程，将处理封装成为对应的函数模块，然后再构建和实现软件。然而，自从人类诞生以来，人类已经习惯以"实体"方式来感知世界，即从对象的角度来认知世界。结构化方法将功能与数据相分离，以"动作"分析为主的问题空间建模分析和描述方法与人类理解现实世界的方式存在较大差异，很难转换到人类熟悉的以"对象"分析为主的思维方式上来。

（2）结构化方法以数据处理流程来映射软件系统结构，无法适应软件需求的快速变更。

在结构化方法中，软件系统是围绕如何实现一定的业务功能或行为来进行的。结构化方法将业务系统中的数据处理过程分解为"变换流"或"事务流"，通过分析业务处理流程的不同部分将数据的处理过程映射成软件系统结构。

然而，随着人类生活与计算机结合紧密度的不断提高，软件系统处理数据的方式或过程也频繁变更。当业务系统的行为或者处理方式发生变化时，以数据处理过程构建的软件体系结构也将受到较大的影响，增加了软件项目的修改难度，甚至导致软件项目失败。

（3）结构化开发方法难以实现高效的软件复用。

在结构化方法中，软件设计人员将软件的功能封装成为"函数"模块，且以"函数"为单位进行软件复用。然而，函数往往只是软件业务处理过程中的一个环节，必须配合多个其他模块才能完成某个具体的业务处理。并且，函数处理的数据往往与函数相分离，在复用函数时必须复用与函数相关的数据定义。因此，在函数层面开展软件复用的效率较低。

与此同时，结构化方法以自顶向下方式来拆分软件的业务功能，其设计方式极大地限制了软件的可重用性。

面向对象的思想最初起源于 20 世纪 60 年代中期的仿真程序设计语言 Simula 67。在 20 世纪 80 年代初期，美国加州的 Xerox 研究中心推出的 Smalltalk 语言及其程序设计环境进一步促进了面向对象程序设计技术的快速发展，且成为面向对象技术发展历程上的一个重要里程碑。直到 20 世纪 80 年代中后期，面向对象的软件分析、设计方法逐渐成熟，并成长为一种有效的软件开发方法。

相对于结构化方法而言，面向对象方法具有以下优点。

（1）建模分析方式和软件设计方式与人类思维方式相符合。

面向对象方法采用"类"来抽象客观世界，通过分析客观世界中事物之间的关系来分析、建模软件中不同类之间的联系，符合人类的思维方式。通过将数据与操作封装成类，面向对象方法可以在刻画问题域中事物静态关系的同时，体现事物之间的动态联系。与此同时，面向对象中的继承、聚合、组合也如实表达了问题域中各个事物之间存在的关联关系，与人类认知世界的方式相近。

（2）软件项目的稳定性较好。

面向对象技术要求软件开发团队从客观世界中抽象软件架构，如果客观世界中事物的关系不发生变化，软件的体系结构就相对稳定。由于数据和对数据的操作被封装到了类中，面向对象技术可以降低业务功能变更对软件体系架构带来的影响，即业务的变化不会导致软件架构发生较大变化，且仅在软件架构的局部进行修改即可。因此，采用面向对象方法开发的软件项目具有较好的稳定性。

（3）软件项目易于维护和复用。

由于采用面向对象方法开发的软件项目具有较好的稳定性，软件需求变更不会导致软件架构发生较大变化，仅需要对局部进行修改即可。与此同时，面向对象技术特有的继承机制使派生出来的子类与父类兼容。即子类在扩展了新功能的情况下，仍能保持与父类原有代码的兼容性。因此，采用面向对象方法开发的软件项目易于维护和软件代码复用。

（4）容易开发大型软件产品。

相对于结构化方法而言，面向对象方法采用"类"来组织各个软件模块，软件的复用程度较高，且类之间的耦合程度也相对较低。采用面向对象方法来开发软件，有利于在保证软件项目稳定性的前提下进一步提高软件的生产效率，适合于开发大型软件产品。

从内容上来说，面向对象方法主要包括面向对象分析（Object Oriented Analysis，OOA）、面向对象设计（Object Oriented Design，OOD）和面向对象编程（Object Oriented Programming，OOP）三个部分。

本篇将以 UML 为建模工具，结合 C++程序设计语言，为大家介绍面向对象方法的相关知识，帮助大家建立基本的面向对象方法思维体系。

第 6 章

统一建模语言

由于面向对象方法与结构化方法在思维方式上存在较大区别，传统以数据流图、状态转换图、系统结构图、IPO 图等工具来分析、设计目标软件系统的建模方式已经不再适用于面向对象方法。随着面向对象开发技术的普及和流行，如何对系统进行分析建模和设计成为面向对象方法必须解决的问题。

本章首先对面向对象建模方面的发展进行介绍，然后，再按照软件需求分析、设计和实施的流程来介绍统一建模语言中包含的各种图，便于后期面向对象方法内容的开展。

6.1   统一建模语言的发展史

随着面向对象开发技术的快速发展，在 1989 年到 1994 年间就出现了 50 多种面向对象建模方式。众多的建模方式极大地妨碍了用户之间的交流。

在众多的面向对象建模方式中，通用电气公司 Jimmy Rumbaugh（图 6-1(a)）创立的对象建模技术（Object Modeling Technique，OMT）、Ivar Jacobson（图 6-1(b)）发明的面向对象软件工程方法（Object-Oriented Software Engineering Method，OOSE）以及 Grady Booch（图 6-1(c)）创建的 Booch 方法成为三种主流的分析方法。尽管这三种建模方法都有一定的追随者，但是，它们都存在一定的优缺点。例如，OMT 擅长于分析，而弱于设计；Booch 的强项在于设计，弱项在于分析；OOSE 的强项在于行为分析，弱项在于其他方面。

(a) Jimmy Rumbaugh   (b) Ivar Jacobson   (c) Grady Booch

图 6-1   UML 创始人

20 世纪 90 年代，Rational 公司（现在已经被 IBM 公司收购）聘请 Jim Rumbaugh 参加 Grady Booch 的研究工作，并将他们二人的建模方法合二为一，称为统一方法（Unified Method），并首次公开发布了统一方法的草案（0.8 版本）。

1995 年秋，OOSE 的创始人 Jacobson 也加入了 Rational 公司，与 Rumbaugh 和 Booch 共同制定了面向对象的建模方法。1996 年 6 月，统一方法的 0.9 版本发布。

此后，许多公司加入了由 Jacobson、Rumbaugh 和 Booch 发起的 UM 联盟。UM 联盟也将统一方法更名为统一建模语言（Unified Modeling Language，UML），并于 1997 年将 UML

1.0 版作为标准草案正式提交给对象管理组（OMG）。UML 的 Logo 如图 6-2 所示。

作为一个非官方的独立标准化组织，OMG 接管了 UML 标准的制定和开发工作，并推出了多个 UML 版本。截至 1996 年 10 月，UML 在美国获得了工业界、科技界和应用界的广泛支持。1997 年 10 月 17 日，OMG 采纳 UML 1.1 作为面向对象技术的标准建模语言。截至 2022 年 6 月，UML 已经发展到了 2.4.1 版。

图 6-2　UML Logo

作为一种通用的面向对象建模语言，UML 可以对事物的实体、性质、关系、结构、状态和动态变化过程进行精确建模，能够精确表示系统的静态结构和动态行为，可用于面向对象软件开发的各个阶段。

同时，UML 使软件开发人员专注于建立产品的模型和结构，而不是选用什么程序设计语言和算法实现。UML 的价值在于它综合并体现了面向对象方法实践的最好经验，支持用例驱动（Use-Case Driven）、以架构为中心（Architecture-Centric）以及递增和迭代地（Iterative）开发软件项目。

6.2　UML 中的图

作为一门可视化建模语言，UML 由表示法和语义两个部分组成，可用于建模软件系统分析、设计和实施中的各种细节。其中，表示法定义了各种可视化的标准表示符号，语义则用自然语言和对象约束语言对图示符号进行说明。

在 UML 的表示法中，UML 除了提供一系列标准的图形符号以外，还允许软件设计人员通过用例图、活动图、类图、对象图、顺序图、通信图、状态图、构件图、部署图和包图对目标软件系统的不同内容进行可视化建模。例如，软件设计人员可以使用 UML 中的类图、对象图、构件图、部署图和包图建模软件系统的静态结构；利用 UML 提供的用例图、活动图、状态图、顺序图和通信图建模软件系统的动态行为。

可能有人会问，UML 主要由各种图组成，为什么被称为统一建模语言呢？其实，UML 是一种绘画语言，即除了绘制各种图以外，UML 还必须结合大量文字对图中的内容进行详细说明。UML 这种以"绘图+文字描述"来建模目标软件系统的方式，非常适合于对面向对象软件开发的各个阶段进行说明、可视化建模和编制文档，帮助软件开发团队在软件开发的各个环节中确立沟通标准，便于系统文档的编制和项目管理。

当然，如果软件设计人员完成的 UML 模型符合规范，软件开发团队可以借助特定的工具将完成的 UML 模型直接转换为程序源代码。此时，UML 模型的设计过程也可以看作是某种"程序设计"过程。我们认为，如果想用 UML 来"编程"，其实比写代码还难懂。因此，本书主要对如何使用 UML 来分析、建模目标软件系统的基本方式进行介绍，不希望读者细究 UML 的每一个细节。

当然，尽管 UML 的高级内容具有一定的复杂性，但是使用 UML 对目标软件系统进行分析、设计建模仍然是业界当前最好的途径。在人们眼中，UML 就是一种公认的面向对象分析和设计的建模方式。

6.2.1　用例图

在 UML 中，用例图（Use Case Diagram）用于描述用户使用目标软件系统的案例，从侧面对软件需要完成的业务功能进行了建模。用例图给出了目标软件系统中存在的角色和用例以及角色与用例之间的连接关系。通过用例图，软件设计人员可以对谁使用系统以及他们如何使用目标软件系统的典型情况进行描述。

用例图由参与者（Actor）、用例（Use Case）及它们之间的关系（Relationship）组成。

1. 用例

用例对参与者使用目标软件系统的案例进行详细说明。值得注意的是，此处的用例并非与目标软件系统需要实现的业务功能一一对应，而是对参与者使用目标软件系统的各个场景和案例进行描述。用例的数量可能多于目标软件系统需要实现的业务功能数量。

2. 参与者

参与者是指用例的启动人员，是参与用例的人员。通常，参与者用简笔人物画表示，如图 6-3 所示。

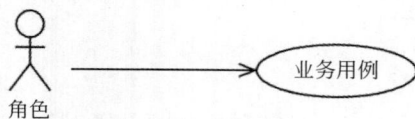

图 6-3　用例图示例

3. 关系

在用例图中，参与者与用例之间的箭头表示关联关系，表示角色参与了用例。

同时，软件开发团队也可以根据用例之间的内容关联，采用包含、泛化和扩展来建模用例之间的关系，如图 6-4 所示。

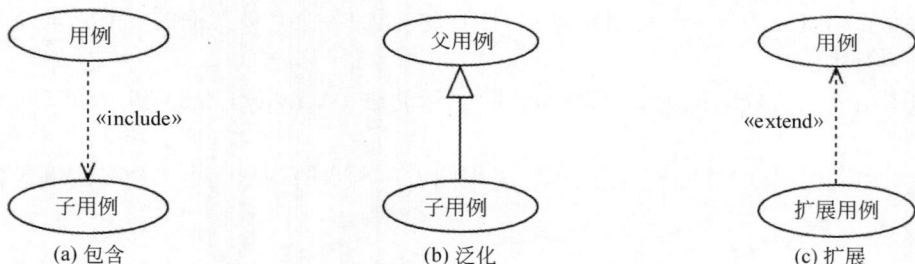

图 6-4　用例关系

其中，"包含"关系用于对用例进行更加详细的描述，被包含的用例是原有用例的组成部分；"泛化"关系是指从某一个用例中派生出其他用例。派生出来的用例除了包含原有基用例的所有内容以外，还可能增加了其他特有的业务内容；"扩展"关系用来表示一个新的业务用例，该用例可能是基用例的一部分。对于基用例而言，扩展用例可有可无。

在构建用例图时，软件开发团队需要从整体的角度来介绍目标软件系统的"使用案例"（注意，不是对软件的功能进行划分），即"谁"使用系统完成了什么"事情"，如何完成这件"事情"，以及完成这件"事情"的细节。通过用例图中的多个用例，软件开发团队可以将用户使用目标软件系统的所有业务场景以及完成业务所需要的对象、目标、过程等内容进行细致描述。

值得注意的是，除了绘制用例图以外，软件开发团队还必须对用例内容进行详细的文字描述。在用例描述中，软件开发团队必须确保用例描述未遗漏参与用例的各个实体、实体完成的动作以及实体操作的对象等。

如果目标软件系统涉及的业务内容非常复杂，软件开发团队可以再将用例分为业务用例模型和用例模型两个层次，如图 6-5 所示。业务用例模型相对于用例模型而言涵盖的主题内容更广。可以理解为，业务用例模型给出了一个大的主题内容，而用例模型是业务用例模型的子主题内容。

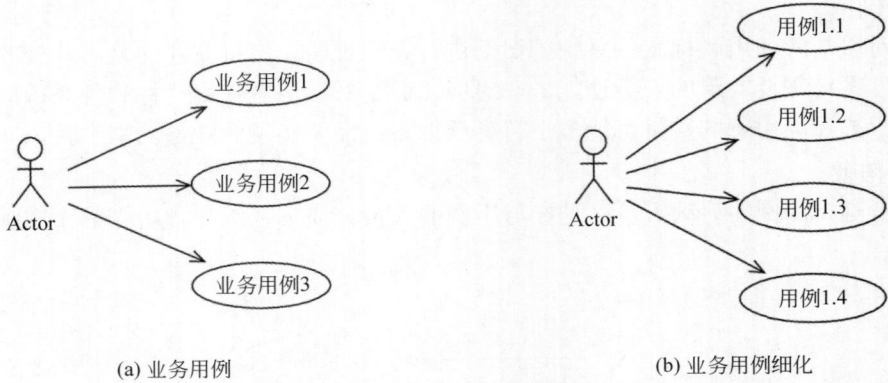

(a) 业务用例　　　　　　　　　　　　　　　　(b) 业务用例细化

图 6-5　复杂软件系统的用例建模

6.2.2　活动图

活动图（Activity Diagram）是 UML 提供的一种对活动和活动细节进行建模的有效工具。

当目标软件系统的用例图设计完成以后，软件开发团队就可以借助活动图来描述用例中涉及的活动以及活动间的约束关系。此时，软件开发团队必须抓住一个重要理念，即"用例是由一系列活动组成的"，并且通过活动图对用例涉及的各个具体案例的业务处理流程和处理行为进行详细建模。

活动图由活动（Activity）、动作（Action）、活动边（Activity Edge）和活动节点（Activity Node）组成。

在绘制活动图时，软件开发团队可以采用图 6-6 所示的图形元素来建模用例包含的业务活动细节。

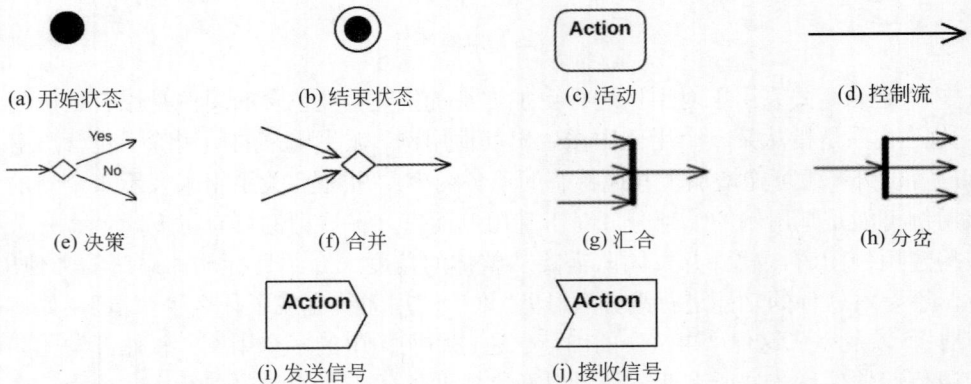

(a) 开始状态　　　　(b) 结束状态　　　　(c) 活动　　　　(d) 控制流

(e) 决策　　　　(f) 合并　　　　(g) 汇合　　　　(h) 分岔

(i) 发送信号　　　　(j) 接收信号

图 6-6　活动图符号

活动图中的业务描述从"初始状态"（Initial）开始，经过一系列活动，到达不同的"结束状态"（Final）。

活动（Action）用于表示用例在某个流程中的动作执行。在程序设计中，动作可以理解为软件系统通过特定的行为来完成相关操作，或者软件系统对数据的处理动作。

决策（Decision）允许软件系统根据运行情况，对用例涉及的处理流程进行分流。

合并（Merge）将多个流程归并在一起。只要有任何一个流程到达合并符号，目标软件系统就可以进行下一个动作，无须关注其他流程。

汇合（Join）是指软件系统必须等到所有的流程都到达以后才可以执行后续的动作。

分岔（Fork）将一个处理动作分为多个并行执行的子活动（例如多线程）。

发送信号（Send Signal）允许软件系统向活动图的其他部分发送信号。

接收信号（Receive Signal）用于接收软件系统中其他活动图发送的信号，然后再进行后续的业务处理。

图 6-7 给出了一个简单的活动图案例。

如果用例涉及的业务活动比较复杂，或者用例涉及多个参与者或业务对象，软件开发团队可以借助泳道（Swimlanes）对活动图的内容进行划分，便于确认各个活动的参与对象及状态。泳道在视觉上是一条垂直或者水平的区域，每个泳道都有一个唯一的名称。在借助泳道描述复杂业务活动时，活动图的每一个活动、分支必须属于一条泳道，而活动图的转换、分岔、汇合可以跨泳道。图 6-8 给出了一个具有三个泳道的活动图示例。

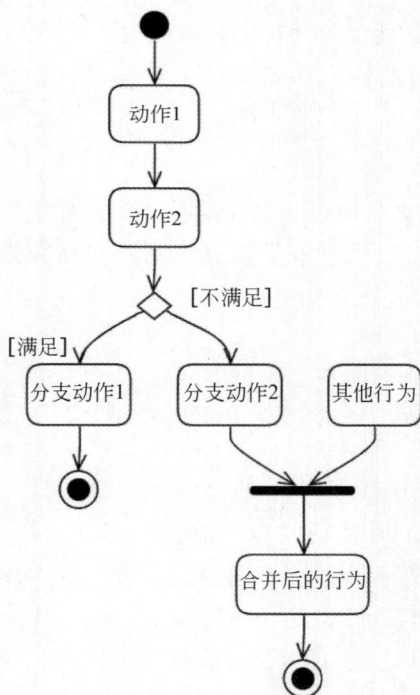

图 6-7　活动图示例

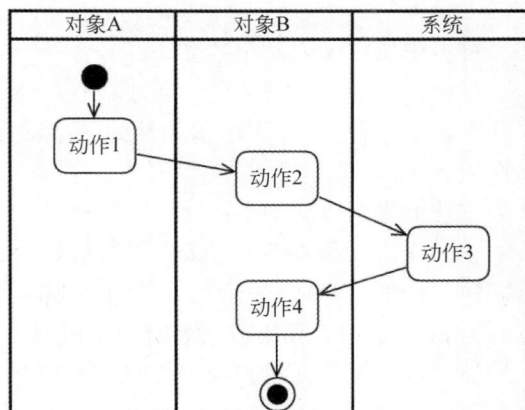

图 6-8　带泳道的活动图

6.2.3　类图

作为 UML 中最重要的建模图示工具，类图（Class Diagram）用于描述软件系统中的类以及各个类之间的静态关系。类图可以用于后期的软件系统架构设计，是软件顺序图、对象图、通信图、构件图的基础。

类图由类（Class）、类之间的关系（Relationship）和约束（Constraint）组成。

1. 类

类是面向对象方法中的基础元素，也是类图中的主要组成内容。在类图中，类符号由类名字、类属性和类方法三个部分组成。图 6-9 给出了一个类符号与代码的对应案例。通过类符号，软件开发团队可以对类的属性和方法进行准确定义。

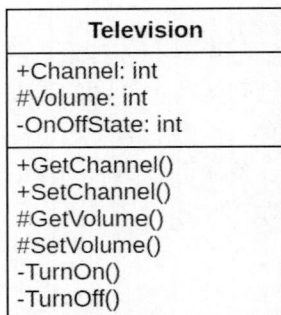

```
class Television
{
    public:
        int Channel;
    protected:
        int Volume;
    private:
        int OnOffState;

    public:
        int GetChannel();
        void SetChannel(int chan);
    protected:
        int GetVolume();
        void SetVolume(int vol);
    private:
        void TurnOn();
        void TurnOff();
};
```

Television
+Channel: int
#Volume: int
-OnOffState: int
+GetChannel()
+SetChannel()
#GetVolume()
#SetVolume()
-TurnOn()
-TurnOff()

（a）类描述　　　　　　　　　　　　（b）源代码

图 6-9　类元素符号

在类符号中，如果类名采用"正体"书写，表示该类是可以实例化的普通类；如果类名采用"斜体"书写，则表明该类为抽象类；如果类名有"下画线"修饰，则表明该类为静态类。

类符号中属性的表示格式如下：

修饰符　属性名:属性类型

其中，修饰符"+"表示该属性为 public 型，"#"表示该属性为 protected 型，"-"表示该属性为 private 型。

类方法的表示格式如下：

修饰符　方法名（参数名 1:参数类型 1,…）:方法返回值类型

同样，修饰符"+"表示该方法为 public 型，"#"表示该方法为 protected 型，"-"表示该方法为 private 型。如果方法名有"下画线"修饰，则表示该方法为静态方法。

当类符号涉及类性质和内置类时，软件开发团队可以在原有类符号的基础上再增加对应内容。类性质和内置类的符号定义方式与属性、方法定义相似。

类符号除了可以定义类以外，还可以用于表示抽象类或接口。为了与类定义进行区别，软件开发团队在定义抽象类或接口时必须在接口名的上方增加"interface"修饰符，如图 6-10 所示。接口仅有接口名和接口方法两个部分。

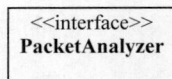

<<interface>>
PacketAnalyzer

图 6-10　接口案例

2. 关系

类图除了可以表述类和接口的定义信息以外，还可以对类、接口以及它们之间的协作关系进行清晰定义。

在面向对象方法中，类并不是孤立存在的，类之间可以通过不同的关系共同协作。根据类之间的关系强弱不同，类之间的关系可以分为依赖、关联、聚合、组合、实现和继承 6 种，

且这 6 种关系的耦合程度由低至高。

1）依赖关系

在类图中，类之间"带箭头的虚线"可以用于表示使用者与被使用者的关系。处于箭头尾部的使用者会临时使用位于箭头顶部的被使用者，如图 6-11 所示。

如果类 A 使用了类 B，表示类 A 在需要时会使用类 B 的对象。例如，类 A 的方法中有参数为类 B 的实例化对象；或者类 A 中有方法调用了类 B 的静态方法。

2）关联关系

在类图中，"实线箭头"用于表示类与类之间的关联关系。处于箭头尾部的拥有者关联箭头顶部的被拥有者，如图 6-12 所示。

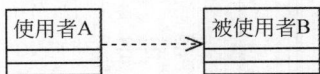

图 6-11 依赖

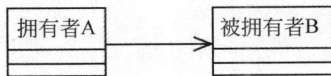

图 6-12 关联

如果类 A 指向类 B，则说明在类 A 中使用了类 B。例如，类 A 中有类 B 定义的成员变量，即类 A 使用了类 B 的对象来完成相关操作。

3）聚合关系

聚合关系用于表示整体与部分之间的关系，由整体指向部分的"空心菱形箭头"表示，如图 6-13 所示。

如果类 A 通过聚合关系指向类 B，则说明类 A 中有类 B 的成员变量。值得注意的是，聚合关系与关联关系不同，聚合关系是关联关系的加强，表示整体可以拥有部分。当然属于部分的类 B 也可以属于其他整体。

4）组合关系

组合关系用于表现更强的整体与部分之间的关系，使用"实心菱形箭头"表示，同样由整体指向部分，如图 6-14 所示。

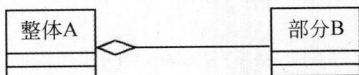

图 6-13 聚合

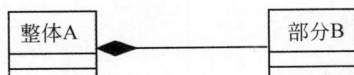

图 6-14 组合

如果类 A 通过组合关系指向类 B，则说明类 A 中有类 B 的成员变量。组合关系与聚合关系不同。在组合关系中，属于部分的类 B 对象只能属于整体类 A，不能被其他整体共享，即部分离开整体后，就无法单独存在。

在面向对象分析和设计过程中，软件开发团队可以根据实际需要选择聚合或者组合来表示类之间的组成关系。

5）实现关系

类与接口的实现关系可以用实现类指向接口的"虚线+空心箭头"表示，如图 6-15 所示。

6）继承关系

在类图中，继承关系采用子类指向父类的"实线+空心箭头"表示，如图 6-16 所示。

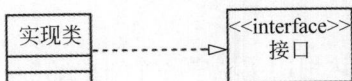

图 6-15 实现

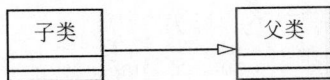

图 6-16 继承

6.2.4　对象图

对象图（Object Diagram）与类图极为相似，用于反映软件系统在某一个时刻的状态，是软件系统详细状态在某一时刻的快照。

在 UML 中，类图用于表示系统的架构，对象图主要用于表示软件系统在某个情景下的对象逻辑关系。具体而言，类图表现的是类与类之间的关系，对象图表示的是对象与对象之间的关系。例如，在对象图中可能存在某个类的多个实例与另一个类对象的关系。

在 UML 中，对象图由对象（Object）和对象之间的链（Link）组成。

1. 对象

对象，即类的实例，是真实世界中的一个物理上或者概念上具有状态和行为的实体。

UML 表现对象的方式非常简单，遵循"对象名:类名"方式来命名各个对象。同时，对象符号还允许使用"修饰符　属性名: 类型＝值"方式来赋值对象的属性。图 6-17 给出了一个简单的对象图例。

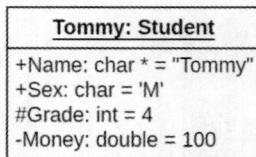

Tommy: Student
+Name: char * = "Tommy"
+Sex: char = 'M'
#Grade: int = 4
-Money: double = 100

图 6-17　对象图例

2. 链

对象图通过"链"将对象链接起来，表现对象之间的关系。在 UML 对象图中，软件开发团队可以在链上加上标签，表示链接的目的。如图 6-18 中给出了多个对象之间的关系案例。

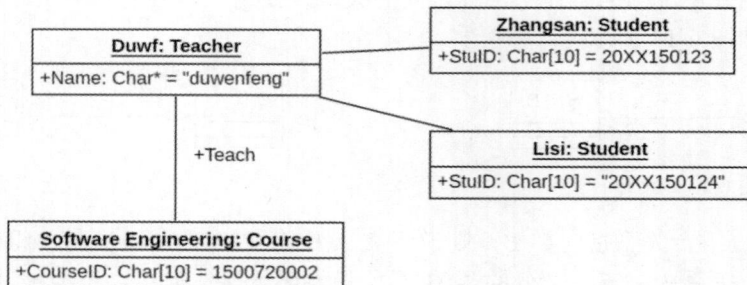

图 6-18　对象及对象关系

通常，对象图用于表述复杂的业务逻辑场景或者算法。当类图无法清晰地表达系统结构或者内容时，软件开发团队可以使用对象图，结合多个业务场景对软件系统的内部结构进行详细说明。

6.2.5　顺序图

通常而言，软件开发团队实现用例的第一步是发现用例涉及的类，然后再根据对象之间的交互来确定类的行为（方法）。

顺序图（Sequence Diagram），又称序列图，用于表达用例实现中各个对象的顺序交互过程。通过顺序图，软件开发团队可以对系统对象如何协作完成目标软件系统的部分功能或者全部功能的方式进行建模。

顺序图由生命线（Lifeline）、活动条（Activation Bar）和消息（Message）组成。

1. 生命线

在顺序图中，每个参与者以及每个运行的对象都有一条生命线。生命线展示了对象在交互过程中的生命期限，表现了参与者或者对象在该交互过程中的存在时间。

在 UML 中，生命线用矩形框和虚线表示。矩形框用于设置生命线的名称，表示该生命线对应的对象；虚线表示生命线对应参与者或者对象的生命长度，如图 6-19 所示。

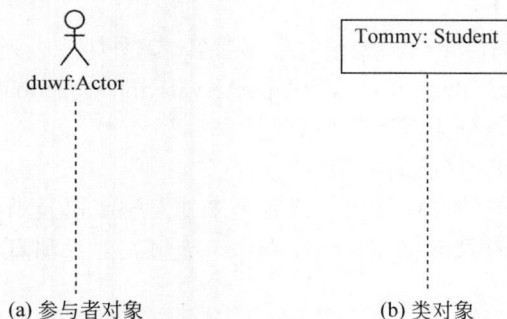

(a) 参与者对象   (b) 类对象

图 6-19　对象生命线

在顺序图中，生命线的描述标签如下：

对象名[选择器]：类名 ref decomposition

其中，"对象名"为生命线对象的名字；"选择器"用于标明同一个类在不同状态下的对象，例如对象数组中的某一个值；"类名"为生命线对象所属类的类型；"ref"为引用"reference"的缩写；"decomposition"是可选内容，表示在另一个更详细的顺序图中展示了当前交互的参与者如何处理它所收到的消息，如图 6-20 所示。

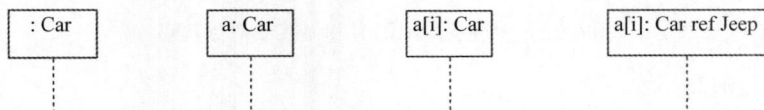

图 6-20　生命线示例

2. 活动条

当对象收到消息以后，对象将被触发或者调用某个具体的行为来完成特定操作。在 UML 中，活动条是对象生命线上的小矩形条，用于表现对象在本次交互中的活动状态，即指示对象在响应消息时的活动时间。

图 6-21 给出了一个简单的活动条案例，给出了 Class A 和 Class B 的活动状态。

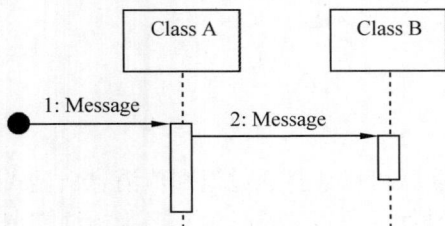

图 6-21　带活动条的顺序图

3. 消息

面向对象中的消息概念最早由 Smalltalk 语言引入，负责触发软件系统中的对象交互。当一个对象调用另外一个对象中的方法时，即完成一次消息传递。

可以发现，在面向对象方法中，对象之间通过消息的发送与接收来实现交互。为了对软件系统中不同对象的交互过程进行建模，需要通过顺序图对不同生命线之间的消息交互过程进行跟踪，对消息的传递过程进行精确建模。

为了区分不同的消息，软件开发团队可以在消息箭头上标识消息名称。在 UML 中，消息的标识名称设置语法如下：

属性＝信号或消息名（参数:参数类型）:返回值

例如，GetValue()、SetValue(val)、id = Update(val1:int, val2:float):ReturnValue 等。

在顺序图中，消息可以分为以下几种类型。

1）无触发对象消息和无接收对象消息

如果消息的发送者没有被详细指明，或者是未知发送者以及消息来自于随机消息源，则该消息可以被称为无触发对象消息。在顺序图中，无触发对象消息使用活动条开始端点上的"实心球加箭头"表示。

如果消息的接收者没有被详细指明，或者是未知的接收者以及该消息在某一时刻未被收到，则该消息被称为无接收对象消息。在顺序图中，无接收对象消息使用活动图末端上的"箭头加实心球"表示，如图 6-22 所示。

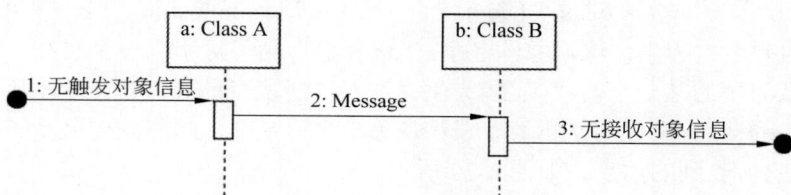

图 6-22　无触发对象消息和无接收对象消息

2）自我调用消息

如果一个对象给自己发送消息，即对象调用自己的方法，则称为自我调用消息。在顺序图中，对象可以通过活动条的嵌套来表示自我调用消息，如图 6-23 所示。

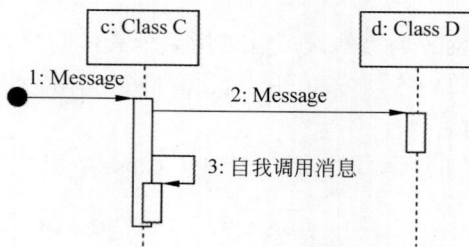

图 6-23　自我调用消息

3）返回值消息

在顺序图中，软件开发团队可以选择通过返回值消息来显式标注被调方法的返回值。返回值消息采用虚线箭头方式进行标注，并通过消息名来标注被调方法的返回结果。消息名设置语法为"返回变量 = 消息（参数）"。

在顺序图中，返回值消息并不是必须绘制的内容。软件开发团队在需要强调返回值的情况进行绘制即可，如图 6-24 所示。

4）对象创建消息和对象销毁消息

如果参与交互的对象不必在整个交互过程中一直存在，软件开发团队可以使用顺序图中的对象创建消息和对象销毁消息来动态创建和销毁对象。

对象创建消息用<<create>>构造型来表示，对象在收到该消息后动态创建；对象销毁消息用<<destroy>>构造型表示，动态销毁运行中的对象。软件开发团队可以在销毁对象生命线的结束部分画一个"×"来表示对象销毁，如图 6-25 所示。

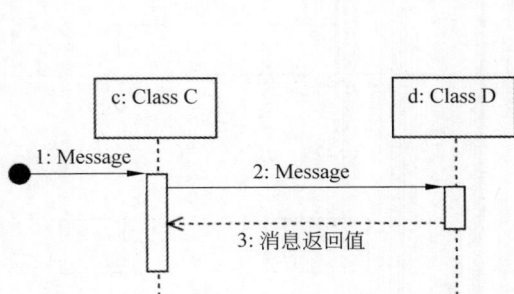

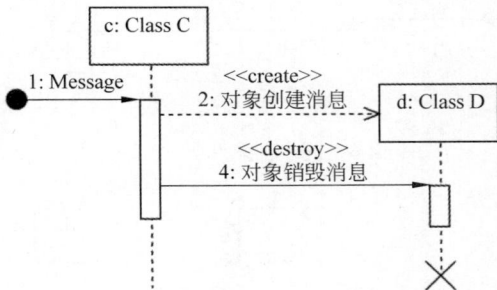

图 6-24　消息返回值　　　　图 6-25　对象创建消息和对象销毁消息

5）简单消息、同步消息和异步消息

根据消息的不同处理方式，顺序图中的消息可以分为简单消息、同步消息和异步消息三种类型。

简单消息用于表示消息从一个对象传递给另一个对象，并不包含控制细节。

同步消息意味着阻塞和等待。如果对象 A 向对象 B 发送了同步消息，则对象 A 必须等到对象 B 处理完成、返回信息以后，才能进行后续操作。

与同步消息相对应，异步消息意味着非阻塞。如果对象 A 向对象 B 发送了异步消息，对象 A 不必等待对象 B 执行完相关操作，直接可以继续执行下一步操作。

在顺序图中，同步消息用实心箭头表示，异步消息用开放式箭头表示，如图 6-26 所示。

4. 交互框

为了丰富顺序图的表示内容，UML 在 2.0 版本中引入了交互框。交互框是顺序图中的一块区域或者片段，能够通过操作符对区域内的流程进行特殊处理。

在顺序图中，交互框就是一个框（frame），主要有以下几种类型。

1）alt

操作符 alt 表示条件分支，允许顺序图根据中括号里设置的条件来选择执行多个互斥的逻辑分支。其使用方式如图 6-27 所示。

2）loop

操作符 loop 表示循环分支，允许顺序图根据中括号里设置的条件，在条件满足的情况下重复执行框中的内容，如图 6-28 所示。

3）opt

操作符 opt 表示可选分支。当对象交互满足一定条件时，顺序图将执行框中的内容，否则跳过，如图 6-29 所示。

4）par

操作符 par 表示并行分支，即框内的多个交互并行执行，如图 6-30 所示。

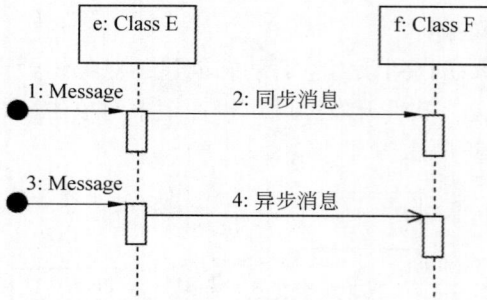

图 6-26　同步消息和异步消息

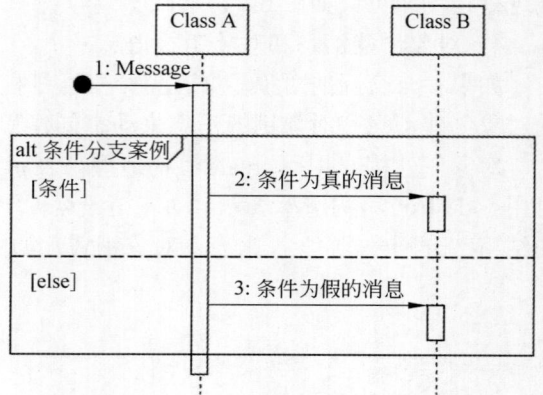

图 6-27　alt 交互框

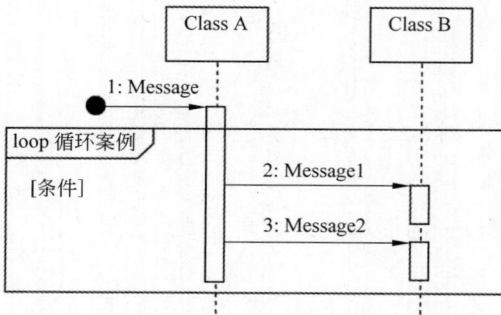

图 6-28　loop 交互框

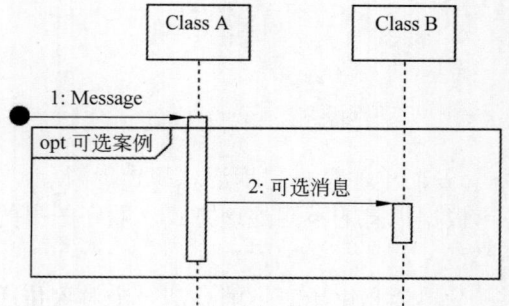

图 6-29　opt 交互框

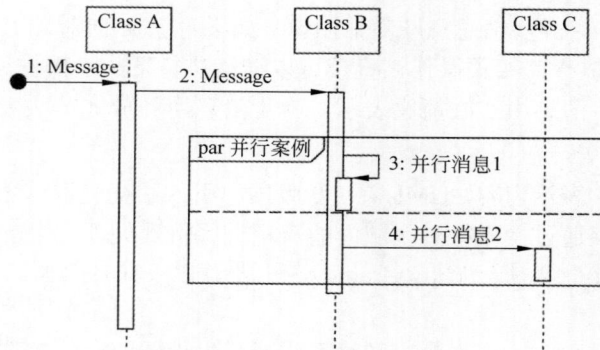

图 6-30　par 选项框

5）ref

操作符 ref 表示提示框中的内容在其他顺序图中被定义，可以用于将一个规模较大的顺序图划分为若干个规模较小的顺序图，方便顺序图的管理和复用，如图 6-31 所示。

除了上述交互框以外，顺序图还提供了 assert 断言、break 中断和 neg 无效等操作符。在绘制顺序图时，软件开发团队可以根据需要选用合适的交互框来建模对象交互过程。

6.2.6　通信图

通信图（Communication Diagram）在 UML 1.x 版本中也被称为协作图（Collaboration

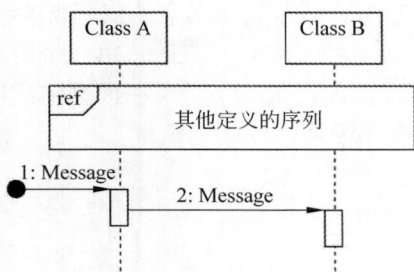

图 6-31　ref 交互框

Diagram），通过参与者（Participant）、通信链（Link）和消息来建模软件系统内部多个对象之间的交互。

1. 交互的参与者

交互的参与者，即参与本次业务交互的对象，采用矩形框表示。

2. 链接

链接是指两个对象之间的链接路径，用连接对象的直线表示。对象之间的交互消息沿着链接流动。如果两个对象之间存在链接，则说明这两个对象之间存在着关联关系。

3. 消息

在通信图中，对象之间的消息依附于链接，用带标记的箭头表示。同时，为了表示消息的相对顺序，软件开发团队可以为消息加上顺序号，采用带顺序号的消息表达式对消息进行精确定义，如图 6-32 所示。

消息上的箭头表示消息的传递方向，多条消息可以沿同一链接传递。

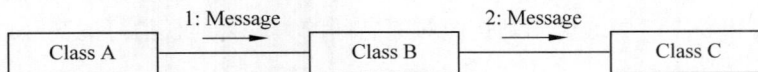

图 6-32　通信图示例

与此同时，为了便于软件开发团队准确地表达消息的内容和形式，通信图中提供了丰富的消息形式。

1）控制消息

控制消息是指当"控制条件为真"时才发送的消息。在控制消息中，消息的控制条件用中括号包含，放在消息顺序号后面，如图 6-33 所示。

2）循环消息

在通信图中，消息前面使用"*"表示循环消息。循环消息的控制条件用中括号包含，放在顺序号后面，如图 6-34 所示。如果软件开发团队仅想表示循环，而不想说明控制的细节，直接在消息前面加"*"即可。

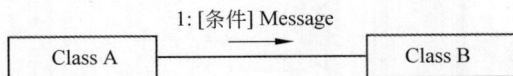

图 6-33　控制消息

图 6-34　循环消息

3）嵌套消息和子消息

当对象接收到消息后，消息触发对象向另外一个对象发送消息。此时，第二个消息被称为嵌套在第一个消息上的子消息。

目前，通信图采用分级顺序号方式来表示消息的嵌套层次。例如图 6-35 中，第一个对象发给第二个对象的消息采用一级序号，例如 1、2…；第二个对象接收到消息后，给其他对象发送的嵌套消息采用二级序号，例如，第二个对象在接收到第二个消息后，给其他对象发送的嵌套消息使用 2.1、2.2…的顺序编号；以此类推。

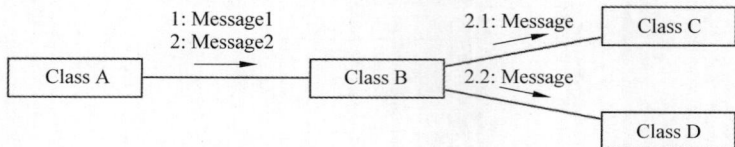

图 6-35　嵌套消息

4）自我委派消息

对象发送给自己的消息称为自我委派消息，如图 6-36 所示。

5）并发消息

并发消息是指通信图中多个被同时发送的消息，采用特殊的顺序号进行标记。例如图 6-37 中，消息 1a 和消息 1b 为并发消息。

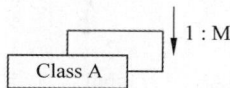

图 6-36　自我委派消息　　　　　图 6-37　并发消息

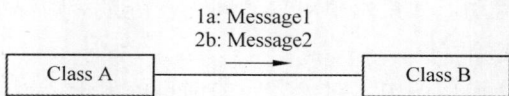

可以发现，通信图与顺序图相似，均可用于对象之间的交互过程建模。然而，通信图与顺序图在建模过程中强调的重点是不同的。顺序图按照交互的时间顺序来建模消息交互过程，强调交互的时间和顺序；而通信图则按照对象之间的关联来建模消息的交互过程，强调对象之间的链接。

6.2.7　状态图

在对业务的处理过程进行建模时，软件开发团队除了可以使用顺序图或通信图来描述对象之间的交互以外，还可以使用状态图（State Diagram）来描述各个对象的状态。

在 UML 中，状态图可用于描述对象所有可能的状态以及引起对象在不同状态之间迁移的事件。同时，对象在不同状态下的行为也可以用状态图进行建模。

状态图由状态（State）和迁移（Transition）组成。

1. 状态

状态是对象在其生命周期中的某一个时刻。对象在该时刻具有某些属性值，并且某些对象在特定状态下还会伴随着相应的动作或者活动。

目前，UML 提供了多种状态图示符号，如图 6-38 所示。

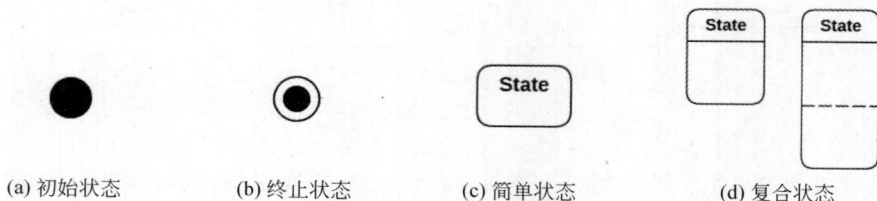

　　(a) 初始状态　　　　(b) 终止状态　　　　(c) 简单状态　　　　(d) 复合状态

图 6-38　状态图符号

初始状态用于表达状态图的起点，终止状态表示状态转换进入终止状态。

简单状态是状态图中使用最多的图形元素，没有子状态；而复合状态则是由一组或者多组子状态组合而成的状态。

除了表示对象的状态以外，状态也可以有内部活动（Internal Activity），用于表示对象在特定情况下的可执行功能。对象的内部活动可以是状态内部事件触发的内部活动，也可以是由迁移的开始或者结束自动触发的活动。

在状态图中，状态符号提供了 entry、do 和 exit 三种标签来表示内部活动。

（1）entry：进入状态时自动触发的活动。该活动在状态中其他活动之前被触发。

（2）do：当状态处于激活时执行的活动。标签 do 指示的活动在进入状态后执行，并且一直运行到状态结束为止。

（3）exit：离开状态时自动触发的活动。该活动在状态结束之前、其他活动都完成以后才触发。图 6-39 给出了一个带有活动状态的例子。

2. 迁移

迁移是指对象从一个状态切换到另一个状态的瞬间变化过程。在 UML 中，迁移用开放式箭头表示，箭头从原状态指向目标状态，如图 6-40 所示。

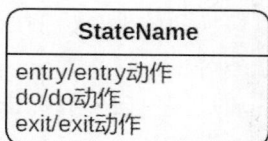

图 6-39　带有活动的状态　　　　　　图 6-40　状态迁移图例

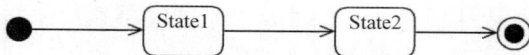

在面向对象方法中，能够引起对象发生状态变迁的事件有内部事件和外部事件两种。如果按照事件产生的原理来看，状态图中的事件可以进一步分为以下 4 种类型。

1）信号事件

信号事件是指对象在实时运行中接收到外界信号，并使对象状态发生迁移的事件。

2）变化事件

变化事件是指对象的内部或者外部条件发生变化，引起对象的状态进行迁移的事件。

3）时间事件

时间事件是指对象的状态在绝对时间上或者某个时间段内自动发生的迁移。时间事件经常由软件系统外界设定的事件或者软件系统内部设定的时间产生。

4）调用事件

调用事件是指外部系统通过接口或者协议调用软件系统的内部行为，从而导致对象的状态发生迁移的事件。

与此同时，UML 还允许软件开发团队为迁移设定标签，对迁移的内容进行明确定义。文字标签的语法如下：

触发[警戒条件]/行为

其中，触发用于指明在什么情况下会发生迁移；警戒条件指出迁移发生时必须满足的条件。当触发事件发生时，警戒条件就会被激活。如果触发事件满足警戒条件要求，则发生迁移；行为则表示迁移为了响应事件而执行的行为。

图 6-41 给出了一个包含复杂迁移描述的状态图。

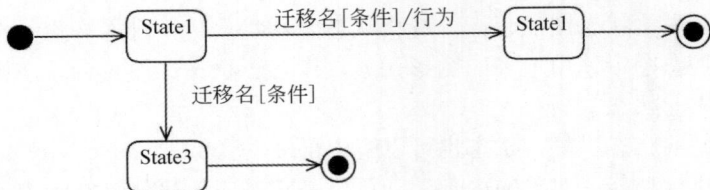

图 6-41　包含复杂迁移描述的状态图

6.2.8　构件图

在软件开发过程中，软件开发团队可以将目标软件系统分为多个子系统进行单独开发、编译、集成，从而降低软件系统的开发复杂度。当然，软件开发团队也可以直接使用已有的功能模块来加速软件开发进程。

构件图（Component Diagram）是一种用于描述软件代码内容的物理结构以及软件系统各个构件之间依赖关系的有效工具。构件图由构件（Component）、接口（Interface）、关系（Relationship）、端口（Port）和连接器（Connector）组成。

1. 构件

构件是软件系统或者子系统中的独立封装单位，是一个可以替换的软件包，例如，软件项目中的某个文件、产品、硬件、动态链接库、接口服务、云服务等。

在软件项目中，构件是一个能够单独编译的软件模块。构件通过接口向外界提供服务。通常情况下，构件能够比类提供更多的软件功能。

图 6-42 给出了一个简单的构件图案例。

(a) Label模式　　　　　　(b) Decoration模式

图 6-42　构件符号

如果构件中包含或者使用了其他构件，则该构件可以被称为复合构件，如图 6-43 所示。

2. 接口

构件是软件系统的组成部分，能够向软件系统或者软件系统的其他构件提供服务。同时，构件也可能需要使用其他构件提供的服务。

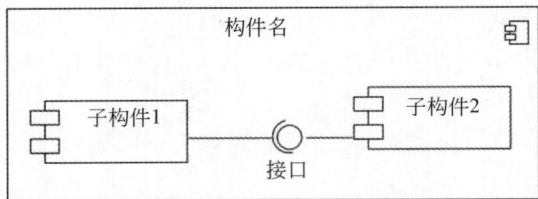

图 6-43　复合构件

图 6-44　构件接口

在构件图中，构件可以使用供接口和需接口来描述构件对外提供的服务以及需要其他构件提供的服务。为了区分不同的接口，构件图使用球形表示供接口，凹槽表示需接口，如图 6-44 所示。

在封装构件时，软件开发团队必须确保构件至少提供一个供接口。同时，无论构件中的内容怎么变化，构件的接口保持相对固定。

3. 关系

构件图使用带开箭头的虚线表示构件之间的依赖关系。位于箭头尾端的构件依赖于位于箭头顶端的构件，如图 6-45 所示。

4. 端口

如果复合构件中的子构件需要通过外部构件向外提供服务，或者需要使用外部其他构件提供的服务，则内部构件可以在复合构件上设置端口。端口用尾部加小方块的正常接口表达，如图 6-46 所示。

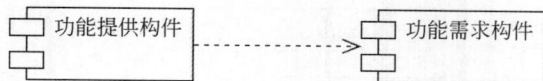

图 6-45　构件之间的依赖

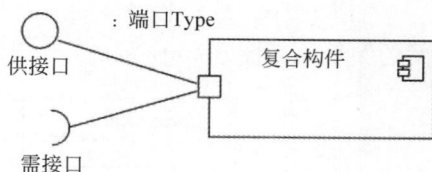

图 6-46　端口

5. 连接器

连接器用于将一个构件的供接口与另一个构件的需接口进行连接。UML 在 2.0 版本中提供了代理连接器和组装连接器两种模式。

代理连接器连接内部接口与外部接口。组装连接器用于表示构件之间的关系，直接将两个构件的供接口和需接口连接在一起即可，如图 6-47 所示。

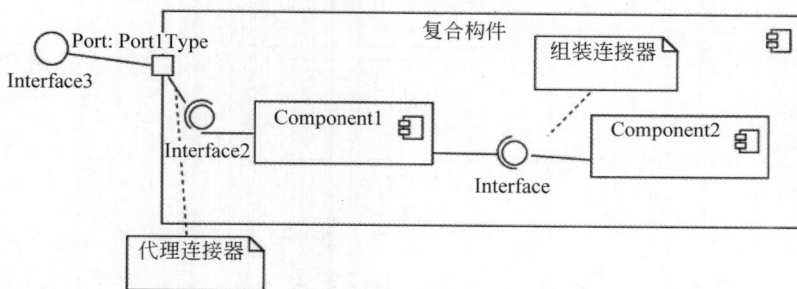

图 6-47　连接器

6.2.9　部署图

当目标软件系统的开发工作完成以后，软件开发团队需要将实现的软件内容以及软件系统包含的构件部署到目标环境中。

部署图（Deployment Diagram）是一种用于描述软件系统中的各个部分以及各个构件部署情况的有效工具。软件开发团队可以使用部署图来建模软件系统的部署情况，准确描述软件系统正式运行时各个硬件节点上部署的内容以及各个节点上运行软件的静态结构。

在部署图中，硬件设备或者软件环境称为节点（Node），软件、构件通常称为制品（Artifact）。节点间的通信称为通信路径（Communication Path）。

1. 制品

制品是指目标软件系统运行时必须具备的程序模块、数据文件，或者硬件设备，例如二进制文件、动态链接库文件、数据文件、配置文件等，如图 6-48 所示。

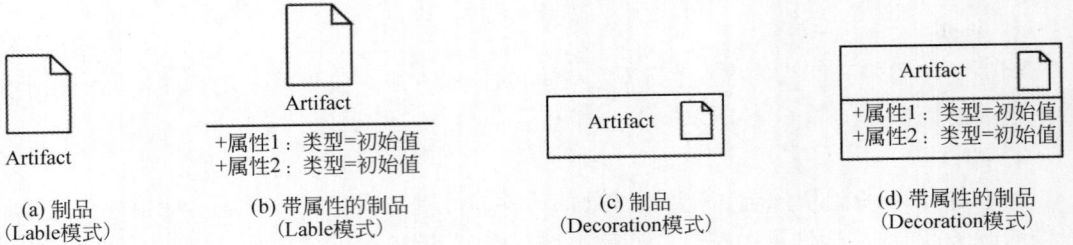

图 6-48　制品

在部署图中，软件设计人员可以采用带<<manifest>>标记的虚线箭头来表示构件与制品之间的关系，如图 6-49 所示。

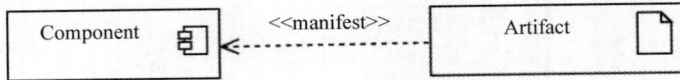

图 6-49　构件与制品

2. 节点

节点是指目标软件系统中能够驻留制品的实体。节点可以是硬件，也可以是其他支持软件系统运行的软件环境。

在部署图中，节点采用标注名称的立方体来表示。如果节点名称上标明<<Execution Environment>>，则表示该节点属于执行环境节点；如果节点是具体的硬件设备，软件开发团队可以在节点名称上标明<<device>>，如图 6-50 所示。

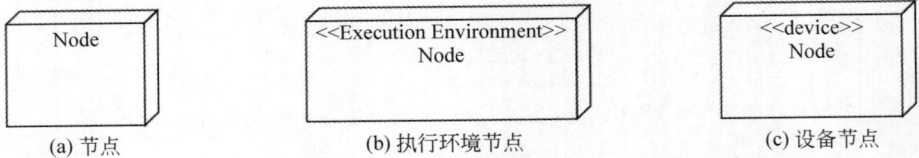

(a) 节点　　　　　　　　　(b) 执行环境节点　　　　　　　　　(c) 设备节点

图 6-50　节点部署

与此同时，部署图中最重要的内容就是将制品部署到节点上。软件开发团队可以直接将制品放入节点对应的立方体，或者通过带<<deploy>>构造型的虚线来连接节点与制品，如图 6-51 所示。

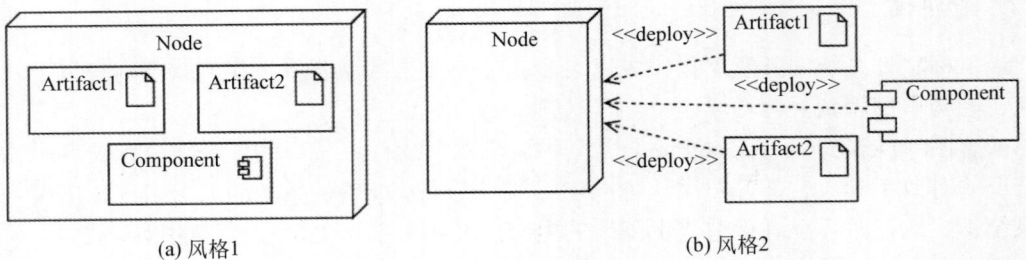

(a) 风格1　　　　　　　　　　　　　　　(b) 风格2

图 6-51　制品部署

3. 通信路径

如果目标软件系统涉及多个节点，为了准确地表达节点之间的通信方式或者协议，软件开发团队可以借助部署图中带<<protocol>>构造型的通信路径来表示软件系统不同部分之间的联系，如图 6-52 所示。

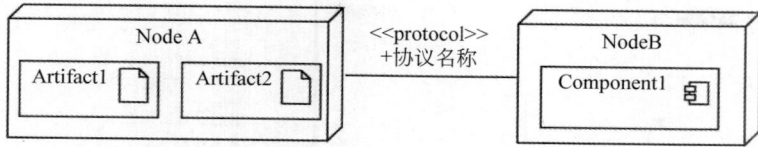

图 6-52　部署图示例

相对于系统体系架构图而言，部署图除了可用于建模目标软件系统的拓扑结构以外，还可以对各个节点的通信方式、制品的部署模式等内容进行建模，能够清楚地表达目标软件系统中各个元素之间的关系。

6.2.10　包图

随着软件系统功能的不断增加，软件系统的设计也变得越来越复杂。为了降低软件设计的复杂度，软件开发团队可以根据目标软件系统涉及的领域知识将目标软件系统的分析、设计拆分为多个子系统或者子领域。

包图（Package Diagram）是 UML 提供的一种对系统静态结构进行建模的工具。软件开发团队可以通过包来组织各个子系统或者子领域的分析与设计，将复杂的模型模块化，降低目标软件系统的分析、设计复杂度。原则上，包图可以包含任何一种 UML 图，实现复杂 UML 图的分解。

包图由包（Package）和关系（Relationship）组成。

1. 包

包可以理解为容器，可以装载任何 UML 元素，如图 6-53 所示。

同时，包图可以通过符号"＋""－"和"#"来设置包中元素的可见性。

（1）符号"＋"表示公共可见性（Public）。具有 Public 属性的元素可以被包外的其他元素访问。

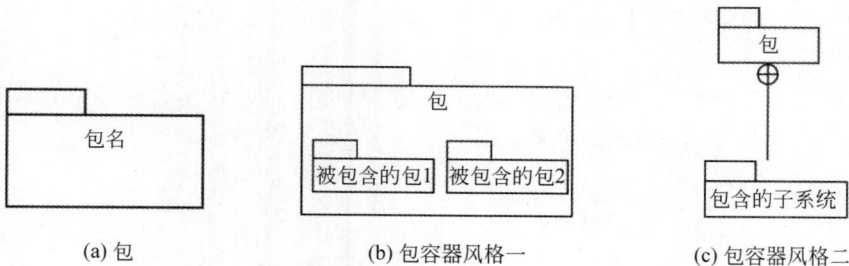

(a) 包　　　　　　　　(b) 包容器风格一　　　　　　　(c) 包容器风格二

图 6-53　包图

（2）符号"－"表示私有可见性（Private）。此类元素不能被包外的其他元素访问，只对包内的元素有效。

（3）符号"#"表示保护可见性（Protected）。属性为 Protected 的元素不能被包外元素访问，但是可以被集成到该包中的子包元素访问，如图 6-54 所示。

2. 关系

在包图中，包和包之间最常见的是依赖关系，使用带箭头的虚线来表示，如图 6-55 所示。根据不同的应用情况，包之间的依赖关系可以分为访问、导入和合并三种形式。

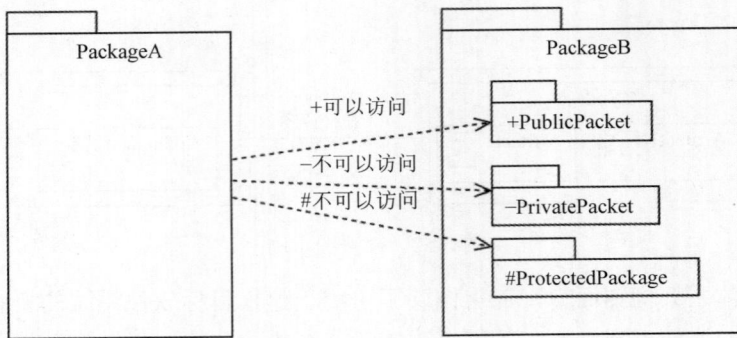

图 6-54　包可见性图例

1）访问

访问是指一个包访问另外一个包中的内容。值得注意的是，被访问包中可见性为公有的内容才可以被外部包访问。访问使用<<access>>构造型标识，如图 6-56 所示。

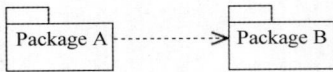

图 6-55　包 A 依赖包 B

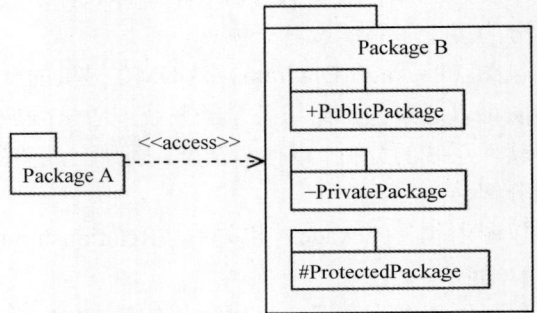

图 6-56　包访问图例

2）导入

导入是指将目标包中的内容导入到源包中。此时，目标包中的内容就是源包的内容。导入使用<<import>>构造型标识，如图 6-57 所示。

3）合并

合并是指将多个目标包中的内容合并到源包。目前，合并暂未有高级语言支持，仅用于软件设计阶段。合并使用<<merge>>构造型标识，如图 6-58 所示。

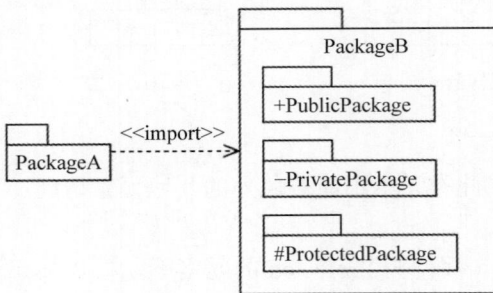

图 6-57　包导入图例

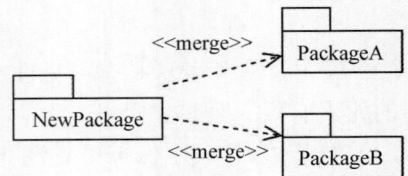

图 6-58　包合并图例

6.3 小　　结

作为面向对象领域的主流建模方法，UML 提供了丰富的图和模型，允许软件开发团队利用图和描述语言在软件开发的不同阶段，从不同的角度对目标软件系统的分析、设计内容进行建模。

用例图可用于描述目标软件系统的运用案例；活动图用于描述用例中的处理细节；类图用于对目标软件系统的架构进行建模；对象图用于对复杂业务的处理过程进行介绍；顺序图和通信图从不同的角度对软件系统如何实现业务流程进行建模；状态图可用于刻画对象在不同情况下的状态变化；而构件图用于建模软件系统中的构件或不同构件之间的依赖关系；部署图可用于建模软件系统的具体实施内容；包图可用于简化模型的分析、设计复杂度，能够对包与包之间的依赖关系进行建模。

与结构化方法以及其他面向对象建模技术不同的是，UML 提供了一整套支持面向对象分析、设计的建模方法，允许软件开发团队通过模型进行无歧义的交流，促进了面向对象方法的发展。

本书将在后续的面向对象分析、面向对象设计等章节中继续使用 UML 2.0 版本来介绍面向对象方法的分析、设计流程，帮助大家进一步了解 UML 的相关知识。

6.4 习　　题

1. 在结构化方法中，软件开发人员可以采用多种方式来建模分析和设计软件系统，这样有什么优缺点？

2. 在软件项目的分析、设计过程中采用相同的建模语言具有什么优点？

3. 为什么 UML 中设置了类图和对象图？能不能没有对象图？

4. 顺序图、通信图在建模对象交互时的差异是什么？

5. 构件图中包含的内容对软件实现有什么作用？

面向对象分析

与结构化程序设计一样,面向对象程序设计的第一步也是对用户的需求进行分析。然而,面向对象分析的重点在于找到用户需求中与客观世界对应的类和对象,通过对象之间的交互来完成用户要求的各种业务功能,建立客观世界的对象模型。

在面向对象分析中,需求分析人员必须对目标软件系统需要完成的内容进行调研,对用户期望使用目标软件系统的案例进行描述和建模。值得注意的是,与结构化分析关注"动词"不同,面向对象分析的核心是识别用户需求中存在的实体以及实体与实体之间的关系和交互,即面向对象分析的重点是需求中的"名词"和各个名词之间的联系。

目前,需求分析人员主要使用 UML 用例图和活动图来建模目标软件系统的使用案例和业务行为;采用类图对用户需求中的实体以及实体之间的关系进行建模;借助顺序图来描述对象之间的交互;使用状态图对系统中各个对象的状态和状态变迁进行记录。

本章将结合一个简单的项目案例,以 UML 中的用例图、活动图、类图、顺序图和状态图为建模工具,向大家概述面向对象的分析方法。

7.1 业务用例分析

面向对象分析的第一步是对用户期望使用目标软件系统的业务用例进行分析,是面向对象软件开发活动的基础。例如,分析用户希望使用目标软件系统来做哪些事情,这些事情是如何被完成的,这些事情之间的关系是什么。

值得注意的是,用例是指用户使用目标软件系统完成特定业务的案例。如果软件开发团队以目标软件系统需要完成的功能来划分业务用例,尽管在表面上可以涵盖用户需求,但是该方式主要从"动作"角度来列举用例,不利于发现功能与功能之间的关系和业务。

在面向对象分析中,需求分析人员可以使用多个用例从不同的角度来描述用户需求。同时,通过对用例进行详细描述,需求分析人员可以更好地从用例对应的内容或主题中发现并抽象出有价值的对象及角色,获取对象之间的交互关系。

在需求分析过程中,用户使用系统的案例可以由用户单方面提供,也可以由需求分析人员配合用户共同完成。此时,需求分析人员必须从用户的角度出发,以便减少软件工程师已有经验对用户需求的影响。

以一个简单的"抓取并分析网络数据包"的软件为例,需求分析人员得到的用例应该是"抓取分析 HTTP 包""抓取分析 FTP 包"等业务使用案例,而不是"抓数据包""保存数据包""数据包显示"等功能划分,如图 7-1 所示。

如果目标软件系统涉及的用例众多,且相对复杂,需求分析人员可以借助业务用例来进一步划分用例图,将用例图分为业务用例图和用例图两层。业务用例属于大的内容主题,而用例图是对相应业务用例的细化。同时,需求分析人员还可以充分利用包含、扩展、依赖和泛化等关系来表示用例与用例之间的关系,对复杂的用例情况进行建模。

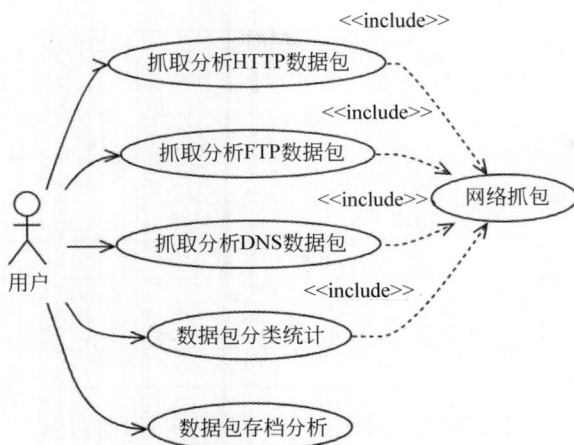

图 7-1　网络抓包分析软件用例图

7.2　业务用例描述

为了详细描述目标软件系统的需求内容，需求分析人员必须对每一个用例进行详细说明，便于后期软件开发工作的开展。在绘制用例图时，需求分析人员可以同步对用例的内容进行描述。

作为一门可视化的建模工具，UML 允许软件开发团队除了结合需要绘制各种图以外，还可以结合文字对图中的元素进行详细说明。然而，UML 标准中仅对图元素的绘制规则进行了约定，并未对如何描述图元素以及采用什么格式来描述图元素进行说明。

在需求分析过程中，统一、规范的用例描述方式和内容格式可以极大地提高用例描述的准确度，有效指导软件开发团队开展相关工作。通常而言，用例描述需要包含用例的名称、执行优先级、前置条件、结束情况、异常情况等内容。除此以外，由于用例仅给出了目标软件系统应该做什么和怎么做，仅对目标软件系统的功能性需求进行了说明，因此，需求分析人员还应当对用例进行同步分析，补充用例涉及的非功能性需求。

表 7-1 给出了"抓取分析 HTTP 数据包"用例的详细描述内容。

表 7-1　用例描述标准表

编号	1	名称	抓取分析 HTTP 数据包
执行者	用户	优先级	高□　中■　低□
创建者	张三	创建时间	×××× 年 ×× 月 ×× 日
前置条件	计算机安装网卡设备，并且连入计算机网络，可以访问 Web 网站		
描述	用户在一台能够访问计算机网络的计算机上运行网络抓包分析软件。当用户打开软件界面以后，软件系统将通过弹框向用户提示当前系统可以使用的多块网卡。为了标识各块网卡，网卡信息采用网卡制造公司名称、网卡版本等信息表示（可以参考 Windows 标识计算机网卡的方式来命名网卡）。用户选择了特定的网卡以后，单击红色"开始"按钮，软件系统开始抓包进程。此时，用户在当前计算机中运行浏览器程序，并通过网络浏览器访问某一个互联网网站。在访问网站期间，通信链路上将产生网络流量。网络抓包软件捕获运行浏览器期间产生的网络数据包。由于浏览网页主要使用 HTTP 协议，网络抓包软件将捕获网页访问过程中本机访问服务器的 HTTP 协议包和服务器发给客户端的 HTTP 包。网络抓包软件捕获数据包以后，用户可以双击选择任意一个数据包进行协议分析。此时，网络抓包软		

描述	件将通过多个窗口来显示网络数据包的内容。在 IP 层内容窗口显示该数据包 IP 层的相关信息，TCP 层内容窗口显示该数据包的 TCP 层相关信息，且 HTTP 层内容窗口显示该数据包的 HTTP 层相关信息。在显示各层信息时，抓包软件采用树形结构分拆数据包的各个字段。当鼠标移动到特定的字段信息上，窗口弹出提示框来显示该字段的实际含义，便于用户理解
结束状况	用户单击"停止抓包"按钮
异常说明	如果网络中断，或者网卡失效，则无法抓包
非功能性需求	捕获的所有数据包放在一个列表中进行显示。用户单击数据包以后，软件将根据数据包的类型来显示对应数据包不同层次的内容。当鼠标选中特定字段时，该字段内容变为黄色
参考用例	略

在描述用例内容时，需求分析人员除了需要对主用例进行描述以外，所有被包含、扩展、依赖、泛化的用例也需要进行详细说明，争取不遗漏用户需求的任何细节内容。同时，需求分析人员在描述业务案例时应尽量使用统一的标识或者名称来命名有价值的实体和对象，对实体之间的关系进行精确描述。

7.3 活 动 建 模

当目标软件系统的用例图和用例描述完成以后，面向对象分析的第一阶段工作就完成了。然而，由于文字描述可能存在一定的歧义和疑问，需求分析人员必须进一步对用例描述进行分析，对用例涉及的活动以及用例涉及对象的状态进行建模。

结合第 6 章的相关内容，可以发现，需求分析人员可以使用活动图对用例中包含的业务活动进行分析，对用例涉及的业务活动流程进行建模描述。在 UML1.x 版本中，活动图中包含了活动和状态，但是，进入到 UML 2.x 版以后，活动图的内容发生了改变。此时，活动图主要用于对业务用例涉及的各种活动以及活动的流程进行建模，即活动图从用户操作目标软件系统的行为方面进行建模，并对操作过程中出现的各种情况进行描述。

在分析用例涉及的业务活动时，需求分析人员必须仔细分析用例包含的内容，将用例涉及的所有活动转换为活动图中的处理路径。需求分析人员通过跟踪业务活动图中的各个流程，分析并记录各个流程的执行过程，直到各个流程到达终点"结束状态"。

除了对业务活动的顺序进行建模以外，需求分析人员还应当使用详细的语言来描述业务的处理过程。此时，需求分析人员可以通过文字或者其他约定的活动描述方式对每个活动的输入信息、处理过程和输出结果进行描述。当然，需求分析人员也可以参考结构化方法中的"IPO 表＋数据字典"形式对各个活动的输入、输出信息内容以及内容格式进行准确描述。

在对业务活动进行建模时，需求分析人员可以充分利用活动图中的决策、合并、分岔和汇合等元素来描述复杂的业务流程，对业务活动中的业务分支、业务合并、多业务并发以及多业务汇合等情景进行精确建模。

与此同时，在对业务活动建模之前，需求分析人员首先需要对用例描述中涉及的名词进行整理，将冗余的名词进行合并。如果目标软件系统涉及多种对象或者复杂环境，需求分析人员可以借助"泳道"对业务流程中的活动、决策进行划分，找到各个业务活动、决策的责任对象。

同样，以上述网络抓包分析软件为例，"抓取分析 HTTP 数据包"用例中可能存在如图 7-2 所示的活动图。

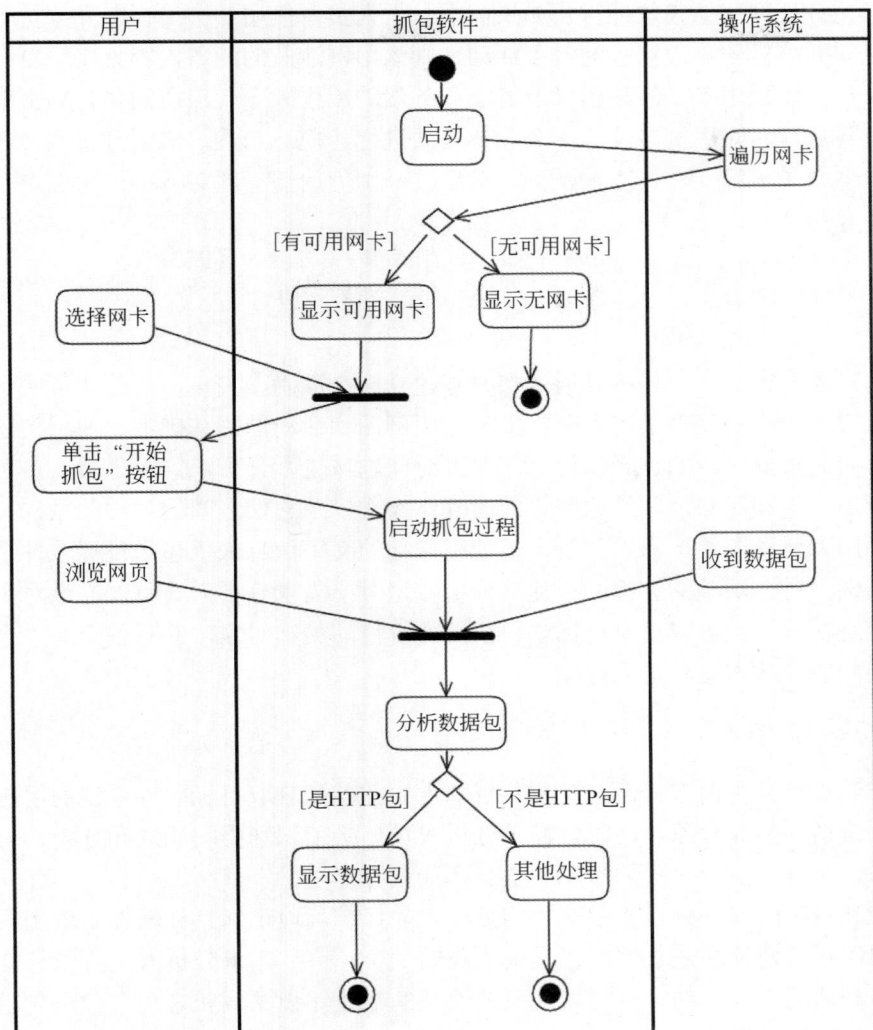

图 7-2 抓取分析 HTTP 包活动图

此时，用例包含的各项业务活动被转换为具体的活动图，对业务活动的具体流程进行了精确建模。

除此以外，需求分析人员还可以利用文字对各项活动的内容进行描述。例如，需求分析人员对"选择网卡"活动的描述可能如下：

用户在弹出的"选择网卡"对话框中查看所有可以得到的计算机网卡，然后用鼠标左键在列表中选择一块网卡，单击"确定"按钮进行网卡选择。

同时，对"启动抓包过程"的描述可能如下。

系统启动后台业务处理过程，将经过指定网卡的数据包封装为指定格式，然后提交给系统后台控制流程。数据包的指定格式见附件等。

通常情况下，如果目标软件系统的用例划分粒度较小，则每个用例仅需一个活动图即可描述该用例涉及的所有业务活动；当然，如果用例的划分粒度较大，需求分析人员可以根据实际需要对用例涉及的内容进行再次划分，或者通过多个活动图来描述用例涉及的所有业务活动，对用例包含的活动内容进行详细描述。

面向对象分析

例如，在分析网络抓包软件时，如果需求分析人员直接用一个"抓取并分析数据包"用例来包含抓取并分析各种数据包的业务活动，则该用例涉及的业务内容就比较复杂。此时，需求分析人员可以采用多个活动图以及多个业务活动流程来分析该用例包含的抓取分析各种数据包的业务流程，对用例涉及的各个业务活动进行建模。当然，需求分析人员也可以将该用例划分为多个子用例（如本案例所示），然后再分别使用活动图对各个子用例涉及的抓包分析活动进行建模。

7.4 分 析 模 型

在面向对象分析阶段，任务开展的核心是建立一个准确、完整、一致和可验证的系统模型，即分析模型。分析模型是需求分析人员在用例图和活动图的基础上，使用类图、顺序图和状态图对面向对象分析的进一步提炼。通过对问题域进行分析，需求分析人员可以找出描述问题域所需的类和对象，定义这些类的属性、操作以及它们之间的各种关系。

在用例图和活动图中，需求分析人员使用详细的文字信息来描述了目标软件系统涉及的用例以及用例中各个活动的流程。在建立分析模型时，需求分析人员可以通过对用例及活动的描述内容进行分析，提取出对目标软件系统有价值的类和对象，并对各个对象之间的交互以及对象的状态、状态变迁进行建模。

7.4.1 对象建模

相对于结构化分析而言，面向对象分析的主要任务是获取目标软件系统的用例，从用例中抽取出有价值的类和对象。同时，需求分析人员还必须识别类的属性和行为，对各个对象之间的关系、交互，以及对象的状态和状态变迁进行建模。

由于类和对象是对现实世界中实体的抽象，如何准确地识别目标软件系统涵盖的类和对象也成为面向对象建模中最关键，也是最困难的一个环节。需求分析人员可以依据前期撰写的用例描述和活动描述，结合目标软件系统涉及的专业知识领域和客观常识，对用户需求中有价值的内容进行提取。

在面向对象分析中，对象模型是一种用于描述"类和对象"以及它们之间关系的模型。通过对象模型，软件开发团队可以对目标软件系统的静态结构进行建模。通常而言，对象模型主要使用 UML 中的类图来表示。

通常，需求分析人员通过以下三个步骤来构建目标软件系统的对象模型。

1. 寻找类候选者

面向对象技术主要是利用类和对象来抽象客观世界。通常而言，客观世界中可以被抽象为类的内容包括可以感知的物理实体（例如，汽车、计算机等）、人或组织的角色（例如，学生、公司等）、应该记忆的事件（例如，考试、处理等）、对象之间的相互作用（例如，竞价、选择等）以及需要说明的概念等。

在面向对象分析过程中，需求分析人员可以重点分析需求描述中存在的"名词"和"名词短语"，并将这些内容作为类的候选者。

这里仍然以网络抓包分析软件中的"抓取分析 HTTP 数据包"用例为例，寻找该用例中存在的类候选者（为了简单，本部分仅对用例描述进行分析，活动图中的描述内容暂时忽略）。

用户在一台能够访问计算机网络的计算机上运行网络抓包分析软件。软件界面由抓包列表窗口、"开始"按钮以及多个信息窗口组成。当用户打开软件界面以后，软件将通过网卡列表弹框向用户提示当前系统可以使用的多块网卡。为了便于软件标识各块网卡，网卡信息采用网卡制造公司名称、网卡版本等信息表示（可以参考 Windows 标识计算机网卡的方式来命名网卡）。用户选择了特定的网卡以后，单击软件界面上的红色"开始"按钮，系统开始抓包进程。此时，用户在当前计算机中运行浏览器程序，并通过网络浏览器访问某一个互联网网站。在访问网站期间，通信链路上将产生网络流量。网络抓包软件捕获运行浏览器期间产生的网络数据包。由于浏览网页主要使用 HTTP 协议，因此网络抓包软件将捕获网页访问过程中本机访问服务器的 HTTP 协议包和服务器发给客户端的 HTTP 包。网络抓包软件捕获数据包以后，用户可以通过双击操作选择任意一个数据包进行协议分析。此时，网络抓包软件将通过多个窗口来显示网络数据包的内容。在软件的 IP 层内容窗口显示该数据包 IP 层的相关信息。在软件的 TCP 层内容窗口显示该数据包的 TCP 层相关信息，且在软件的 HTTP 层内容窗口显示该数据包的 HTTP 层相关信息。在显示各层信息时，采用窗口的树形结构分拆数据包的各个字段。当鼠标移动到特定的字段信息后，在软件的窗口弹出字段提示框来显示该字段的实际含义，便于用户理解。

　　通过扫描用例的描述内容，需求分析人员可以得到该用例涉及的名词如下。

　　用户、计算机网络、计算机、网络抓包分析软件、软件界面、网卡列表弹框、抓包列表窗口、系统、弹框、网卡、网卡信息、公司、名称、网卡版本、Windows、"开始"按钮、进程、浏览器、程序、互联网网站、通信链路、网络流量、网络数据包、HTTP、协议、网页、服务器、客户端、网络抓包软件、数据包、双击操作、窗口、内容、IP 层内容窗口、TCP 层内容窗口、HTTP 层内容窗口、信息、树形结构、字段、鼠标、字段提示框、含义

　　同时，需求分析人员可以根据相关的领域知识来补充可能遗漏的名词，例如网线、交换机、路由器等。

　　然而，并非所有用例描述中出现的名词都应该成为目标软件系统类的候选者。需求分析人员必须对用例描述中的下列情况进行特殊考虑。

　　1）冗余的名词

　　在需求调研中，单个用户或者多个用户可能对同一个事物产生多种表述，导致用例描述中可能存在冗余的名词。此时，需求分析人员必须对用例描述和活动描述进行仔细分析，对冗余的名词进行合并。例如，网络抓包分析软件、网络抓包软件可以合并为网络抓包软件，Windows、系统可以合并为系统，提示框和弹框可以合并为提示框等。

　　2）与系统无关的名词

　　为了准确地描述用例内容，前期的用例描述中可能存在大量与目标软件系统无关的名词。在选择类的候选者时，需求分析人员必须仔细分析用户需求，排除用例描述和活动描述中与目标软件系统无关的名词。例如，计算机网络、计算机、公司、名称、进程、浏览器、程序、互联网网站、网页、服务器、客户端、鼠标、含义等。

　　3）笼统的名词

　　同样，用例描述中也可能存在一些意义上比较广泛、笼统的名词。此时，需求分析人员必须对该部分名词进行淘汰或清晰化。例如，程序、系统、字段、含义、网线、交换机、路由器等。

面向对象分析

4）属于属性的名词

在描述事物时，用例描述中可能出现名词短语以及名词是对象属性的情况。此时，需求分析人员应当识别这些名词，将这些名词划分为类的属性，而不是作为单个类存在。例如，树形结构、"开始"按钮、网卡版本、网卡信息等。

5）属于操作的名词

如果用例描述中存在使用名词来表示操作的情况，需求分析人员应该把这些名词从类的候选者列表中去掉，将其作为类的行为候选者。例如双击操作等。

6）与实现相关的名词

在分析类的候选者时，需求分析人员需要结合用户需求，剔除与系统实现相关的名词内容。实现方式相关的内容可以由软件设计人员根据需要自行加入。例如，窗口、通信链路、网络流量等。

去除上述不需要的名词或名词短语以后，需求分析人员可以得到本用例中可能涉及的名词有用户、软件界面、系统、网卡列表弹框、网卡、"开始"按钮、网络数据包、HTTP、协议、网络抓包软件、抓包列表窗口、IP 层内容窗口、TCP 层内容窗口、HTTP 层内容窗口、字段提示框。

2. 厘清类之间的关系

在客观世界、用例描述和活动描述中，事物之间往往存在着一定的联系。需求分析人员可以通过分析需求描述中"动词"对应的动作发出者和动作承受者来获得对象之间的关系。当然，除了动词以外，如果需求描述中出现了"包含……"，"由……组成"等关键词，需求分析人员则可以认为对象之间出现了"聚合"或"组合"关系。

同样以网络抓包分析软件中的"抓取分析 HTTP 数据包"用例为例，需求分析人员可以对该用例描述中的动词和其他关键词标记如下。

用户在一台能够访问计算机网络的计算机上运行网络抓包分析软件。软件界面由抓包列表窗口、"开始"按钮以及多个信息窗口组成。当用户打开软件界面以后，软件将通过弹框向用户提示当前系统可以使用的多块网卡。为了便于软件标识各块网卡，网卡信息采用网卡制造公司名称、网卡版本等信息表示（可以参考 Windows 标识计算机网卡的方式来命名网卡）。用户选择了特定的网卡以后，单击软件界面上的红色"开始"按钮，系统开始抓包进程。此时，用户在当前计算机中运行浏览器程序，并通过网络浏览器访问某一个互联网网站。在访问网站期间，通信链路上将产生网络流量。网络抓包软件捕获运行浏览器期间产生的网络数据包。由于浏览网页主要使用 HTTP 协议，因此网络抓包软件将捕获网页访问过程中本机访问服务器的 HTTP 协议和服务器发给客户端的 HTTP 包。网络抓包软件捕获数据包以后，用户可以通过双击操作选择任意一个数据包进行协议分析。此时，网络抓包软件将通过多个窗口来显示网络数据包的内容。在软件的 IP 层内容窗口显示该数据包 IP 层的相关信息。在软件的 TCP 层内容窗口显示该数据包的 TCP 层相关信息，且在软件的 HTTP 层内容窗口显示该数据包的 HTTP 层相关信息。在显示各层信息时，采用窗口的树形结构分拆数据包的各个字段。当鼠标移动到特定的字段信息后，在软件的窗口弹出提示框来显示该字段的实际含义，便于用户理解。

在分析对象之间的关系时，需求分析人员需要排除那些与系统无关的动词，即只分析用例涉及的名词之间的关系。通过整理，需求分析人员可以得到以下对象之间的关系。

用户使用软件；

软件有软件界面;

软件显示多个网卡;

软件界面包括"开始"按钮;

软件捕获多个网络数据包;

软件界面包括网卡列表弹框、抓包列表窗口、IP 层内容窗口、TCP 层内容窗口、HTTP 层内容窗口和字段提示框;

HTTP 是一种网络协议;HTTP 包是一种网络数据包等。

如果用例描述中出现"是一种""有以下……情况"等关键词,则可以认为类与类之间可能存在派生关系。同样,需求分析人员可以针对一般情况和特殊情况进行分析,找出目标软件系统中的父类和派生类。例如,本案例中的 IP 层内容窗口、TCP 层内容窗口、HTTP 层内容窗口可以抽象出一个公共的内容窗口父类。

当然,除了根据需求描述来确定继承、组合和聚合关系以外,需求分析人员还可以自顶向下地将已有的类候选者细化为更具体的子类以及识别类之间的组合、聚合关系。

同时,在分析对象之间的关系时,如果某句需求描述涉及三个或者三个以上的对象,则需求分析人员就必须将该描述内容进行分解,确保每一句话中最多只包含两个对象,降低对象之间关系的复杂度。例如,用例描述中的"软件分析网络中传输的数据包"可以分解为"网络传输数据包"和"软件分析数据包"两句描述。

通过分析用例描述和活动描述中的相关内容,需求分析人员可以得到目标软件系统中各个类或对象之间的关系。同时,需求分析人员可以借助 UML 类图来建模类与类之间的关系。可以得到,抓取分析 HTTP 数据包用例对应的类候选者关系如图 7-3 所示。

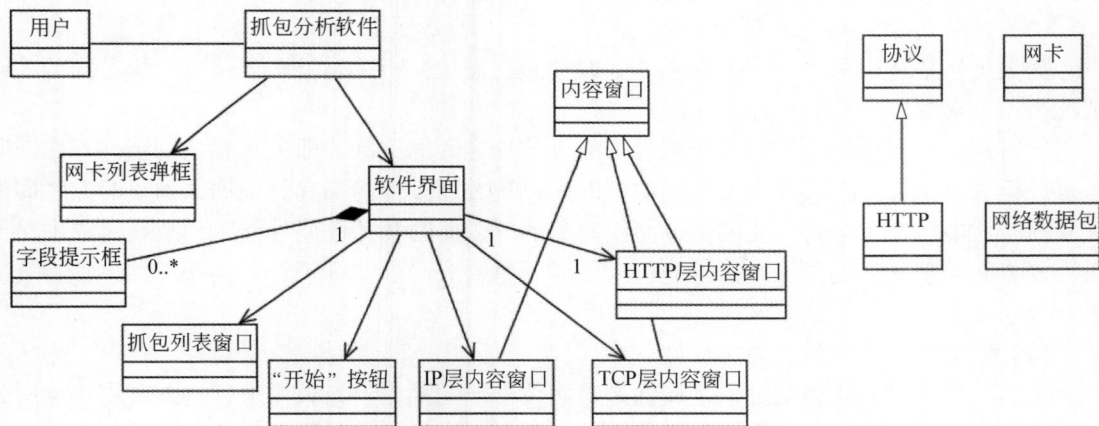

图 7-3　类和对象关系分析

3. 寻找类属性

在面向对象方法中,类和对象是对现实世界中实体的抽象,包含了属性和方法两个部分。其中,类属性是对实体各种内在性质的抽象描述。

通常而言,需求分析人员可以通过以下两个步骤来确定类的属性。

1)属性分析

在面向对象分析过程中,需求分析人员可以通过识别用例描述和活动描述中与类候选者相关的"形容词""名词词组""定语"等关键内容来获取类的属性候选。例如,用例描述中

面向对象分析

的"红色'开始'按钮"，表明需要为按钮定义一个颜色属性。

除此以外，需求分析人员也需要尽可能地去了解类候选者的相关定义和内容，为类候选者补充相关属性。例如，在 HTTP 类、IP 层内容窗口、TCP 层内容窗口、HTTP 层内容窗口中，需求分析人员可以根据领域知识补充对应的属性字段。同样，网卡类中的属性字段也可以根据相关领域知识进行补充。

值得注意的是，类的属性与特定的问题域有关。在分析类属性时，需求分析人员仅需关注实体中与本项目相关的属性，忽略其他与项目无关的内容。同时，需求分析人员应当首先确定类中最重要的属性，然后再根据对项目内容的理解，逐步增加其他属性。

2）属性选择

当类的所有属性候选者出现以后，需求分析人员需要认真分析这些确定的属性，去除不正确或者非必需的属性。

通常，需求分析人员可以根据以下原则来优化属性选择。

（1）剔除重复的属性。

如果类的多个属性候选者仅仅是名称不同，但是代表的实质意义是一致的，冗余的属性将给对象模型造成不必要的麻烦。在分析类的属性候选者时，需求分析人员必须仔细甄别类的各个属性候选者，根据需求内容来剔除重复的信息。

（2）区分对象和属性。

在需求描述中，名词有可能是类的候选者，也有可能是类的属性候选者。此时，需求分析人员就必须根据名词所在的环境来决定该名词的实际意义。例如，班级是学生信息中的一个属性；而在教务系统中，班级却是一个独立的对象。需求分析人员需要考虑名词在目标软件系统中的存在价值，然后再决定将该名词设为一个独立的类或者类的属性。

（3）结合对象之间的关系来优化属性。

如果用例描述中的多个对象存在着关联关系，需求分析人员就必须结合对象之间的关联情况来设置对象的关联属性。

同时，如果用例描述中的某个属性依赖于对象之间的关联，即关联存在则属性存在，则需求分析人员需要结合关联对象之间的情况来设置关联属性的归属。例如，如果对象之间的关系为一对多，需求分析人员就需要将主对象的标识属性和关联属性加入到从属对象中；如果对象之间为多对多的关系，需求分析人员必须将关联对象的标识符和关联属性单独封装成为一个独立的类。

（4）避免将类状态设置为类属性。

类是对现实世界实体的抽象，属性是对实体性质的抽象。如果需求分析人员将对象所处的系统状态设置为类属性，则降低了类的内聚程度。类只封装与项目相关的属性。

（5）避免过于细化属性。

在划分类属性时，需求分析人员应当忽略对目标软件系统没有影响的属性划分，降低类的复杂程度。例如，避免将姓名划分为姓和名两个属性，避免将金额划分为元、角、分三个属性等。

属性建模完成以后，需求分析人员可以利用完成的对象及对象属性来建模现实生活中的实体，测试得到的类和类属性是否可以准确地表达目标实体的相关信息。

7.4.2　交互建模

对象模型建立以后，需求分析人员就可以结合用例图、活动图和对象模型来分析对象之间的交互，对各个对象的行为进行建模。

为了准确地建模对象的交互过程，需求分析人员可以结合对象模型中的类和活动图来编写一系列脚本，通过脚本描述系统对象为了完成特定的业务逻辑所进行的交互。可以看到，编写脚本的目的在于确定事件以及确保识别的类能够实现业务功能中的重要交互，有助于通过清晰的流程来保证整个交互过程的正确性。

脚本起始于系统外部的输入事件，结束于系统外部的输出事件，且包含业务发生期间系统所有的内部事件。事件包括软件系统内部的所有交互信息以及软件系统与外部设备的交互内容等；需求分析人员除了需要分析正常事件，还需要对异常事件进行分析。

在面向对象分析过程中，需求分析人员可以借助 UML 顺序图来描述对象之间的交互，将业务动作关联到特定的类或者对象上，通过对象交互来完成目标软件系统的业务逻辑。值得注意的是，在绘制顺序图时，顺序图中的用户、对象均来自于用例图和对象模型，且顺序图严格按照活动图中的内容来设计业务交互过程。例如，抓取分析 HTTP 数据包用例中无可用网卡的对象交互过程可能如图 7-4 所示。

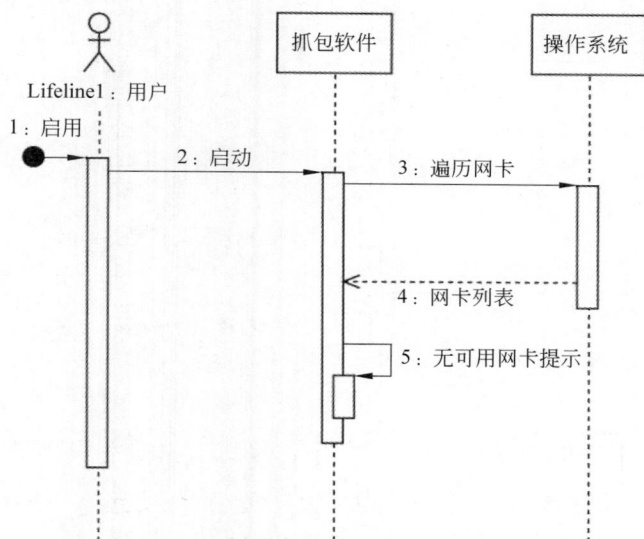

图 7-4　无可用网卡交互过程

当用例中的活动流程涉及多个决策分支时，顺序图的复杂度将急剧增加。此时，需求分析人员可以利用交互框或者借助多个顺序图来表达活动图中的每一个决策分支，对活动分支的内容进行详细描述。例如，抓取分析 HTTP 数据包用例中的部分对象交互如图 7-5 所示。图中采用 alt 交互框对系统对象处理不同数据包的交互过程进行建模。

除了绘制顺序图以外，需求分析人员还需要对顺序图中的事件、对象对事件的响应以及复杂的交互情况进行文字描述，便于后期软件设计工作的开展。

由于顺序图可以清晰地建模对象之间的交互过程，采用顺序图对用例涉及的业务活动进行建模有利于需求分析人员确定参与业务逻辑的对象，厘清对象之间的交互过程，对交互过程中的所有事件进行准确定义。通过顺序图，需求分析人员可以准确地对各个对象的行为进行建模，为将来对象的行为分析提供帮助。

面向对象分析

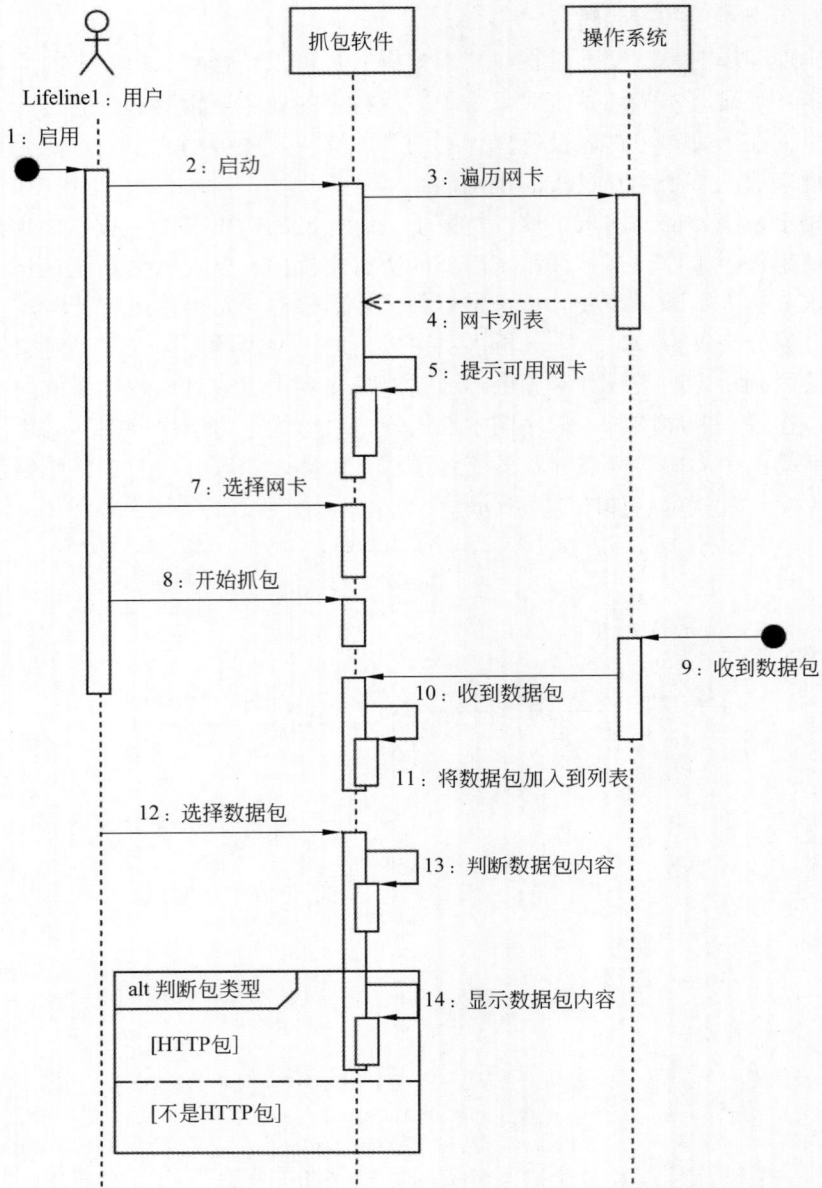

图 7-5　成功抓取并分析 HTTP 数据包

7.4.3　状态建模

在面向对象分析中，需求分析人员除了分析目标软件系统涉及的类和对象以外，还必须对系统的状态以及对象的状态进行建模。

通常而言，系统状态是指软件系统的不同运行阶段；而对象的状态是指对象的属性取不同的值。由于系统或者对象在不同状态下的行为规则可能有所不同，需求分析人员可以将系统或者对象的一个或者多个属性定义为状态，通过状态图来建模系统或者对象的所有状态以及引起状态发生变迁的事件。

在对系统状态进行建模时，需求分析人员需要分析目标软件系统的不同运行阶段，对软件系统的状态进行识别、建模。图 7-6 给出了抓包软件的一般系统状态图。

图 7-6　抓包软件系统的状态图

　　如果具体到特定的用例，需求分析人员就必须对用例涉及对象的状态进行分析，即对各个对象的一个或者多个属性值的变化过程进行建模。在面向对象方法中，对象在不同状态下可能呈现出不同的行为方式，因此，需求分析人员必须对用例涉及对象的状态进行分析、建模，才能正确地认识对象的行为，为定义对象的服务提供依据。

　　在分析对象状态时，需求分析人员可以借助顺序图中对象的生命线信息来获取对象的状态，将对象生命线上两个事件之间的空隙设为一个状态候选者。例如，由图 7-5 所示的顺序图，抓包软件类的状态图可能如图 7-7 所示。

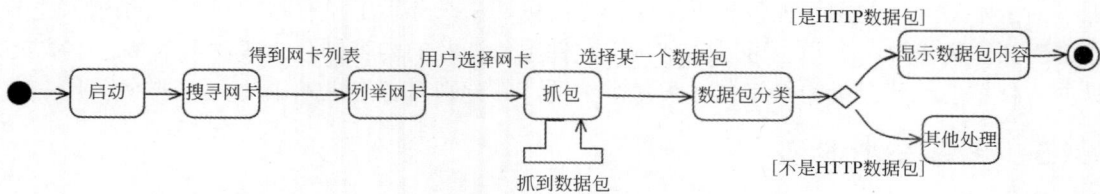

图 7-7　抓包软件类的状态图

　　当目标软件系统中的某个类参与了多个业务活动时，需求分析人员可以分别绘制该类对象在不同业务活动中的状态图，然后再将该类涉及的多个状态图进行合并。同时，如果参与系统行为的角色或者对象超过一个，需求分析人员可以采用多个状态图对多个不同对象的状态进行建模，分别描述各个对象的状态及状态变迁。

　　状态建模完成以后，需求分析人员可以按照目标软件系统的业务逻辑来遍历得到的系统状态和对象状态，检验得到的状态描述和状态变迁是否正确以及是否与预期结果保持一致。

7.4.4　划分内容主题

　　如果目标软件系统涉及的范围较广，软件系统的某一个用例或者部分用例中就可能出现大量的类候选者。面对大量的类候选者以及错综复杂的类关系，软件需求分析的复杂度将急剧增加。

　　与结构化方法不同，面向对象方法是对客观世界的抽象和建模。如果需求分析人员按照业务功能来划分用例，可能会导致某些类涉及的内容被划分到多个用例或者软件模块中。为了降低目标软件系统的分析和设计复杂度，需求分析人员可以结合目标软件系统涉及的内容主题来划分项目涉及的内容，将大的软件范围划分为多个较为简单、容易理解、易于解决、独立的内容范围。

　　在现实世界中，主题是针对某一类事情或者事物的聚合；而在面向对象方法中，主题是指一组具有较强联系的类或对象组成的集合。可以认为，一个主题内部的多个类或对象具有某种意义上的内在联系。在 UML 中，主题可以采用业务用例来表示。

　　目前，面向对象方法中划分主题的方式主要有自底向上划分和自顶向下划分两种。

面向对象分析

1. 自底向上划分主题

需求分析人员首先从用户需求中得到目标软件系统包含的类候选者，然后再将关系密切的类候选者组织为一个主题。自底向上划分主题方式适合于对小型或者中型软件系统的分析工作。

2. 自顶向下划分主题

针对大型软件系统，需求分析人员可以先确定目标软件系统涵盖的内容主题，然后再对每个主题涉及的内容进行细致分析，分别获取各个主题中包含的类候选者。最后，需求分析人员再将所有主题涵盖的内容合并为大型软件系统的分析内容。

根据目标软件系统强调的内容重点不同，或者针对需求分析人员对目标软件系统涵盖范围的理解不同，不同需求分析人员可能会对目标软件系统进行不同的主题划分。在为目标软件系统划分主题或者子领域时，需求分析人员唯一需要遵守的原则就是"使处于不同主题内的对象之间的相互依赖和交互最少"。

由于本章介绍的网络抓包分析软件较为简单，需求分析中没有将项目涵盖的内容划分主题。当然，需求分析人员也可以强制将该软件项目涉及的内容划分为获取网卡信息、捕获数据包、数据包统计分析和数据包存档 4 个主题，并分别对各个主题中的内容进行分析。

7.4.5 完善分析模型

面向对象分析的主要工作是对用户需求进行分析、建模，提取出目标软件系统中有价值的类、类关系以及对象之间的交互过程，将用户的需求准确地表达成为软件设计人员可以无歧义理解的分析模型，为面向对象设计提供依据。

当分析模型中的类以及类的属性、方法、关系建模完成以后，需求分析人员可以结合用例描述和活动描述对完成的分析模型进行反复审查，降低由于需求获取不准确、不充分带来的模型缺陷。同时，在对分析模型进行完善时，需求分析人员也可以结合领域知识来补充需求分析内容，例如在抓包分析软件的分析模型中增加捕获网络数据包的抓包管理类。

如果分析模型中某个类的功能相对复杂，或者说该类的功能或者属性包含了多个相对独立的内容，需求分析人员可以结合实际情况将该类进行分解，用多个功能相对独立的类来替代原有的复杂类。例如，抓包分析软件类可以分解为软件管理后台、抓包业务管理和展示管理三个部分。

此外，如果分析模型中存在一些对解决问题无实际意义的类，需求分析人员可以考虑将这些类进行合并或者删除。例如，删除抓包分析软件分析模型中的协议类、HTTP 类。

优化后的网络抓包分析软件分析模型如图 7-8 所示。

在优化后的分析模型中，抓包分析软件类中分离出了抓包业务管理类。抓包分析软件类主要用于维护抓包软件的状态和运行逻辑，而抓包业务管理类则负责具体的抓包业务操作；IP 层内容窗口、TCP 层内容窗口和 HTTP 层内容窗口抽象出了内容窗口类，且共同使用字段树型结构类；同时，为了便于管理众多的内容展示窗口，需求分析人员将展示管理功能从软件界面类中独立出来，允许目标软件系统根据需要来管理不同的窗口或对话框。

在需求分析过程中，需求分析人员可以通过多次迭代来优化目标软件系统的分析模型，使用渐增方式来补充分析模型中的内容。同时，需求分析人员可以结合面向对象方法的设计原则和相关经验来优化分析模型，不断提高分析模型中各个类的内聚程度，降低类之间的耦合。在迭代过程中，分析模型的每次迭代都是在上次迭代的基础上对得到的模型进行完善，不断提高面向对象分析的质量。

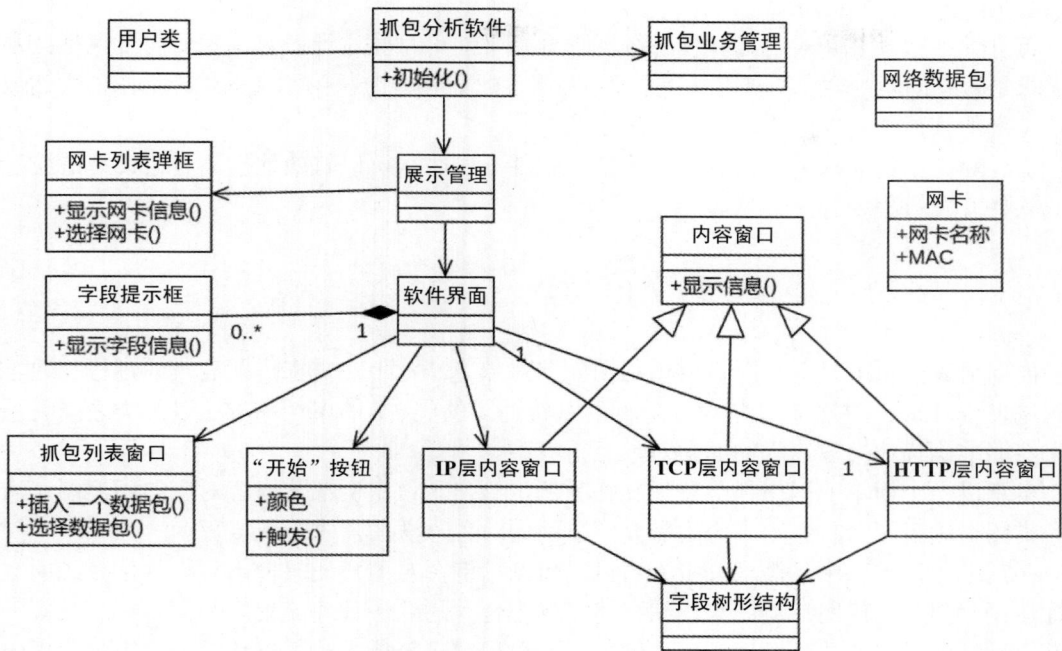

图 7-8　抓包分析软件优化后的分析模型

7.5　面向对象分析评审

需求分析完成以后，软件开发团队必须组织需求分析人员、软件设计人员和用户对得到的分析模型进行正式审核，确保分析模型的正确性、完整性、一致性和可行性满足项目要求。

1. 正确性评审

正确性评审主要评估分析模型描述用户需求内容的准确程度。其内容主要包括：类候选者是否与用户提出的概念相对应？用户是否可以理解类候选者的术语表？需求描述是否与用户的定义一致？分析模型是否正确地描述了系统中定义的功能？分析模型能否描述用户需求中所有的业务处理流程（包括处理异常在内）？分析模型是否准确地表达了需求中的每个动作？分析模型能否对系统的状态进行准确建模？

2. 完整性评审

完整性评审用于评估分析模型内容相对于用户需求的完整程度。其内容主要包括：用例需求是否完整？分析模型是否描述了系统中定义的所有功能？分析模型中的类是否涵盖了用户需求中所有必需的概念？类候选者的属性是否恰当、完整？类的属性是如何设置的？属性的性质是什么？属性有没有限定词？类之间的关系是否恰当？类关系中设定的重数是否合理？类中提供的方法是否合理？

3. 一致性评审

一致性评审主要判别需求分析中定义的内容是否与用户需求中描述的内容相一致。其主要内容包括：类和用例是否存在重名？是否有相同名字的实体表示相同的现象？类的属性和方法是否有重复？实体是否采用统一的方式进行描述？分析模型中是否存在歧义？

4. 可行性评审

可行性评审主要是对目标软件系统需求分析中的可行性进行评审。主要内容包括：定义的需求是否有创新内容，且创新内容是否可以被实现？需求分析中定义的性能需求能否达成？用户定义的其他非功能性需求能否被满足？

通过对完成的需求分析内容进行评审，软件开发团队可以有效地提高分析模型的质量，降低软件开发过程中存在的风险。

7.6 小　　结

面向对象分析就是需求分析人员运用面向对象方法对用户需求进行建模的过程。通过对问题域进行分析、建模，寻找描述问题域及系统功能的类、类的属性和方法以及类之间关系，建立能够准确描述用户需求的面向对象分析模型。

本章以一个简单的网络抓包分析软件为例，给出了该案例部分内容对应的用例图、活动图、类图、顺序图、状态图，为大家介绍了面向对象方法的需求分析过程。

在需求分析过程中，需求分析人员可以借助用例图对用户期望使用目标软件系统的案例进行建模；同时，借助活动图来详细描述用例中包含的业务处理流程。

由于面向对象方法是对现实世界的直观抽象，需求分析人员可以从前期的需求分析中提取出分析模型。分析模型的构建过程分为寻找类候选者、厘清类之间的关系、探寻类的属性、寻找类的方法、划分系统主题和分析模型审查 6 个部分。

需求分析人员可以通过分析用例描述和活动描述中的"名词"和"名词短语"来得到目标软件系统的类候选者；分析用例描述及活动描述中的"形容词""名词短语"等内容来得到类的属性候选者；分析"动词"得到类的行为以及类之间的关系。在提取了有价值的类和对象以后，需求分析人员可以使用类图来建模类以及类与类之间的关系；使用顺序图来建模对象之间的交互过程；使用状态图对各个对象以及系统的状态或状态变迁进行建模。

同时，为了降低目标软件系统的分析复杂度，需求分析人员可以根据目标问题域涉及的主题来划分用户需求内容，将目标软件系统涵盖的内容分为多个较为简单、容易理解，且易于解决的独立部分，并对各个部分进行分析、建模。最后，软件开发团队需要组织用户、软件设计人员和需求分析人员对完成的分析模型进行审查，确保得到的分析模型在正确性、完整性、一致性和可行性方面满足项目要求。

7.7 习　　题

1. 面向对象需求分析的重点是分析什么？这种分析方式与结构化需求分析有什么不同？

2. 为什么面向对象需求分析需要注意分析各种名词？如何对待某个实物在需求描述中存在的多种名称？

3. 简述活动建模在面向对象分析中的作用。

4. 在建立分析模型时，为什么要从对象模型、交互模型和状态模型三个角度进行描述？这三种模型分别是用于发现用户需求中的什么内容？

5. 内容主题划分在面向对象分析中的作用是什么？

面向对象设计

　　尽管在面向对象方法中不强调分析与设计的区别，但是面向对象分析和面向对象设计在分工方面还是存在一定的差异。面向对象设计是将面向对象分析阶段完成的分析模型转换为软件设计的过程。在面向对象分析阶段，需求分析人员初步确定了目标软件系统涉及的类，并对类的属性、行为，类与类之间的关系以及对象的交互过程进行了建模。然而，面向对象分析的主要目的是理解用户需求，距离软件实现还存在一定的距离；在面向对象设计阶段，软件设计人员需要在面向对象分析的基础上完善软件设计，在原有分析模型的基础上补充与软件实现相关的信息。

　　为了准确地表达面向对象设计阶段的细节，软件设计人员可以借助 UML 类图来建模软件的体系架构，采用顺序图建模对象之间的消息交互，采用状态图来建模对象在运行过程中的状态。同时，当目标软件系统的体系架构完成以后，软件设计人员还需要对软件实现方面的内容进行设计，通过构件图和部署图来建模软件实现及部署方面的细节。

　　与此同时，在面向对象设计阶段，软件设计人员除了需要完成软件系统的设计工作，还必须从软件设计质量和效率方面来优化设计成果。

　　本章将继续以网络抓包分析软件为例，结合 UML 类图、顺序图、状态图、构件图和部署图为大家介绍面向对象的设计方法。

8.1　分析模型到设计模型的转换

　　在面向对象方法中，面向对象设计的主要工作包括完成目标软件系统的架构设计、用例实现设计、构件设计、部署设计等内容。

　　与结构化方法不同，由于面向对象设计采用了与面向对象分析相同的建模表达方式，面向对象分析的成果可以直接用于面向对象设计。在面向对象设计阶段，软件设计人员可以对分析模型的内容进行补充，增加软件实现所必需的细节。可以认为，面向对象分析与面向对象设计的递进关系如图 8-1 所示。

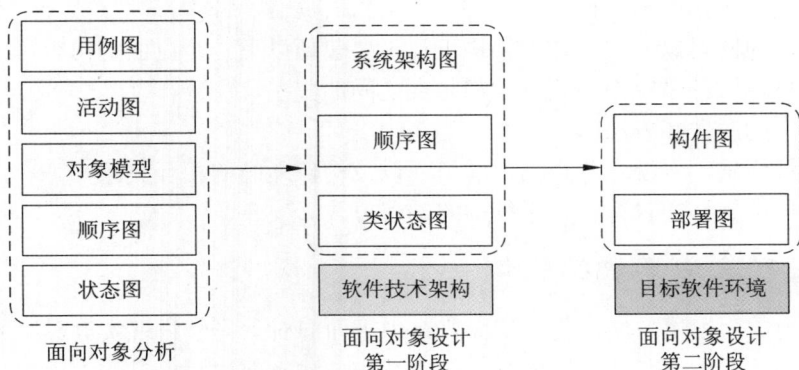

图 8-1　面向对象分析与面向对象设计的递进关系

（1）软件设计人员可以在分析模型的基础上，结合采用的软件技术架构，得到目标软件系统的架构设计。

（2）在面向对象分析模型的基础上，软件设计人员可以结合得到的软件架构设计内容来实现目标软件系统包含的业务逻辑，补充软件架构设计的内容细节及类状态，完成实现业务逻辑的顺序图和类状态图。

（3）软件设计人员可以结合架构设计、主题划分、选用的软件技术架构以及目标软件环境来完成目标软件系统的构件设计。

（4）软件设计人员可以依据软件架构设计、构件图以及目标软件系统的运行环境和部署需求，完成目标软件系统的部署设计。

除了从面向对象分析阶段完成的各种模型获取信息以外，软件设计人员还可以对面向对象分析阶段完成的各种文字描述信息进行分析，依据文字描述来优化面向对象设计。

可以发现，在面向对象方法中，面向对象分析阶段的成果可以直接演进为面向对象设计的内容。当然，这也是 UML 在面向对象方法中广泛应用的原因之一。

随着对问题理解的深入，软件设计人员可以不断地补充和完善软件分析和设计的成果，对面向对象分析与设计的内容进行迭代。

8.2　面向对象设计原则

在软件开发过程中，软件系统的体系架构设计分为软件体系架构设计和硬件体系架构设计两个部分。通常而言，硬件体系架构设计是指对目标软件系统使用的硬件平台（例如，计算、存储、网络连接等设备）进行部署和物理实施设计，软件体系架构设计则需要依赖于硬件体系架构，主要是对目标软件系统的各个软件构件的部署方式进行设计。

为了聚焦面向对象设计方面的内容，本章暂时不考虑目标软件系统的硬件体系架构设计，且仅以单机版本的软件体系架构设计为例来介绍软件设计的相关内容。

软件体系架构（软件架构）是对软件系统逻辑结构的抽象。软件体系架构将需要实现的业务功能分解到系统的不同组成部分，并详细描述各个组织部分之间的关系和协调工作方式。

无论是结构化方法，还是面向对象方法，软件架构设计都是整个软件设计和实现的核心。可以认为，软件架构设计对软件项目的成功实现和维护起到关键作用。在结构化方法中，软件架构设计是对软件功能的模块划分，用于组织目标软件系统中包含的各个功能函数；然而，在面向对象方法中，软件体系架构设计就是对目标软件系统中包含的各个类、接口以及它们之间关系和交互、协作内容进行设计。

具体而言，面向对象的软件体系架构设计主要包括以下几个方面的内容。

（1）确定目标软件系统中的类以及类与类之间的关系。

（2）确定类的属性和方法。

（3）确定目标软件系统中各个构件的组成以及构件之间的相互关系。

（4）确定各个构件在目标软件系统中的部署方式。

8.2.1　面向对象的模块独立性

相对于以函数为模块的结构化方法而言，由于面向对象方法将现实世界中的实体抽象为类或对象，将实体的性质和行为抽象为类的属性和方法，面向对象方法的模块独立性包含的内容更多、更丰富。在分析面向对象方法中的模块独立性时，软件设计人员除了需要考虑类中各个方法的独立性以外，还需要结合类与类之间的关系来考虑模块之间的独立性。

1. 内聚

与结构化方法中的内聚一样，面向对象方法中的内聚也是对模块内部各成分之间相关联程度的度量。在分析软件系统的模块内聚时，软件设计人员除了需要考虑函数或类的内聚程度，还必须分析目标软件系统中各个子系统的内聚。为了限制讨论的范围，本节主要介绍类的内聚评估方法。

在面向对象方法中，类将客观世界中实体的性质和行为封装为类的属性和方法。因此，针对类的内聚评价主要从类中的属性以及方法之间的关联程度进行度量。

1）属性内聚

属性内聚是指类中仅包含目标软件系统涉及范围内所必需的属性，任何与本系统无关的实体性质无须体现到类中。

2）方法内聚

针对类方法的内聚评估需要从方法内聚本身和方法是否必须存在两个角度来度量。软件设计人员可以参考结构化方法的模块内聚度量方法来评估类中各个方法的内聚程度；同时，类中的方法是否仅与类属性紧密相关，且类中是否仅包含目标软件系统所必需的方法等也是面向对象方法中对类的内聚进行评价的范围。

通常而言，一个具有高内聚的类中仅包含目标软件系统所必需的属性和方法，且类中包含的方法必须要与类涉及的业务紧密相关。

2. 耦合

相对于内聚而言，面向对象方法的耦合是对类模块之间的关联程度进行度量。

在面向对象方法中，类与类之间可以存在依赖关系、关联关系、聚合关系、组合关系和继承关系，且这 5 种关系的耦合程度由低至高。

1）依赖关系（Dependency）

依赖关系是对一个类依赖于另一个类的方式进行定义，即表示一个类中使用了另一个类定义的局部变量、方法形参，或者调用了另一个类的静态方法。在该情况下，类 A 会临时或者偶然使用到类 B，但类 B 的变化会影响到类 A。例如，指导教师通过班长了解同学信息。指导教师类中的了解学生方法使用了班长类的形参，如图 8-2 所示。

2）关联关系（Association）

关联关系表示拥有关系，是指一个类包含了另一个类的实例。在关联关系中，被关联的类以类属性的形式出现在关联类的定义中，或者关联类引用了被关联类定义的全局变量。关联可以是单向的，也可以是双向的。例如，每位指导老师可以指导多个学生，而每个学生也可以被多位老师指导；指导老师类和学生类中均包含了对方的对象列表，如图 8-3 所示。

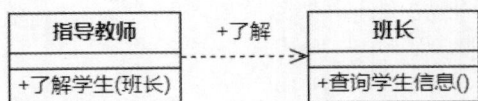

图 8-2　依赖关系　　　　　　　　　　图 8-3　关联关系

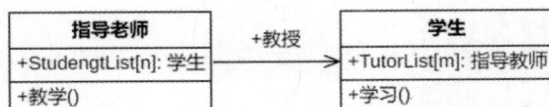

关联与依赖的区别是，依赖是使用，关联是拥有。

3）聚合关系（Aggregation）

聚合关系是一种强的关联关系（has-a），体现的是整体与个体之间的关联。在聚合关系中，代表个体的对象有可能会被多个代表整体的对象所共享。当代表整体的对象被销毁时，代表个体的对象不会随着整体对象的销毁而被销毁。例如，图 8-4 所示的案例中给出了汽车类与引擎类、轮胎类以及其他零件类之间的关系。汽车类中包含了引擎、轮胎等个体类的成员对象。

与关联关系一样，聚合关系也是通过属性变量实现的。在关联关系中，关联类和被关联类处于同一个层次上；而在聚合关系中，代表整体的类和代表部分的类处在不平等的层次上。

4）组合关系（Composition）

组合关系也是关联关系中的一种（contains-a），是比聚合关系更强的关联关系。在组合关系中，代表整体的对象要管理代表个体的对象的生命周期。在组合关系中，代表个体的对象不能被多个代表整体的对象所共享。如果代表整体的对象被销毁，则代表个体的对象也一定会被销毁。例如，在图 8-5 给出的案例中，课程与课程评价之间就存在组合关系。课程中包含了多个课程评价对象组成的列表。当课程被销毁时，课程中包含的课程评价对象也同步销毁。

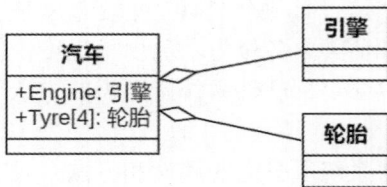

图 8-4　聚合关系

图 8-5　组合关系

5）继承关系（Inherit）

继承关系是基类和派生类之间的关联关系（is-a）。在继承关系中，派生类从基类中继承公有或者保护的属性和方法，并结合需要补充特殊的属性和方法。基类的改变会直接影响派生类，而派生类的变化不会影响基类。例如，猫和狗都是哺乳动物的子类。猫和狗在继承了哺乳动物属性和方法的基础上，可以分别补充自己的特殊属性和方法，如图 8-6 所示。

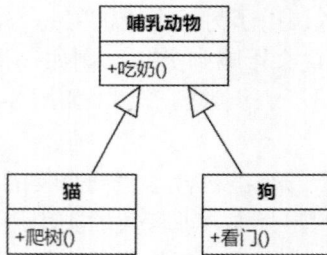

图 8-6　继承关系

除了上述划分方式以外，如果从对象之间的交互角度来分析类与类之间的关联关系，则面向对象中的耦合可以分为交互耦合和继承耦合两种类型。

1）交互耦合

如果对象之间的关联是通过消息来实现的，则认为对象之间出现了交互耦合。可以认为，依赖关系、关联关系、聚合关系和组合关系都是交互耦合。

在设计对象交互时，软件设计人员应该尽量减少对象之间发送（或接收）消息的数量，减少消息中传递的参数个数，降低对象之间交互的耦合程度。

2）继承耦合

在所有的关联关系中，继承是一种特殊的关联关系。继承是一般化类与特殊类之间的耦合形式。在设计继承关系时，软件设计人员应该规划好基类的属性和方法，使派生类能够尽可能多地继承并使用基类中的内容。

可以发现，面向对象中的耦合主要是对不同对象之间的关联程度进行度量。如果一个类过多地依赖其他类来完成相关工作，不仅影响了类的可理解性，还会增加测试类和修改类的难度，降低了类的可重用性和可移植性。然而，在面向对象方法中，类不可能是完全孤立的。除了继承耦合以外，当两个类必须相互关联时，软件设计人员应该尽量通过类的公共接口来实现耦合，不应该过多地依赖于类的具体实现细节，即类与类之间的关联尽量越少越好。

8.2.2 面向对象设计启发式规则

自从面向对象技术诞生以来，软件设计领域中积累了大量的设计经验（启发式规则）。在设计面向对象软件项目的体系架构时，软件设计人员除了需要考虑模块的独立性以外，还可以参考这些启发式规则来优化架构设计内容。

1. 开放–封闭原则

1988 年勃兰特·梅耶（Bertrand Meyer）在其著作《面向对象软件构造》一书（如图 8-7 所示）中提出了开放–封闭原则（The Open-Closed Principle，OCP）。该原则要求软件设计人员在设计软件系统模块时，必须确保在不修改原有模块（修改关闭）的基础上，对其功能进行扩展（扩展开放）。

(a) Bertrand Meyer   (b)《面向对象软件构造》

图 8-7 勃兰特·梅耶及其著作

在面向对象设计中，开放-封闭原则可以通过继承、多态来实施。软件设计人员可以将模块间的直接调用改为抽象调用，在不修改软件架构的前提下扩展软件功能，确保目标软件系统架构的稳定性和可扩展性。例如，图 8-8 所示原理图中，客户端使用抽象类或者虚基类（接口）指针来调用子类对象，将不变的部分封装为抽象类或者虚基类，而功能扩展部分通过子类方式来实现。

图 8-9 中给出了一个简单的开放-封闭原则优化案例。优化前，Circle 类、Rect 类和 Triangle 类均实现了 draw 方法，由客户 Client 直接调用；此时，如果目标软件系统中需要增加一个新的形状类，则软件的体系架构必须变更才能满足对新形状类的调用需求；软件设计人员可以采用开放-封闭原则，从各个形状类中抽象出一个公共的形状抽象类 Shape，且所有的形状类都是对形状抽象类 Shape 的派生。客户通过形状抽象类 Shape 间接调用各个具体的形状类。可以发现，通过优化后，软件设计人员可以在不修改软件架构设计的前提下对形状

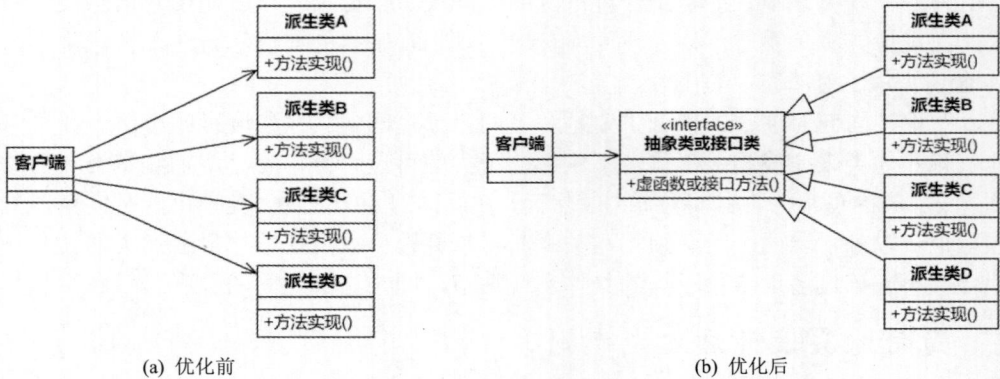

图 8-8　开放-封闭原则

类进行调整，降低功能改变对软件架构设计带来的影响。

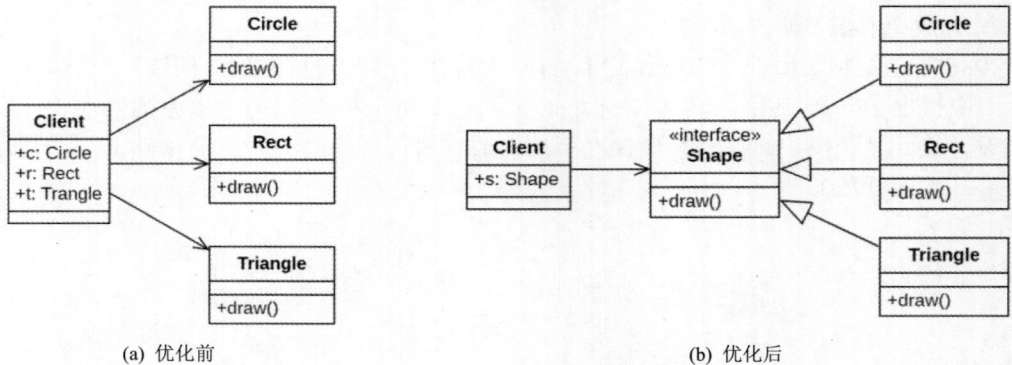

图 8-9　开放-封闭原则案例

2. 单一职责原则

在《敏捷软件开发：原则、模式和实践》一书中，罗伯特·C. 马丁（Robert C. Martin）提出了单一职责原则（Single-Responsibility Principle，SRP）。该原则要求软件系统中的类/接口/方法有且仅有一个职责，尽量避免出现"复合"多个职责的元素。

如果某个类/接口/方法具有多个职责，则该类/接口/方法的改变将会直接影响到它们的使用者，违反了面向对象设计的开放-封闭原则。软件设计人员可以根据职责将综合类中的方法进行划分，通过多个单一职责的类来封装各个职责对应的方法，且相关类只调用特定的职责类，降低某一职责变化对软件系统其他部分带来的影响，如图 8-10 所示。

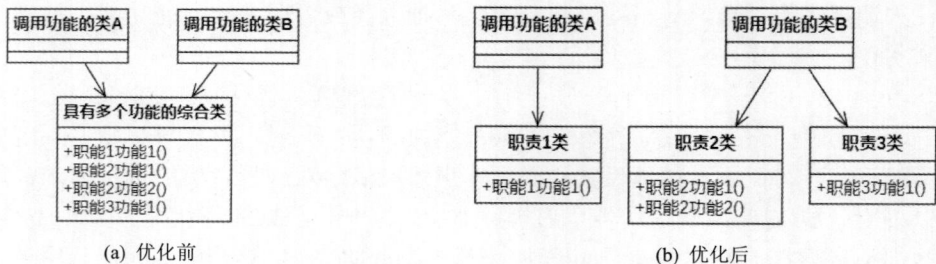

图 8-10　单一职责原则

图 8-11 给出了一个简单的单一职责优化案例。假设学生教育分为小学阶段、中学阶段和大学阶段等多个部分，且各个部分完成的内容各不相同。如果软件设计人员将所有阶段的教育内容封装为一个综合类，则综合类某个部分的内容变化将导致使用该综合类的所有学生类发生变更。此时，软件设计人员可以根据教育的职责不同，按照职责来划分教育内容。同时，通过让相应的学生类调用需要的职责类，降低某一职责变更对其他类的影响。

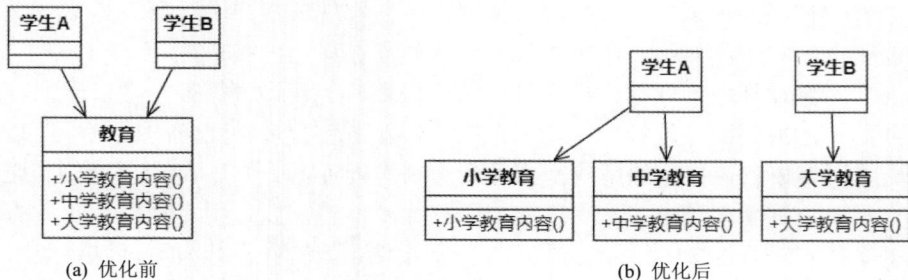

(a) 优化前 (b) 优化后

图 8-11 单一职责优化案例

3. Liskov 替换原则

1987 年，麻省理工学院计算机科学实验室的里斯科夫（Liskov）女士在"面向对象技术的高峰会议"上发表了一篇题为《数据抽象和层次》（*Data Abstraction and Hierarchy*）的文章，并提出了 Liskov 替换原则（Liskov Substitution Principle，LSP）。该原则要求软件系统中的子类可以替换父类，并且可以出现在父类能够出现的地方，即确保子类对基类的功能和属性扩展不会影响到原有系统的运行。

关于 Liskov 替换原则的例子，最经典的就是"正方形不是长方形悖论"（正方形是特殊的长方形，所以正方形就是长方形）。除此以外，还可以找到很多类似的案例。例如，图 8-12 所示案例中，玩具车和汽车从形状角度来划分，它们都属于车；然而，从类的继承关系来看，由于玩具车不能继承车的"载人"功能，玩具车不能定义为车的子类，即如果用 GasCar 类和 Electrocar 类的对象来替代 Car 类对象，结果正确；然而，如果使用 ToyCar 类的对象来替代 Car 类的对象，则会发生不符合预期的情况（玩具车的载人能力为 0）。

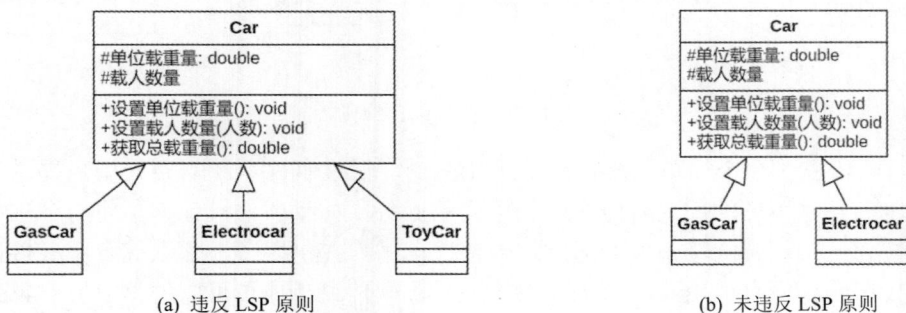

(a) 违反 LSP 原则 (b) 未违反 LSP 原则

图 8-12 LSP 原则案例

在面向对象方法中，子类应该是父类在功能和属性上的扩展，而不能是定义一个与父类业务逻辑完全无关的新类。为了保证 Liskov 替换原则，软件设计人员就必须保证继承的纯粹性，即子类可以实现父类的抽象方法，也可以增加自己特有的方法。但是，子类不能重定义父类的非抽象方法。当子类对父类的方法进行重载时，重载函数的前置条件（方法的形参）必须比被重载函数的前置条件更加宽松；如果子类实现了父类的抽象方法，则子类方法的后

193

第 8 章

面向对象设计

置条件（返回值）比父类对应函数的后置条件更加严格。

在面向对象设计过程中，软件设计人员需要结合 Liskov 替换原则来决定是否需要在目标软件系统的架构设计中引入继承。

4. 接口隔离原则

接口隔离原则（Interface Segregation Principle，ISP）建议采用多个与特定用户相关的专用接口来替代使用涵盖多个业务的综合接口，保证实现该接口的对象只为某一类对象提供服务。也就是说，一个类对另一个类的依赖应该建立在最小的接口上。

在面向对象设计中，软件设计人员必须确保接口的设计遵循最小接口原则，即避免将用户不需要的方法放到同一个接口中。如果用户依赖了包含多种业务的接口，当某一个用户修改接口时，所有依赖该接口的用户都会受到影响，从而违反了开放-封闭原则。通常而言，软件设计人员可以使用多种方式来实现接口隔离原则，将需要使用多种综合业务的用户修改为用户从多个接口进行继承。例如，图 8-13 所示案例中，软件设计人员可以将使用多种综合业务的用户案例修改为用户继承多个接口，或者用户包含多个其他接口对应的对象。

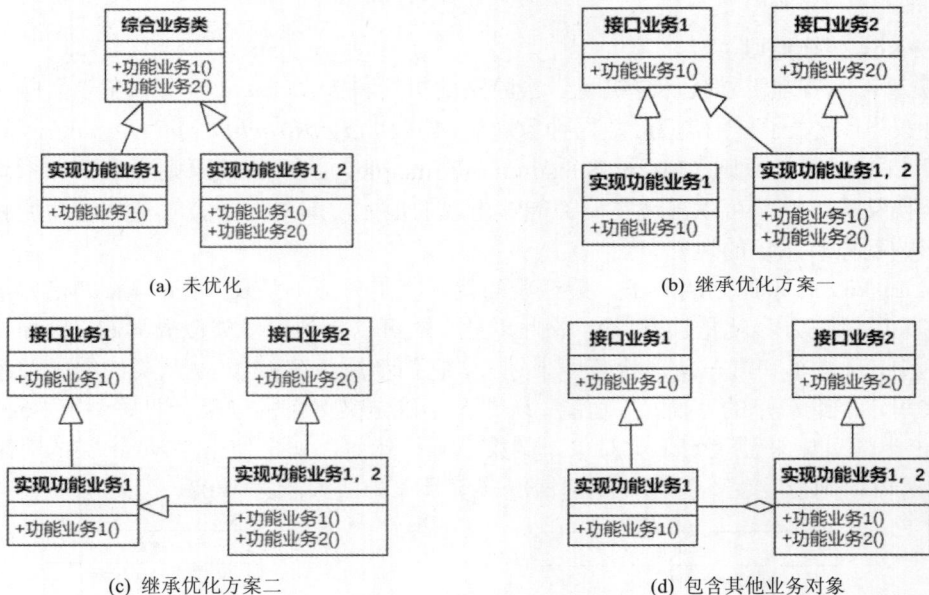

图 8-13　接口隔离原则

图 8-14 给出了一个简单的接口隔离优化案例。假设软件系统需要向用户提供大量与学生相关的服务，且不同的用户可能会使用不同的服务。如果软件设计人员将与学生相关的所有服务封装为一个综合的接口，并通过综合接口向用户提供服务，那么综合服务接口的任何变动将直接影响到所有调用该接口的对象。此时，软件设计人员可以根据业务对象使用的服务集合不同，将学生服务拆分到多个不同的接口或者抽象类中，由不同角色的用户单独调用。

可以发现，接口隔离原则和单一职责原则都能够提高类的内聚，降低类之间的耦合。然而，单一职责原则注重类的职责，而接口隔离原则关注对接口依赖的隔离。单一职责原则用于约束类，主要关注软件的实现细节；而接口隔离原则用于约束接口，主要关注抽象和软件整体架构的构建。

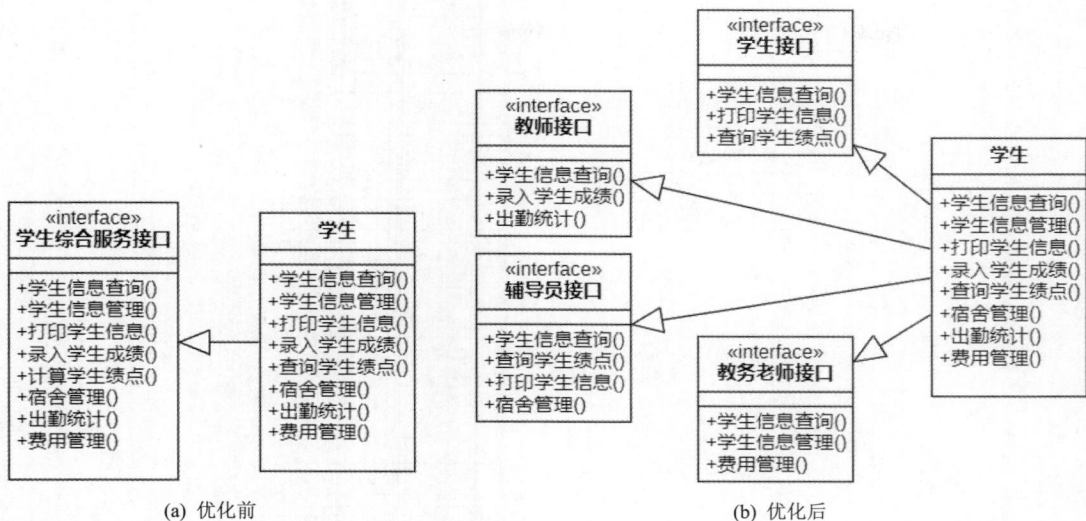

(a) 优化前　　　　　　　　　　　　　　　　(b) 优化后

图 8-14　接口隔离原则案例

5. 迪米特法则/最少知道原则

1987 年美国东北大学的伊恩·荷兰（Ian Holland）在参与一个名为迪米特（Demeter）的研究项目时提出了迪米特法则（Law of Demeter，LoD）。迪米特法则，也称为最少知道原则，要求每个类只与其直接关联的类存在联系，避免与其他非直接关联的类产生关系。如果某个类绕过直接关联类与其他类产生关系，则会增加该类与其他类之间的耦合，如图 8-15 所示。

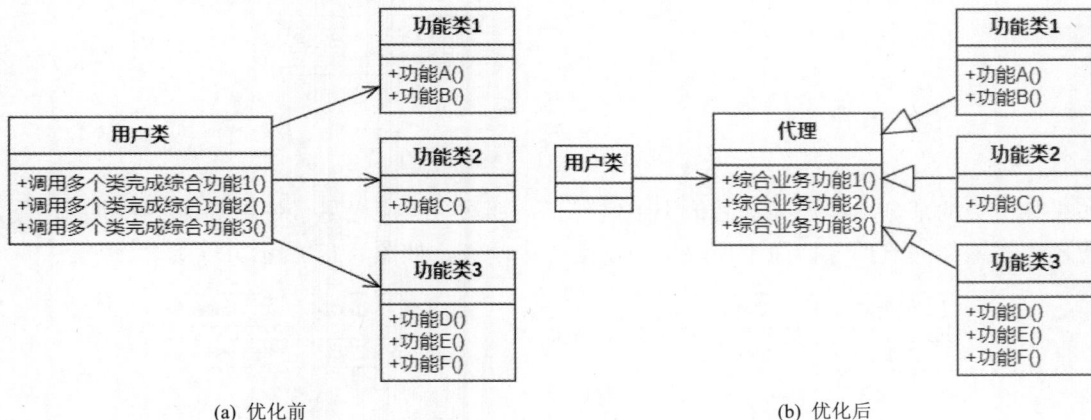

(a) 优化前　　　　　　　　　　　　　　　　(b) 优化后

图 8-15　迪米特法则

例如，在图 8-16 所示案例中，如果评估人员在评估学生时直接与教师、学生家长、班长、宿管人员了解目标学生信息，那么该工作方式将无法避免评估方式变更给软件架构设计带来的变动，极大地增加了系统的复杂度。此时，软件设计人员可以在系统中增加辅导员类，由辅导员对多种对象提供的服务进行封装。评估人员可以直接与辅导员进行沟通，降低评估人员与其他类之间的耦合。

6. 合成/聚合复用原则

合成/聚合复用原则（Composite/Aggregate Reuse Principle，CARP）要求软件设计人员尽量采用组合（contains-a）、聚合（has-a）方式，而不是使用继承（is-a）来实现软件复用，即

第 8 章

面向对象设计

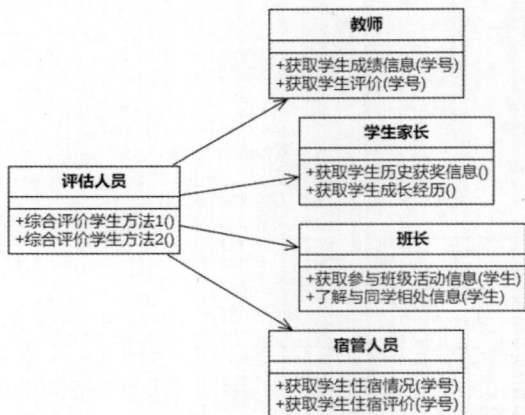

(a) 优化前

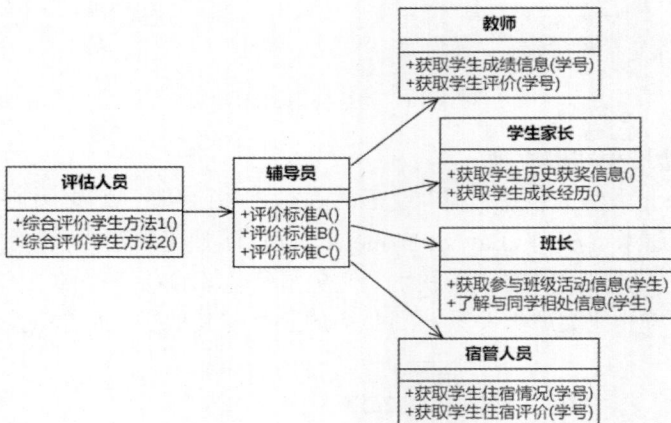

(b) 优化后

图 8-16　迪米特法则案例

如果某个类的部分功能已经在其他类中实现了，那么该类应当尽量使用其他类提供的功能，使之成为该类的一部分，而不需要重新创建一个新类，如图 8-17 所示。

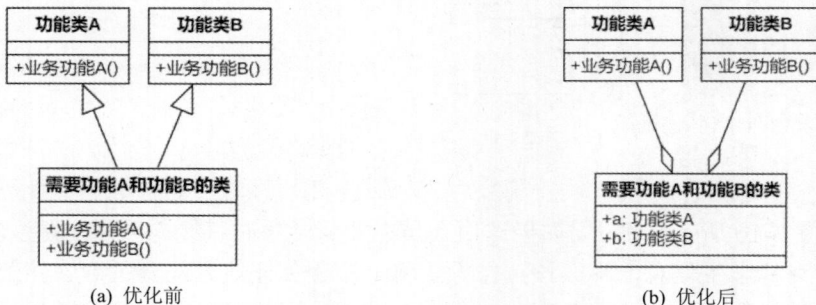

图 8-17　合成/聚合复用原则

　　以图 8-18 所示案例为例，假设软件系统中的学生按照民族可以分为汉族、回族、壮族等 56 个民族；按照学历可以分为本科生、硕士生和博士生三类。

　　如果软件设计人员采用继承方式来实现上述业务需求，那么软件架构设计中就可能会产生很多子类。并且系统增加新的"民族"或"学历"类型都需要对软件架构进行修改，违背

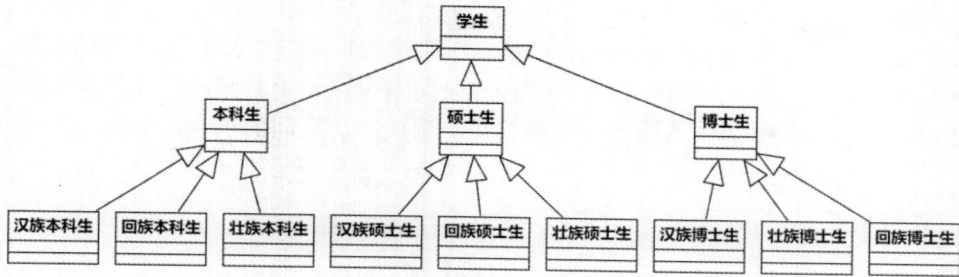

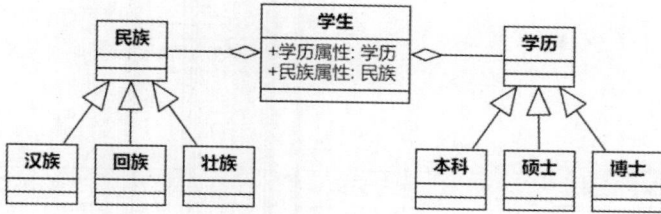

图 8-18　合成/聚合复用原则案例

了开放-封闭原则。此时，软件设计人员可以将民族和学历各自封装为抽象类，并且采用聚合或组合方式将民族和学历对象包含到学生类中，顺利地解决上述问题。

7. 依赖倒置原则

在软件开发过程中，尤其是在结构化程序设计中，高层模块往往包含了软件系统中重要的策略和业务逻辑。如果高层模块严重依赖于底层模块，则底层模块的变动将直接反馈到高层模块，导致一系列连锁修改行为的出现。

依赖倒置原则（Dependency Inversion Principle，DIP）要求在高层模块和底层模块中间引入一个抽象接口，将高层模块对底层模块的调用改为对抽象接口的调用，从而降低高层模块对底层模块的依赖。同时，高层模块可以根据需要替换所需要的底层模块，如图 8-19所示。

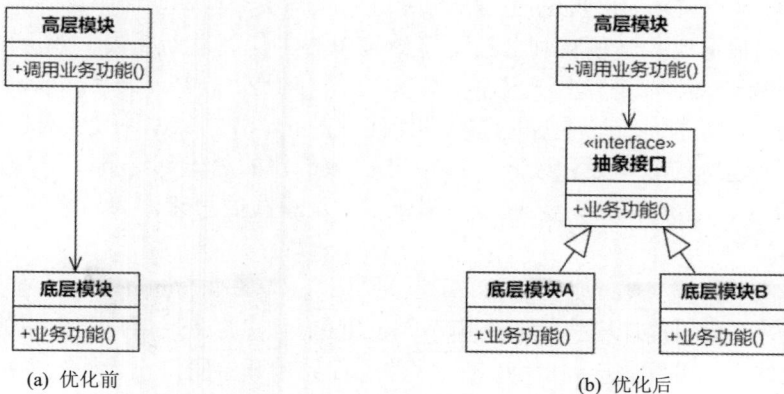

图 8-19　依赖倒置原则

以一个处理快递业务的软件系统为例，快递公司提供发送货物服务，客户需要通过快递公司发送货物。如果客户直接依赖于某一家快递公司，则需要将客户类与该快递公司类进行

面向对象设计

直接关联，通过调用该快递公司类的对象发送货物。此时，如果客户想更换底层的快递公司，通过其他快递公司发送货物，则必须修改软件系统的架构设计，违背了开放-封闭原则。参考依赖倒置原则，软件设计人员可以为所有的快递公司抽象出一个共同的抽象类或者接口。客户通过接口访问快递公司提供的服务，降低客户与快递公司之间的耦合，如图 8-20 所示。

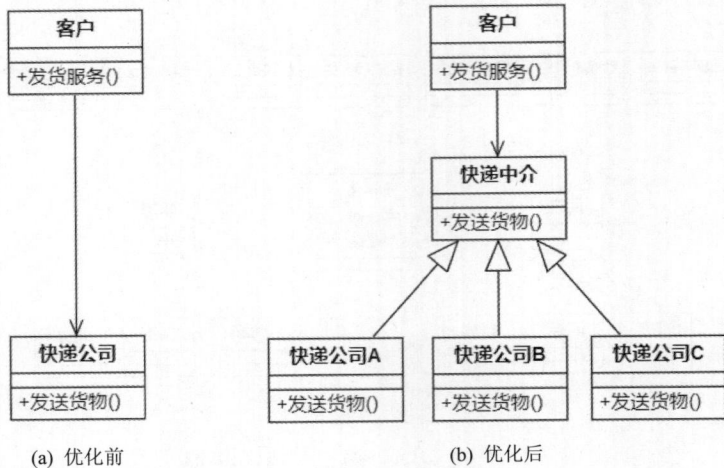

图 8-20　依赖倒置原则案例

　　根据上述 7 条原则的用途不同，软件设计人员可以将它们分为设计目标和设计方法两个类别。设计目标包括开放-封闭原则、Liskov 替换原则、迪米特原则；而设计方法包括单一职责原则、接口隔离原则、依赖倒置原则、组合/聚合复用原则。其中，开放-封闭原则是面向对象可复用设计的基础，而其他原则是实现开放-封闭原则的手段和工具。

　　与此同时，以上 7 条设计原则相互关联，共同保障面向对象设计的质量。软件设计人员可以合理运用上述启发式规则来优化软件系统的架构设计成果，在提高架构设计的可扩展性和可维护性的同时，确保软件架构具有较好的灵活性和可复用性。

8.2.3　设计模式

　　"设计模式"（Design Pattern）一词最初并非产生于软件设计中。1977 年，美国著名建筑大师、加利福尼亚大学伯克利分校环境结构中心主任克里斯托夫·亚历山大（Christopher Alexander）在他的著作《建筑模式语言：城镇、建筑、构造》（*A Pattern Language: Towns Building Construction*）中描述了一些常见的建筑设计问题，并提出了 253 种关于对城镇、邻里、住宅、花园和房间等建筑的基本设计模式。1979 年出版的他的另一部经典著作《建筑的永恒之道》（*The Timeless Way of Building*）进一步强化了设计模式的思想，为后来的建筑设计指明了方向，如图 8-21 所示。

　　尽管肯特·贝克（Kent Beck）和沃德·坎宁安（Ward Cunningham）在 1987 年就将克里斯托夫·亚历山大的设计模式思想应用于 Smalltalk 语言的图形用户接口生成中，但是该行为并未引起软件界的关注。直到 1990 年，软件工程界才开始研讨设计模式，并后续召开了多次关于设计模式的研讨会。

　　让设计模式正式走入面向对象设计领域的是艾瑞克·伽马（Erich Gamma）、理查德·海尔姆（Richard Helm）、拉尔夫·约翰森（Ralph Johnson）、约翰·威利斯迪斯（John Vlissides）4 人在 1994 年合著出版的一本名为《设计模式——可复用的面向对象软件元素》（*Design*

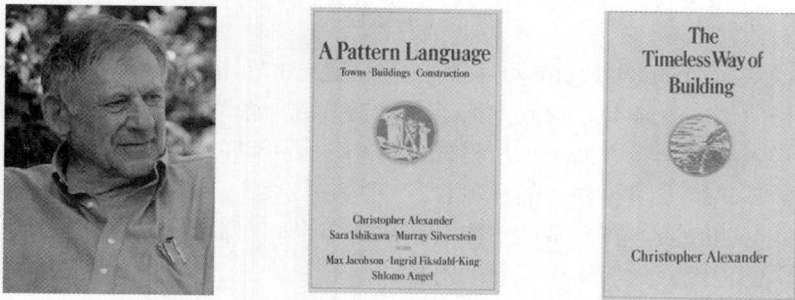

图 8-21　克里斯托夫·亚历山大及其著作

Patterns—Elements of Reusable Object-Oriented Software）的经典书籍，如图 8-22 所示。该书的出版是面向对象设计领域的里程碑事件，也是软件设计模式的突破。由于这 4 位作者合称GoF（Gang of Four），这本经典的书籍也被业界称为"GoF"。

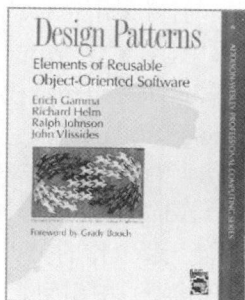

(a) GoF   (b) 设计模式——可复用的面向对象软件元素

图 8-22　GoF 及其著作

软件设计模式（Software Design Pattern），又称设计模式，是一套众所周知的、被反复使用的代码设计经验总结。通过对软件设计中重复发生的问题进行分类总结，设计模式给出了解决特定问题的一般方案。软件设计人员可以参考设计模式中的相关内容来提高目标软件系统架构设计的可复用性、可维护性，改善系统架构的稳定性和安全性。

GoF 一书中总共收录了 23 种经典的设计模式。如果以设计模式的作用来分类，软件设计人员可以将这些设计模式分为创建型模式（Creational Patterns）、结构型模式（Structural Patterns）和行为型模式（Behavioral Patterns）三种类型。

1. 创建型模式

创建型模式主要关注"如何创建对象"，其目标是通过"将对象的创建与使用相分离"，减少软件系统中各个类之间的耦合。在创建型模式中，使用者无须关心对象的创建细节，所有的对象创建均由相关的"工厂"来完成。

在 GoF 提供的设计模式中，属于创建型模式的有单例模式、原型模式、工厂方法模式、抽象工厂模式和建造者模式 5 种。

在单例模式（Singleton）中，某个类只能生成一个实例，且该类为外部提供一个全局的访问点来获取该实例。单例模式的扩展是有限多例模式。

原型模式（Prototype）以一个对象为原型，通过对原型进行复制，克隆出多个与原型相类似的新实例。

面向对象设计

工厂方法模式（Factory Method）定义了一个用于创建对象的父类接口；模式中的子类负责生成具体的对象。

抽象工厂模式（Abstract Factory）提供一个创建一系列相关或者相互依赖对象的接口，而无须指定它们所属的具体类。模式中的子类负责生成一系列的相关对象。抽象工厂模式与工厂方法模式最大的区别在于抽象工厂模式中每个工厂可以创建多种类的对象，而工厂方法模式中的每个工厂只能创建一种类的对象。

建造者模式（Builder）将复杂的对象分解成为多个相对简单的部分，然后再根据需要分别创建各个简单的内容，最后构建成复杂对象。

可以发现，以上 5 种创建型设计模式主要用于创建类和对象。其中，工厂方法模式属于类创建型模式，其他 4 种设计模式均属于对象创建型模式。

2. 结构型模式

结构型设计模式主要关注"如何将类或对象按某种模式组成更大的结构"。根据构建方式不同，结构型模式又可以分为类结构型模式和对象结构型模式两种类型。前者采用继承机制来组织接口和类，后者采用组合或聚合来组合对象。

在 GoF 一书中，4 位作者对代理模式、适配器模式、桥接模式、装饰模式、外观模式、享元模式、组合模式 7 种结构型模式进行了介绍。

代理模式（Proxy）为被访问的目标对象设置代理，并由代理对象控制对目标对象的访问，避免客户端直接访问目标对象带来的复杂性。

适配器模式（Adapter）将一个类的接口转换成客户端希望的另外一个接口，使原本由于接口不兼容而不能一起工作的类可以一起工作。

桥接模式（Bridge）中用组合关系代替继承关系，将抽象与实现相分离，使它们可以独立变化，降低抽象和实现两个可变维度的耦合度。

装饰模式（Decorator）动态地给对象增加一些职责，增加其额外的功能。

外观模式（Facade）为多个复杂的子系统提供一个一致的接口，使这些子系统可以被更加容易地访问。

享元模式（Flyweight）运用共享技术来有效地支持大量细粒度对象的复用。

组合模式（Composite）也称为整体-部分模式。该模式将对象组合成树状层次结构，使用户对单个对象和组合对象具有一致的访问性。

可以发现，以上 7 种结构型设计模式主要用于组合类和对象。同时，除了适配器模式可以分为类结构型模式和对象结构型模式以外，其他模式均属于对象结构型模式。

3. 行为型模式

行为型模式用于为软件构建复杂的流程控制，即组织和协调多个类或对象，使其协作完成单个对象无法独立完成的任务。根据组织原理不同，行为型模式可以分为类行为型模式和对象行为型模式。前者采用继承机制为各个类分派任务，后者采用组合或聚合方式为各个对象分配任务。

行为型模式是 GoF 中最为庞大的一类，包含模板方法模式、策略模式、命令模式、职责链模式、状态模式、观察者模式、中介者模式、迭代器模式、访问者模式、备忘录模式、解释器模式 11 种类型。

模板方法模式（Template Method）定义了一个算法流程框架，允许软件设计人员将算法的具体步骤放入子类中，使得子类可以在不改变算法结构的情况下重新定义算法的某些特定步骤。

策略模式（Strategy）将一系列已定义的算法封装起来，使它们可以相互替换。算法的改变不会影响到使用算法的客户。

命令模式（Command）将请求封装为对象，将发出请求的对象和执行请求的对象进行职责划分。

职责链模式（Chain of Responsibility）将请求从链中的一个对象传给下一个对象，直到请求被响应为止。

状态模式（State）将复杂的"判断逻辑"提取到不同的状态对象中，允许状态对象在其内部状态发生改变时改变其行为。

观察者模式（Observer）主要针对多个具有一对多关系的对象，当一个对象的状态发生改变时，所有依赖于它的对象都得到通知并被自动更新，从而影响其他对象的行为。

中介者模式（Mediator）使用中介对象来封装原有对象之间的交互关系，将原有对象进行隔离，使原有对象之间不必相互了解，降低对象之间的耦合度。

迭代器模式（Iterator）提供一种顺序访问聚合对象中一系列数据的方法，避免暴露聚合对象的内部表示。

访问者模式（Visitor）是指在不改变集合元素的前提下，为集合中的各个元素提供多种访问方式，即将作用于各个元素的操作分离出来封装成独立的类，使其在不改变集合元素的前提下添加作用于这些元素的新操作。

备忘录模式（Memento）是指在不破坏封装性的前提下，获取并保存某个对象的内部状态，以便将来在需要的时候能够将该对象恢复到原先保存的状态。

解释器模式（Interpreter）首先为分析对象定义一门语言和语言的文法表示，然后再设计一个解释器来解析语言中的句子。

以上 11 种行为型设计模式中，除了模板方法模式和解释器模式是类行为型模式以外，其他模式均属于对象行为型模式。

除了按照作用来分类以外，设计模式还可以从作用范围分为类模式和对象模式两种类型。类模式主要通过继承来处理类与子类之间的静态关系；对象模式通过组合或聚合来处理对象之间的动态关系。由于组合或聚合比继承的耦合度更低，且满足"合成复用原则"，设计模式中优先使用对象模式来组织各个对象，提高模式的灵活性。

在 GoF 一书给出的 23 种设计模式中，除了工厂方法模式、（类）适配器模式、模板方法模式、解释器模式以外，其他 19 种设计模式均为对象模式。

可以发现，设计模式的本质是面向对象设计原则的实际运用，是对类的封装性、继承性和多态性以及类的关联关系和组合关系的充分理解。因此，上述 23 种设计模式并不是孤立存在的，很多模式之间都存在着关联关系。

在软件项目中，软件设计人员可以合理地运用设计模式来完美地解决很多问题，使得软件项目的代码编制工作真正的工程化。但是，设计模式并不是解决软件项目所有问题的万能钥匙。在实际的软件开发过程中，软件设计人员仅可以将设计模式作为指导或参考，必须根据软件项目的具体情况来选择或者设计适合的软件体系结构。

8.3　面向对象架构设计

在面向对象分析阶段，需求分析人员通过分析用户需求，得到了目标软件系统的分析模型；在面向对象设计阶段，软件设计人员需要进一步细化分析结果，对目标软件系统涉及的类、类关系以及对象交互进行设计，将分析阶段得到的成果转变成符合成本和质量要求的、抽象的系统实现方案，确保软件设计能够正确地实现目标软件系统的所有用例。

因此，在软件架构设计阶段，软件设计人员需要结合实现要求，对目标软件系统的架构进行设计，并对类方法、类属性进行补充，得到目标软件系统实现各个用例的过程。

8.3.1 软件架构设计

由于软件的体系架构设计是软件设计的核心，对软件的实现和维护起到关键性的决定作用，软件开发团队在面向对象设计中必须首先确定目标软件系统的体系架构。

通常而言，软件设计人员可以遵循以下步骤来开展软件体系架构设计。

1. 确定软件的架构模型

随着计算机软件开发技术的快速发展，面向对象领域已经积累了大量经典的软件体系架构模型。软件设计人员除了可以参考经典的软件体系架构以外，也可以采用现有主流的软件体系架构来构建目标软件系统的架构框架。

在软件设计过程中，软件设计人员可以结合目标软件系统的部署要求、软件开发技术以及软件开发团队的领域知识和技能，在分析模型中的对象模型基础上，为目标软件系统选择或者设计合适的软件系统架构模型。

为了降低案例的设计复杂度，这里选用经典的模型/视图/控制器模式（MVC 模式）为架构模型，以第 7 章引入的网络抓包分析软件的设计过程为例来介绍面向对象的软件体系架构的设计过程。

2. 确定分析模型中类候选者的类型

在面向对象分析阶段，需求分析人员通过与用户沟通，完成了目标软件系统的分析模型。在面向对象设计阶段，软件设计人员需要结合所选的软件系统架构模型以及各个类候选者的特点来确定分析模型中各个类候选者的类型。

为了帮助需求分析人员和软件设计人员理解系统，软件设计人员可以利用 UML 类图的构造型将分析模型中的类候选者分为边界类、实体类和控制类三种类型。

1）边界类

边界类可以理解为系统外部环境与内部因素之间进行信息交互的类，采用<<interface>>构造型进行标识。通常，软件系统中可能存在多种类型的边界类，例如用户界面类（与用户进行交互）、系统接口类（与其他系统进行通信）和设备接口类（与外部设备进行交互）。

在分析用户需求时，软件设计人员可以认为每一个用例都至少存在一个与其他元素进行信息交换的边界类，且常见边界类有窗口、提示框、对话框、通信接口、与外部交互的接口、API 等。

同样以网络抓包分析软件为例，在分析模型的类候选者列表中，网卡列表弹框、字段提示框、软件界面、抓包列表窗口、内容窗口、IP 层内容窗口、TCP 层内容窗口、HTTP 层内容窗口等类候选者可以设定为边界类。

2）实体类

实体类主要用于表达系统中的信息存储（数据存储对象），采用<<entity>>构造型进行标识。在软件设计中，需要持久存储的数据信息和需要交换的数据信息都可以定义为实体类。例如，需要存储到数据库中的信息、需要存储的文件内容以及交换的数据包、信令报文等。

软件设计人员可以分析面向对象分析阶段获得的分析模型，以及在目标软件系统涉及的业务领域中寻找实体类，并使用实体的性质来定义实体类的属性。通过实体类，软件设计人员可以对目标软件系统涉及的逻辑数据结构进行建模。

在网络抓包分析软件案例中，软件设计人员可以将分析模型中的用户、网络数据包、网卡等类候选者设为实体类。

3）控制类

控制类主要用于处理软件系统中的各种业务逻辑和运算，或者协助软件系统完成各个业务功能。控制类采用<<control>>构造型进行标识。

在面向对象分析模型中，边界类和实体类都会以明显的方式进行标识，方便软件设计人员有效地识别这两种类候选者。然而，相对于发现边界类和实体类而言，控制类的识别难度相对大一些。此时，软件设计人员需要进一步分析面向对象分析阶段获得的分析模型，对目标软件系统需要完成的动作或者业务逻辑进行识别，并根据用户需求在软件体系架构中增设适当的控制类。

通常情况下，软件设计人员可以从每个用例中至少抽象出一个控制类，对用例涉及的业务逻辑进行封装，如图 8-23 所示。当目标软件系统涉及用例业务时，软件系统生成一个该用例对应的控制类对象，通过控制类对象来完成相应的业务处理；控制类对象在用例执行完毕后消亡。

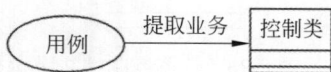

图 8-23 用例活动提取

如果用例的业务处理流程包含多个独立的子业务流程，或者用例的处理流程中存在多个独立分支，软件设计人员可以先将每个子业务的处理流程或独立处理分支封装为一个控制类，然后再设置一个单独的业务协调控制类来管理和协调多个子业务对应的控制类对象，共同完成用例功能。此时，业务协调控制类并不处理具体业务，它将业务处理工作委派给负责具体业务的子业务控制类对象，借助子业务控制类对象来实现业务需求。例如，采用事务管理器、资源协调器、资源池等技术来管理子业务控制类对象，如图 8-24 所示。

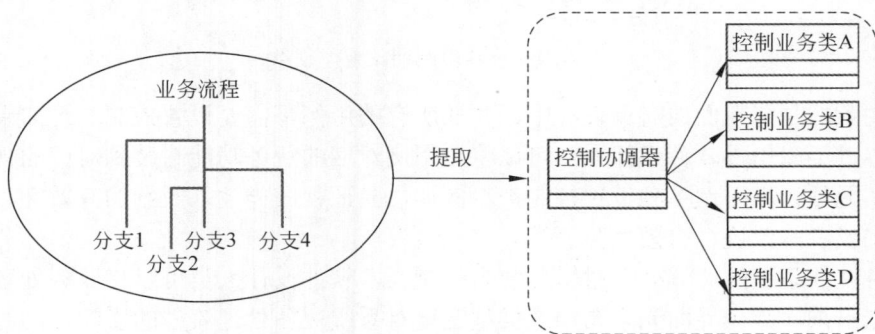

图 8-24 复杂用例控制类提取

通过对目标软件系统的各个业务处理流程进行抽象和封装，软件设计人员可以有效地分解系统业务处理逻辑，降低系统的业务逻辑复杂度。

如果分析模型中存在多个用户使用同一个用例的情况（或者多个用户共同使用同一个控制类），软件设计人员可以考虑将该用例对应的控制类进行分解，为每个用户与用例对设定一个独立的控制类。理想情况下，每个控制类最多与一个角色进行交互。例如，在电话系统中，

面向对象设计

如果用户 A 打电话给用户 B，则用户 A 和用户 B 都会使用"打电话"用例。由于用户 A 和用户 B 在使用"打电话"用例的过程中业务逻辑差异较大，软件设计人员可以为用户 A 设定一个"打电话"控制类，给用户 B 设定一个"接电话"控制类，如图 8-25 所示。

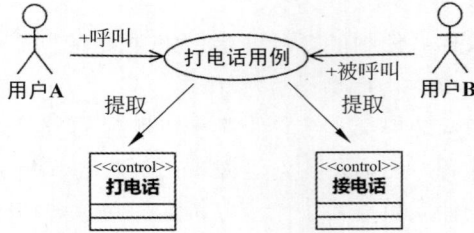

图 8-25　多用户共用用例提取

当然，软件系统中的控制类也可以被多个用例所共用，如图 8-26 所示。如果多个用例均涉及同一个业务流程，软件设计人员可以将该业务流程抽象为一个控制类，通过控制类的多个对象为不同的用例提供服务。

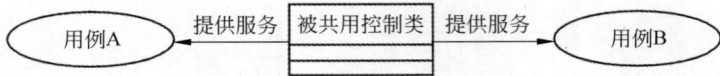

图 8-26　业务控制类共用

在面向对象分析阶段，需求分析人员也可以将公共的业务流程抽象为多个用例的公共用例，如图 8-27 所示。在面向对象设计中，公共用例对应着公共的控制类。

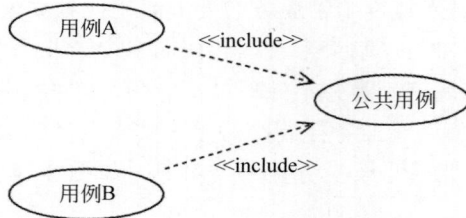

图 8-27　公共用例抽象为控制类

值得注意的是，在面向对象设计中，并非所有的用例都需要设置控制类。如果用例涉及的业务内容过于简单，软件设计人员可以将该用例对应的业务功能封装到对应的视图类或者实体类中，无须为该用例单独设置控制类。例如，验证视图类输入数据的有效性，对实体类数据的设置或者修改进行有效性验证等。

通过将软件系统的业务处理逻辑封装为控制类，软件设计人员可以将业务处理内容从界面类中独立出来，减少界面元素布局及类型变更对系统业务处理流程的影响；同时，将业务处理逻辑从实体类中独立出来，可以确保实体类仅用于管理数据，增加实体类在用例和软件系统中的可复用性。

同样以网络抓包分析软件为例，软件设计人员可以将分析模型中的抓包分析软件、抓包业务管理、展示管理等类候选者设置为控制类。

3. 将类候选者加入软件架构框架

由于分析模型是对现实生活中存在实体的抽象，分析模型中的类关系并不一定能够直接作为目标软件系统的体系架构。在面向对象设计阶段，软件设计人员需要结合所选的软件架构模型,将分析模型中的类候选者加入到软件架构中。

同时,如果需求分析人员采用中文来定义分析模型中的各个元素,为了便于后期软件设计工作的开展,软件设计人员在将类候选者加入软件体系架构中时,必须对类、类属性和类方法用英文重新命名。此时,软件设计人员可以结合软件架构模型的命名原则以及软件开发团队约定的编码规范对类候选者、类属性和类方法进行命名。例如,为边界类命名时,类名后面加上"View";为控制类命名时,类名后面加上"Contr";为实体类命名时,类名后面加上"Entity",如图 8-28 所示。

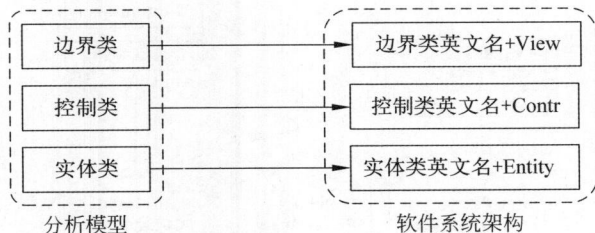

图 8-28　分析模型与架构图命名转换

结合 MVC 模型的特点,软件设计人员可以从分析模型中选择一个能够总体控制软件业务逻辑的类进行切入,以该类为基础逐渐添加其他类候选者。以网络抓包分析软件为例,软件设计人员可以首先将"抓包分析软件类"加入到软件架构模型中。同时,软件设计人员也可以为本项目重新取一个特别的名称,或者仍然使用"抓包分析软件"来命名项目。

软件设计人员可以根据上个步骤中设定的类候选者类型,结合目标软件体系架构的特点,将分析模型的类候选者依次加入软件架构中。此时,UML 类图中的边界类、实体类和控制类可以直接转换为 MVC 模型中的视图类、模型类和控制器类,如图 8-29 所示。

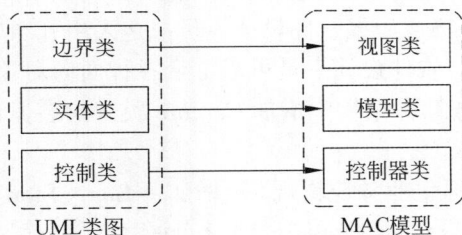

图 8-29　UML 类图与 MVC 模型对应关系

4. 增加实施过程中必需的其他类

在面向对象设计中,软件设计人员除了需要将分析模型中所有的类候选者加入到目标软件系统的软件架构以外,还必须结合软件架构模型的特点以及软件开发技术的特点在软件架构中添加其他必需的类。

以 MVC 模式为例,除了在架构中加入已经找到的视图类、实体类、控制类以外,软件设计人员还需要结合实现技术需求,在软件架构中增加其他的辅助类。例如,从抓取并分析 HTTP 数据包用例中抽象出 HTTPAnalyzer 控制类。

由于本书给出的介绍案例已经在面向对象分析过程中嵌入了 MVC 模式思想,分析模型中的类和类关系可以直接引入目标软件系统的架构中。可以得到,网络抓包分析软件的初始架构设计如图 8-30 所示。

面向对象设计

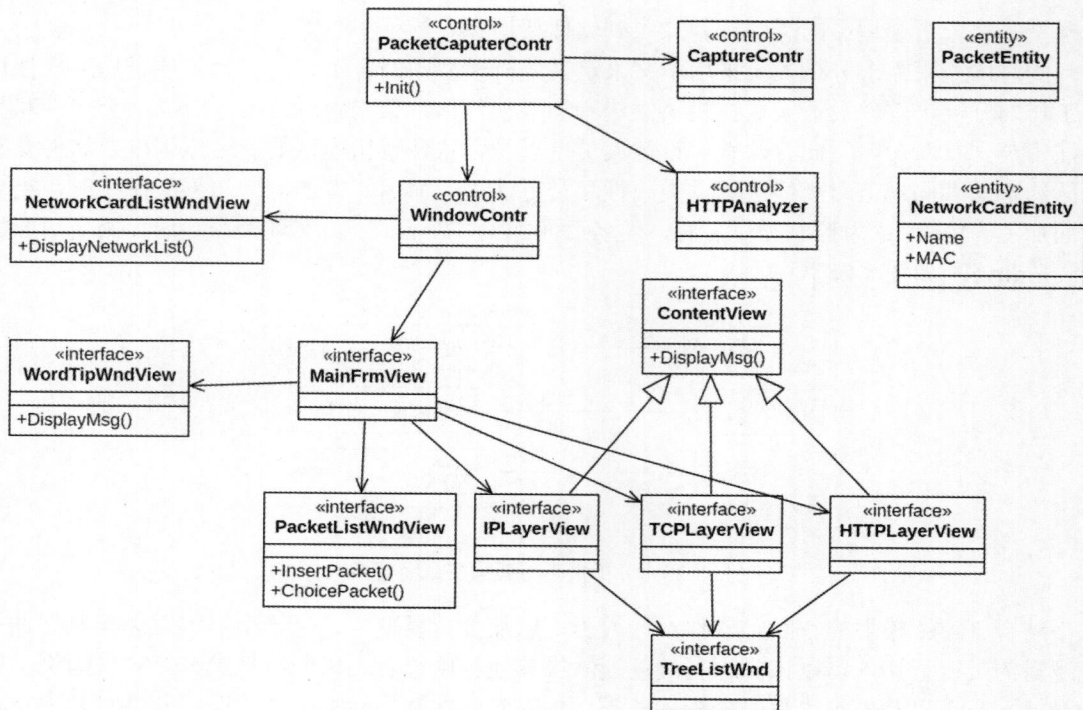

图 8-30　网络抓包分析软件的初始架构设计图

5. 优化软件系统架构

目标软件系统的初始架构确定以后，软件设计人员即可结合所选软件架构模型的特点和已有的项目经验对得到的软件架构内容进行优化调整。

以网络抓包分析软件为例，如果软件设计人员拟定采用开源软件来捕获网络数据包，为了屏蔽开源软件的调用细节，软件设计人员可以综合各种面向对象优化原则以及设计经验（例如，根据依赖倒置原则），在软件架构中增加 Capture 类来封装抓包业务，降低高层业务模块对底层抓包模块的依赖。

在 Capture 类中封装了抓包业务逻辑规则，增加了 Start、Stop 和 OnCapture 方法。同时，底层模块中的 OpenSourceWrapper 类用于封装开源软件，并通过 Capture 类向高层提供服务。优化后的软件架构如图 8-31 所示。

与此同时，软件设计人员可以将 Capture 类、HTTPAnalyzer 类等抓包业务控制类的关联关系调整至 CaptureContr 类中，降低核心控制模块 PacketCaptureContr 类的复杂度。

除此之外，由于网卡信息管理与抓包业务的关联较小，软件设计人员可以将网卡信息管理业务从 CaptureContr 类中脱离出来，单独封装为 NetworkCardContr 类。该类作为一个独立的业务功能，可以直接由 PacketCaptureContr 类关联。

综合分析网络抓包分析软件的设计细节，软件设计人员可以依据单一职责原则，在目标软件系统的架构中增加其他类型数据包的分析控制类，如 FTPAnalyzer、DNSAnalyzer 等。同时，软件设计人员也可以从所有的数据包分析类中抽象出 PacketAnalyzer 父类，提高系统的可扩展性。优化后的软件架构如图 8-32 所示。

通过以上步骤，软件设计人员可以得到目标软件系统的初步架构设计，帮助软件开发团队更好地理解目标软件系统。后期，软件设计人员可以结合分析模型中的其他内容来补充和

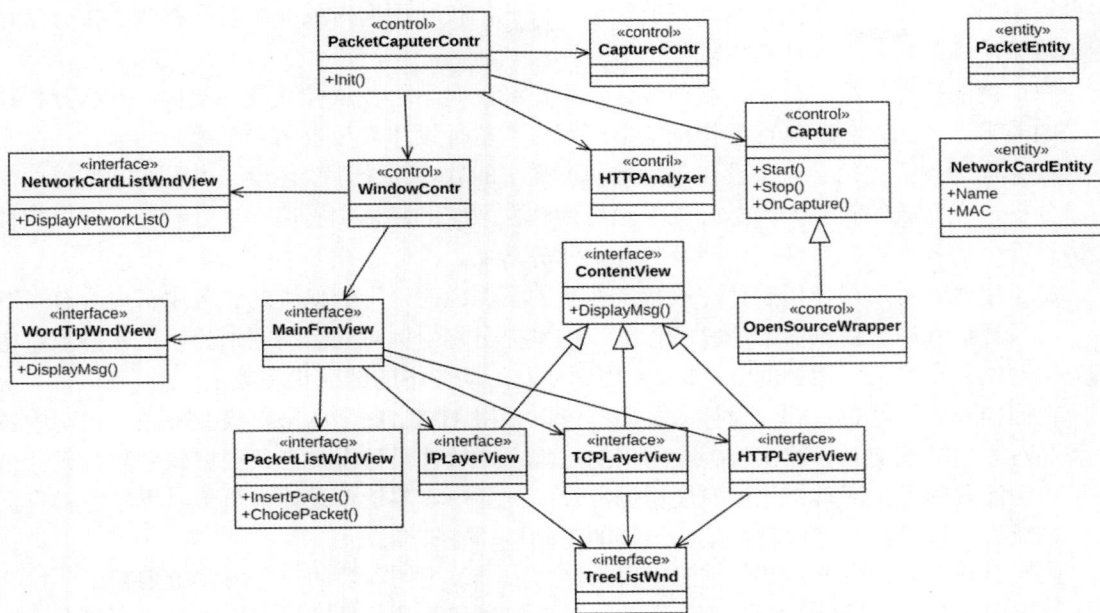

图 8-31　优化后的网络抓包分析软件架构设计（一）

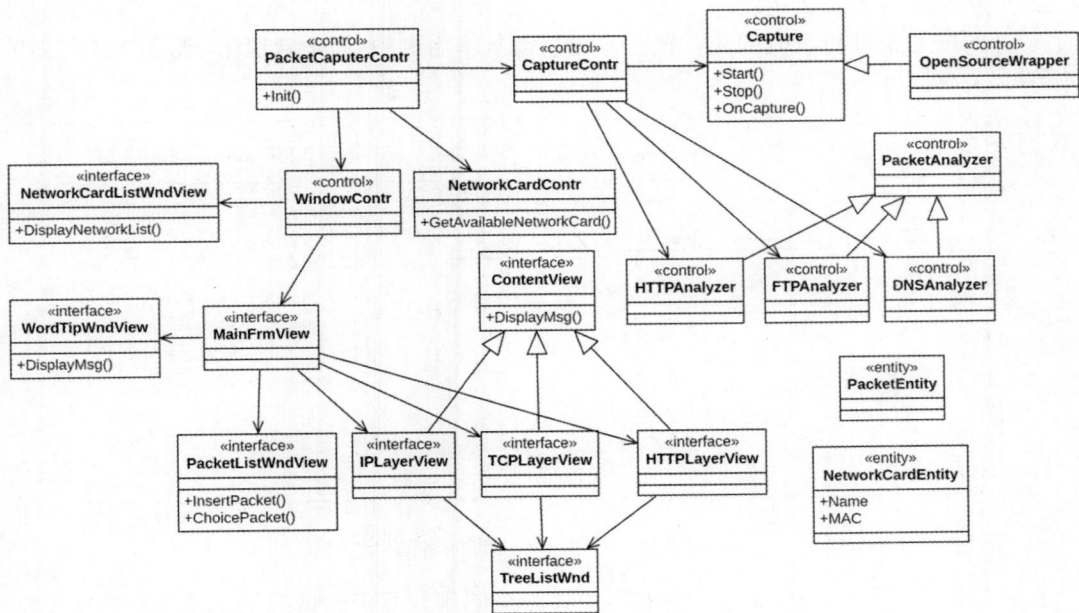

图 8-32　优化后的网络抓包分析软件架构设计（二）

完善架构设计，进一步优化软件架构设计内容。

8.3.2　类方法设计

尽管需求分析人员已经在面向对象分析阶段结合用例描述及活动描述中的"动词"为类候选者添加了对应的方法，但是，由于面向对象分析阶段的主要任务是理解用户需求，并未考虑软件实现方面需要采用的软件系统框架模型，需求分析阶段得到的分析模型也仅是对现实世界中的实体以及实体关系和动作的抽象。因此，仅凭面向对象分析阶段得到的类方法可能仍然无法满足软件实现的要求。

在前期的软件架构设计中，软件设计人员已经确定了目标软件系统的架构，并将分析模型中的类候选者加入到了软件架构框架中。同时，软件设计人员也结合了面向对象设计原则对软件架构进行了优化。为了设计出满足业务需求的软件系统，软件设计人员必须结合面向对象分析，在完成的软件架构基础上，对目标软件系统的具体实施流程进行设计，即以软件架构设计中的各个类来实现用例涉及的各个业务功能。

由于用例是对用户使用软件完成特定业务的案例说明，用例包含的业务逻辑内容有多有少。为了评估和确定用例内部的复杂程度，这里提出将用例对应活动图中的结束状态数量定义为用例的复杂度，即用例的复杂度 = 用例涉及活动图中的结束状态数量。

在面向对象设计中，软件设计人员同样可以采用 UML 顺序图来建模业务系统架构中各个类和对象的功能交互。在实现各个用例的过程中，软件设计人员必须根据软件架构设计来实现用例涉及的各个活动。通过实现用例涉及的业务内容，软件设计人员可以不断完善目标软件系统的架构设计，确保软件架构设计的正确性和完整性。

同样以抓取并分析 HTTP 数据包用例为例。由于该用例涉及的业务内容范围较广，包括"无网卡退出""显示网卡错误""显示数据包退出"和"其他处理退出"4 个结束状态，软件设计人员必须在现有软件架构设计的基础上，以得到的类和类关系，采用顺序图分别实现各个结束状态对应的业务逻辑。

参考面向对象分析阶段的交互模型，可以得到本用例中"无网卡退出"活动的对象交互过程如图 8-33 所示。

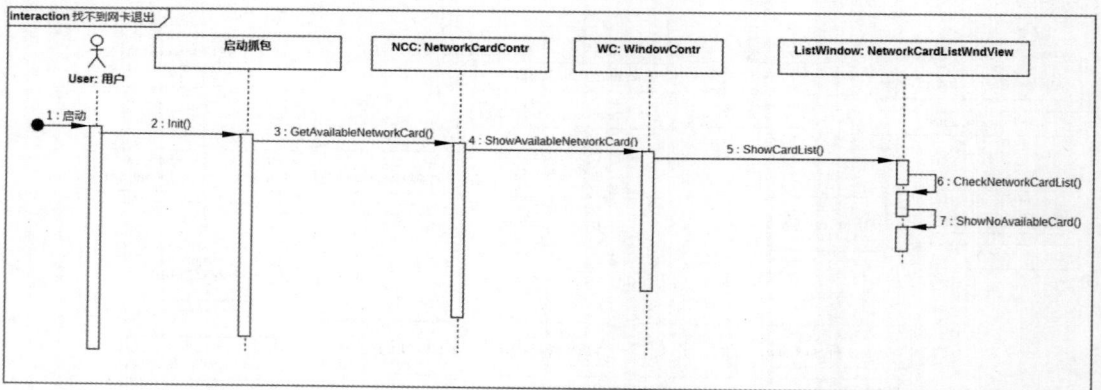

图 8-33　无网卡退出活动的对象交互过程

在软件设计过程中，软件设计人员可以在不影响用户需求的情况下，结合软件实现对目标软件系统的业务处理流程进行优化。例如，在网络抓包分析软件中，原来采用的分类捕获数据包方式可以优化为软件系统先捕获所有的数据包，然后再根据用户的操作，对用户选择的数据包进行分析。此时，软件设计人员可以与需求分析人员以及用户进行沟通，对用例涉及的活动图进行完善和更新。可以得到更新后的活动图如图 8-34 所示。

在使用顺序图建模各个用例涉及的活动时，软件设计人员可以跟踪各个类对象的生命周期，并根据需要在软件架构中补充适当的控制类。例如，在网络抓包分析软件中，软件设计人员可以在软件架构中增加数据包管理类 PacketKeeper，用于保存捕获的数据包。同时，该类中设置 InsertPacket、KeepPacketToFile 两个方法，用于插入数据包以及将数据包保存到文

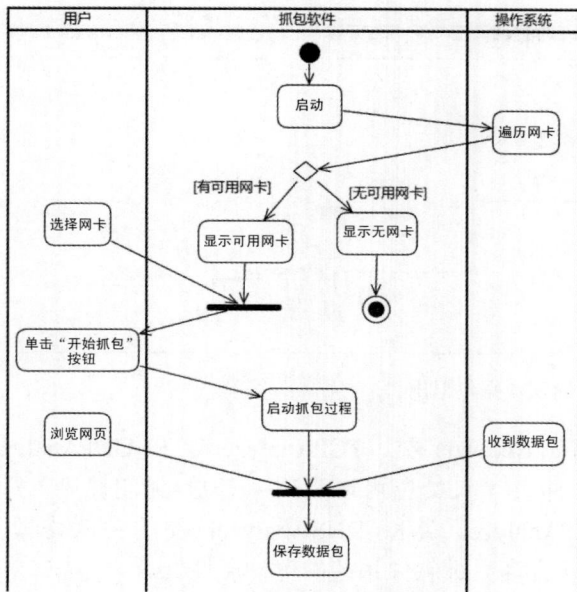

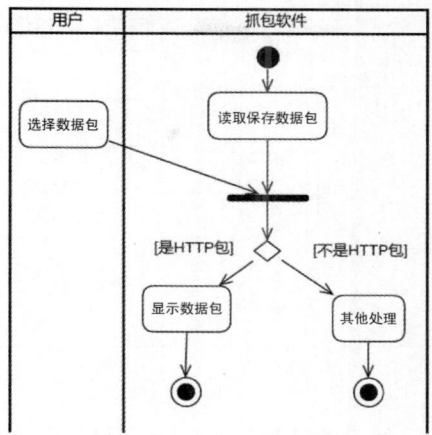

(a) 保存数据包活动图　　　　　　　　　　　　(b) 选择并分析数据包

图 8-34　更新后的用例活动图

件中。此时，网络抓包分析软件的架构设计变为如图 8-35 所示。

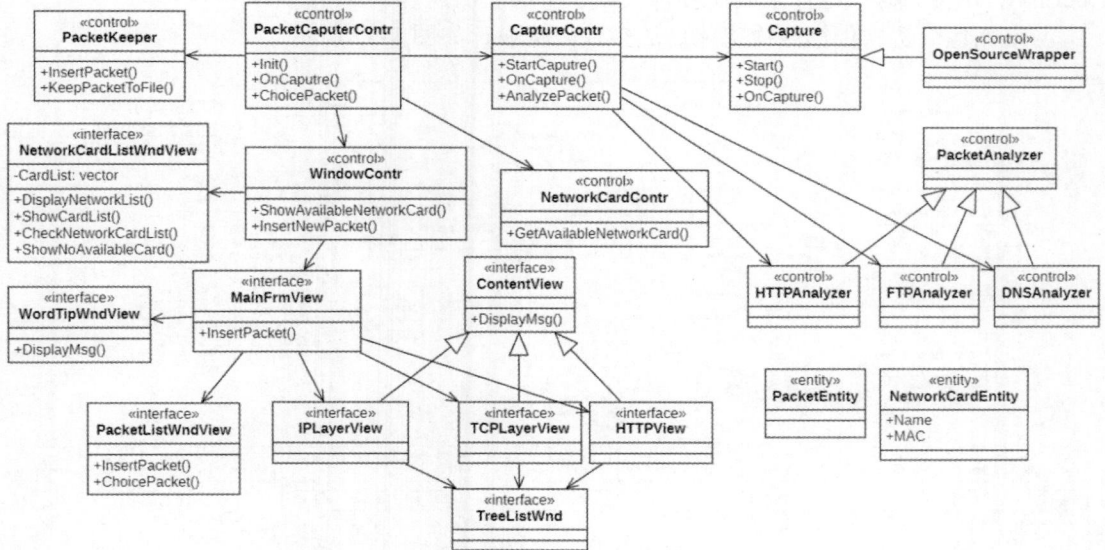

图 8-35　优化后的网络抓包分析软件架构设计（三）

结合上述优化后的网络抓包过程及新增的数据包保存类，软件设计人员可以在优化后的架构设计基础上，得到如图 8-36 所示的数据包捕获过程实现。

同时，根据计算机网络领域的相关知识，网络数据包在组成上可以分为 IP 层、TCP 层或 UDP 层以及各种网络应用层。在解析数据包时，目标软件系统必须对数据包的 IP 层、TCP 层或 UDP 层的内容进行分层解析，然后再结合具体的应用来解析应用层数据。

为了更好地解耦数据包的分析过程，软件设计人员可以利用"合成/聚合复用原则"对目

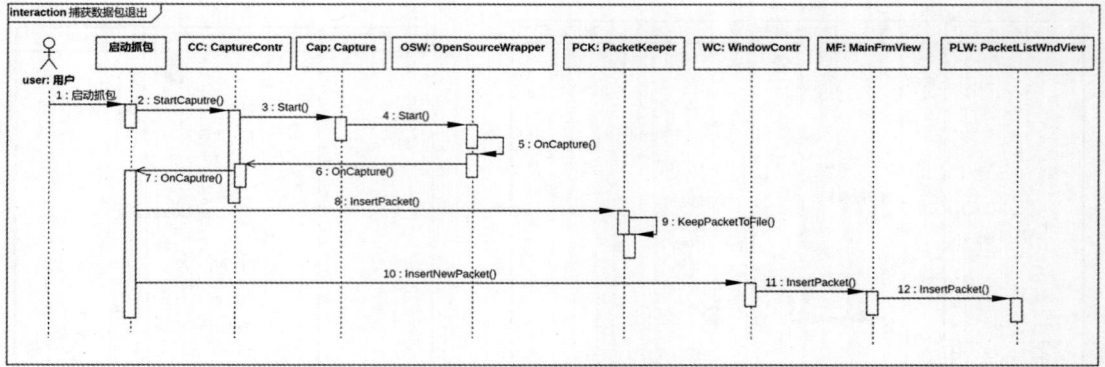

图 8-36　捕获数据包退出

标软件系统的架构设计进行优化。例如，将 IPAnalyzer 类、TCPAnalyzer 类和 UDPAnalyzer 类聚合到 PacketAnalyzer 类中；同时，软件设计人员也可以利用"开放-封闭原则"，将 CaptureContr 类到 HTTPAnalyzer 类、FTPAnalyzer 类和 DNSAnalyzer 类的关联修改为 CaptureContr 类与 PacketAnalyzer 类的关联，提高目标软件系统的可扩展性。

　　同时，软件设计人员也可以结合业务需求，在软件架构中增加 UDPLayerView 类、FTPView 类、DNSView 类等内容，分别用于显示相关应用的数据包内容。由于网络数据包采用分层方式来组织数据内容，软件设计人员可以在软件架构中增加 TreeListWnd 类，并让 UDPLayerView 类、FTPView 类、DNSView 类分别与 TreeListWnd 类进行关联，借助 TreeListWnd 类的树形组件来展现各种数据包中的层次内容。

　　网络抓包分析软件第四次优化后的软件架构设计如图 8-37 所示。

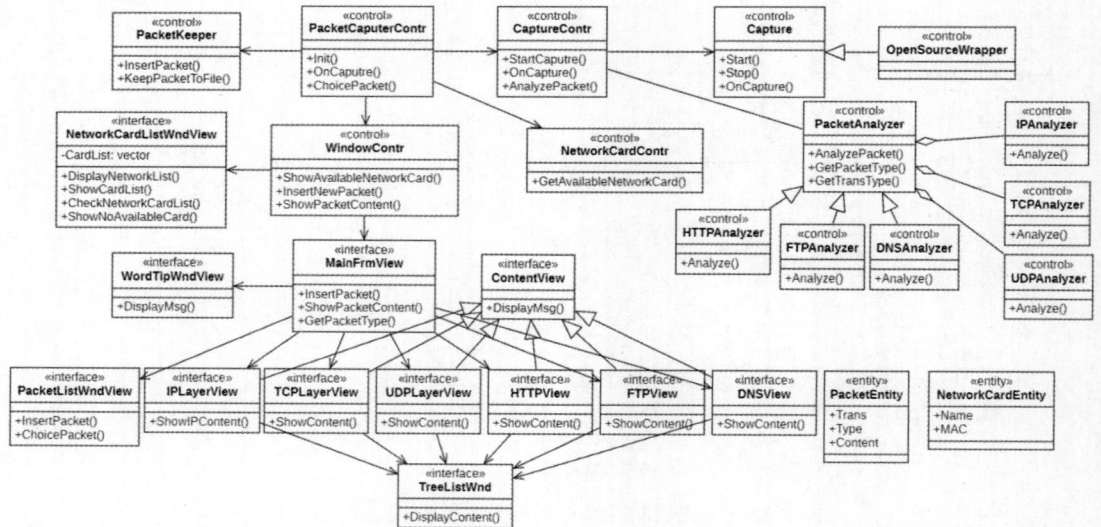

图 8-37　优化后的网络抓包分析软件架构设计（四）

　　此时，软件设计人员将根据新的软件架构设计，结合分析模型中的相关内容，重新设计数据包的分析显示实现过程。由于该业务比较复杂，这里将数据包的分析显示业务活动分为分析数据包和显示分析结果两个部分，并采用两个顺序图单独进行设计。分析数据包的实现过程和显示分析结果的实现过程分别如图 8-38 和图 8-39 所示。

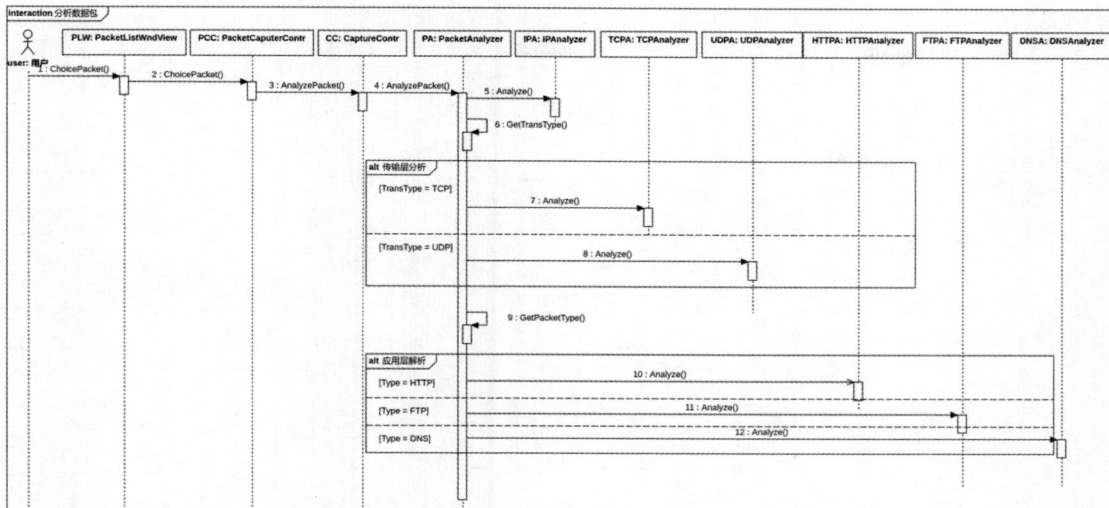

图 8-38　分析数据包过程

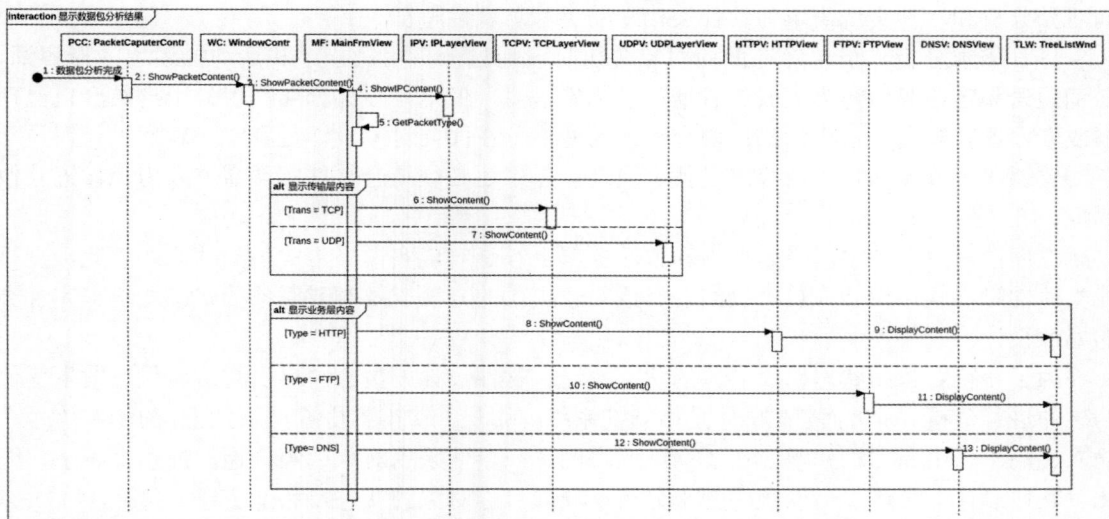

图 8-39　显示分析结果过程

　　在实现业务用例涉及的各项活动时，软件设计人员可以综合运用各种启发式规则、设计模式以及相关经验来完善软件架构设计。例如，可以将 TreeListWnd 类聚合到 ContentView 类中，进一步降低目标软件系统架构设计的复杂程度。

　　经过多次优化，可以得到网络抓包分析软件的架构设计如图 8-40 所示。

　　在业务实现过程中，目标软件系统架构中的类方法不断被补充和完善，软件的架构设计也被持续迭代。值得注意的是，在为类补充所需方法时，软件设计人员还必须结合用户需求对类方法的原型进行设计，例如，补充方法的类型、方法的名称和方法的形参等。同时，软件设计人员也可以借助多种方式（如程序流程图等）对类方法的执行过程进行描述或建模，便于后期系统模块的实施。

8.3.3　类属性设计

　　在面向对象架构阶段，软件设计人员除了对类方法进行补充和设计以外，还需要结合面

212

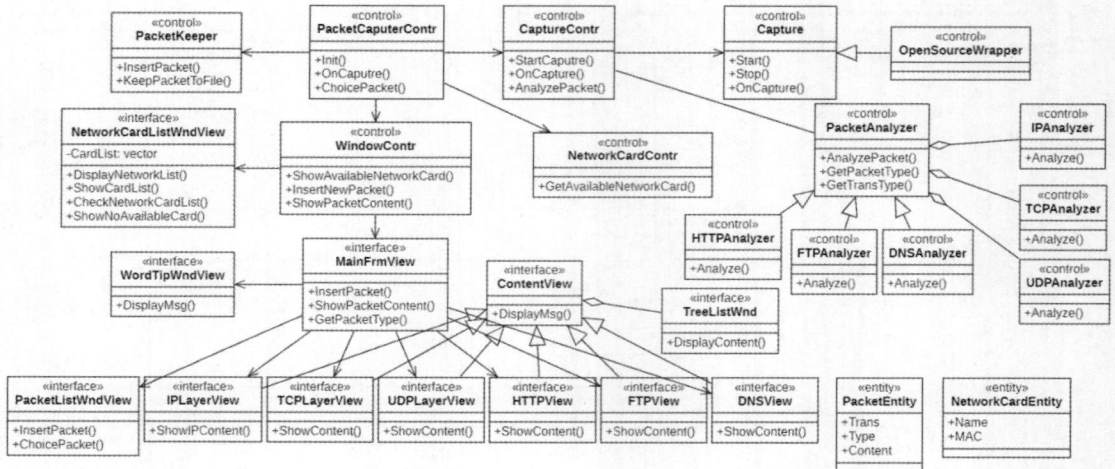

图 8-40　优化后的网络抓包分析软件架构（五）

向对象分析和软件实现需求为软件架构中的类增加属性特征。

　　尽管需求分析人员已经在面向对象分析阶段通过分析用例描述和活动描述中的**形容词、名词短语和定语**等内容为类候选者增加了属性信息，但是，该部分属性仅为用户结合自己理解或者根据客观情况给出的描述内容得到的属性。在面向对象设计过程中，软件设计人员除了需要调研问题域的相关内容来寻找类属性以外，还必须结合软件实现需求来为类设置其他属性。

　　在面向对象方法中，类是属性和方法的集合，是对现实世界中实体的抽象。因此，在寻找类属性时，软件设计人员可以结合类或对象提供的方法以及类或对象的状态变迁来完善类的属性设计。

　　为了获得对象的状态以及对象的状态变迁，软件设计人员必须对引起对象状态发生变化的事件进行分析。通常而言，事件是指软件系统与用户（或外部设备）进行交互的所有信号、输入、输出、中断和动作等。在 UML 顺序图中，事件采用对象之间传递的消息来表示。因此，软件设计人员可以借助顺序图来分析、获取目标对象的状态及状态变迁。

　　软件设计人员可以从某个顺序图出发，对顺序图中参与交互的对象进行分析，得到该对象对应的状态图，即软件设计人员可以聚焦于顺序图中某个对象的生命线，分析该对象在此业务流程中的状态及状态变迁。

　　一般而言，软件设计人员可以依据以下原则从顺序图中导出类状态图。

　　（1）每条指向生命竖线的箭头线可以转换为状态图的一条有向边，即每个事件或者消息（对象交互）都可以映射为状态图的一条有向边。

　　（2）两个事件（箭头线）之间的生命线间隔可以设为一个对象状态，即在同一个对象的生命线上，两次相邻方法调用之间的间隔可以设定为一个状态。值得注意的是，生命竖线第一个箭头之前的间隔可以划分为对象的初始状态。状态划分完成后，软件设计人员必须为每个状态设定一个有意义的名字。

　　（3）每条由生命竖线射出的箭头线表示对象在该状态时所做出的行为。

　　（4）将同一个类的对象在所有顺序图中得到的状态进行合并，得到类的最终状态图。

　　图 8-41 和图 8-42 给出了一个简单的类状态图分析案例。

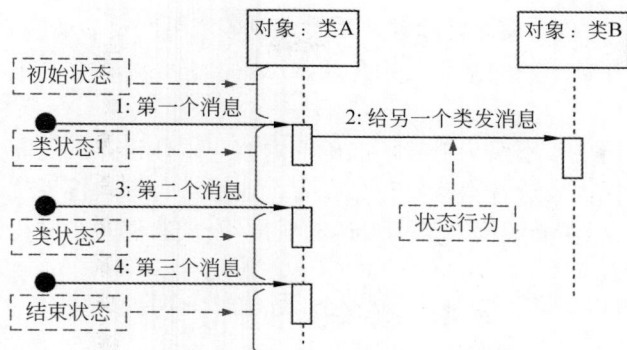

图 8-41　类状态规划

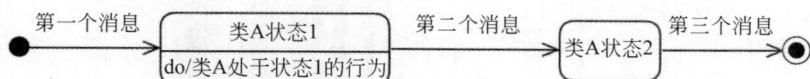

图 8-42　类 A 状态图

在面向对象设计中，类的一个或者多个影响系统运行的属性可以封装为类的一个状态。软件设计人员可以分析类的状态图，以类状态为参考，为类补充必需的属性信息。如果状态属性不存在，软件设计人员可以结合用户需求和具体的实现要求来补充类属性信息；如果状态属性已经存在，则忽略。

同样以网络抓包分析软件中的 NetworkCardListWndView 类为例，从图 8-33 中可以得到该类的生命线如图 8-43 所示。

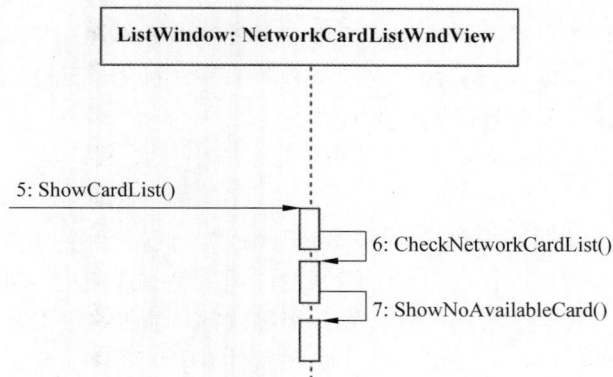

图 8-43　NetworkCardListWndView 类的生命线

根据上述状态分析原则，软件设计人员可以得到该类在本次业务交互中的状态及状态变迁如图 8-44 所示。

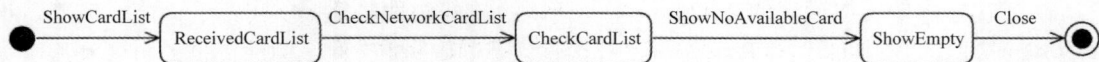

图 8-44　NetworkCardListWndView 类的部分状态图

此时，为了便于实现软件的业务逻辑，软件设计人员可以在 NetworkCardListWndView 类中增加一个 vector 类的对象来保存网卡列表。

在面向对象设计过程中，软件设计人员可以在软件架构设计的基础上，逐个实现目标软

面向对象设计

件系统包含的业务逻辑内容,设计目标软件系统实现各个用例及活动的对象交互过程。同时,软件设计人员也可以在顺序图的基础上构建类状态图,补充类属性,不断完善目标软件系统的架构设计。

如果架构设计中出现了不明确或者不准确的内容,软件设计人员需要重新返回到面向对象分析阶段,并对相关内容进行再次补充、完善。通过对目标软件系统开展多次分析与设计迭代,软件开发团队可以不断地提高架构设计的质量,降低软件开发过程中可能存在的风险。

8.4　软件构件设计

软件的架构设计完成以后,软件设计人员即可结合面向对象分析阶段完成的主题划分,对目标软件系统开展软件构件设计。

在介绍构件设计之前,首先讲解一下组件与构件的区别。简而言之,组件就是软件内部完成具体功能的一个或者多个类,是用于完成特定功能的程序组件,例如按钮组件、下拉框组件等;而构件（Component）的概念则相对较广,构件是指可复用的软件组成内容,可以是被封装的对象类、类树、功能模块（动态链接库、静态链接库）、软件框架（Framework）、资源、文档等。一般情况下,软件设计人员可以认为,组件是软件内部的可复用内容,而构件是指配合软件完成具体功能的外部复用内容。组件可以继承,而构件没有继承性,构件用于对特定的功能和内容进行封装。

广义而言,构件是指在软件生命周期各个阶段均可被复用的软件实体;然而,从狭义的角度来理解,构件是指具有明确接口的、严格封装的、可以被组装的软件制品。构件可以不修改或者基本不修改地作为一个部件与其他构件一起组装成为软件或软件成分。

可以发现,构件作为一种系统解耦以及提高软件开发效率和质量的方式在软件开发中极为重要。如何设计构件,如何封装构件来加速软件的开发过程,降低面向对象软件的开发复杂度,也是软件设计阶段必须解决的重要问题。

8.4.1　构件设计原则

随着构件开发技术的逐渐成熟,软件构件已经成为目前软件复用的主流技术之一。软件设计人员和软件开发人员可以在项目设计和开发过程中集成或使用各种已有的构件资源（如软件库、开源软件模块等）来协助软件开发,提高软件项目的开发效率。

在设计和封装软件构件时,软件设计人员和软件开发人员必须遵循以下设计原则,从多个方面来评估软件构件的质量。

（1）有用性

软件构件主要用于封装各种资源或者业务功能,能够向用户提供特定的服务。

（2）可用性

由于软件构件会在适当的环境中被重复使用,软件构件必须提供可读、清晰、完整、准确的 API 接口信息,便于软件开发人员了解构件,通过构件接口调用构件提供的资源和服务;同时,优秀的软件构件还会提供兼容多种开发语言的版本,便于软件开发人员进行系统集成。

（3）自描述性

构件必须能够识别其属性、存取方法和事件,能够根据调用要求提供正确的服务。

（4）可定制性

软件构件是可以独立配置的软件单元,优秀的软件构件可以通过参数配置来适应不同的使用场景。

（5）可移植性

优秀的软件构件往往会提供兼容多种环境部署的版本，确保软件构件能够部署在多种不同的软硬件平台上，能够在不同的环境中运行。

如果软件开发团队规定了软件体系架构标准或接口标准，软件设计人员就必须按照标准来选择或者设计软件构件，确保使用的软件构件能够满足软件系统集成或通信协议要求，让软件构件能够与目标软件系统无缝集成。

可以发现，由于软件构件的复用是建立在接口上的，软件开发团队在复用软件构件时，无须关心构件的内部逻辑，也无须重新编译构件。软件开发人员可以使用多种程序设计语言，直接通过构件提供的接口来调用相关的功能和资源。在软件环境中，构件通常作为一个独立的包出现，且任何目标环境中最多仅有一份构件副本。

当然，除了复用已有的构件资源以外，软件设计人员和软件开发人员也可以结合目标软件系统的架构设计、主题划分以及软件实施需求将目标软件系统中的功能和资源封装为多个不同的构件。在软件开发过程中，软件开发人员可以借助结构化程序设计语言或面向对象程序设计语言来封装软件构件，降低目标软件系统的开发复杂程度。

与此同时，随着微服务、云计算技术的快速发展，软件设计人员也可以在系统中集成各种网络服务构件，如云存储、云函数、云服务等。通过在软件系统中集成网络服务构件，目标软件系统可以突破本地空间限制，提高软件系统的开发、实施效率。例如，软件开发团队可以在软件系统中集成云计算平台提供的人脸识别服务、语音转写服务等。

8.4.2　软件构件的设计方法

在面向对象设计阶段，软件设计人员可以从主题、功能和资源类型等角度出发来设计和封装构件。例如，可以将软件系统中合作完成某个具体功能的多个控制类封装为构件，可以将外部集成的模块封装为构件，可以将资源文件封装为构件等。

同样以网络抓包分析软件为例，软件设计人员可以将抓包开源软件封装为外部构件；如果软件抓取的数据包类型已经确定，数据包的分析部分也可以被封装为构件；同时，软件系统中与网卡操作相关的控制类可以封装为独立构件；除此以外，软件设计人员也可以将软件项目中用到的图片、图标等资源封装为构件。最后，网络抓包分析软件的核心控制类调用各个构件提供的功能和资源，借助各个构件共同完成目标用例涉及的业务内容。封装构件后的网络抓包分析软件的架构如图 8-45 所示。

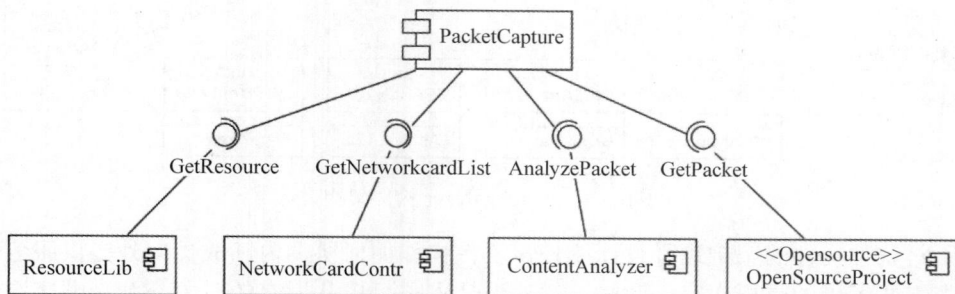

图 8-45　封装构件后的网络抓包分析软件架构设计

除了划分软件构件以外，软件设计人员还需要考虑如何划分和组织各个软件构件的内容，即如何组织构件涉及的类以及如何利用涉及的类来实现软件构件。

在构件设计过程中，软件设计人员可以递归地对构件包含的内容进行划分，直到获得合适的构件设计为止。同样以网络抓包分析软件中的 ContentAnalyzer 构件为例，可以得到该构件涉及的内容如图 8-46 所示。

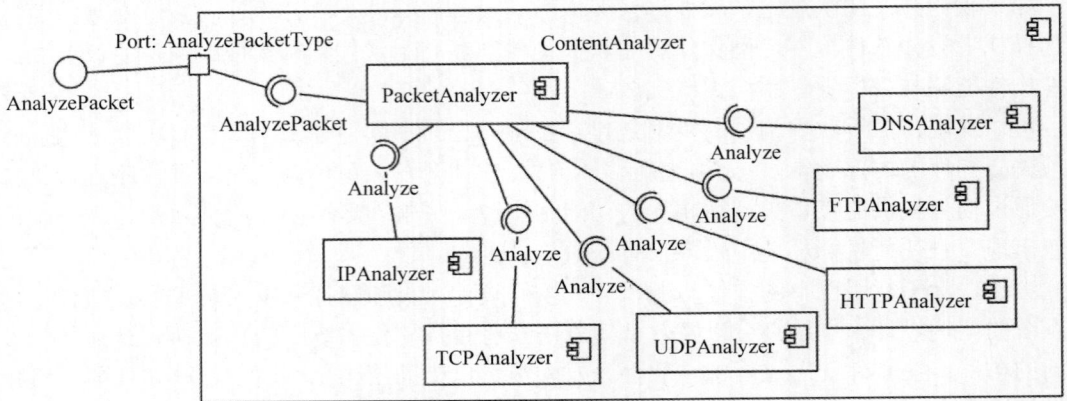

图 8-46 ContentAnalyzer 构件涉及内容

为了将软件构件涉及的内容与原有系统架构内容进行区分，软件设计人员可以在目标软件系统架构中建立以构件名为名称的包，通过包来承载构件包含的内容。

同时，软件设计人员也可以根据需要在软件构件的架构中增加协调类，通过协调类来组织构件的其他内容，并向外界提供服务。例如，在 ContentAnalyzer 构件的架构中增加 ContentAnalyzer 协调类来组织其他 Analyzer 类，并向外提供 AnalyzePacket 服务，如图 8-47 所示。

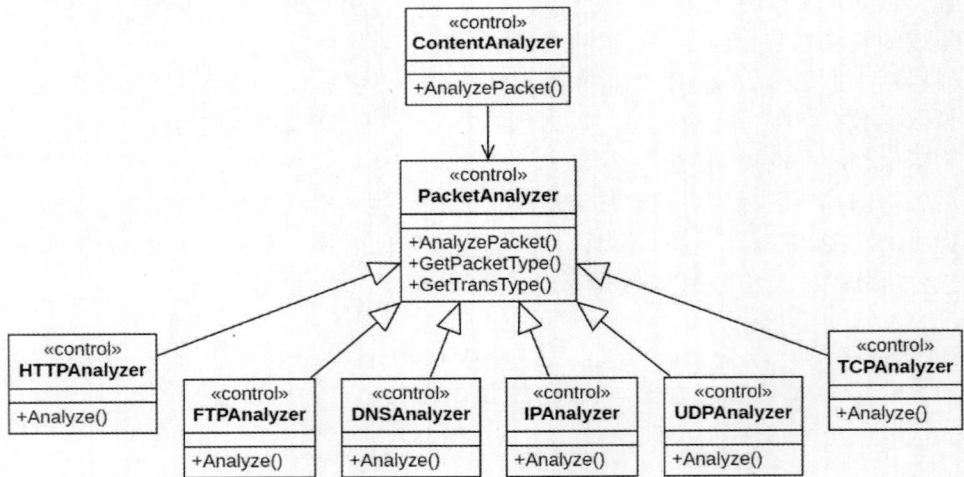

图 8-47 ContentAnalyzer 构件架构设计

除了对软件构件的架构进行设计以外，软件构件如何协调内部成员向外提供服务也是构件设计中需要考虑的重要内容。此时，软件设计人员可以从原有的对象交互（顺序图）中拆解出目标构件涉及的功能内容，并利用得到的构件架构来实现具体的业务逻辑。例如，ContentAnalyzer 构件可以通过图 8-48 所示交互过程来实现 AnalyzePacket 接口服务。

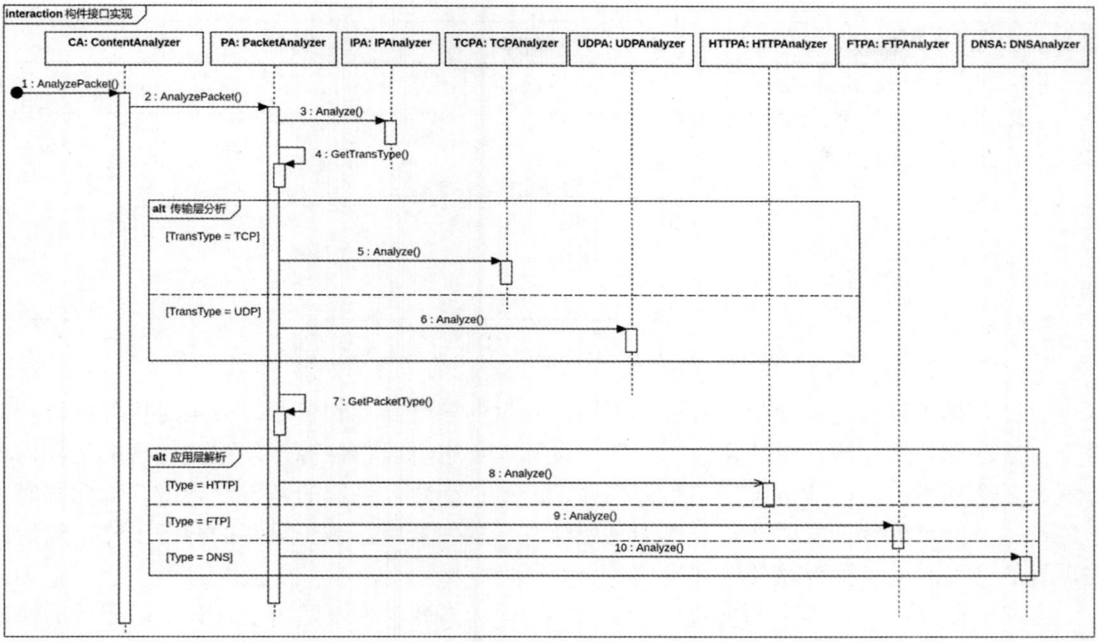

图 8-48　ContentAnalyzer 构件接口业务实现逻辑

　　构件的业务逻辑设计完成以后，软件设计人员可以使用构件来替换原来软件架构中的相关内容。例如，采用 ContentAnalyzer 构件来替换网络抓包分析软件中的抓包模块。此时，替换构件后的网络抓包分析软件的架构设计如图 8-49 所示。

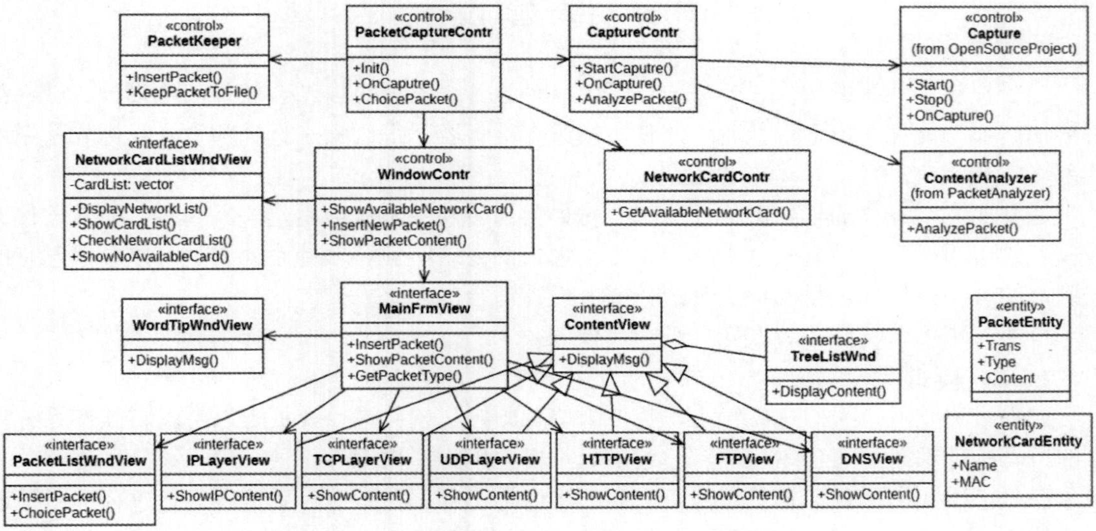

图 8-49　更新后的抓包分析软件系统架构设计

　　与此同时，软件设计人员还需要同步更新目标软件系统与构件相关对象的交互过程。在新的顺序图中，原来与构件相关对象的交互转至与构件进行交互，即取消与构件封装内容的原交互过程，改为与软件构件交互，使用构件提供的服务或资源完成相关业务。更新构件后，抓包分析业务的交互流程如图 8-50 所示。

　　可以发现，构件技术是指通过组装一系列可复用的软件构件来实现目标软件系统的技术。

面向对象设计

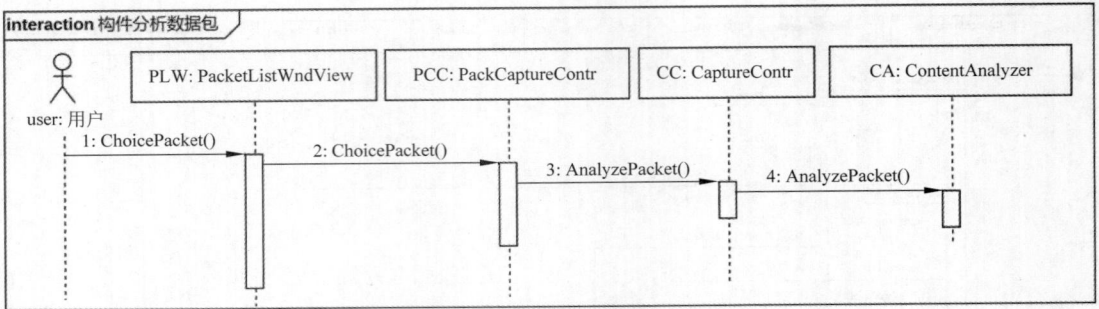

图 8-50　集成构件的抓包分析业务顺序图

软件设计人员可以通过构件接口直接使用构件提供的各种功能和资源，无须对构件的源代码进行再次编译。通过构件封装及调用，软件设计人员也可以将目标软件系统包含的架构内容分解为多个规模更小、业务独立的软件构件，降低目标软件系统的开发复杂度。与此同时，通过构件技术，软件开发团队可以更加有效地进行软件复用，减少重复的开发工作，缩短软件项目的开发时间，降低软件的开发成本。

目前，业界已经积累了大量的高质量软件构件和开源软件。随着云计算、微服务的快速发展，软件构件的运用也会变得越来越广泛。同时，部分学者和工程师也针对如何开发和设计软件构件，如何利用软件构件来开发软件系统进行了深入的分析和研究，提出了基于构件的软件开发方法。由于篇幅有限，本书仅对软件构件的基本内容进行了介绍，感兴趣的读者可以阅读其他相关书籍，进行更加深入的学习。

8.5　部署设计

当目标软件系统的构件设计完成以后，软件设计人员就可以结合软件架构设计、软件部署环境、非功能性需求，以及软件的使用场景、业务容量等因素来选择和设计目标软件系统的部署方式。

通常而言，经典的软件架构模型都会对如何部署软件系统给出建议。同时，随着软件架构模型的应用推广，历史软件项目也积累了大量的部署经验。软件设计人员可以参考已有的案例，结合当前软件项目的特点来选择或者设计适合的部署方式。

目前，常见的软件部署方式有以下几种。

1. 单机模式

如果目标软件系统的规模较小，且使用位置固定，软件设计人员可以考虑将软件系统包含的所有构件部署到一台主机上，通过单台主机向用户提供服务。

在单机模式中，目标软件系统所需要的构件均已部署在本地，系统在运行过程中无须调用其他主机或者服务器提供的服务（与主机连接的外部设备除外），如图 8-51 所示。

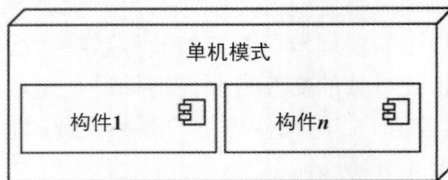

图 8-51　单机模式

2. 客户端/服务器模式

随着软件规模的不断扩大，单台主机设备的运算能力可能已经无法支持目标软件系统的正常运行，或者无法满足用户要求的性能。此时，软件设计人员可以采用客户端/服务器模式，通过多台主机共同向用户提供服务。

在客户端/服务器模式中，原来单机模式中为其他构件提供服务的构件被单独分离出来部署到其他主机上，形成服务端。客户端通过向服务端发送请求，与服务器一起共同完成相关业务功能。

通常，服务端主要用于部署给客户端提供服务的各种构件，如复杂业务处理、数据存取等。软件设计人员也可以根据客户端的实现方式不同，选择客户端/服务器模式（C/S）或浏览器/服务器模式（B/S）来调用服务器中部署的各种资源，如图 8-52 所示。在 C/S 模式中，客户端可以部署实现一定功能的软件构件，客户端和服务器之间通过信令或者消息进行通信；而在 B/S 模式中，客户端使用 Web 浏览器调用服务器上提供的服务。

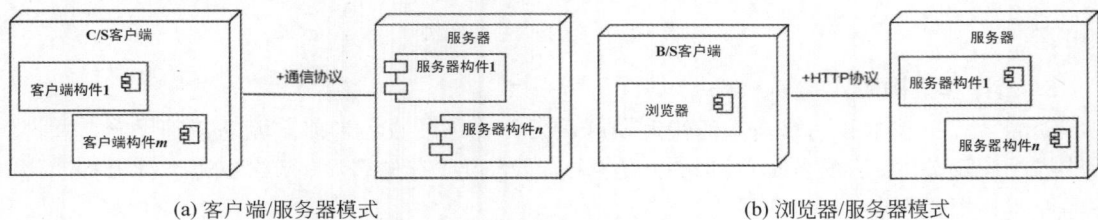

图 8-52 客户端/服务器模式

在客户端/服务器模式中，软件设计人员可以根据目标软件系统的架构设计内容来选择部署到服务器和客户端上的软件构件，对软件架构中的内容进行划分。

3. 中间件

伴随着计算机技术的快速发展，客户端/服务器模式得到了广泛的应用。然而，随着系统用户数量的增多及业务复杂度的提高，服务器的处理压力越来越大。

中间件将服务器中的业务逻辑处理独立出来，封装为客户端和服务器之间的中间层，如图 8-53 所示。客户端将业务请求发送给中间件，由中间件进行业务处理；中间件在业务处理过程中可以与服务器进行数据交互，确保业务的完整性。

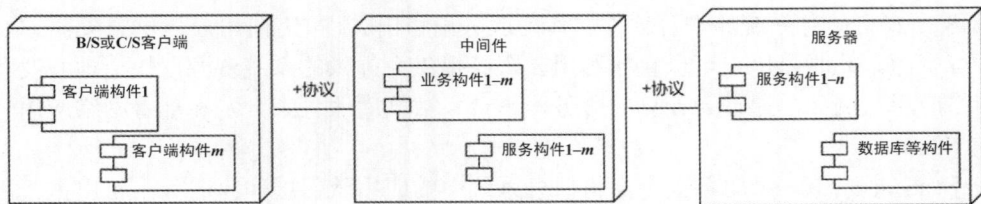

图 8-53 中间件模式

当然，中间件能够完成的功能不仅如此。软件设计人员可以根据中间件的功能或用途将中间件分为事务式中间件、过程式中间件、消息中间件和 Web 应用服务器等类型。

4. 分布式架构

网络技术的快速发展引发了大量的业务访问，给中间件和服务器带来了巨大的压力。为了满足日益增长的业务需求，并且确保软件系统的数据安全，越来越多的软件项目采用分布式架构来为用户提供服务。例如，采用双机/多机热备技术来保证服务器稳定，采用负载均衡

面向对象设计

技术分担客户端的访问请求，数据库读写分离等。

软件设计人员可以结合用户需求、访问业务量等因素，参考已有的项目经验来决定系统中实际部署的服务器、中间件数量，通过分布式架构来提高目标软件系统的业务处理能力和稳定性，如图 8-54 所示。

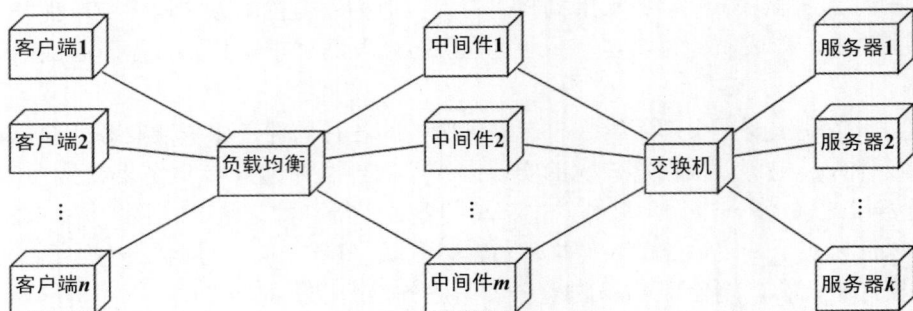

图 8-54　分布式架构案例

5. 云计算架构模式

随着计算机技术和网络技术的快速发展，云计算逐渐成为当前主流的基础设施，并得到了业界的广泛关注。云服务提供商可以将各种计算资源、存储资源、网络资源进行虚拟池化，按需向用户提供服务。

目前，云服务提供商能够提供 IaaS（Infrastructure as a Service，基础设施即服务）、PaaS（Platform as a Service，平台即服务）和 SaaS（Software as a Service，软件即服务）等服务。

1）IaaS

在 IaaS 模式中，云服务提供商先把信息系统的基础设施建设好，并对各种资源进行虚拟池化。然后，云服务提供商再将信息系统的基础设施层作为服务出租出去，即直接对外出租硬件服务器、虚拟主机、存储、网络设施等。

直观而言，IaaS 模式是指云服务提供商负责管理机房基础设施、计算机网络、磁盘柜、服务器和虚拟机等设施；租户负责在租用的硬件资源上安装和管理操作系统、数据库、中间件、应用软件和数据信息等。

2）PaaS

PaaS 模式将信息系统的平台软件层作为服务出租出去，按需向用户提供服务器、数据库、中间件等资源。此时，用户可以直接利用云服务提供商提供的系统资源，快速地开发和部署各种网络应用。例如，通过云计算的服务器平台、数据库服务来开发和部署网络应用。

3）SaaS

在 SaaS 模式中，云服务提供商将信息系统中的应用软件层作为服务出租出去。用户可以按需购买 SaaS 服务，并且按照接口标准直接使用云计算平台提供的服务。例如，用户可以在应用中集成云计算平台提供的人脸识别、语音转写等服务，无须关心相关服务的技术实现细节。SasS 模式进一步降低了云服务使用者的技术门槛，得到了广泛应用。

云计算架构也可以根据用户需求提供公有云、私有云、混合云和行业云 4 种部署方式。

1）公有云

公有云是指由第三方云服务提供商通过互联网为用户提供的云计算服务，如腾讯云、华为云、阿里云、亚马逊 AWS 等。

公有云的核心属性是共享资源服务。在公有云中，用户无须关心云服务平台是如何实现和运行的，甚至不需要了解与哪些用户共享和使用资源。用户可以通过互联网，以免费或低成本的方式使用公有云提供的各种云服务。

2）私有云

私有云是指企业为组织内部架设的云服务，不对公众开放。

企业可以根据业务需求来定制私有云，使其能够满足特殊的应用场景。同时，私有云也可以部署在企业的防火墙内，方便企业对其数据、安全性和服务质量进行有效控制。

然而，私有云也存在一定的缺点。由于建设私用云需要购买大量的硬件设备，可能需要大厂家的云平台解决方案，私有云具有较高的初始成本。同时，企业为了维护私有云，必须在企业内部保留专业的云计算团队，持续运营私有云的成本较高。

3）混合云

混合云强调其基础设施由两种或者更多类型的云组成。用户可以将安全性要求高、关键或敏感的核心应用、私密数据部署在私有云，而将公开访问的数据和应用部署到公有云，从整体上降低云服务的使用成本。

由于混合云具有较高的灵活性，越来越多的企业开始使用混合云来部署应用系统。然而，混合云需要协调多朵云之间的协作关系以及决策应用和数据的部署位置，其部署和管理均对企业提出了较高的要求。同时，混合云除了要求企业在内部维护一套私有云以外，还要将其他云平台融入业务系统，具有较高的建设成本和维护成本。

4）行业云

行业云是指由行业内或者某个区域内起主导作用或者掌握关键资源的组织建立和维护的云平台，如金融云、政务云、医疗云、卫生云等。行业云以公开或者半公开的方式向行业内部、相关组织或公众提供有偿服务或者无偿服务。

行业云的优势在于能够对特定的业务进行专门优化，可以更好地方便用户。但是，行业云仅针对特定的业务进行优化，可支持的应用范围较小，且具有较高的建设成本。

在软件系统的部署设计过程中，软件设计人员需要结合目标软件系统的特性来选择合适的云服务架构或云服务产品，如图 8-55 所示。同时，由于云计算平台可以根据用户的需求对

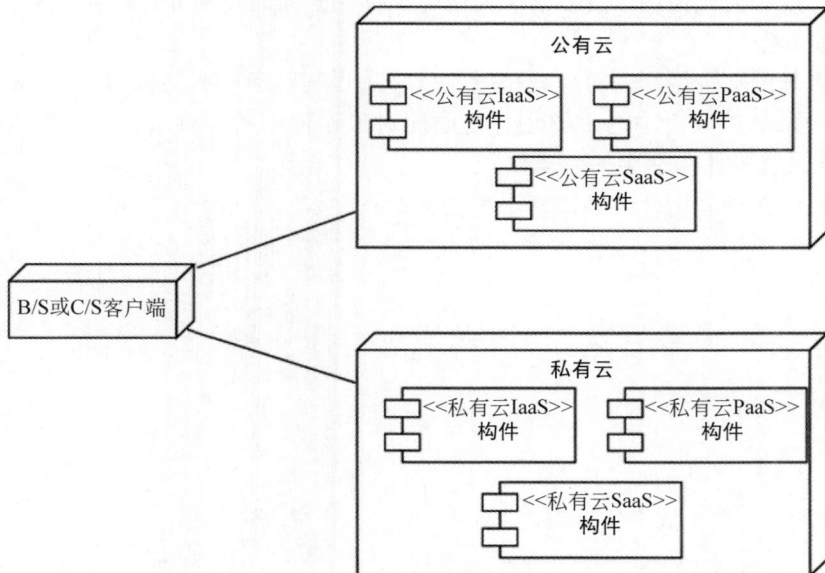

图 8-55　云计算架构模式

面向对象设计

资源进行弹性扩展，软件设计人员需要根据目标软件系统的业务需求来估算业务容量，确保选择的云计算服务能够满足容量要求。

8.6 小 结

由于面向对象设计与面向对象分析采用相同的建模方法，软件设计人员可以直接从面向对象分析过渡到面向对象设计，并结合实现需要对面向对象的分析成果进行补充。

软件设计人员可以结合用户需求，参考或者选择经典的软件架构框架为目标软件系统设计适合的软件架构模型。软件的架构模型确定以后，软件设计人员可以按照架构模型的要求将分析模型中的类候选者添加到软件架构中。同时，软件设计人员也可以根据实现需要在软件架构中增加其他必需的类。

通过实现目标软件系统涵盖的各个用例，软件设计人员可以借助对象交互分析和状态分析来补充类候选者的方法和属性，检验软件架构设计的合理性。

除了对软件的架构进行设计以外，软件设计人员还必须结合软件的实现需求和运行环境对目标软件系统的构件和部署方式进行设计。

由于面向对象开发方法参考现实世界中实体的架构来构建目标软件系统，以实体抽象建模得到的软件架构比以功能划分得到的软件架构具有更高的稳定性。因此，面向对象分析与面向对象设计的迭代过程对目标软件系统架构设计的影响相对较小。随着软件开发团队对软件业务功能理解的不断深入，软件设计人员可以根据需要对面向对象分析和面向对象设计的成果进行反复迭代，提高软件分析和设计的质量。

8.7 习 题

1. 面向对象方法的模块独立性与结构化方法的模块独立性有什么区别？

2. 阐述面向对象设计原则如何提高模块的独立性，并举例说明。

3. 以一种设计模式为例，指出该模式使用了哪些面向对象设计原则，并说明该案例如何提高模块的独立性。

4. 如何将分析阶段得到的对象模型融入软件项目实际应用的架构中？

5. 面向对象需求分析中的主题划分与面向对象设计中的构件设计之间的关系是什么？如果你来划分系统构件，你会如何操作？

6. 你认为什么样的构件才是高质量的构件？

第 9 章

面向对象实现

与结构化实现相似，面向对象实现是用特定的面向对象程序设计语言将前期完成的软件设计变为程序代码或软件构件，测试、集成各个软件模块，并将完成的软件产品交付给用户使用的过程。

由于面向对象技术以"类"为单位来组织程序源代码，面向对象程序设计与结构化程序设计在代码组织、软件实现以及软件测试等方面均存在较大的区别。

本章将在面向对象设计的基础上，借助 C++程序设计语言向大家介绍如何实现软件设计，如何为软件构建测试用例。

9.1 面向对象编码

相对于结构化程序设计而言，面向对象技术最大的改进在于引入了"类"，并通过类对现实世界中的实体进行抽象。

自从 Simula 语言引入"类"以来，几乎每种面向对象程序设计语言都保留了该概念。类是面向对象程序的基本单元，它将数据抽象（属性）和过程抽象（方法）封装为一个有机的整体，并为它们设定访问控制。在类的外部，软件开发人员通过设定的访问控制来使用类的属性和方法，保证类中封装内容的安全。

除了采用面向对象程序设计语言将软件设计转换为程序代码以外，如何有效地组织程序源代码，如何对软件模块进行集成也是软件开发团队必须关注的问题。

9.1.1 项目文件组织

在面向对象设计中，软件设计人员已经对目标软件系统中涉及的类、类关系以及对象之间的交互进行了设计。同时，如果目标软件系统的规模较大，软件设计人员也会根据面向对象分析中的主题划分，将项目包含的部分内容封装为软件构件。

此时，如果目标软件系统的内容被细化为最小粒度，则每个类的实现均可视为一个单独的构件生产过程。以 C++程序设计为例，类的定义可以分为类界面和类实现两个部分。软件开发人员可以将某个类的类界面和类实现理解为一个软件构件，并通过大量的类构件来组成目标软件系统。

为了降低目标软件系统的实现复杂度，软件开发人员可以通过以下步骤来实现面向对象设计到面向对象程序代码的转换。

1. 建立项目文件管理目录

随着软件规模的不断扩大，软件项目包含的代码文件数量越来越多，文件的内容也越来越复杂。为了方便地管理和组织程序源代码，软件开发团队必须通过多种方式对软件项目的代码文件进行管理（此处仅对本地代码管理方式进行介绍，本书将在第 11 章对软件开发团队如何借助配置管理工具进行合作开发和代码管理进行介绍）。

与结构化程序设计一样，软件开发团队在项目开始初期可以为即将进行的项目取一个有意义的名字（为了方便 IDE 管理软件项目，建议给项目取一个有意义的英文名）。

同时，软件开发人员可以在本地目录中建立一个以项目英文名为名字的文件目录。

通常而言，经典的软件架构框架模型除了给出架构模型以外，还会对如何组织和管理程序源代码进行建议。软件开发人员在建立项目内容组织目录结构时，可以参考项目管理要求或选用软件架构框架建议的文件组织方式，便于后期项目内容的建设。当然，软件开发团队也可以结合软件设计来优化文件组织目录，对程序源代码的组织方式进行定制。

为了便于理解，本书暂时不考虑其他软件架构模型提供的目录框架结构，仅以使用 C++ 程序设计语言完成简单软件项目为例来介绍面向对象项目的实现过程。

除了全部从底层构建软件项目以外，软件开发团队可以使用已有的软件构件，或者按照面向对象设计方法将软件项目的部分内容封装为软件构件，降低目标软件系统的实现复杂度。此时，软件开发人员可以根据面向对象设计方法，在项目文件目录中分别建立与软件构件对应的子目录，并将各个软件构件包含类的类界面和类实现存储于对应的构件子目录中。

以网络抓包分析软件为例，根据面向对象设计阶段得到的相关内容，该软件项目可以封装 ContentAnalyzer、NetworkCardContr、OpenSourceProject 和 ResourceLib 4 个构件。此时，软件开发人员可以为该软件项目建立如图 9-1 所示的目录结构。

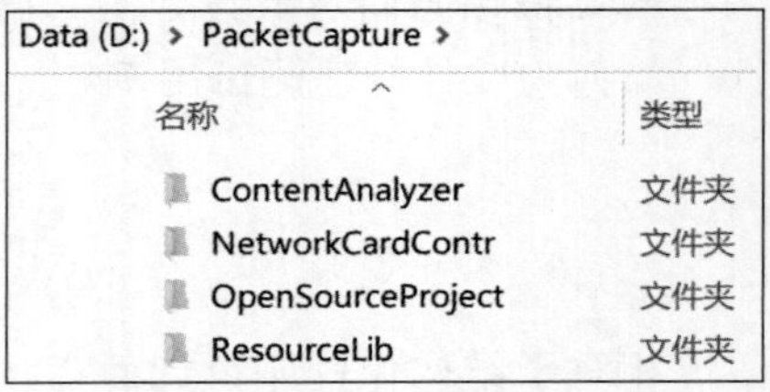

图 9-1　网络抓包分析软件目录结构

2. 依次构建各个构件的包含内容

为了降低目标软件系统的实现复杂度，软件开发人员可以根据面向对象设计阶段完成的构件划分和构件系统架构，依次在每个构件子目录中创建构件包含类的类界面文件和类实现文件。由于软件构件涉及的内容比较丰富，软件开发人员可以根据软件编码规范对各类文件进行统一命名。

当构件涉及的文件创建完成以后，软件开发人员可以按照面向对象设计中的内容来编写软件代码，并封装构件包含的资源。为了方便管理构件程序源代码和编译构件，软件开发人员也可以在构件子目录中创建对应的构件工程项目，通过构件工程项目对构件的内容进行管理和编译。

同时，如果软件项目中使用了其他项目已经编译好的软件构件，软件开发人员可以直接将封装好的构件库文件和构件接口文件放入对应的构件子目录中，便于后期项目集成。

3. 编译并测试软件构件

为了方便地管理和编译软件构件，软件开发人员可以将构件涉及的内容（类或资源）逐个添加到构件工程项目中，并依次编译构件的各个组成部分。

在开发软件构件时，软件开发人员可以在构件子目录中编写与构件内容相关的测试驱动程序，并测试构件封装的功能或内容是否正确。

1）测试类构件

软件开发人员可以在测试驱动程序中生成对应类的对象，并通过功能调用来测试类构件是否能够被正确编译，测试类构件提供的功能是否正确。

2）测试软件构件

软件开发人员可以通过构件接口来调用构件封装的功能和资源，确保构件能够被正常地调用且构件功能符合需求。

3）测试资源构件

通过测试驱动程序调用构件中封装的各种资源，软件开发人员可以测试构件内封装的资源能否被正确获取，资源是否完整等。

4）测试云构件

软件开发人员可以根据云计算平台提供的云构件接口信息来测试相应的云函数、云服务等构件资源，确保各类云构件能够被正确集成。

在构件子目录包含的源程序文件中，构件的项目工程文件采用 main.cpp 进行命名，用于组织软件构件需要的所有源程序文件和资源文件。当然，软件开发团队也可以直接将构件的项目工程文件命名为指定的方式，例如 ContentAnalyzerMain.cpp 等。与此同时，软件开发人员可以为软件构件同步创建测试驱动源程序文件，如 ContentAnalyzerTest.cpp 等。

以网络抓包分析软件为例，根据面向对象设计内容，构件 ContentAnalyzer 子目录中包含的文件可以设置为图 9-2 所示内容（其中，后缀为 layout 的文件为集成开发环境产生的管理文件，与目标软件项目的内容无关）。

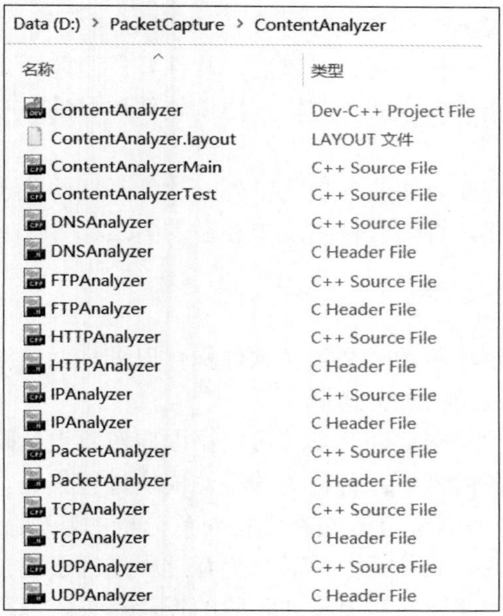

Data (D:) > PacketCapture > ContentAnalyzer	
名称	类型
ContentAnalyzer	Dev-C++ Project File
ContentAnalyzer.layout	LAYOUT 文件
ContentAnalyzerMain	C++ Source File
ContentAnalyzerTest	C++ Source File
DNSAnalyzer	C++ Source File
DNSAnalyzer	C Header File
FTPAnalyzer	C++ Source File
FTPAnalyzer	C Header File
HTTPAnalyzer	C++ Source File
HTTPAnalyzer	C Header File
IPAnalyzer	C++ Source File
IPAnalyzer	C Header File
PacketAnalyzer	C++ Source File
PacketAnalyzer	C Header File
TCPAnalyzer	C++ Source File
TCPAnalyzer	C Header File
UDPAnalyzer	C++ Source File
UDPAnalyzer	C Header File

图 9-2　构件 ContentAnalyzer 包含的文件

4. 构件集成

在软件项目的开发过程中，除了被封装为构件的类和资源以外，软件项目可能还有部分其他的类和资源需要单独定义。此时，软件开发人员可以参考上述第二个步骤，在项目文件夹中创建对应的类文件和资源文件，并根据前期的设计结果编写和补充文件内容。

当所有的软件构件编译或准备完成以后，软件开发人员可以在项目文件夹中创建目标软件系统的项目工程文件。项目工程文件管理各个构件和项目文件，协同软件项目的各个成分来完成需要的软件功能。

软件开发人员可以通过各个类、构件、服务的接口信息来调用各个类构件、软件构件和服务构件，实现对各个软件成分的集成。与此同时，软件开发人员也可以按照测试用例要求来编写测试业务逻辑，确保目标软件系统的各个组成部分对项目而言是可用的，且能够被正确地调用和集成。

面向对象实现

图 9-3 给出了网络抓包分析软件的项目文件组织。其中，PacketCaptuerMain.cpp 为目标软件系统的主程序源文件。该文件负责集成各个软件模块，并实现项目要求的业务逻辑。TestMain.cpp 为目标软件系统的测试驱动源程序文件。

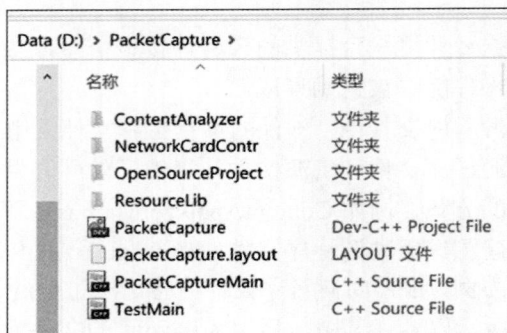

图 9-3　抓包分析软件文件组织

5. 目标软件项目业务实现

当目标软件系统的所有构件准备完成以后，软件开发团队即可按照面向对象设计中的相关内容，以约定的方式来实现各个业务逻辑，协调软件项目的各个组成部分共同完成软件项目涉及的业务功能。

除了完成目标软件系统涉及的业务功能以外，软件开发团队也可以在测试源程序文件中编写业务用例测试驱动程序，排除软件实现中存在的 Bug。

9.1.2　面向对象业务实现

除了实现目标软件系统涵盖的各个类和软件构件以外，面向对象实现的另一个重要工作内容就是实现用户需求中约定的业务逻辑。

所谓软件业务逻辑实现是指软件开发人员根据面向对象设计阶段的工作成果，实现面向对象分析中涉及的用例业务内容，并将相关的软件模块进行集成。

在面向对象设计阶段，软件设计人员在面向对象分析的基础上，结合软件架构设计内容，采用 UML 顺序图对完成各个业务活动的对象交互过程进行了建模；在面向对象实现阶段，软件开发人员的工作就是按照面向对象设计阶段的设计结果，以得到的软件架构来实现软件涉及的各个业务场景。

可以发现，面向对象实现阶段的工作内容可以分为构件实现和业务实现两个部分。

1. 构件实现

由于构件通过接口向外界提供服务，软件开发人员必须按照面向对象设计阶段约定的业务规则，"以构件接口为导向"来封装构件的组成内容。

在项目文件准备阶段，软件开发人员已经对构件涉及的内容进行了设计和组织。在构件实现阶段，软件开发人员需要根据构件的软件架构和工作机制，借助构件项目来封装软件构件，让构件能够通过指定的接口向外界提供服务或资源。

除了集成软件构件的各个组成部分以外，软件开发人员也可以同步编写软件构件的测试用例，及时对目标构件开展基于接口的单元测试。在测试过程中，软件开发人员可以排除构件开发内容与面向对象设计结果的不一致性，确保软件构件能够正确实现约定的功能，确保封装了约定的资源。

当然，软件开发人员也可以采用测试驱动开发，确保完成的软件构件能够通过各项测试用例，验证实现的软件构件能够从功能和接口上符合设计要求。

2. 业务实现

软件业务实现是指软件开发人员利用得到的软件架构设计来实现用户要求的业务功能。此时，软件开发人员必须按照面向对象设计阶段得到的对象交互过程，"以业务为导向"来实现目标软件系统涉及的所有业务逻辑。

在面向对象实现过程中，软件开发人员也可以使用多种方式来集成软件模块，实现目标软件系统包含的业务内容。

1）传统集成

软件开发团队可以采用与结构化集成相同的方式，即以非渐增式组装，以自底向上或者自顶向下的方式来集成软件模块。

2）协作集成

在面向对象的软件集成过程中，软件开发团队可以逐一针对目标软件系统的具体功能，将协作完成该功能的类或构件进行集成。例如，软件开发人员可以先实现各个软件构件，然后再将构件与其他类进行集成。

3）基于事件（消息）的集成

软件开发人员从消息角度出发，渐增地集成与该消息路径相关联的各个构件或类，直到所有与消息相关的构件和类被集成为止。

4）基于使用的集成

通过分析类与类之间的依赖关系，软件开发人员从对其他类依赖最少的类开始，依次将其依赖的类集成到软件系统中，最后完成整个软件系统的集成。

5）客户端/服务器模式集成

客户端/服务器模式从客户端业务开始集成服务器内容。在业务集成初期，软件开发人员可以将服务器需要完成的内容写成桩模块。在服务器软件模块的集成过程中，软件开发人员将桩模块不断地替换为实际的软件模块。

尽管使用客户端/服务器模式来集成软件需要编写大量的桩模块，但是该模式可以避免一次性集成所有代码出现的风险，且对模块的集成次序没有太大的约束。软件开发人员在集成过程中可以控制模块的集成进度，对新加入的软件模块开展特定的测试。

6）分布式集成

如果目标软件系统是由多个松散的同级构件组成，且构件之间通过消息或者信令来进行交互，那么软件开发人员可以先分别集成各个软件构件，然后再集成整个软件系统。

由于不同软件系统涉及的用户和使用环境差异较大，各个软件的内部业务逻辑也千差万别。相对于以功能或资源封装的软件构件而言，软件业务逻辑的复用程度相对较低。

在集成软件系统的各个组成部分时，软件开发人员可以结合面向对象分析阶段得到的脚本设计或活动图，在目标软件架构的基础上，依次实现软件系统涵盖的各个业务逻辑。同时，软件开发人员也可以先根据面向对象设计内容，将复杂用例的业务逻辑处理过程封装为软件构件，然后再通过构件集成来降低软件的实现复杂度。

如果在软件实现或集成过程中出现了与设计相关的问题，软件开发团队可以返回到面向对象设计阶段，对设计阶段的成果进行再次完善。软件开发团队通过优化面向对象设计内容，在软件设计层面解决实施过程中遇到的问题，然后再次转入面向对象实现阶段。

9.2　面向对象测试

尽管面向对象方法相对于结构化方法而言具有很多优点，如封装、继承、多态等，可以降低软件的复杂度，提高软件的复用度和生产效率；但是，面向对象方法的这些优点也带来了结构化方法不可能引发的软件测试问题，如私有方法无法访问，缺陷被继承，多态导致问题变复杂，缺陷由多个类共同促成等。与此同时，由于面向对象方法采用类来抽象客观世界，并非按照软件的功能来划分模块，结构化方法中通过功能测试（函数模块测试）叠加的方法已经不再适用于测试面向对象方法。同时，以面向对象方法开发的软件系统也不允许采用功能细化方式来检测软件中存在的问题。

可以发现，结构化方法使用的软件测试方法、技术、经验已经不再适用于测试面向对象软件项目，软件开发团队必须针对面向对象方法的特点来开发新的测试模型。

9.2.1　面向对象测试阶段

在面向对象方法中，软件开发被分为面向对象分析、面向对象设计和面向对象实现 3 个阶段。结合经典的软件测试步骤，面向对象的测试阶段也可以分为针对面向对象分析的测试、针对面向对象设计的测试、针对面向对象编程的测试和针对面向对象软件的测试 4 个部分。其中，针对面向对象编程的测试又可以再分为单元测试和集成测试两个阶段。

1. 针对面向对象分析的测试

由于面向对象分析的主要工作是将问题空间中的实例抽象为分析模型（通过类属性和类操作来表示实例的特性和行为，通过类之间的关联来反映问题空间的复杂实例和复杂关系），将用户的需求内容映射为领域模型，为面向对象设计阶段的类设计和软件架构设计提供依据。因此，针对面向对象分析的测试主要包括以下几个方面。

（1）对确定的类候选者进行测试。

测试面向对象分析阶段确定的类候选者是否包含了目标软件系统的所有必需实例，类名是否定义准确；同时，检查类候选者定义中是否存在遗漏、模糊、冗余等情况，排除与目标软件系统无关的类候选者。

（2）对确定的类进行关联测试。

结合用例内容和实际的业务场景，排除分析模型中不合理的类关联结构。同时，检测类关联中是否存在冗余关联、模糊关联和与系统无关的关联，检测分析模型中是否存在三者关联等情况。

（3）对主题进行测试。

检测主题所反映的对象和结构是否与现实相符，检测主题之间的联系是否反映了对象与结构之间的关联。

（4）对定义的类属性和实例进行关联测试。

通过将对象与目标实例进行对比，确保完成的类设计中已经包括了必需的属性，检测定义的类属性是否能够被正确理解以及类属性的定义是否恰当、完整。

（5）对定义的类服务和消息进行关联测试。

将目标软件系统中可能出现的消息引入到分析模型中，确保定义的类服务能够对消息进行正确响应，检测是否有服务遗漏。

2. 针对面向对象设计的测试

在面向对象方法中，设计阶段是分析阶段的继续演进。软件设计人员通过为目标软件系统设计软件架构，实现分析阶段获得的用例，对面向对象分析阶段的成果进行了再次细化和更高层次的抽象。同时，作为面向对象实现的依据，软件设计人员对目标软件系统中涉及的构件和部署方式进行了设计，实现了设计结果到软件实现的抽象。因此，针对面向对象设计的测试主要是对软件设计结果进行审查，确保设计内容与分析结果的一致性，且评估设计结果对软件实现的支持。

可以发现，针对面向对象设计的测试主要包括以下几个方面。

（1）对类设计的测试。

排除类设计与分析结果的不一致性，确保类的属性和方法没有遗漏。同时，测试基类抽象是否合理，确保基类中包含了所有派生类的公共特性等。

（2）对软件架构设计的测试。

分析并评估软件架构设计的可行性，确保得到的软件架构设计能够符合业务需要，且满足较好的稳定性和可扩展性。

（3）检测对象交互设计的正确性。

测试设计阶段完成的各个用例实现，确保完成的对象交互设计内容包含了面向对象分析阶段的所有用例，并对用例中涉及的所有路径进行了实现。

（4）对软件构件的测试。

检测软件构件设计中是否包含了实现业务需要的所有构件，构件内容划分是否合理，是否有内容被多个构件重复封装等。同时，检测构件定义的接口是否合理。

（5）对软件部署模式的测试。

通过多角度地分析和测试，确保完成的软件部署方式符合软件系统架构要求；对照软件需求规约，检查完成的软件部署是否与软件需求中约定的清单一致，设计的软件部署模式能否满足目标软件系统的性能和质量要求等。

3. 针对面向对象编程的测试

在面向对象编程阶段，软件开发人员的主要工作是利用程序设计语言将面向对象设计阶段的成果转换为软件代码或软件构件。因此，针对面向对象编程的测试主要是对完成的软件代码进行测试，确保软件代码与设计结果的一致性，确保代码的质量符合要求。

可以发现，针对面向对象编程的测试主要包括以下几个方面。

（1）检测完成的软件代码是否与设计结果相符。

检测完成的软件代码是否实现了设计结果中要求的所有类以及类的属性和方法；检测对象的业务逻辑是否符合设计需求，能否实现目标用例。

（2）检测构件封装是否正确。

检测实现的软件构件是否与设计相符，即检测软件构件是否能够提供设计要求的业务功能，软件构件中是否包含了与构件无关的内容等。

（3）检测软件代码的风格是否符合要求。

以指定的编码风格为标准来检测完成代码，评估代码的质量，例如代码的注释、变量命名、缩进等内容是否与标准相符。

4. 针对面向对象软件的测试

针对面向对象软件的测试是指对完成的目标软件系统开展系统测试。此时，系统测试主要从功能上和性能上来检测完成的软件系统是否符合用户需求，检查得到的各项软件配置是否完整等。

9.2.2 面向对象测试策略

与通用的软件测试流程一样，面向对象测试也可以分为单元测试、集成测试、确认测试和系统测试 4 个阶段。由于确认测试和系统测试是对完成的目标软件系统开展功能和性能测试，不涉及软件的具体实现方法，面向对象的确认测试和系统测试与结构化测试一样，均可以采用通用的测试方法。

然而，相对于结构化测试而言，面向对象测试更关注于类，而不是各个完成单一功能的函数模块。因此，结构化方法的测试方法不能直接套用于面向对象测试，软件开发团队必须结合面向对象方法的特点来设计适合的单元测试和集成测试方法。

1. 面向对象单元测试

在面向对象方法中，软件开发人员采用类对实体的属性和方法进行抽象和封装。因此，面向对象单元测试的重点是组成目标软件系统的各个类，软件测试人员必须以"类"为单元来开展测试。

相对于结构化方法而言，虽然面向对象方法具有诸多优点，如封装、继承、多态等，但是，这些"优点"也加大了单元测试的复杂度。软件测试人员除了可以借助结构化测试中的白盒测试和黑盒测试为类中的方法设计测试用例以外，还需要结合面向对象方法的特点，从多个角度来设计测试用例，针对类的属性和方法开展其他多种测试。例如，基于类属性的测试、基于类操作的测试和基于类状态的测试等。

2. 面向对象集成测试

与结构化方法中"功能即模块"的思路不同，面向对象方法涉及的功能往往分布于多个不同的类中，软件系统需要多个类对象相互关联、协同，共同完成目标软件系统要求的业务功能。此时，在结构化方法中适用的增量集成方式不再适合于面向对象集成。

在面向对象方法中，类之间的关系依赖极其紧密。类之间除了可以通过消息相互作用申请和提供服务以外，还存在继承、聚合、组合等关系，例如，类的成员方法可能会通过形参与其他类产生相互依赖关系，单独测试某个类的方法可能无法保证对该方法进行了充分测试；在面向对象技术中还包括了继承和多态现象，软件测试人员对类的测试不能仅限定于类中定义的属性和方法，还需要考虑其他与类相关的内容。此外，类的行为与状态密切相关，类的状态不仅体现在特定类的数据成员上，还需要包括其他类的状态信息。因此，面向对象集成测试无法像结构化集成测试那样增量集成各个"正确""孤立"的功能模块，必须在整个软件编译完成以后才能进行。

相对于结构化程序设计而言，由于以面向对象技术开发的软件具有动态特性，软件的控制流往往无法事先确定。因此，软件测试人员在面向对象集成测试中的主要工作是对各个类对象之间的交互进行测试，即通过将多个类中相互依赖的方法联合参与测试，确保对象之间的交互能够满足设计要求。例如，软件测试人员可以寻找类中存在的不变式（对正确的类而言是正确的一个或者一组条件），并围绕不变式来构建类的最小方法调用组合及调用序列。在构建调用组合及序列时，软件测试人员也可以结合类的不同状态来构建测试用例，在类层次上对多个类开展各种联合测试。

根据测试的目标不同，面向对象集成测试可以分为静态测试和动态测试两个步骤。

（1）静态测试主要测试目标软件系统的架构设计，确保完成的软件架构符合设计要求。

（2）动态测试则需要结合使用场景，参考软件架构来设计测试用例。常见的动态测试方法有基于用例或场景的测试、线程测试、对象交互测试等。

通常而言，面向对象集成测试与面向对象软件集成同步实施。软件开发人员可以根据目标软件系统的特点来选择适合的集成方式，并选择或设计特定的测试用例来发现软件中存在的问题，确保目标软件系统的业务完整性和稳定性。

3. 面向对象确认测试

进入到确认测试以后，软件开发团队已经按照面向对象设计中的内容对软件的各个模块进行了集成，并且得到的目标软件系统也已经能够实现用户需求中的各项业务功能。

在面向对象确认测试中，软件测试人员除了需要完成标准确认测试流程中的有效性测试、验收测试以外，还必须结合面向对象的特点来检测各项软件配置是否完整。

4. 面向对象系统测试

由于系统测试的主要目标是检测开发出来的软件系统能否达到用户需求，对于系统测试而言，采用面向对象方法开发的软件与采用结构化方法开发的软件并没有本质区别。

在设计系统测试用例时，软件测试人员可以参考面向对象分析的结果，检测目标软件系统能否完全再现问题空间，能否按照用户需求实现所需的业务功能。

9.2.3 面向对象测试用例设计

面向对象分析结束以后，软件测试人员就可以根据需求分析中的用例和测试计划安排来准备测试用例（Test Case），并跟随项目的进展对软件开发各个阶段的产出进行测试。

通常而言，针对面向对象分析和面向对象设计的测试工作可以直接放到对应内容的阶段性评审中，软件测试人员可以在评审过程中结合测试要求对各阶段的工作成果进行测试。

除了对面向对象分析和面向对象设计的成果进行测试以外，软件测试人员最重要的工作内容就是对完成的软件系统进行综合测试。此时，软件测试人员可以结合面向对象技术的特点，为待测软件系统设计适合的单元测试用例和集成测试用例，进一步排除软件设计和实现中存在的缺陷。

1. 单元测试用例设计

在面向对象单元测试中，测试的对象是组成目标软件系统的各个类。软件测试人员除了可以采用结构化方法中的白盒测试或黑盒测试方法为类中的方法设计测试用例以外，还需要结合面向对象程序设计的特点，对类的属性和方法开展综合测试。此时，软件测试人员需要寻找目标待测类的不变式，并在不变式的基础上结合特定的标准为目标待测类设计单元测试用例。

在介绍面向对象单元测试用例设计方法之前，先引入一个简单的目标待测类 SampleClass，如图 9-4 所示。

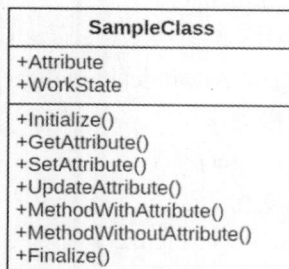

SampleClass
+Attribute
+WorkState
+Initialize()
+GetAttribute()
+SetAttribute()
+UpdateAttribute()
+MethodWithAttribute()
+MethodWithoutAttribute()
+Finalize()

图 9-4　目标测试类 SampleClass

面向对象实现

假设 SampleClass 类创建的对象必须经过 Initialize()操作后才能工作，且结束时必须运行 Finalize()操作。此时，可以认为 SampleClass 类中存在着一个最小的行为操作集，即不变式：Initialize().Finalize()。

根据 SampleClass 类中定义的方法，可以得到，SampleClass 类的操作系列如下：

Initialize().[GetAttribute()|SetAttribute()|UpdateAttribute()|MethodWithAttribute()| MethodWithoutAttribute()]^n.Finalize()

除了组合多个方法进行测试以外，软件测试人员还可以根据不同的测试标准在目标待测类的操作系列中选择相关操作，为目标待测类构建单元测试用例。例如，通过随机测试、划分测试和基于故障的测试等方式设计测试用例。

1）随机测试

软件测试人员在目标待测类的最小操作集中随机引入 $0\sim n$ 个其他操作，产生一系列的随机测试用例。例如，可以为目标待测类产生以下两个随机测试用例。

测试用例 r1：

Initialize().GetAttribute().SetAttribute().GetAttribute().GetAttribute().Finalize()

测试用例 r2：

Initialize().SetAttribute().UpdateAttribute().MethodWithAttribute().Finalize()

2）划分测试

可以发现，随机测试在设计测试用例时具有一定的盲目性。为了减少测试用例的数量，且更加有效地发现待测类中存在的缺陷，软件测试人员可以参考结构化方法中的等价类划分法思想来设计测试用例。在设计测试用例时，软件测试人员可以根据类的状态、属性和功能对测试用例进行划分，对目标待测类开展针对性测试。

（1）基于状态的划分。

软件测试人员可以根据类操作是否改变对象的状态（属性）来划分类操作，并在最小操作集的基础上设计测试用例。此时，软件测试人员可以借助面向对象设计阶段完成的类状态图，根据类操作与对象状态的关系来寻找不同的测试路径。

假设 SampleClass 类的方法中，SetAttribute()和 UpdateAttribute()两个操作会改变对象的状态，GetAttribute()、MethodWithAttribute()和 MethodWithoutAttribute()三个操作不会改变对象的状态。此时，软件测试人员可以根据类方法是否改变对象状态，为目标待测类生成一系列测试用例。例如，采用基于状态的划分方法为目标待测类产生以下 5 个测试用例。

测试用例 p1（改变类状态的操作 1）：

Initialize().SetAttribute().Finalize()

测试用例 p2（改变类状态的操作 2）：

Initialize().UpdateAttribute().Finalize()

测试用例 p3（改变类状态的操作 3）：

Initialize().UpdateAttribute().SetAttribute().Finalize()

测试用例 p4（不改变类状态的操作 1）：

Initialize().GetAttribute().Finalize()

测试用例 p5（不改变类状态的操作 2）：

Initialize().MethodWithAttribute().Finalize()

（2）基于属性的划分。

根据类操作是否使用类属性，软件测试人员可以将类操作分为使用属性的操作、修改属性的操作以及不使用也不修改属性的操作。

假设在目标待测类 SampleClass 的方法中，使用属性的操作为 GetAttribute() 和 MethodWithAttribute()，修改属性的操作为 SetAttribute() 和 UpdateAttribute()，不使用也不修改属性的操作为 MethodWithoutAttribute()。

此时，软件测试人员可以根据类操作与类属性的关系生成一系列的测试用例。例如：

测试用例 a1（使用属性的操作 1）：

  Initialize().GetAttribute().Finalize()

测试用例 a2（使用属性的操作 2）：

  Initialize().MethodWithAttribute().Finalize()

测试用例 a3（使用属性的操作 3）：

  Initialize().GetAttribute().MethodWithAttribute().Finalize()

测试用例 a4（修改属性的操作 1）：

  Initialize().SetAttribute().Finalize()

测试用例 a5（修改属性的操作 2）：

  Initialize().UpdateAttribute().Finalize()

测试用例 a6（修改属性的操作 3）：

  Initialize().SetAttribute().UpdateAttribute().Finalize()

测试用例 a7（不使用也不修改属性的操作）：

  Initialize().MethodWithoutAttribute ().Finalize()

（3）基于功能的划分。

软件测试人员可以根据类操作完成的功能对类方法进行分类，并为每个分类设计对应的测试用例。

假设 SampleClass 类的方法在功能上可以分为查询、修改和其他三类操作。查询操作包括 GetAttribute() 和 MethodWithAttribute()；修改操作包括 SetAttribute() 和 UpdateAttribute()；其他操作为 MethodWithoutAttribute()。

此时，软件测试人员可以为每个方法类分别设计测试用例。

测试用例 m1（查询操作 1）：

  Initialize().GetAttribute().Finalize()

测试用例 m2（查询操作 2）：

  Initialize().MethodWithAttribute().Finalize()

测试用例 m3（修改操作）：

  Initialize().SetAttribute().UpdateAttribute().Finalize()

测试用例 m4（其他操作）：

  Initialize().MethodWithoutAttribute().Finalize()

3）基于故障的测试

除了上述测试用例设计方法以外，软件测试人员也可以结合常见的错误和软件测试经验来推测目标待测类中可能存在的问题，并根据推测内容来设计测试用例。例如，软件测试人员可以针对数值越界、异常值设置等情况展开测试。

通过以上方法得到类的单元测试用例后，软件测试人员就可以结合测试用例来选择或者设计测试数据，对目标待测类开展相关测试。

2. 集成测试用例设计

在面向对象软件集成过程中，软件测试人员必须按照特定的模块集成规则将多个类或构件进行集成。此时，参与集成测试的类可能超过一个，前期的单元测试方式已无法继续满足集成测试的要求。

此时，软件测试人员除了可以继续使用随机测试、划分测试为集成后的多个类设计测试用例以外，还可以结合业务场景和业务逻辑对集成后的多个类开展测试。

在介绍集成测试用例设计方法之前，先引入一个简单的面向对象集成测试案例。案例的软件架构如图 9-5 所示。

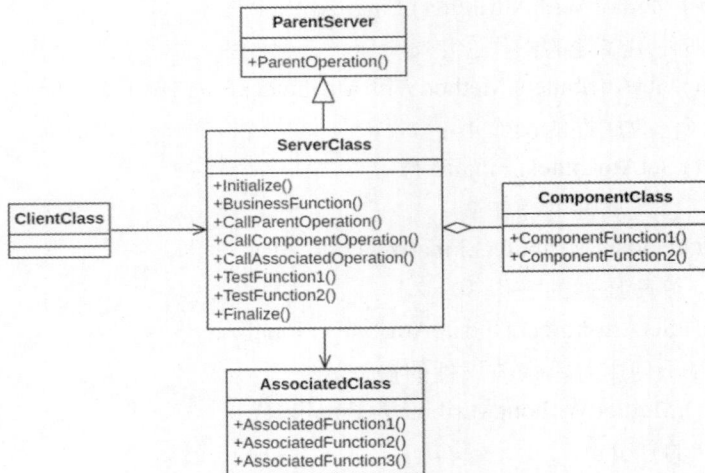

图 9-5　集成测试案例

假设目标待测案例中的客户端类 ClientClass 必须调用服务器类 ServerClass 的 Initialize()操作后才能使用其他功能，且结束时必须调用服务器类 ServerClass 的 Finalize()操作来结束运行。此时，可以将服务器类 ServerClass 的 Initialize()操作和 Finalize()操作认为是服务器的准备和退出操作，并得到客户端调用服务器的最小操作集合为 Initialize().Finalize()。

如果将客户端类 ClientClass 的操作与服务器类 ServerClass 的操作相分离，可以得到对本案例服务器类进行集成测试的最小操作集如下：

Initialize().[BusinessFunction()|CallParentOperation()|CallComponentOperation()|
CallAssociatedOperation()|TestFunction1()|TestFunction2()]^n.Finalize()

在得到目标测试案例的最小操作集后，软件测试人员即可根据不同的测试策略以及不同的测试用例设计方法为目标案例设计测试用例。

1）集成随机测试

集成随机测试是指软件测试人员根据随机的操作系列来确定参与测试的类和类操作。

以待测案例为例，软件测试人员可以在客户端类 ClientClass 最小操作集的基础上随机添加一系列其他操作，并通过产生的随机操作系列向服务器类 ServerClass 发送消息。服务器收到客户端的消息后，根据消息的路径来确定参与协作的类操作和其他类。

在该案例的集成测试中，服务器类负责向协作类发送消息，并确定协作类的相关操作。例如，软件测试人员可以为目标待测案例生成以下几个随机测试用例。

测试用例 r1：

Initialize().TestFunction1().Finalize()

测试用例 r2：

Initialize().CallParentOperation().Finalize()

考虑到测试用例 r2 中的 CallParentOperation()操作将使用到服务器类 ServerClass 的父类 ParentServer 中的方法，软件测试人员在设计测试操作系列时需要加入父类 ParentServer 相关方法的引用。

为了区分测试操作序列中不同类的方法调用，软件测试人员可以将类名作为方法的下标进行标注。同时，为了区分直接调用类和非直接调用类，非直接调用类的方法可以加上中括号"[ ]"进行区别。此时，测试用例 r2 的操作序列可以更新如下：

测试用例 r2：

$Initialize()_{ServerClass}.CallParentOperation()_{ServerClass}.[ParentOperation()_{ParentServer}].$
$\qquad Finalize()_{ServerClass}$

测试用例 r3：

Initialize().CallAssociatedOperation().Finalize()

如果服务器类 ServerClass 中的 CallAssociatedOperation()操作涉及协同类 AssociatedClass 中的 AssociatedFunction1()操作和 AssociatedFunction2()操作，为了准确地表示测试用例涉及的范围，软件测试人员也必须在测试操作系列中增加 AssociatedClass 类方法的引用。此时，测试用例 r3 的操作序列可以更新如下：

$Initialize()_{ServerClass}.CallAssociatedOperation()_{ServerClass}.$
$\qquad [AssociatedFunction1()_{AssociatedClass}.AssociatedFunction2()_{AssociatedClass}].$
$\qquad Finalize()_{ServerClass}$

2）集成划分测试

除了采用随机方式设计集成测试用例以外，软件测试人员也可以在最小操作集中围绕待测软件架构的状态、参数属性和对外功能等因素来设计集成测试用例，添加与集成测试相关的协作类和操作。

面向对象集成划分测试中的用例选择、设计方式与面向对象单元测试的划分方式相一致，只是划分依据中的状态、属性和行为由单个对象的状态、属性和行为变为驱动整个目标案例的状态、内置属性和整体行为。同样，软件测试人员也可以根据软件构件的内容来划分测试用例，减少软件构件的测试用例数量。

软件测试人员可以在目标待测案例最小操作集的基础上引入对案例状态、属性和功能的操作，针对不同的测试目标进行划分，设计覆盖不同范围的测试用例。

3）由状态图导出测试用例

在面向对象集成划分测试中，软件测试人员针对目标待测架构的整体状态进行划分，得到针对整个架构状态变化的集成测试用例。然而，由于目标待测架构整体状态的变化无法详细地体现出多个类或对象的连续交互过程，软件测试人员可以借助系统状态图，从对象的状态变迁序列中导出目标待测架构的测试用例。

假设目标待测架构中存在如图 9-6 所示的状态图。为了在案例中引入状态分支，在服务器类 ServerClass 中添加了一个 ReceivedMsg 方法。该方法能够根据参数信息将系统状态转移到 State3 和 State4。

此时，软件测试人员可以借助结构化白盒测试中的路径覆盖思想，生成覆盖待测软件系统状态路径的集成测试用例。通过借鉴数据流图的复杂度分析方法，软件测试人员可以认为图 9-6 的复杂度为 4，并得到该系统状态图的独立路径如下。

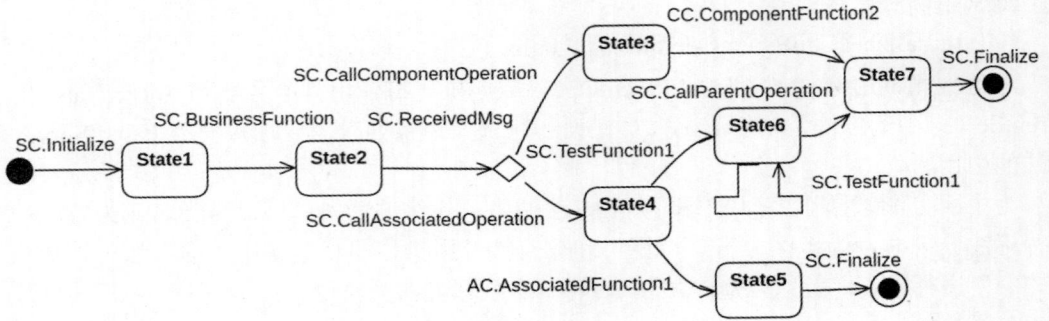

图 9-6　待测试系统的状态图

Path1：Start-State1-State2-State3-State7-Final

Path2：Start-State1-State2-State4-State6-State7-Final

Path3：Start-State1-State2-State4-State6-State6-State7-Final

Path4：Start-State1-State2-State4-State5-Final

当系统状态图的独立路径确认以后，涉及各个状态变迁的对象以及对象方法就确定下来了。软件测试人员可以在目标软件架构的基础上，顺序地将各条独立路径涉及的类和方法进行组织，为各条状态变迁路径构建测试用例。

以图 9-6 中的 Path1 为例，软件测试人员可以为该路径生成以下测试用例。

测试用例 SP1（覆盖路径 Path1）：

Initialize()$_{ServerClass}$.BusinessFunction()$_{ServerClass}$.ReceivedMsg()$_{ServerClass}$.

CallComponentOperation()$_{ServerClass}$.ComponentFunction2()$_{ComponentClass}$.

Finalize()$_{ServerClass}$

同样，在测试软件构件或子系统时，软件测试人员也可以借助软件构件或子系统的状态变迁来生成针对特定目标的测试用例。

4）由顺序图导出测试用例

在面向对象集成划分测试中，软件测试人员每次在最小操作序列中引入一个新的类方法来构建测试用例。然而，可以发现，该方法创建的测试用例仅为引入新的方法，无法从业务角度对目标待测架构的具体细节进行全面测试。

在面向对象设计阶段，软件设计人员对实现用例需求的对象交互过程进行了设计，给出了各个用例的具体实现过程。此时，软件测试人员可以借助面向对象设计中的对象交互设计，跟踪对象交互中的消息序列来生成满足各个用例实现的测试用例。

假设待测软件案例需要实现如图 9-7 所示的业务逻辑。

通过分析图中的对象交互过程，软件测试人员可以得到以下测试用例。

测试用例 SQ1（覆盖序列图 9-7）：

Initialize()$_{ServerClass}$.BusinessFunction()$_{ServerClass}$.CallComponentOperation()$_{ServerClass}$.

ComponentFunction1()$_{ComponentClass}$.ComponentFunction2()$_{ComponentClass}$.

AssociatedFunction1()$_{AssociatedClass}$.AssociatedFunction2()$_{AssociatedClass}$.

AssociatedFunction3()$_{AssociatedClass}$.Finalize()$_{ServerClass}$

同样，软件测试人员也可以依据软件构件或子系统的对象交互设计为软件构件或子系统生成相应的集成测试用例。

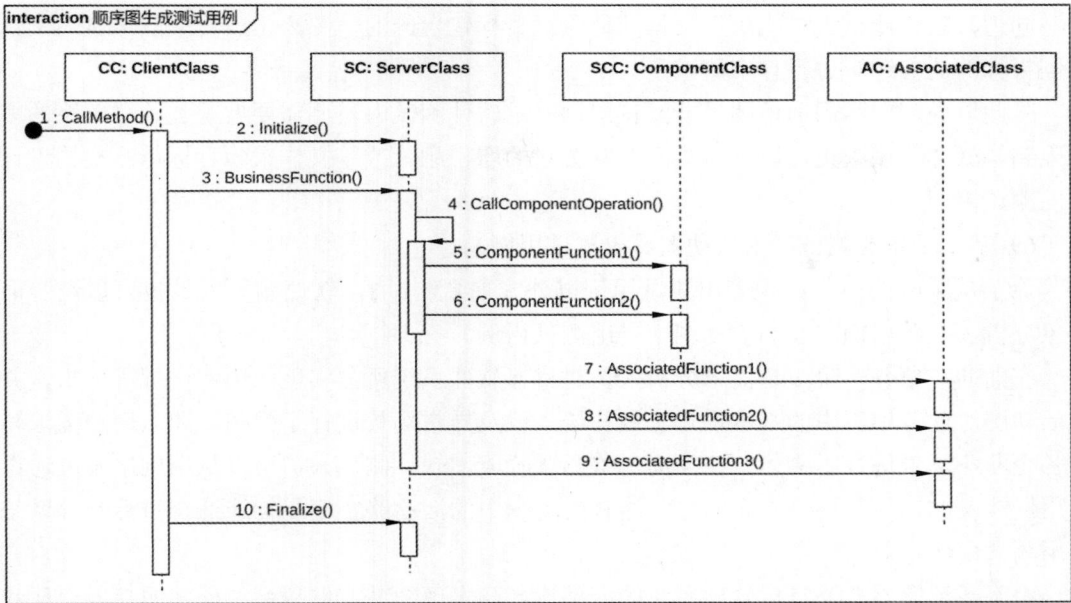

图 9-7 待测试系统涉及的业务顺序图

5）由通信图导出测试用例

在面向对象设计阶段，软件设计人员可以借助通信图来表达复杂业务逻辑涉及的对象和对象交互过程。同样，在面向对象集成测试中，软件测试人员也可以依据通信图，通过跟踪对象之间的交互过程来生成测试复杂业务逻辑的集成测试用例，从代码层面对复杂业务逻辑进行详细测试。

假设目标待测案例中存在如图 9-8 所示的通信图。

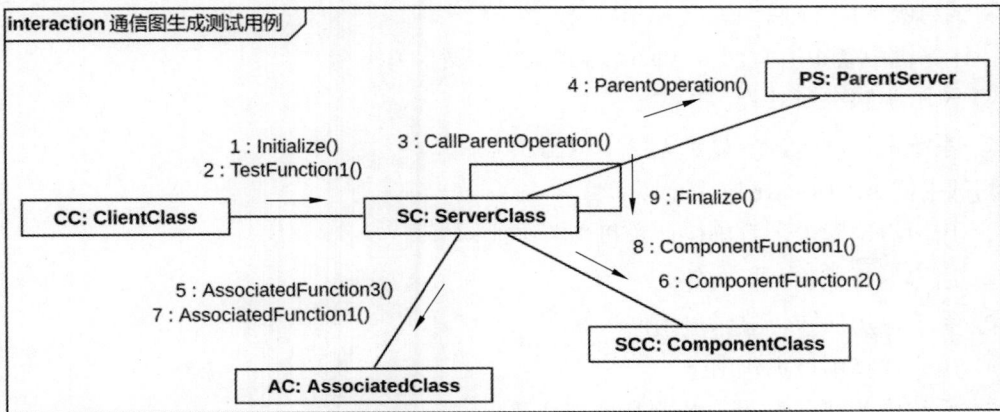

图 9-8 待测试系统包含的通信图

通过跟踪通信图的对象交互过程，软件测试人员可以生成以下测试用例。

测试用例 CO1（覆盖通信图 9-8）：

$\text{Initialize()}_{\text{ServerClass}}.\text{TestFunction1()}_{\text{ServerClass}}.\text{CallParentOperation()}_{\text{ServerClass}}.$
$\text{ParentOperation()}_{\text{ParentServer}}.\text{AssociatedFunction3()}_{\text{AssociatedClass}}.$
$\text{ComponentFunction2()}_{\text{ComponentClass}}.\text{AssociatedFunction1()}_{\text{AssociatedClass}}.$
$\text{ComponentFunction1()}_{\text{ComponentClass}}.\text{Finalize()}_{\text{ServerClass}}$

面向对象实现

同理，软件测试人员也可以根据其他测试目标包含的通信图来生成对应的测试用例，对不同目标的业务逻辑进行详细测试。

除此以外，在利用通信图设计测试用例时，软件测试人员还需要考虑类关联关系的多重性限制。软件测试人员可以针对类间关联关系的增、删、改等操作来为目标待测架构设计相关的测试用例。

6）基于场景的测试（由活动图导出测试用例）

除了从系统的内部结构导出测试用例以外（白盒测试），软件测试人员也可以结合面向对象分析，从各用例涉及的活动图中导出测试用例。

在面向对象分析阶段，需求分析人员对目标软件系统所需实现的用例进行了分析，并通过活动图对业务用例中的基本场景、候补场景以及异常场景进行了建模，即从用户需求角度对各个业务场景进行了描述。在面向对象测试阶段，软件测试人员可以从用例出发，通过分析用例涉及的每一个场景（活动图），结合活动图中的活动路径逐步构造适合目标软件系统的使用测试用例。

由于活动图不涉及目标软件系统的内部设计和实现细节，仅从系统外部的功能表现和需求角度出发来生成测试用例，基于场景的测试用例生成方法也可以被理解为针对面向对象软件系统的黑盒测试。

为了完整地测试目标软件系统，软件测试人员需要利用基于场景的测试用例设计方法覆盖面向对象分析中用例包含的所有活动，且必须针对活动图中的每条独立路径（从开始到结束）生成相应的测试用例。

同样以网络抓包分析软件中的抓取分析 HTTP 数据包活动图为例，软件测试人员可以针对活动图 7-2 中的 4 个结束状态分别创建由起始节点到结束状态节点的测试用例。

测试用例 A1（无网卡退出）：

在计算机中禁止所有网卡（或者台式机拔出网卡）。

① 运行抓包分析软件。

② 系统遍历网卡，并显示无网卡退出。

测试用例 A2（显示网卡错误）：

① 用户启用网卡，且确保计算机中有多块网卡。

② 用户运行抓包分析软件。

③ 系统遍历网卡，显示可用网卡。

④ 用户选择不可抓包网卡。

⑤ 系统判断网卡无效，提示无网卡退出。

测试用例 A3（显示数据包）：

① 用户运行抓包分析软件。

② 系统遍历网卡，显示可用网卡。

③ 用户选择可以抓包的网卡。

④ 系统显示抓包工作界面。

⑤ 用户单击"开始抓包"按钮。

⑥ 系统启用抓包过程。

⑦ 用户进行网页浏览。

⑧ 系统显示抓到的 HTTP 包内容。

测试用例 A4（其他处理）：

① 用户运行抓包分析软件。

② 系统遍历网卡，显示可用网卡。

③ 用户选择可以抓包的网卡。

④ 系统显示抓包工作界面。

⑤ 用户单击"开始抓包"按钮。

⑥ 系统启用抓包过程。

⑦ 用户启动非网页浏览应用，例如 QQ、FTP 等。

⑧ 系统继续运行，无提示。

可以发现，基于场景的测试用例设计方法是从用户需求出发，而不是依据软件系统的内部实现来生成测试用例。如果目标软件系统涉及数据输入或者数据处理等活动，软件测试人员可以结合黑盒测试中的等价类划分法、边界值分析法为目标软件系统设计有效输入和无效输入，确保软件测试的完整性。

7）基于异常、故障的测试

基于异常、故障的测试与结构化方法中的错误推测法类似，主要依赖于软件测试人员对面向对象分析和设计阶段成果的理解。软件测试人员可以从多个方面来推测软件中可能存在的错误，并针对推测的错误设计测试用例。

在以面向对象技术开发的软件系统中，由于对异常、故障的处理可以被放到不同的类中，软件测试人员在设计测试用例时必须尽可能地覆盖类间隐式的依赖关系。

9.3　小　　结

在面向对象方法中，软件开发团队使用"类"来组织程序代码。因此，面向对象实现的编码风格、文件组织方式和模块封装均与采用"函数"来组织程序代码的结构化实现存在较大差异。

软件开发人员除了需要采用面向对象程序设计语言将软件设计转换为程序代码以外，还必须结合面向对象的特点对目标软件系统的源代码进行组织和集成。

同样，由于面向对象技术涉及封装、继承、多类集成、访问控制等因素，面向对象测试除了需要兼顾结构化测试涉及的内容以外，还必须结合面向对象技术的特点来开展特殊的单元测试和集成测试。

在设计测试用例时，软件测试人员可以根据面向对象设计阶段形成的软件架构设计、顺序图、通信图、状态图等内容来产生适合目标软件系统的白盒测试用例；同时，软件测试人员也可以根据面向对象分析阶段的成果，结合用例包含的内容及活动为目标软件系统设计黑盒测试用例。

通过面向对象测试，软件测试人员可以排查出软件实现与面向对象分析和设计的不一致性，确保完成的软件系统能够提供完整、正确的业务功能。

9.4 习　　题

1. 如何有效地组织一个复杂的面向对象软件项目的源程序代码？
2. 在编译复杂软件项目时，如何处理构件与主程序之间的关系？
3. 在为面向对象应用程序设计测试用例时，如何测试类中的私有成员？
4. 如果项目需要的其他类未完成，怎样才能有效测试已经完成的软件代码？
5. 在选择软件构件时，如何考虑效率、成本、可维护性等问题？

第四篇 软件过程及管理

为了消除软件危机,计算机科学家和领域专家提出将经过时间考验的管理措施和当前能够得到的最好技术方法结合起来,并最终形成软件工程学科。由于软件工程从管理和技术两个角度来研究如何更好地开发和维护计算机软件,因此,除了技术以外,如何有效地管理软件的开发和维护过程也是软件工程必须考虑的问题。

软件工程从范围上来看包括方法、工具和过程三个部分。其中,方法主要是指现在主流的结构化开发方法和面向对象开发方法;工具是指软件开发过程中各种协助工具的使用;而过程是指软件开发团队为了获得高质量的软件产品所需要完成的一系列任务框架。软件过程除了需要规范软件开发方法各个阶段的内容和工作步骤以外,还涉及保证软件质量和协调变化所需采取的管理措施。

尽管软件生命周期对软件从设想到退役的整个过程进行了阶段划分,但是软件生命周期并未对如何组织软件开发的各个阶段以及如何管理软件开发中的各种资源和活动进行介绍。随着软件复杂程度的不断提高,软件项目涉及的内容和资源范围也越来越广,软件项目的管理难度持续上升。与此同时,软件开发技术的快速发展也促使软件开发过程持续演进,对软件开发过程的管理和资源管理提出了更高的要求。

在软件工程中,软件过程主要研究如何有效地组织软件开发内容及安排开发步骤确保软件开发过程的顺利进行;而软件项目管理是从管理的角度来考虑项目中的人员、风险、成本、进度和质量,尽量降低软件开发过程中存在的非技术风险。

本篇将从软件过程和软件项目管理角度出发,为大家介绍经典的软件过程和项目管理方法,让大家对软件工程中的管理内容有一定的了解。

第 10 章　软件过程

随着软件开发技术的快速发展，结构化方法和面向对象方法已经成为当前软件开发的主流方法。然而，无论软件开发团队在开发过程中采用哪种软件方法，如果软件开发团队仍然以基本的软件开发流程或者软件生命周期来组织软件开发活动，则可能会遇到大量的问题。

软件过程（Software Procedure）是指软件开发团队为了获得高质量的软件产品，在软件工具的支持下完成的一系列软件工程活动。软件过程主要包括软件开发的方法和理论，规范了构建高质量软件所需要完成活动的集合和顺序。

通常而言，软件过程可以概括地分为基本过程、支持过程和组织过程三大类，如图 10-1 所示。

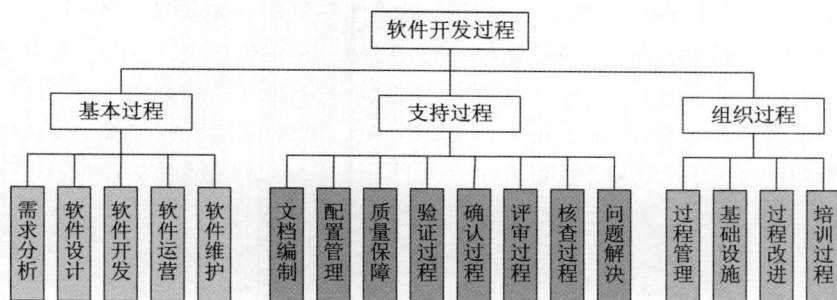

图 10-1　软件开发过程活动集合

1）基本过程

基本过程主要包括软件开发团队需要执行的各种活动，是软件开发的基本内容，如需求分析、软件设计、软件开发、软件运营和软件维护等。

2）支持过程

支持过程是软件开发的辅助活动集，属于项目管理层执行的活动。支持过程主要包括软件配置管理、质量保障体系、软件验证等。

3）组织过程

组织过程是指软件开发团队的软、硬件环境和人力资源的建设及管理，属于企业管理层执行的活动。组织过程主要包括软件开发的过程管理、基础设施建设、过程改进等。

可以看到，软件过程和软件生命周期都是用于指导软件开发的相关内容，只是两者从不同的角度出发，表达的侧重点和方式方法有所不同。

软件过程主要指软件的开发过程（即软件产品的生产加工过程），关注的是软件开发过程所应用的方法论、活动集合和活动顺序等。

软件生命周期指软件从定义、开发、使用和维护，直到被废弃的整个时期，主要关注于软件从诞生到消亡的生命过程，其本质也是软件过程。

因此，从另一个角度而言，可以认为软件过程等同于软件生命周期，也就是说软件过程模型等同于软件开发模型，等同于软件生命周期模型。

随着软件开发技术的发展，业界也积累了大量优秀的软件过程。软件过程从传统的瀑布模型、演化模型、快速原型模型、增量模型、螺旋模型、喷泉模型，演进到现代的基于构件的开发模型、统一过程、能力成熟度模型、敏捷软件模型和形式化方法。

本章将围绕软件开发技术的发展过程和方向来介绍软件过程的演进历程，帮助大家更好地了解如何组织和管理软件开发活动，如何通过适合的软件过程来降低软件开发的难度、控制软件开发过程中存在的风险。

10.1　瀑布模型

在早期的软件开发过程中，由于软件项目的规模不大，软件开发过程被简单地分为编写代码、修改代码两个阶段。软件开发团队在软件项目启动后，无须对项目进行详细的设计，直接编写软件代码即可。如果软件项目中出现了错误，或者发生了需求变更，软件开发团队可以通过代码调试或者重新修改软件代码，对完成的软件进行再次完善。

可以发现，这种小作坊形式的软件开发过程具有明显的弊端，例如，忽略软件需求分析的重要性，缺乏统一的软件项目规划与设计，对软件的测试和维护考虑不周等。

通过对以上问题进行分析，Winston W. Royce 在 1970 年提出了著名的瀑布模型（Waterfall Model），如图 10-2 所示。瀑布模型将软件开发过程划分为一系列自上而下、相互衔接的软件工程活动，包括需求收集、需求分析、软件设计、程序编码、测试及运行维护等。瀑布模型的活动组织如同瀑布流水，逐级下落，形成固定的活动次序，因此取名为"瀑布"模型。

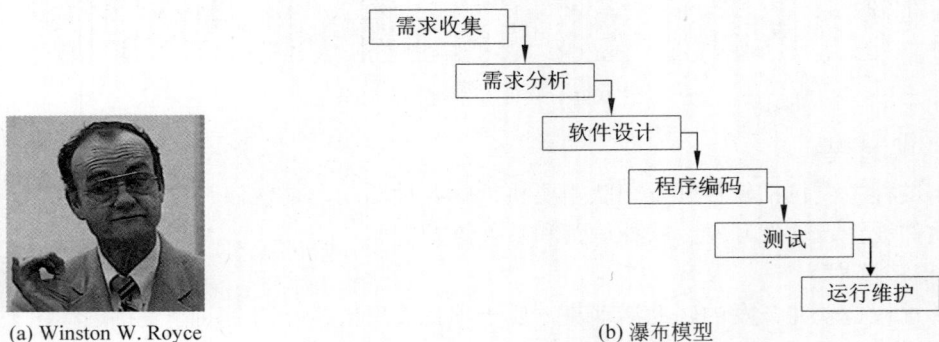

(a) Winston W. Royce　　　　　　　　　　　(b) 瀑布模型

图 10-2　Winston W. Royce 及瀑布模型

瀑布模型的提出，为组织和管理软件开发过程提供了依据。可以发现，瀑布模型具有以下优点。

1）阶段性

瀑布模型将软件开发过程分为多个阶段，且为各个阶段设置了明确的检查点，便于软件开发团队把握项目状态。

2）顺序性

在瀑布模型中，各个开发阶段的组织具有一定的顺序性。瀑布模型后一阶段的工作必须等到前一阶段的工作完成之后，才能开始。

3）正确性

瀑布模型的每个阶段都必须进行验证评审。当且仅当本阶段的工作内容通过了验证评审后，才可以进行下一阶段的活动。

4）依赖性

瀑布模型后一阶段的工作必须基于前一阶段工作的输出，阶段之间的工作存在依赖性。因此，瀑布模型也可以认为是文档驱动的软件开发模型。

尽管瀑布模型的优点比较明显，但是这种过于理想化的线性过程已经不再适合于现代的软件开发过程，主要有以下原因。

（1）在软件开发初期，明确用户需求的难度较大，且不现实。

在软件项目启动时，用户很难清楚、准确地给出项目涉及的所有内容和需求。同时，随着软件使用环境的变化，软件的需求也可能会出现变更。

瀑布模型要求软件开发团队在需求分析阶段就得到准确的用户需求，并且仅能在需求分析阶段对需求进行变更。瀑布模型理想的约束方式不适合于真实的软件开发过程。

同时，在瀑布模型执行过程中，如果用户对软件需求提出了较大的修改意见，整个软件项目将会遭受巨大的人力、财力和时间损失。

（2）瀑布模型具有延后性，且风险具有积累性。

在瀑布模型中，所有的开发工作都必须依赖于上一阶段的工作成果，且严格按照约定的顺序依次执行。此时，处于后面阶段的软件开发人员往往被不必要地耽搁。

与此同时，由于软件开发团队在工作中不可能不出现错误，前期阶段产生错误的影响将会推迟到后期阶段才显露出来。

（3）瀑布模型的文档工作量较大。

由于瀑布模型是严格的文档驱动模型，软件开发团队除了需要完成与软件开发相关的工作以外，还必须撰写每个阶段规定的文档资料。软件开发过程中的文档撰写工作增加了软件开发的工作量。

与此同时，如果软件项目中的文档存在错误，后期的软件开发活动将会受到严重影响，甚至导致软件项目失败。

（4）瀑布模型缺少反馈机制。

由于瀑布模型采用单一的流程来组织软件开发过程，软件开发后期阶段的经验教训不能反馈到前面的阶段，导致软件开发各个阶段之间无法做到良好沟通。

随着软件项目规模和复杂程度的不断提高以及软件需求不稳定性的显著增加，瀑布模型的上述问题也变得愈发严重。因此，瀑布模型仅适用于软件需求较为明确、开发技术较为成熟的软件项目。

然而，在实际的软件项目中，瀑布模型是带反馈的。瀑布模型后一阶段活动的结果可以及时反馈到前一阶段，甚至反馈到前面几个阶段，如图 10-3 所示。此时，软件开发团队可以沿着反馈线路，将得到的经验、教训、错误反馈到前面的阶段。等前面阶段的内容被修复、完善后，软件开发团队再继续后一阶段的相关任务。

瀑布模型的提出为软件开发工作提供了一个统一指导分析、设计、编码、测试和维护等活动的框架，为后期其他软件过程的制定和优化奠定了基础。

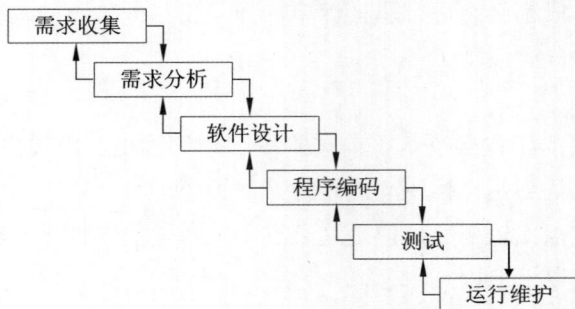

图 10-3　带反馈的瀑布模型

10.2　演化模型

在瀑布模型的使用过程中，人们发现导致软件开发失败的主要原因是需求调研不充分，为后期的软件开发带来较大的风险。

演化模型（Evolutionary Model）提倡使用两次开发来解决瀑布模型中的需求不明确问题，如图 10-4 所示。其中，第一次开发为试验性开发，得到目标软件系统的试验原型产品；第二次开发为正式开发，是在试验原型产品的基础上开发目标软件产品。

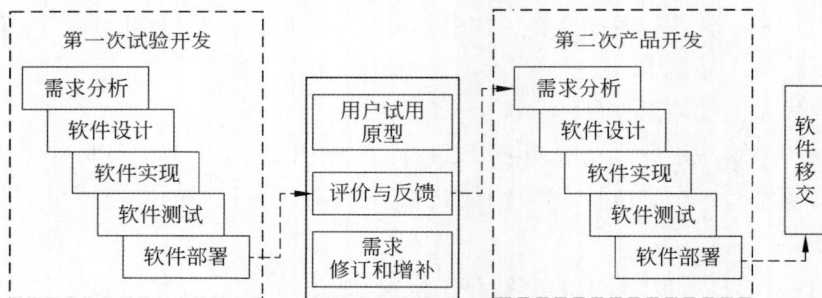

图 10-4　演化模型

根据软件开发团队对试验原型产品的处理结果不同，演化模型可以分为探索式演化模型和抛弃式演化模型两种情况。

1）探索式演化模型

软件开发团队在试验原型产品的基础上进行改进，得到最终软件产品。

2）抛弃式演化模型

软件开发团队通过试验原型产品获取用户需求以后，重新开始新的软件开发过程，全新构造最终软件产品。

演化模型通过两次开发，可以提高软件项目的成功率，降低软件开发的风险。然而，尽管演化模型能够在一定程度上解决瀑布模型需求调研不充分的问题，但是，演化模型仍然无法适用于用户需求持续变化的场景。在实际的运用过程中，演化模型往往难以管理，且技术不够成熟。因此，演化模型主要运用于需求不明确的中、小型软件项目。

10.3　快速原型法

实践表明，在软件开发初期，由于用户往往无法完整、准确地表述出对未来软件系统的实际需求，并且需求分析人员对要解决的问题缺乏了解，需求分析阶段得到的用户需求规约可能会出现不完整、不准确、存在歧义等情况。与此同时，用户在软件开发过程中很可能会产生新的需求，导致软件开发过程出现需求变更。

为了应对早期需求获取困难以及后期软件需求的变更，软件开发团队可以使用快速原型法（Rapid Prototype Model）来构造目标软件系统。

所谓原型是指对某种产品进行模拟的初始版本或者原始模型，在工程领域中具有广泛的应用。而在计算机领域，原型是指建立起来的、可以在计算机上运行的软件版本。原型能够完成的软件功能往往是最终产品的功能子集。

通常而言，快速原型法采用如图 10-5 所示的流程来组织软件的开发过程。

（1）在获取一组基本的需求定义以后，软件开发人员利用高级软件开发工具或原型设计工具快速建立一个能反映用户需求的原型系统，并让用户进行试用，提出修改意见。

（2）软件开发人员根据用户提出的修改意见，对软件原型进行修改和补充，并再次请用户试用，收集用户反馈。

（3）重复步骤（2），直到软件原型满足用户对软件的功能、操作和数据需求为止。

（4）软件开发团队根据最终的原型来撰写需求规格说明书，进行目标软件系统开发。

可以发现，快速原型法的基本活动及其顺序依然参考瀑布模型。与瀑布模型不同的是，快速原型法在需求分析阶段融入了循环往复的思想，可以加快软件开发团队对用户需求的理解和确认。

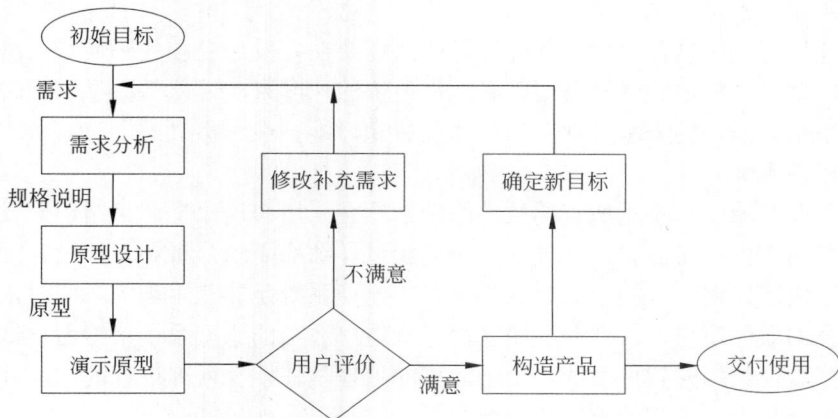

图 10-5　快速原型法的具体流程

通过不断地构造、交付、使用、评价、反馈和改进，原型系统被不断补充、完善，且越来越接近目标软件系统。

在快速原型法中，软件开发团队同样可以采用以下两种策略来构造目标软件系统。

（1）追加策略。

软件开发团队根据用户的评价和反馈来修改和补充原型系统，通过逐步追加新的需求特性，将原型系统演进为最终的软件系统。

（2）废弃策略。

软件开发团队结合用户对原型系统的评价和反馈来分析和确认软件需求，然后再根据新的软件需求来分析、设计最终的软件系统。原有的软件原型废弃不用。

可以发现，相对于其他软件过程而言，快速原型法具有以下特点。

（1）可获得准确的用户需求。

通过被不断修改和补充的原型系统，软件开发团队可以与用户进行充分沟通，处理模糊的需求内容，并得到准确的需求定义。

随着软件功能的逐渐呈现，用户可以直观地接触到未来的软件系统，增强了用户对目标软件系统的信心和好感；并且，借助系统原型，用户可以针对实际的软件系统提出建议，比空洞地描述需求更加具体、准确。

（2）可靠性较高。

快速原型法强调"快速"，不宜采用较多新的技术。此时，软件开发团队必须使用成熟的软件开发技术，特别是可视化界面技术来快速构造原型系统。原型系统侧重于目标软件系统的主要功能和重要接口设计，软件系统的内部细节（如异常处理等）可以后期再补充。

（3）功能及代码可再次复用。

原型系统是快速原型法中每次迭代过程完成的软件作品。每次完成的原型系统都是最终软件系统的一个功能子集。

原型系统可以被丢弃，也可以演化为最终系统。原型系统中的高质量代码或者部分内容可复用于最终软件系统的开发。

由于快速原型法要求软件开发团队与用户进行充分的沟通，该过程能够帮助软件开发团队逐渐明确用户需求，及时发现并解决软件开发中存在的问题，降低软件开发过程中存在的风险。然而，快速原型法也不是完美的软件过程，也存在一些缺点和局限性。

（1）代码质量不高。

为了快速地开发出软件原型，软件开发团队需要在开发速度和代码质量上进行折中。

在构造原型系统时，软件开发团队必须以最快的速度来实现软件原型。此时，快速完成的软件原型是粗糙的，并未考虑软件的总体质量和可维护性。

（2）通用性不强。

在软件开发领域中，不是所有的软件系统都适合采用快速原型法来组织开发。

对于大型的软件项目而言，软件项目必须经过详细的需求分析和系统设计后才能进行编码，直接采用快速原型法来构建大型软件项目的原型系统是非常困难的。同时，对于计算量大、逻辑性强的软件模块，软件开发团队很难构造出适当的原型系统来给用户试用和评价；对于需要批量处理数据的软件系统，由于数据的处理是在软件内部进行的，软件开发团队无法使用原型系统来表现内部的数据处理细节。

（3）软件的开发效率不高。

在快速迭代过程中，大量的原型系统会被抛弃，导致许多工作成果被浪费。

每次迭代产生的原型系统仅有少部分代码可以用于最终系统的构造。采用快速原型法将在一定程度上增加软件系统的开发成本，降低软件系统的开发效率。

（4）文档管理不充分。

在快速原型法中，软件项目的文档资料往往容易被忽略。文档资料的缺失将给后期软件系统的改进和维护造成巨大困难。

可以发现，快速原型法适用于用户对目标软件系统有了一个基本的理解或粗略的需求说明，但是无法给出完整需求细节的场景。通过原型系统的不断迭代，快速原型法可以帮助软件开发团队准确地把握用户需求，快速、有效地确定目标软件系统中的人机交互方式、数据呈现等外在、容易展示的需求内容。在科学数值计算、实时控制及嵌入式等大型的或强调内部处理的软件系统的开发过程中，不适合使用快速原型法来组织软件开发活动。

10.4　增量模型

在某些软件系统中，由于软件的各个功能模块相对独立，且模块之间的依赖较小，软件开发团队可以对软件的功能进行划分，将软件的各个功能分成独立的部分进行开发。

增量模型（Incremental Model），也称渐增模型，是从一组给定的软件需求开始，通过将软件系统的功能分解为一系列独立的增量组件来逐个分析、设计、编码、测试和集成，最终完成整个软件系统。在增量模型中，软件系统的每一个版本均纳入一部分需求，下一个版本纳入更多的需求；依此类推，直到整个软件系统的功能被完全覆盖。

在增量模型中，软件系统的开发过程可以分为系统总体分析与设计、组件开发及验证、组件交付三个阶段，如图 10-6 所示。

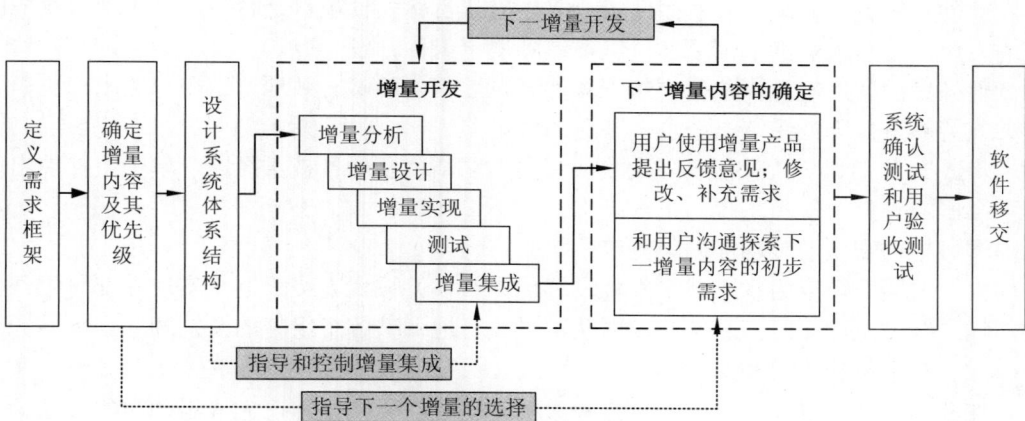

图 10-6　增量模型的软件开发过程

1. 系统总体分析与设计

在开发软件系统之前，软件开发团队必须对目标软件系统的需求进行详细分析，对系统中的组件进行划分，对各个组件的集成关系进行详细规划，完成目标软件系统的体系结构设计。

为了确保各个组件能够无缝地集成到目标软件系统中，软件开发团队必须对完成的软件架构进行优化，确保得到的软件架构能够满足增量集成要求。同时，软件开发团队必须确保划分的组件内容规模适中，且保证每次集成了新增量组件的软件产品是可测试的。

2. 组件开发及验证

软件的架构设计完成以后，软件开发团队即可结合具体的组件功能需求，对各个组件开展需求分析、设计、编码、测试，进行各个增量组件的开发工作，如图 10-7 所示。

增量模型的每个增量可以由多个相互作用的软件模块组成，且每个增量可以完成目标软件系统的一个或者多个功能。在使用增量模型开发软件时，软件系统的第一个版本往往实现了目标软件系统的基本需求，并且完成了核心架构的开发工作。

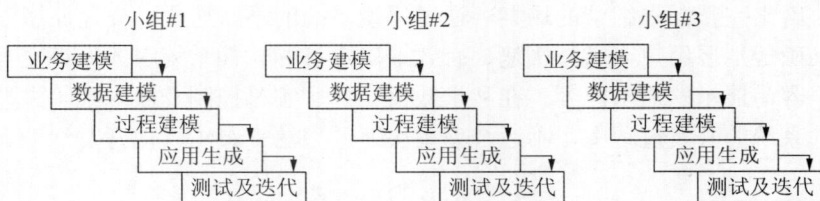

图 10-7　增量组件的开发及验证过程

3. 组件交付

当增量模型的各个组件开发完成以后，软件开发团队可以根据架构设计将各个组件集成到软件系统中，并对集成后的软件系统进行有效性验证。

通过验证的软件产品可以交付给用户使用，然后软件开发团队再结合项目规划，继续下一个组件的开发工作。

可以发现，增量模型融合了瀑布模型的基本成分和快速原型法的迭代特性。相对于瀑布模型、快速原型法而言，增量模型具有非常显著的优越性。

（1）将功能分解为多个增量，分阶段进行分析与实现。

在软件开发初期，软件开发团队需要重点确认目标软件项目是否可以采用增量集成的软件架构。用户对需求的细节性描述可以推迟到增量组件开发阶段。

软件开发团队以组件为单位来组织软件开发过程，能够有效地适应用户需求变更。

（2）能够有效降低系统复杂度，规避系统风险。

增量式开发有利于从总体上降低软件开发的复杂度和项目技术风险，单个组件中出现的错误不会影响到整个软件系统的正常工作。

（3）可根据需要调整功能的优先级。

软件开发团队可以为各个增量组件设置优先级，并按优先级来逐个实现和交付组件。当组件的优先级发生变化时，软件开发团队可以及时地调整各个组件的开发顺序。

（4）有利于经验积累和组件复用。

软件开发团队可以在组件的开发过程中逐渐积累经验，复用已完成组件中的算法、技术和源代码。同时，多个软件组件可以并行开发，加快目标软件系统的开发速度。

（5）重复测试，重复验证。

在使用增量模型开发软件时，具有较高优先权的核心增量组件将会优先交付给用户。随着后续组件的不断集成，系统的架构和核心组件将会被多次测试，多次验证，从而能够排除软件系统核心部分中存在的错误，增强系统的健壮性。

（6）与客户多次沟通，能够加强客户信心。

增量模型通过分批次地提交软件产品，使用户能够及时了解软件项目的进展，增强了客户的信心。在各个增量的提交过程中，用户可以有充裕的时间学习和适应新产品，减少一个全新软件系统对用户组织带来的冲击。同时，用户在系统的使用过程中，还能获得对软件系统后续组件的需求。用户对每一个增量的使用感受和评估结果都可以作为软件系统下一个增量优化或功能的线索。

同样，尽管增量模型具有很多优点，但是该模型也存在一些不可忽略的缺点。

（1）组件划分难度较高。

增量模型要求软件开发团队将用户需求划分为多个独立的增量。但是，将用户需求映射为多个规模适当的增量具有较大的难度。

（2）增量模型不一定适用于所有软件的开发过程。

增量模型要求目标软件系统功能可以被划分为多个增量组件。如果待开发软件系统的功能很难被划分为独立的增量模块，则会给增量开发带来较大的困难。

（3）系统架构的质量和可维护性较低。

增量模型的系统架构没有充分考虑软件的整体质量和长期可维护性。如果软件需求改变较大，将会导致软件项目整体失控。

（4）对项目管理人员的要求较高。

增量模型降低了软件开发团队对目标应用领域熟悉程度的要求，但是对项目管理人员的全局把握能力提出了较高的要求。

同时，增量模型也要求软件开发团队具有较强的设计能力。采用增量模型开发软件系统时，软件开发团队必须确保软件的体系结构具有较好的开放性与稳定性，能够在不破坏原有软件产品的基础上无缝地集成后续组件。除此以外，各个增量组件必须具有较好的功能独立性，能够方便地与系统其他模块对接，且尽量少地改变原来的软件结构。因此，增量模型适用于开发功能可以被模块化，且可以分批次地进行交付的软件系统。

10.5　螺旋模型

随着计算机技术的快速发展，计算机软件的需求变得越来越复杂，软件开发的难度也越来越大。由于软件开发涉及各个方面的因素，软件开发过程中可能存在各种各样的风险，且很多风险对软件项目的影响是致命的。

为了分析和评估软件开发过程中存在的风险，降低风险对软件项目带来的影响，Barry Boehm 于 1988 年提出了螺旋模型（Spiral Model）。螺旋模型将瀑布模型、快速原型法和增量模型进行融合，并引入了其他模型所忽略的风险分析。

螺旋模型的软件开发过程沿螺旋线自内向外依次迭代，每旋转一圈得到一个更加完善的软件版本，如图 10-8 所示。

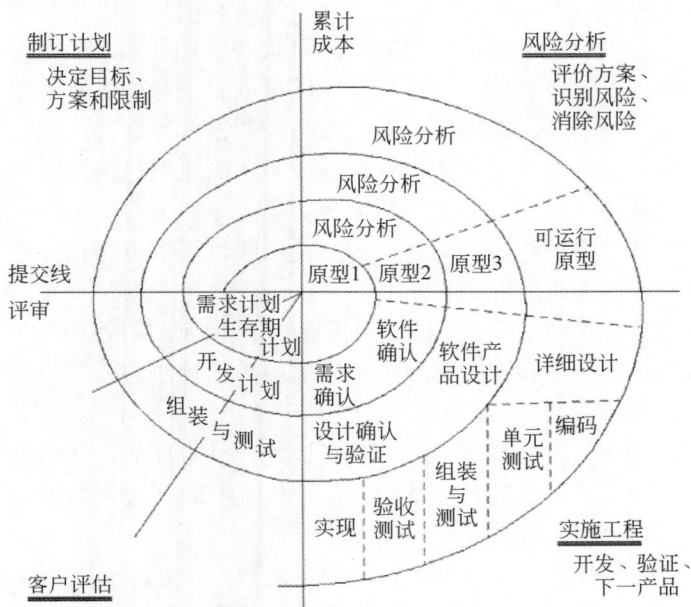

图 10-8　螺旋模型的软件开发过程

在螺旋模型中，每次迭代的开发回路都被分在 4 个象限内。这 4 个象限分别用于组织不同的软件开发活动。

1. 制订计划

制订计划象限主要用于为各轮迭代制订项目开发管理计划。通过分析软件需求内容和项目中存在的风险因素，软件开发团队对将要完成的项目内容进行可行性分析，并为即将开始的项目内容选择合适的解决方案，制订相应的开发管理计划。

2. 风险分析

风险分析象限主要用于分析、识别和明确软件项目中存在的风险，评估各个风险发生的可能性、频率，以及危害程度，并制定各个风险对应的风险管理措施和规避方案。

在每一轮迭代中，风险分析象限的工作重点就是判断本项目是否能够继续。如果迭代中存在的风险超过了软件开发团队和用户的承受范围，软件项目可能会被终止。

在大多数情况下，沿螺旋线开展的软件开发活动都能够继续。软件开发过程自内向外，逐步延伸，最终得到期望的软件系统。

3. 实施工程

实施工程象限主要用于组织本轮迭代的所有开发活动。软件开发团队按照制订的软件开发管理计划来组织软件开发活动，完成本轮迭代的软件系统原型。

4. 客户评估

当本轮迭代的软件系统原型完成以后，软件开发团队可以邀请用户对完成的软件系统原型进行试用，并搜集用户的反馈意见。同时，本象限也会组织相关人员对完成的软件产品和软件开发过程进行评审。软件开发团队将根据评审结果来决定是否进入螺旋线的下一个回路。

螺旋模型与增量模型不同，它并不要求每一个螺旋迭代得到的产品都是可以运行的软件。例如，螺旋模型的第一个回路螺旋仅开发出软件产品的需求规格说明，后继的螺旋才会推出相应的软件系统原型。

可以发现，螺旋模型要求在所有的迭代中都进行风险分析和管理，是一种典型的"风险驱动"模型。通过风险分析和风险管理，软件开发团队和用户可以了解每个螺旋迭代中存在的风险，并制定对应的风险规避措施，降低风险对软件项目带来的影响。

如果项目的需求内容已经明确，软件开发团队可以省去原型系统的迭代过程，直接通过单圈螺旋来组织软件开发活动，即采用普通的瀑布模型来开发软件；相反，如果项目的需求内容比较模糊，则软件开发团队必须通过一轮或者多轮的原型系统来辅助分析，采用多轮螺旋迭代来开发软件系统。

尽管螺旋模型具有较多的优点，但是该模型在实践过程中也存在着不可避免的缺点。

（1）螺旋模型对风险管理的要求很高。

螺旋模型是典型的风险驱动模型，模型的执行效果依赖于风险评估和管理的水平。因此，如何有效、准确地分析项目中存在的风险是螺旋模型必须解决的关键问题。

（2）螺旋模型耗费的资源较多。

在螺旋模型中，每一轮迭代都需要进行重新计划、风险评估，并结合实际情况来修改项目的相关内容。螺旋模型的实施需要大量的人员、资金和时间投入，项目的开销较大。

（3）螺旋模型的建设周期较长。

螺旋模型通过多轮迭代来开发软件项目，项目的建设周期较长。螺旋模型组织的软件开发过程可能会导致完成的软件系统与当前的技术水平差距较大，无法满足用户的需求。

可以发现，螺旋模型的缺点和优点同样明显。因此，螺旋模型通常只适用于在公司内部开发大规模的复杂软件系统。

10.6　喷 泉 模 型

随着面向对象技术的出现，软件开发从原来的数据流处理抽象转变为对客观实体的抽象。面向对象技术通过类和对象来映射客观世界，得到目标软件系统的架构设计。

可以看到，由于面向对象技术并非按照软件的功能来设计软件架构，软件的功能或者业务逻辑变化可以直接在对应问题域涉及的类中进行修改或者处理。通过在问题域内进行迭代，面向对象技术可以减少业务逻辑变更对整个软件架构带来的影响。

喷泉模型（Fountain Model）也称迭代模型。在喷泉模型中，软件开发过程的各个阶段相互重叠、多次迭代，适合于采用面向对象技术的软件开发过程，如图 10-9 所示。正因为该模型的开发过程与喷泉类似，因此取名为"喷泉模型"。

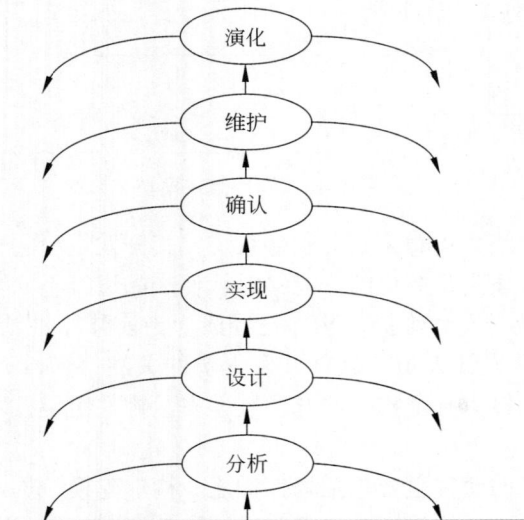

图 10-9　喷泉模型

喷泉模型不要求软件开发团队严格按照特定的次序来组织软件开发活动，且喷泉模型的各个活动之间也没有设置明显的边界。软件开发团队可以通过无间隙地多次迭代来完善项目内容，提高各个软件成分的质量。

由于面向对象技术比较容易达到喷泉模型的迭代性和无间隙性，喷泉模型比较适合于面向对象的软件开发过程。

尽管喷泉模型能够对软件的开发过程进行重复迭代，但是该模型也存在一定的缺点。

（1）软件项目管理困难。

喷泉模型组织的软件开发活动被频繁迭代，容易造成软件开发过程的无序性。采用喷泉模型组织的软件开发过程具有较高的管理难度。

（2）文档管理审核困难。

采用喷泉模型组织的软件开发过程需要面对随时可能加入的各种信息、需求与资料，软件项目文档的管理和审核难度较大。

因此，在使用喷泉模型组织软件开发过程时，软件开发团队可以将喷泉模型与其他软件过程模型配合使用，充分发挥各种模型的优点。

10.7 构件组装模型

构件组装模型（Component Assembly Model）是指软件开发团队利用一个或者多个可重用的构件来构造软件系统，即如果用户的需求已确定，软件开发团队可以首先分析用户需求，然后依据设计或者选择的软件体系结构，从构件库中选择合适的软件构件，再将所有的构件组装到一起，高效率、高质量地完成目标软件系统，如图 10-10 所示。

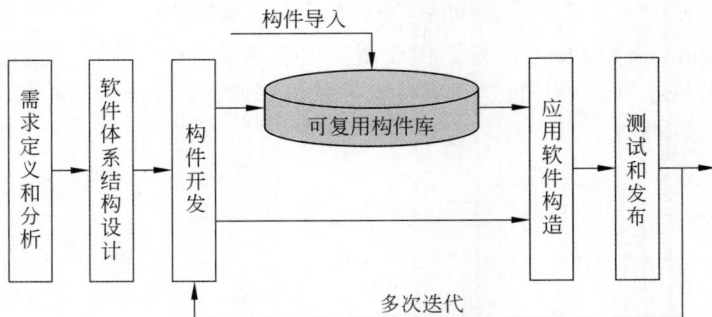

图 10-10 构件组装模型

构件组装模型利用模块化思想来划分软件系统，其开发过程融合了螺旋模型的许多特征，因此，构件组装模型在本质上是演化的，能够对软件产品进行不间断的迭代。

由于构件可以独立地开发、维护，构件已经成为当前计算机领域主流的软件复用方式，受到软件研究人员、软件设计人员和软件开发人员的关注。随着开源技术和社区的快速发展，越来越多的人或组织投入到了构件的开发过程中，构件组装技术可用的构件内容也越来越丰富。

目前，针对构件技术的研究主要包括构件描述、构件建模、构件说明、构件获取、构件类型定义、构件分类与检索、构件复合与组装以及构件标准化等几个方面。

构件组装模型提倡软件复用，其开发过程就是指通过复用构件，将多个构件组装为目标软件系统的过程。在构件组装模型中，软件开发团队可以并行地开发、集成多个构件，提高软件系统的开发效率；同时，软件开发团队也可以通过升级、替换和扩充构件来维护目标软件系统，提高目标软件系统的可维护性。

与其他软件模型一样，构件组装模型也存在不可避免的缺点。

（1）缺乏通用的构件标准。

由于构件组装模型中缺少通用的构件标准，如果软件开发团队根据特定情况自定义标准，将会为软件开发引入较大的风险。

（2）软件质量依赖于构件质量。

如果目标软件系统过分依赖于构件，构件的质量将直接影响目标软件系统的质量。在集成构件之前，软件开发团队需要对构件的质量进行评估，确保构件的使用和集成是合适的。

（3）构件的可定制性不强。

构件组装模型中使用的构件可能来源于其他软件开发团队或者组织，并非所有的软件构件都能够根据要求进行定制。当然，由于某些特殊情况，构件也无法根据使用者的需要进行随意修改。软件系统的演化将受到一定的限制。

10.8 统 一 过 程

随着面向对象技术的快速发展，UML 逐渐成为面向对象分析、设计的主流工具。软件产业界普遍认为，开发复杂的软件项目必须采用基于 UML 的、以构架为中心、用例驱动与风险驱动相结合的迭代式增量开发过程。此时，如何有效地组织面向对象技术的软件开发过程，如何更好地利用 UML 来协助开发软件项目成为计算机领域亟需解决的问题。

统一过程（Unified Process，UP）是 Rational 公司（现已被 IBM 公司收购）在总结了多位软件工程大师成功经验的基础上提出的一种适合开发大型软件项目的增量迭代构造方法。统一过程是一个二维的生命周期模型，如图 10-11 所示。

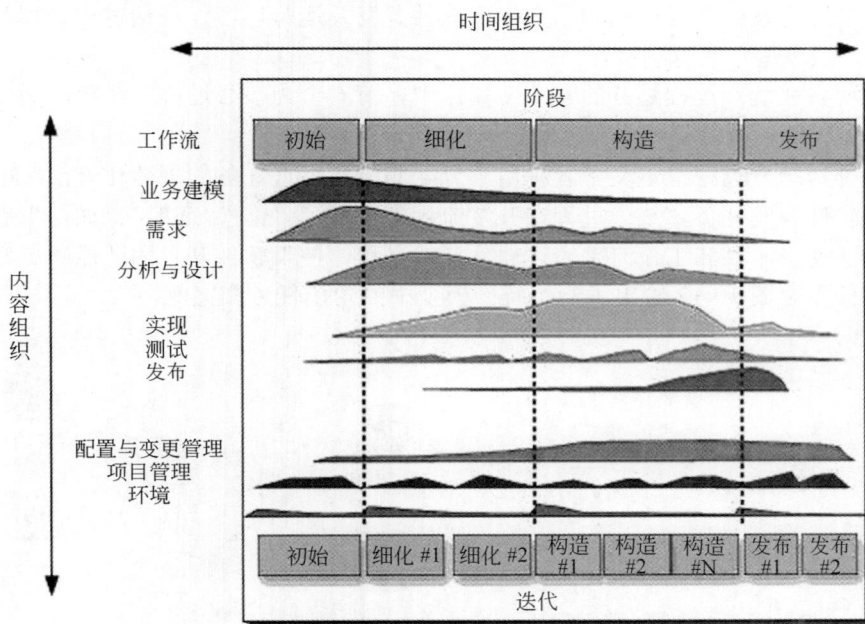

图 10-11   UP 开发模型

统一过程在时间上（横轴）将软件生命周期划分为初始（Inception）、精化（Elaboration）、构建（Construction）和移交（Transition）4 个连续阶段。

（1）初始阶段用于分析、建立业务模型，定义最终产品的视图，确定项目范围。

（2）细化阶段用于设计并确定系统的体系结构，制订项目计划，确定资源需求。

（3）构造阶段完成所有构件及目标软件系统的开发工作，并将它们集成为客户所需的软件产品，完成所有功能的详细测试。

（4）发布阶段将开发出来的软件产品交付给用户使用。

在统一过程中，软件开发的每个阶段均设置了明确的目标。各个阶段的内容在迭代过程中不断被完善，体现了统一过程的动态结构。

与此同时，统一过程也按照活动（纵轴）来组织开发内容，将软件开发活动分为以下 9 个核心工作流。

（1）业务建模：深入了解使用目标软件系统的机构及其业务运作，评估目标软件系统对机构的影响。

（2）需求：捕获用户的需求，并使软件开发团队与用户达成对需求描述的共识。

（3）分析与设计：将需求分析的结果转化为分析模型与设计模型。

（4）实现：把设计模型转换为实现结果。

（5）测试：检查各个子系统的交互和集成，验证所有的需求是否被正确实现，识别、确认软件缺陷，确保在软件部署前消除缺陷。

（6）发布：成功生成目标软件系统的可运行版本，并将软件系统移交给最终用户。

（7）配置与变更管理：跟踪并维护软件开发过程中产生的所有制品，确保制品的完整性和一致性。

（8）项目管理：提供项目管理框架，为软件项目制订计划、配备人员，提供执行和监控等方面的实用准则，为风险管理提供框架。

（9）环境：为软件开发机构和用户提供软件开发及运行环境，包括过程管理和工具支持等内容。

可以发现，在统一过程划分的9个工作流中，前6个为核心过程工作流，后3个为核心支持工作流。

除此以外，统一过程也定义了一种用于分配职责和管理任务的规范化方法，能从角色的角度来跟踪软件开发任务。统一过程在开发流程中定义了"谁""何时""如何"做"某事"，即以角色、活动、制品和工作流来表述软件开发过程，便于软件开发团队能够更好地完成各项软件开发任务。图10-12给出了一个统一模型中的角色任务图案例。

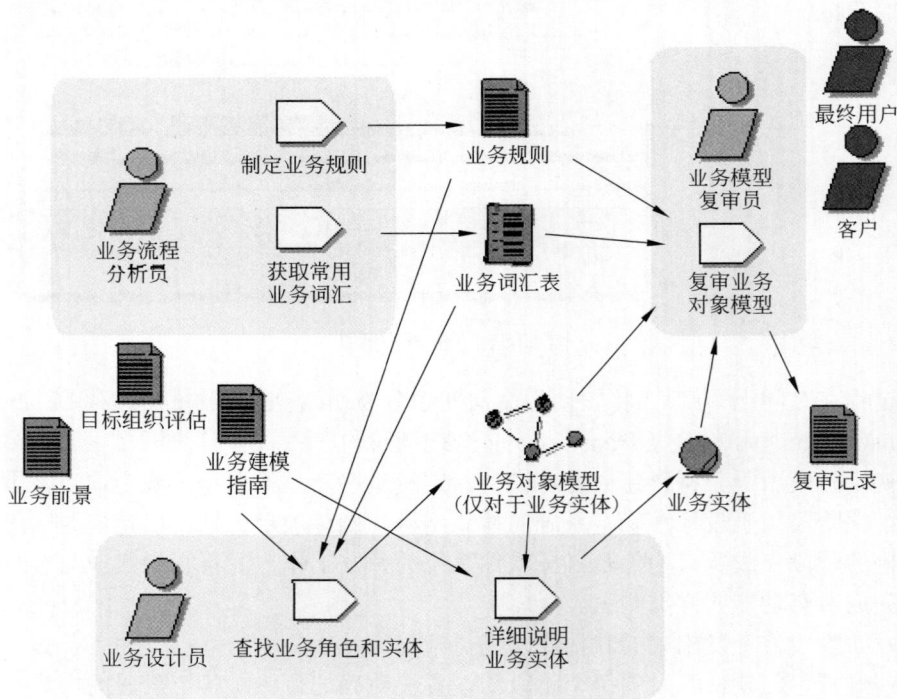

图 10-12　统一模型中的角色任务图

在统一过程中，软件开发团队以用例、风险来驱动项目，围绕软件架构来构建软件系统。统一过程的每个阶段都可以进一步划分为一个或多个迭代。在迭代中，软件开发团队针对本次迭代涉及的用户需求开展分析、设计、实现、测试和部署等工作。软件开发团队可以根据业务需求的重要性和技术风险的等级高低来决定各次迭代的内容。统一过程的每次迭代都将为目标软件系统增加一些新功能，如此循环往复，直至完成最终产品。

统一过程为软件开发团队建立了简洁、清晰的过程结构，能够为开发过程提供较大的通用性，提高软件开发团队的生产力。但是，统一过程涉及的内容较广，仅适合于开发大型软件产品。

10.9　能力成熟度模型

尽管软件工程的提出和发展极大地提高了软件项目的成功率，但是软件开发中仍然存在着大量失败的案例。在20世纪80年代，美国的多个军事项目都超出预算，且严重逾期。为此，美国空军资助了一项研究，对导致软件项目失败或者完成效果不佳的原因进行分析。研究结果表明：在众多导致软件项目失败的原因中，70%属于项目管理不善，而不是软件开发团队的技术实力不够。因此，该项目组进而得出结论：管理是决定软件项目研发全局的因素，而技术只影响局部。

到了20世纪90年代中期，软件项目管理不善的问题仍然存在，且仅有大约10%的项目能够在预定的费用和进度下交付。经过统计，人们发现导致软件项目失败的原因很多，主要有：需求定义不明确，缺乏好的软件开发过程，没有统一领导的产品研发小组，子合同管理不严格，没有经常注意改善软件过程，对软件构架很不重视，软件界面定义较差且缺乏合适的控制，软件升级暴露了硬件的缺点，软件开发团队只关心创新而不关心费用和风险，军用标准太少且不够完善，等等。

1987年，美国卡内基-梅隆大学软件研究所从软件过程能力的角度提出了能力成熟度模型（Capability Maturity Model，CMM）。能力成熟度模型将软件开发视为一个完整的过程，给出了软件组织在定义、实施、度量、控制和改善其软件过程的实践描述。

在能力成熟度模型中，软件开发组织的能力被明确地定义为5个不同的等级。

1）成熟度等级1：初始级（Initial）

处于CMM 1级的软件开发组织基本没有健全的软件工程管理制度，软件过程完全取决于当前的人员配备。

由于缺乏健全的管理制度和详尽周密的计划，这类软件开发组织的软件开发过程具有不可预测性。

2）成熟度等级2：可重复级（Repeatable）

如果软件开发组织处于CMM 2级，则该组织已经基于开发相似产品的历史经验制定了基本的软件项目管理行为和管理技术，故称为"可重复级"。

3）成熟度等级3：已定义级（Defined）

到了CMM 3级，软件开发组织已经为软件生产过程编制了完整的文档，对软件过程的管理和技术方面做了明确的定义，并按需不断改进过程。此时，软件开发组织可以采用评审来保证产品质量，可以运用CASE环境来提高软件开发的质量和生产率。

4）成熟度等级4：已管理级（Managed）

处于CMM 4级的软件开发组织为每个项目都设定了明确的质量和生产目标，不断地测量指标信息，利用测量统计结果来改进项目质量。

软件开发组织的管理部门能区分出随机偏离和有深刻含义的质量或生产目标偏离，并采用行动来减少偏离量。

5）成熟度等级 5：优化级（Optimizing）

处于 CMM 5 级的软件开发组织具备改进软件过程的能力，能够以统计质量和过程控制技术为指导，主动采取相关措施来优化软件过程。这类组织可以将正反馈循环融入软件过程，稳步提高软件的生产率和质量。

可以看出，能力成熟度模型结合以往软件工程的经验和教训，指出了软件开发组织在开发过程中需要完成的主要工作以及工作之间的关系和先后顺序。能力成熟度模型侧重于软件开发过程的管理以及软件工程能力的提高与评估，主要用于软件开发过程和软件开发能力的评价和改进。

由于软件过程包含各种软件开发活动、技术和工具，能力成熟度模型的实施可以帮助软件开发组织提升软件过程能力，为软件开发组织提供改进软件过程能力的阶梯式框架。通过对软件的开发过程和维护过程进行监控和研究，能力成熟度模型可以使软件开发过程更加科学化、标准化，确保软件企业能够更好地实现商业目标，减少项目时间和避免出现费用超出预算的情况。

最初能力成熟度模型主要用于评估政府项目承包商执行软件项目合同的能力。随着能力成熟度模型的不断完善，能力成熟度模型已经成为国际上最流行、最实用的一种软件生产过程评价标准，得到了众多国家以及软件产业界的认可。

然而，能力成熟度模型仅提供对软件组织开发能力进行评估的方法，缺乏改进软件组织能力的途径，其实施仍然具有一定的局限性。

10.10　净室软件工程

随着软件开发技术的快速发展，软件工程建模、形式化方法、程序验证（正确性证明）

图 10-13　Harlan Mills

以及统计质量保障等能力得到了很大提高。20 世纪 70 年代末 80 年代初，资深数学家 Harlan Mills（见图 10-13）提出将数学、统计学及工程学的基本概念应用于软件开发，提出了净室软件工程（Cleaning Room Software Engineering，CSE）概念。

净室软件工程是软件开发的一种形式化方法，它运用数学与统计学理论，通过严格的工程化软件过程来达到开发零缺陷或接近零缺陷，从而以经济方式生产出高质量的软件。也就是说，净室软件工程要求在需求分析和设计中消除错误，然后以正确的方式来开发软件。

"净室"源自于半导体工业中的硬件生产车间，即通过严格、洁净的生产过程来预防缺陷的产生，而不是事后再去排除故障。"净室"一词充分体现了净室软件工程"防患于未然"的主导思想。在净室软件工程中存在两个观点：第一，程序是数学函数规则，是可验证的；第二，潜在的程序执行是无穷的，质量认证必须进行统计采样。净室软件工程的这两个观点直接促使了以下技术的产生。

1. 基于函数的规范、设计

净室软件工程采用盒子结构来描述现实系统的外在属性和功能，它将系统开发的行为、数据和过程三个方面的规范分离开，采用面向对象思想来解决问题。

盒子结构方法按照函数理论定义了行为视图（黑盒）、有限状态机视图（状态盒）和过程视图（明盒）三种抽象层次。黑盒用于确定系统或系统组件的外部行为；状态盒指定完成外部行为所需的状态数据；明盒则进一步将状态盒具体化，它确定了完成状态盒行为所需的过程设计。

在盒子的设计过程中，黑盒中可以使用已有的黑盒或者引入新的黑盒，实现设计内容的嵌套定义。

2. 正确性验证

正确性验证是净室软件工程的核心。净室软件工程强调将正确性验证（而不是测试）作为发现和消除错误的主要机制。

盒子结构划分以后，软件设计人员可以继续对盒子的内容进行再次细化以及正确性验证。同时，通过将多个黑盒连成一个细化和验证的内聚过程，净室软件工程可以确保软件开发在正确的设计下进行，提高净室项目的质量。

3. 统计过程控制下的增量式开发

净室软件工程采用受控迭代工作方式，将整个软件开发过程划分为一系列较小的累积增量。软件开发团队在任何时刻只需要关注当前的增量内容。

4. 统计测试和软件认证

当软件的规模较大时，软件的验证将变得非常困难。此时，软件开发团队可以结合净室软件工程思想，为目标软件系统建立模型，通过执行生成的测试用例，得到对目标软件系统预期操作性能的有效统计。净室测试采用抽样统计方法来形成对目标软件系统的推理，因此，可以认为净室测试是基于统计学的。

可以发现，净室软件工程的参考模型如图 10-14 所示。

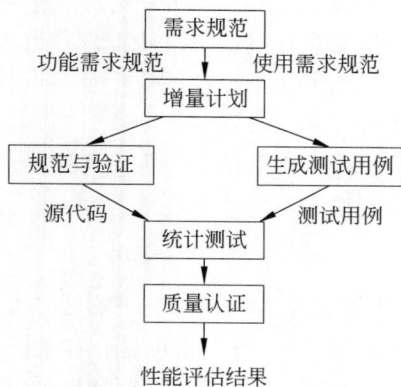

图 10-14　净室软件工程参考模型

尽管净室软件工程在减少和预防缺陷以及提高软件质量方面有着突出的成效，但是净室软件工程自身的特点和不足也在一定程度上阻碍了它的推广。

（1）正确性验证困难、耗时。

净室软件工程中的程序正确性证明、统计测试等内容极具形式化和理论化，需要较多的数学知识，且验证比较困难、耗时。

（2）基于统计的增量开发对技术要求较高。

净室软件工程要求采用盒子结构，结合统计测试方法进行增量开发。软件开发团队必须经过培训、尝试等过程才能熟练掌握净室技术。

（3）忽略模块测试。

净室软件工程不进行传统的模块测试，无法排除软件开发人员在程序编写过程中出现的错误。同时，净室软件工程也不能发现编译器或操作系统 Bug 导致的不可预期的错误。

（4）对软件过程要求较高。

净室软件工程具有特定的软件过程模型。对于一些不成熟的软件开发组织而言，如果尚未建立明确定义的软件过程模型，直接套用对文档化、形式化要求较高的各种净室技术，不仅得不到预想的效果，还会带来不可预测的风险。

（5）软件开发成本较高。

净室软件工程各项技术的使用将会提高软件的开发成本。从成本效益分析的角度来看，并非所有的软件项目都适合采用净室软件工程。

10.11　敏捷开发过程

软件工程和能力成熟度模型的使用从某种程度上降低了软件项目失败的概率，能够提高软件项目的质量。但是，为了确保软件开发的质量，无论软件开发团队采用哪种传统的软件开发过程，均需要按照流程撰写大量的技术文档。

通常而言，传统软件过程涉及的文档撰写工作量占到项目工作量的 50%~60%。文档的撰写工作逐渐成为拖累项目进度的主要原因，导致软件开发流程不够灵活。

敏捷方法（Agile）产生于 20 世纪 80 年代，是从许多软件开发过程实践中归纳总结出来的一些价值观、原则和实践。敏捷方法以客户需求为核心，专注于减少软件过程中与代码实现关联较小的环节（例如，限制文档数量等），采用迭代方式快速响应用户需求的变化。2001 年 2 月，17 位著名的软件专家联合起草了《敏捷软件开发宣言》，宣告了敏捷开发过程的诞生。《敏捷软件开发宣言》由以下 4 个简单的价值观声明组成。

（1）"个体和交互"胜过"过程和工具"；

（2）"可使用的软件"胜过"面面俱到的文档"；

（3）"客户合作"胜过"合同谈判"；

（4）"响应变化"胜过"遵循计划"。

在敏捷开发初期，软件项目会被分割为多个既相互联系又可以独立运行的小项目。软件开发团队可以根据优先权和任务价值分别完成各个小项目。在敏捷开发中，目标软件系统一直处于可使用状态，各个小项目被持续集成到目标软件系统中，如图 10-15 所示。

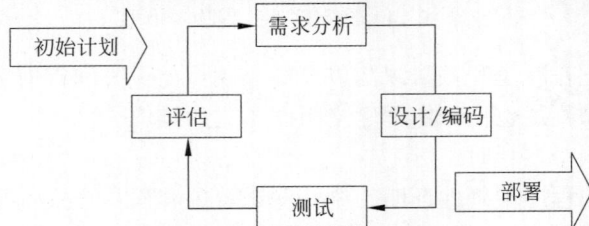

图 10-15　敏捷开发过程

可以发现，敏捷方法本身不是一个完整的软件开发过程，它是对已有软件生命周期模型的补充。在敏捷开发中，软件开发团队需要注意以下原则。

（1）通过尽早地、不断地提交有价值的软件产品来使客户满意；

（2）即使到了软件开发的后期，软件开发团队也欢迎需求变更；

（3）敏捷过程利用变化来为客户创造竞争优势；

（4）经常性地交付可以工作的软件系统，交付的时间间隔可以从几个星期到几个月，交付的时间间隔越短越好；

（5）围绕被激励起来的个体来构建项目；

（6）给软件开发团队提供所需的环境和支持，并且信任他们能够完成工作；

（7）在团队内部，最有效果和效率的信息传递方法就是面对面的交谈；

（8）能工作的软件是首要的进度评估标准，敏捷过程提倡可持续的开发速度；

（9）责任人、软件开发人员和用户应该能够保持长期的、恒定的开发速度；

（10）优秀的技能和好的设计都会增强敏捷能力；

（11）简单是最根本的；

（12）最好的架构、需求和设计出于自组织团队；

（13）每隔一段时间，软件开发团队会在如何才能更有效地工作方面进行反省，对自己的行为进行调整。

随着敏捷方法的推广，敏捷开发过程也成长出了不同的流派，如极限编程、看板方法、精益开发、Scrum 方法等。其中，极限编程和 Scrum 方法的应用相对较广。

10.11.1 极限编程

在传统的软件过程中，软件开发的首要工作就是确定用户需求，并在稳定的用户需求上开展软件开发活动。项目进行过程中的需求变更将导致软件开发成本急剧增加。

20 世纪 90 年代初期，Kent Beck 通过观察、分析各种简化软件开发的前提条件和可能面临的困难，于 1996 年提出了极限编程（Extreme Programming，XP），如图 10-16 所示。

计划/反馈 循环

发布计划　几月
迭代计划　几周
验收测试　几天
站立会议　一天
结对协商　小时
单元测试　分钟
结对编程　秒
编码

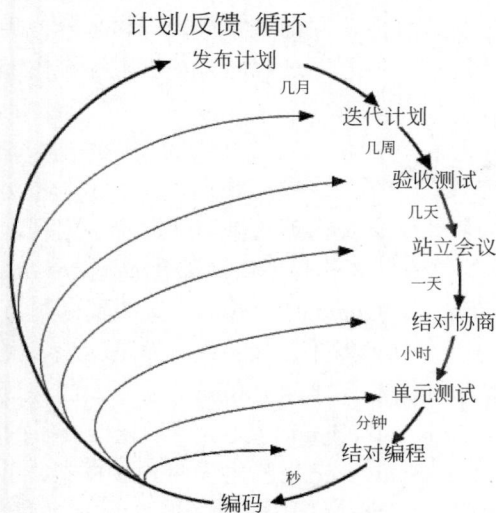

(a) Kent Beck　　　　(b) 极限编程原理

图 10-16　极限编程

极限编程是一种近螺旋式的轻量级软件开发方法，它将复杂的软件开发过程分解为一个个较为简单的短周期。通过积极的沟通、反馈以及其他一系列方法，极限编程将所有的工作放到"极限"状态下完成，从而更加敏捷地构造出高质量软件。

极限编程提出了沟通、简单、反馈、勇气、尊重 5 个核心价值以及快速反馈、假设简单、增量变化、拥抱变化、高质量的工作实现 5 个原则。软件开发团队可以根据实际情况从短交付周期（Small Releases）、计划游戏（Planning Game）、结对编程（Pair Programming）、可持续的节奏（Sustainable Pace）、代码集体所有（Collective Ownership）、编码规范（Coding Standard）、简单设计（Simple Design）、测试驱动开发（Test-Driven Development）、重构（Refactoring）、系统隐喻（Metaphor）、持续集成（Continuous Integration）、现场客户（Whole Team）、客户测试（Customer Tests）13 个核心实践中选择适合的内容来组织软件开发，如图 10-17 所示。

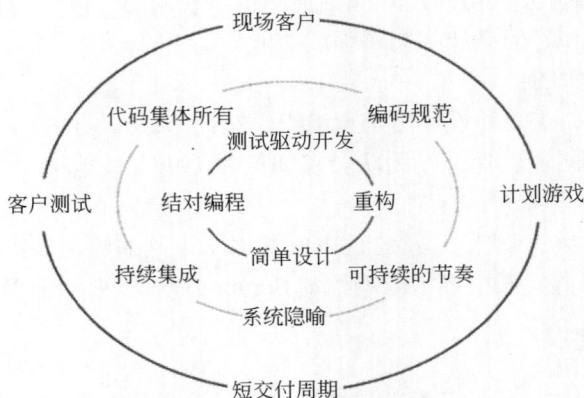

图 10-17 极限编程核心实践

可以发现，极限编程没有规定具体、统一的方法，它更像是一套指导软件开发团队的理论知识。极限编程认为需求变更是软件开发过程中不可避免的，也是应该欣然接受的现象。极限编程通过引入价值、原则、实践等概念来降低需求变更带来的影响。

相对于传统的软件开发过程而言，极限编程更加强调可适应性，适合于小规模的软件开发组织。

10.11.2　Scrum

Scrum 的原始含义是指英式橄榄球比赛中出现次要犯规时，双方在犯规地点对阵争球。1986 年，日本的竹内弘高和野中郁次郎在 *Harvard Business Review* 上发表了一篇题为 *The New Product Development Game* 的文章。该文的副标题为 *Stop running the relay race and take up rugby*，意思是新产品开发不是接力跑，而是应该参照 Rugby 比赛的过程，即只有整个团队齐心合力，并且敏捷灵活，才能提高新产品开发的速度和灵活性。

1993 年，Jeff Sutherland 定义了用于软件开发的 Scrum 流程，并开始实施；1995 年 Jeff Sutherland 和 Ken Schwaber 规范化了 Scrum 框架，并在 OOPSLA 95 上公开发布；2001 年敏捷宣言及原则发布、敏捷联盟成立，Scrum 也成为敏捷开发中的方法之一；同年，Ken Schwaber 和 Mike Beedle 出版了第一本关于 Scrum 的书籍《Scrum 敏捷软件开发》；2002 年 Ken Schwaber 和 Mike Cohn 共同创办了 Scrum 联盟。

由于软件开发过程中的不确定性（例如需求变更、技术更新）以及软件开发团队的不固定，软件开发过程可能会变得非常复杂。传统的基于预定义的软件过程可以根据固定的输入产生固定的输出，软件过程可以重复。如果软件过程出现了定义错误，或输入存在缺陷，将会导致整个软件项目的失败。

Scrum 以经验性过程控制理论为基础，采用增量、迭代的方法来优化软件开发过程，并控制风险。经验性过程有三个特点：过程是不能够完全预先定义的，结果是不可预知的，生产过程是不可重复的。

Scrum 作为一个用于开发和维护复杂产品的框架，包括 3 个角色、5 个事件、3 个工件、5 个价值。其中，3 个角色是指产品负责人（Product Owner）、Scrum Master 和开发团队；5 个事件是指迭代周期（Sprint，Sprint 本身是一个事件）以及 Sprint 包括的 Sprint 计划会议、每日站会、Sprint 评审会议和 Sprint 回顾会议；3 个工件是指产品 Backlog、迭代周期 Backlog 和产品增量（Increment）；5 个价值是指承诺（愿意对目标做出承诺）、专注（把心思和能力都用到承诺的工作上去）、开放（Scrum 把项目中的一切开放给每个人看）、尊重（每个人都有他独特的背景和经验）和勇气（有勇气做出承诺，履行承诺，接受别人的尊重）。

在 Scrum 中，对客户具有商业价值的需求被排序为产品需求列表（Backlog），需求通过多个用户故事进行体现。此时，软件的开发过程被分为若干个短迭代周期（Sprint）。在每个短迭代周期中，Scrum 团队从产品需求列表中挑选出最高优先级的需求进行开发。软件开发团队在 Sprint 计划会议上讨论、分析和估算被选中的需求，形成相应的短迭代周期任务列表（Sprint Backlog）。每个迭代周期结束后，Scrum 团队提交潜在可交付的产品增量。可以看到，Scrum 的开发过程如图 10-18 所示。

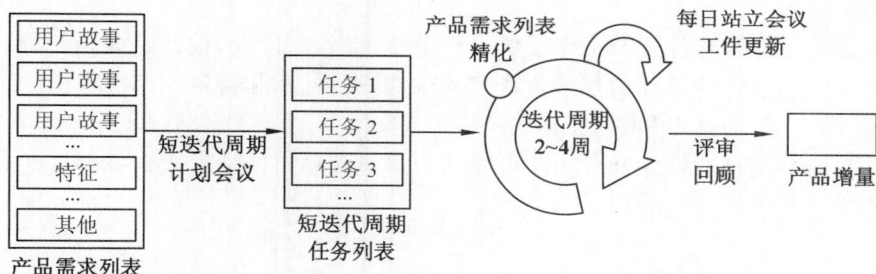

图 10-18　Scrum 开发过程

目前，极限编程和 Scrum 都属于敏捷开发中的主要流派，都需要遵循敏捷开发的相关原则。但是，极限编程与 Scrum 之间仍然存在着一些细微的区别。

1）迭代周期长度不同

极限编程的迭代周期长度约为 1~2 周，而 Scrum 的迭代周期长度约为 2~4 周。

2）迭代过程中是否允许修改需求

极限编程允许软件开发团队替换当前迭代中未实现的用户需求；而 Scrum 不允许对迭代中的内容进行变更，以确保软件开发团队不会受到干扰。

3）是否必须按照优先级来实现需求

极限编程要求必须按照需求的优先级来开发软件功能；而 Scrum 则允许软件开发团队根据优先级和软件开发团队的实际情况来选择本次迭代需要完成的任务。

4）是否提供严格的工程方法来保证软件开发的进度和质量

Scrum 仅给出了软件实施的框架，缺乏相关的实践内容；而极限编程则对软件开发方法有非常严格的定义。在极限编程中，软件开发团队可以采用测试驱动开发、自动测试、结对编程等实践来开发软件。

可以发现，Scrum 和极限编程都具有一定的优点，也存在其不可避免的缺点。Scrum 非常强调自我组织和管理，而极限编程注重工程实践约束。软件开发团队可以根据需要选择合适的敏捷开放方法。

尽管 Scrum 定义了各种项目管理实践，但并未涉及极限编程中的重构、自动化测试、持续集成等方法。Scrum 的实施往往会推动软件组织开发过程的敏捷，但是软件的测试、发布和运维仍然以传统方式进行，没有实现整个团队的敏捷。在实际的软件开发和运营中，软件行业人员日益清晰地认识到，除了开发敏捷以外，软件开发团队还必须与运维紧密合作才能按时交付软件产品和服务。

DevOps 的兴起正好解决了这一问题。

10.12　小　　结

随着计算机技术的快速发展，软件也变得越来越复杂，对软件开发组织提出了较高的要求。如果软件开发团队仅按照软件生命周期来组织各项软件开发活动将会给软件开发带来大量的问题。

软件过程是指软件开发团队为了获得高质量的软件，在软件工具的支持下完成的一系列软件工程活动。软件过程定义了软件开发需要完成的活动集合和活动顺序。

本章围绕软件开发技术的发展过程和方向来介绍软件过程的演进历程，对常见的软件过程进行了简单概述。

瀑布模型的提出为软件开发工作提供了一个统一指导分析、设计、编码、测试和维护等活动的框架；而其他软件过程均是结合特定的软件开发技术和特殊的情况提出的过程改进和优化，且都具有一定的优点和缺点。

在开发软件系统时，软件开发团队可以结合自身和项目的情况来选择合适的软件过程，合理组织软件开发中的各项活动。

10.13　习　　题

1. 结合软件开发技术的发展过程来谈一下软件过程的发展。
2. 是否所有的软件项目都可以采用螺旋模型或快速原型法？为什么？
3. 结合你的认识来谈一下，为什么使用喷泉模型组织的软件开发过程难以管理？
4. 能力成熟度模型不是一个开发过程，为什么还这么重要？
5. 结合你开发过的软件项目来谈谈净室软件工程。在实际开发过程中，净室软件工程的缺点是什么？
6. 敏捷开发仅仅是一个软件开发过程吗？用传统的软件架构能不能实现敏捷开发？

第 11 章 软件项目管理

项目是指组织或团队为实现既定的目标，在一定的时间、人力和资源约束条件下开展的独立的、一次性任务。

根据 TechRepublic 公司在 2000 年对北美 1375 个 IT 专家的调研结果，可以发现信息技术项目的失败概率高达 40%，且这些项目的平均成本每年都超过 100 万美元；即使软件开发组织有了良好的软件开发过程和杰出的软件工程师也未必能够成功开发出合格的大型软件项目；导致项目失败的主要原因是"软件项目管理不善"。

经历了大量失败项目以后，人们开始分析和研究如何才能更好地管理软件项目，逐渐认识到了软件项目管理的重要性和特殊性。

本章以软件项目管理框架中的内容划分为指导，结合软件项目的阶段管理来介绍软件开发各个阶段中存在的管理内容，帮助大家了解软件项目管理涉及的知识点。

11.1 项目管理概述

项目管理是指："在项目活动中运用专门的知识、技能、工具和方法，使项目能够在计划的资源范围内实现或者超过项目相关方的需要和期望。"具体而言，项目管理是将各种资源、方法和人员结合在一起，使其能够在规定的时间、预算和质量目标范围内完成项目目标的各项工作。有效的项目管理能够对组织、机构的资源进行计划、引导和控制。项目管理先于任何技术活动，并且贯穿于项目的整个生命周期。

在项目管理中，资源是一切具有现实或潜在价值的东西，如人力和人才、材料、机器设备、时间、资金、信息和科学技术及市场等。可以发现，除了时间以外，上述其他资源都可以通过采购或者特定途径获得。因此，如果将其他非时间资源表现为费用或成本，则项目可以重新定义为，项目是指在一定的进度和成本约束下，组织或机构为实现既定的任务，并达到约定的质量目标，所进行的一次性任务。

在实际的项目管理中，项目管理人员会遇到很多挑战。例如人员调度与安排、工作量评估、财政预算、责与权的分配与平衡、执行与调控以及沟通等。因此，项目管理的目标是谋求（任务）多、（进度）快、（质量）好、（成本）省的有机统一，即项目成功的三要素为按时完成，在预算内完成，且质量符合预期要求。

然而，项目的质量、成本和进度是相互制约的，如图 11-1 所示。当进度要求不变时，质量要求越高或者工作内容越多，成本越高；当不考虑成本时，质量要求越高或任务要求越多，则进度通常较慢；当质量和任务的要求都不变时，进度过快或过慢都会导致成本的增加。

对于一个确定的项目而言，项目的任务范围和资源

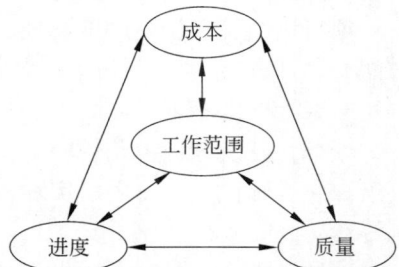

图 11-1 项目管理三要素之间的关系

都是确定的。此时，项目管理就演变为在一定的任务范围内，如何处理好质量、进度和成本三者之间关系的问题，即处理好"好中求快"和"好中求省"的问题。

由于项目管理以各种图表、数学计算以及其他技术手段为依据，项目管理可以被看成为一门科学；同时，项目管理受到人际关系、组织因素的制约，相互沟通、协商谈判及解决矛盾等成为项目管理的艺术。项目管理者必须掌握项目的技术背景，了解项目的领域知识，具备全面的项目管理技能，才能在某种程度上保证项目的顺利进行。

11.2 项目管理框架

从 11.1 节中可以看出，项目管理是一种复合管理，它要求从事项目管理的人员必须具备多方面的管理能力。按照美国项目管理协会（Project Management Institute，PMI）提出的项目管理知识体系框架（Project Management Body Of Knowledge，PMBOK）（图 11-2），项目管理可以分为项目范围管理、项目进度管理、项目成本管理、项目质量管理、项目人力资源管理、项目沟通管理、项目风险管理、项目采购管理、项目相关方管理和项目整合管理 10 个领域。

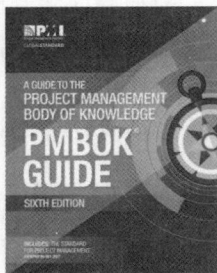

图 11-2 PMBOK

1. 项目范围管理

项目范围管理是指对项目包含的内容进行定义和控制的过程。通过项目范围管理，可以确保项目组和项目相关方对项目的预期成果以及达到项目预期成果的过程有共同的理解。

通常而言，项目范围包括产品范围和工作范围两个方面。产品范围是指产品或服务所包含的特征或功能；而工作范围是指为交付具有规定特征或功能的产品或者服务必须完成的工作内容。产品范围和工作范围必须良好地结合，才能确保项目的工作内容符合事先确定的要求。

项目范围管理包括范围规划、收集需求、定义范围、创建工作分解结构（Work Breakdown Structure，WBS）、确认范围、控制范围 6 个子过程。

2. 项目进度管理

项目的时间和进度是衡量项目是否达成目标的三大约束之一。项目进度管理，也称为工期管理或时间管理，是为了确保项目按期准时完成所必须具备的管理过程。

通常，软件项目对时间的安排存在以下两种情况。

（1）系统的最终交付时间已经确定，软件开发组织必须在规定的期限内完成项目开发。

（2）系统的最终交付时间只确定了大致的时限，最后交付日期由软件开发组织确定。

软件开发组织必须在规定的资源范围内，为各个开发活动设置优先级，统筹调配各种可用资源，在满足进度要求的前提下最大化地利用资源，降低项目成本。

项目进度管理包括进度规划、定义活动、排列活动顺序、估算活动资源、估算活动持续时间、制订进度计划、控制项目进度 7 个子过程。

3. 项目成本管理

项目在开发过程中花费的工作量和使用资源的代价称为项目成本。项目成本管理是指开发组织为了确保项目使用的实际成本不超过预算成本而展开的成本估算、成本预算、成本控制等活动。

项目成本管理贯穿于项目实施的始终，包括成本规划、估算成本、制定预算、控制成本 4 个子过程。

4. 项目质量管理

项目质量是指项目中精确定义的功能、性能需求、文档标准，以及给出或者设计的一些质量特性及其组合。

项目质量管理是指为了确保项目能够达到质量要求而在质量体系中开展的有计划、有组织的管理活动。项目质量管理包括质量规划、实施质量保证、控制质量 3 个子过程。

5. 项目人力资源管理

项目人力资源管理有效地使用约定的人力资源完成项目开发活动的过程。人力资源管理的对象主要有项目相关方、资助者、客户、项目组成员、支持人员、项目的供应商等。

通常而言，项目人力资源管理包括人力资源规划、组建项目团队、建设项目团队、管理项目团队 4 个子过程。

6. 项目沟通管理

沟通是项目管理的基本工作。项目管理者大约有 70%的工作时间用于信息的接收和传递。因此，沟通是项目执行过程中决策和计划的基础，是项目管理人员成功的重要手段。

项目沟通管理就是为了保证项目信息能够及时、正确地提取、收集、传播、存储以及最终处置所采取的管理活动，是保证项目组织内部和外部信息畅通所必需的过程。

通常，项目沟通管理包括沟通规划、管理沟通、控制沟通 3 个子过程。

7. 项目风险管理

所谓"风险"是指结果的不确定性，或者指一段时期内可能发生的各种结果之间的差异。

项目的开发过程总是伴随着各种各样的风险。项目风险管理就是指为了更好地达到项目目标，对项目生命周期内的风险进行识别、分配和应对的科学与艺术。风险管理要求开发组织不断地评估什么事件会对项目产生消极的影响，并确定这些事件发生的概率，确定风险如果发生会造成的影响等。

风险管理一直是项目管理中的重点和难点问题。风险管理包括风险规划、识别风险、实施定性风险分析、实施定量风险分析、规划风险应对、控制风险 6 个子过程。

8. 项目采购管理

采购是指从外界获得项目所需产品或服务的过程。通过从外界获取资源，可以帮助开发组织获得专门的技能和技术，提高经营的灵活性和责任性。

在采购过程中，通常将货物和服务称为产品，将买方称为业主或分承制方的总承包商，而卖方称为承包商、厂商或供应商。

项目采购管理包括从执行组织外部购买该项目所需要的产品和服务的全过程，包括采购规划、实施采购、控制采购、结束采购 4 个子过程。

9. 项目相关方管理

项目相关方是指会对项目产生影响的个人或组织以及项目的结果会影响的个人或组织，如项目经理、客户（客户与最终用户）、项目团队成员、出资人、组织内的其他部门、供应方、竞争对手、其他处于组织外部的项目涉及或受项目影响的团体等。

项目相关方管理用于识别能影响项目或受项目影响的全部人员、群体和组织，分析相关方对项目的期望和影响，制定适合的管理策略来有效调动相关方参与项目的决策和执行。由于相关方的满意度是项目实施的关键目标之一，项目相关方管理还需要关注与相关方的持续沟通，以便了解相关方的需要和期望，管理利益冲突，解决实际发生的问题。

通常而言，项目相关方管理包括识别相关方、规划相关方管理、管理相关方参与、控制相关方参与 4 个子过程。

10. 项目整合管理（此前版本称为项目综合管理或项目集成管理）

项目整合管理对前面 9 个管理领域的内容进行综合，保证各种项目要素协调运作，对冲突目标进行权衡折中，最大限度地满足项目相关方的利益要求和期望。

项目整合管理包括制订项目章程、制订项目管理计划、指导与管理项目执行、监控项目工作、实施整体变更控制、结束项目或阶段 6 个子过程。

11.3　项目阶段管理

项目是指组织或团队在一定时间内需要完成的满足一系列特定目标的多项相关工作的总称。项目与软件一样具有生命周期。通常而言，项目的生命周期可以分为启动、计划、执行和收尾 4 个阶段，且各个阶段的时间和工作量分配也各不相同，如图 11-3 所示。

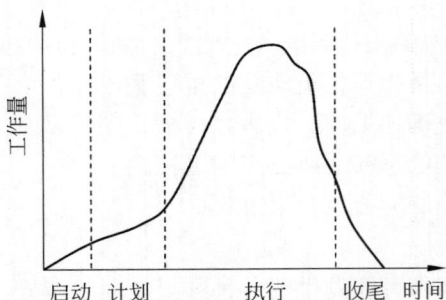

图 11-3　项目生命周期

软件项目作为一种特殊的项目，主要是为了解决人们的信息化需求，完成计算机应用系统的开发、应用、维护和服务。相对于一般项目而言，软件项目除了具备一般项目的基本特征以外，还具有智力密集、可见性差、针对性强、人工量大、维护期长、维护成本高、人为因素较强等特征。因此，当管理人员将项目管理方面的内容应用于软件项目管理时，需要厘清它们之间的共性和个性，结合软件项目的特点对项目管理内容进行调整。

可以发现，相对于项目管理而言，软件项目管理是为了确保软件项目能够按照预定的成本、进度、质量顺利完成，而对人员、产品、过程和项目进行的分析和管理活动，即其根本目的是让软件项目的整个生命周期（从分析、设计、编码到测试、维护全过程）都能在项目管理者的控制之下，以预定的成本，按期、按质量地完成软件。

为了统一管理软件项目的各个阶段，软件项目管理在普通项目管理生命周期 4 个阶段划分的基础上增加了一个贯穿于所有阶段的控制过程，如图 11-4 所示。

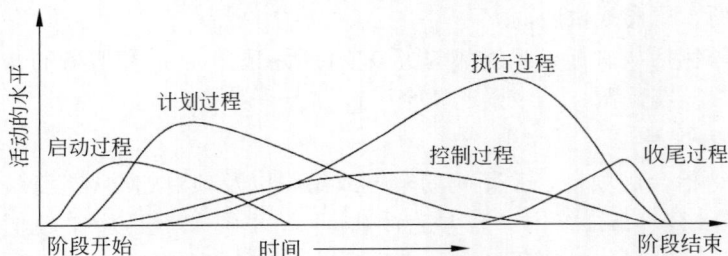

图 11-4　软件项目管理过程活动水平

11.3.1　项目准备与启动

在进入软件项目计划阶段之前，软件开发组织必须为即将进行的项目做准备，正式启动项目。此时，项目主管（项目经理）及项目组成员需要针对软件项目实施以下活动。

1. 了解项目背景

在启动项目之前，软件开发组织首先需要了解项目的环境和背景信息，例如，项目是否具有明确的结果？项目是否需要符合相关的行业标准、国家标准或国际标准？项目是否设置了合理的截止日期？项目发起人是否有权开展项目？项目是否有财务支持？是否有类似的参考项目等。

其次，软件开发组织还需要了解项目采用的新技术将会怎样影响使用者，项目采用的新技术对系统其他部分造成的影响，项目采用的新技术是否与现在使用的操作系统兼容，是否有其他单位也正在使用项目采用的新技术，提供核心技术的供应商在行业中的信用记录是否良好，网络及硬件设备的建设情况等。

2. 分析项目的相关方

项目管理者需要了解不同相关方在项目运行过程中扮演的角色、所持态度，这有利于协调软件开发工作，调动相关方的积极性。

3. 调研软件项目的商业需求

与传统项目相比，软件项目具有一定的时效性，且使用的其技术更具备一定的时代特点。在项目启动之前，软件开发组织必须对项目进行有效的市场调研和市场预测。

4. 界定软件项目的范围

界定软件项目的范围就是为软件项目划定一个界限，确认哪些内容是项目应该做的，而哪些内容不应该包含在项目中。在界定软件项目的范围时，软件开发组织首先应该识别项目，然后再与相关方共同确定项目的开发范围，确定软件项目的目标和交付成果。

5. 工作分解

当软件项目的范围确定以后，软件开发组织可以根据实际情况对将要开展的工作内容进行分解。通常而言，工作分解可以分为内容划分和阶段划分两个部分。内容划分是指将大项目分解为一系列较小的任务；而阶段划分是指将项目开发工作分解为多个阶段，确定各个阶段的主题和需要完成的任务以及各阶段的里程碑和评审计划、检查点。对项目进行工作分解有利于软件开发组织降低项目的复杂度，分阶段地交付软件产品。

目前，软件开发组织可以利用 WBS 工作分解方法将软件项目分解为多个可以管理的子活动，采用 WBS 树型图定义组成项目的全部内容范围。在软件项目管理中，WBS 是计划和管理项目进度、成本和变更的基础。需要注意的是，WBS 是对软件项目范围的划分，不能用于软件功能和组成结构建模。图 11-5 给出了一个软件项目的 WBS 分解案例。

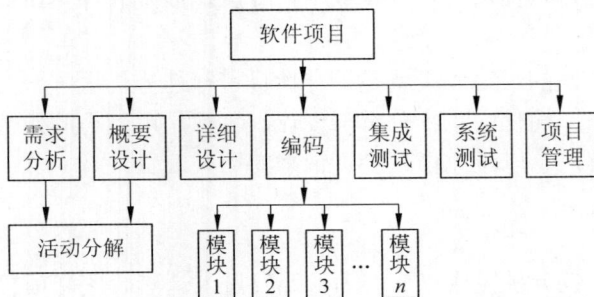

图 11-5　工作分解结构 WBS 实例

在进行工作分解时，软件开发组织需要结合多种因素来分析任务分解的粒度。例如，考虑任务是否由单人来完成，任务的完成状态是否可以验证，任务开始之后是否还会依赖于其他任务，任务分配的时间是否过长而不利于管理等。

同时，软件开发组织需要结合软件生命周期模型来细化 WBS，即软件开发组织仅需关注软件项目的当前阶段，再对当前阶段的活动进行分解即可，暂时不考虑后续阶段活动的分解。在项目开发过程中，软件开发组织可以随着对项目了解的不断深入来细化 WBS，根据软件不同阶段的内容划分来确定项目的里程碑。

6. 软件规模估计

在软件项目管理中，为项目制订合适的计划对项目的实施非常重要。

由于软件项目尚未开展，软件开发组织只能结合所有可以获得的信息，参考已经完成的或者类似的软件项目，结合软件开发工程师的经验数据对目标软件项目的规模、工作量、所需要的人力（以人月为单位）、项目持续的时间（以年份或月份为单位）、成本（以元为单位）、设备资源等内容做出估计，然后再根据估计结果制订项目计划。

1）参考类似项目进行估算

如果软件开发组织已经具有与目标软件项目相类似的项目经验，则软件开发组织可以参考历史项目对新项目所需的工作量、开发持续时间、成本等内容做出较准确的估计。

2）根据任务量进行估算

如果软件开发组织对新项目的背景完全陌生，只凭过去的经验就很难做出估算了。此时，软件开发组织可以先确定软件项目的范围，然后再将软件项目分解为多个可以独立估算的小任务，从而得到整个软件项目的工作量估计。

目前，软件开发组织可用于估计软件项目规模的方法主要有代码行法、类比法、自顶向下法、自底向上法、功能点法、参数化模型法、Putnam 法、用例点法、COCOM Ⅱ方法、对象点法、Monte Carlo Simulation 等。软件开发组织可以根据软件项目的特点和需要来选择合适的评估方法，尽可能地得到对目标软件项目的准确估计。

7. 成本/效益分析

软件成本估算是对完成指定软件项目所需要的总工作量进行预测的过程。软件开发组织可以通过估算软件项目的成本和效益来确定项目的可行性，并协助制订项目计划。

根据 2.2 节（可行性分析）中的相关内容，软件系统的成本主要包括硬件成本、开发成本、施工费用、系统运行费用、维护费用和人员培训费用等。与其他物理产品的成本计算方式不同，软件项目的开发成本主要是指软件开发过程中花费的工作量及相应的代价。

由于软件项目不存在重复的制造过程，软件项目的开发成本是以一次性开发过程所花费的代价来计算的。因此，软件项目的开发成本估算应该涉及软件生命周期的全过程。

8. 可行性分析报告

项目准备与启动阶段的最终成果就是提交项目可行性分析报告。

可行性报告是抽象和简化的系统分析与设计，目标是用最小的代价尽快地确定问题是否能够解决，是否值得解决，以避免盲目投资带来的巨大浪费。

11.3.2 项目计划

当软件项目的可行性分析完成以后，项目开发进入计划阶段。项目计划阶段的主要任务就是结合已有的信息来制订各种计划，用于确定执行、监控和结束项目的方式和方法。

在项目计划阶段，软件开发组织需要完成的任务主要包括软件开发计划（计划任务书）、变更管理计划、预算计划、人力资源计划、测试计划、风险管理计划、状态通报计划、外包计划等。由于篇幅有限，本章主要对软件开发计划方面的内容进行介绍。

与可行性分析报告相比，软件开发计划需要依据确定的技术方案，对确定的项目资源，做出较为详细的内容和进度安排。主要内容包括：①开发目的（背景），②系统/产品特征，③质量目标及达成手段，④性能指标及达成手段，⑤开发/运行环境，⑥开发范围与功能概要，⑦规模与工时预算，⑧其他费用的预算，⑨开发组织架构，⑩项目进度计划，⑪项目规章等内容。其中，内容①、②、③、④、⑤和⑥属于项目的范围管理，⑦、⑧属于成本管理内容，⑨属于人力资源管理内容，⑩属于时间管理，而⑪属于项目整体管理。

在软件开发计划包含的各项内容中，项目进度计划是最重要的部分，也是软件开发计划的核心。项目进度计划基于 WBS 进行编制，要求项目管理人员在考虑项目各种资源约束、活动约束的情况下对软件项目包含的各项活动进行定义、排序和历时估算。因此，在制订项目进度计划之前，软件开发组织必须定义项目包含的活动，估算各个活动的历时，厘清活动之间的依赖关系，然后再采用合适的方式来制订项目进度计划。

1. 活动定义

在软件项目的开发过程中，活动是指项目团队、团队成员和项目相关方为了完成软件项目，得到软件项目的可交付成果所必须完成的具体工作。通常而言，活动都会对预期历时、成本和资源要求等内容进行描述。

在定义软件项目包含的活动时，软件开发团队可以分析完成的 WBS，得到软件项目包含活动的列表。

2. 估算活动历时

当软件项目涵盖的所有活动都被列举出来以后，软件开发组织需要结合所有可以获得的信息对各个活动进行分析。活动历时估算是指对完成各项活动所需要的时间进行估计，可以由项目团队中熟悉该活动特性的个人或者小组进行。

在估算活动的工作量时，软件开发团队需要综合多种因素，从不同的角度来分析活动，争取得到活动工作量的准确估算。目前，软件开发团队可用的工作量估算方法有专家评估法、类比法和模拟法三种。

1）专家评估法

专家评估法是指由项目时间管理专家运用其经验及专业特长对项目的工期做出估计与评价。该方法在项目遇到新技术或不熟悉业务时能够取得较好的效果。

2）类比法

软件开发团队可以参考已完成的相似项目的实际工期，通过类比来估算新项目的可能工期。该方法的缺点在于其估算结果较为粗略，一般用于项目初期的工期估算。

3）模拟法

模拟法以一定的假设条件为前提进行项目工期估算。常见的模拟法有三点时间法、蒙特卡罗模拟等。在这些模拟法中，三点时间法相对简单，容易实施。

为了准确估算活动实际历时，软件开发团队还需要考虑活动消耗的实际工作时间与间歇时间。活动历时的估算结果可能会导致工作分解结构更新。

3. 理清活动之间的依赖关系

活动之间的依赖关系反映了软件项目包含活动或任务的执行顺序，对制订并控制软件项目的进度计划影响很大。

通常而言，活动之间的依赖关系有"完成-开始""开始-开始""完成-完成"和"开始-完成"4 种情况，其关系如图 11-6 所示。

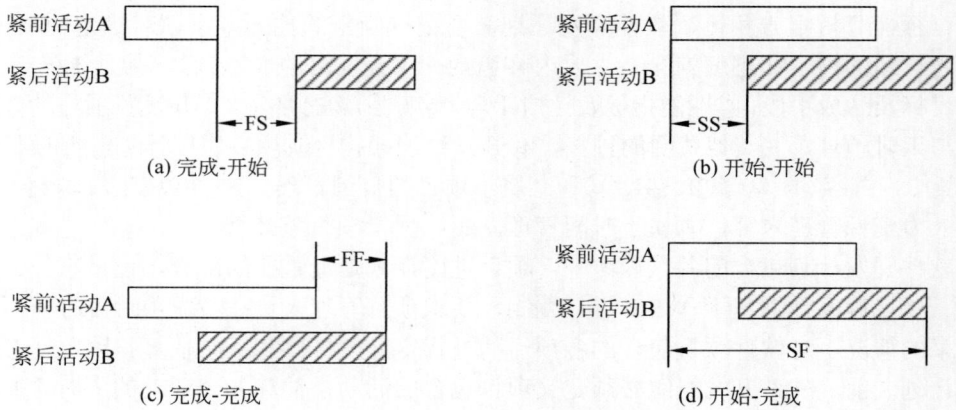

图 11-6　活动依赖关系图

1）完成-开始（Finish-to-Start，FS）

活动 B 在活动 A 结束后开始。此时，活动 A 可以称为活动 B 的紧前活动，活动 B 称为活动 A 的紧后活动。例如，总体设计 B 必须在需求分析 A 结束后开始。

2）开始-开始（Start-to-Start，SS）

紧前活动 A 开始一段时间以后，紧后活动 B 才能开始，即紧后活动 B 的开始时间受紧前活动 A 的开始时间制约。例如，编写系统测试用例必须在总体设计开始后才能开始。

3）完成-完成（Finish-to-Finish，FF）

紧前活动 A 结束一段时间后，紧后活动 B 才能结束，即紧后活动 B 的结束时间受紧前活动 A 的结束时间制约。例如，单元测试用例设计完成以后，测试用例的编写活动才能结束。

4）开始-完成（Start-to-Finish，SF）

紧前活动 A 开始一段时间以后，紧后活动 B 才能结束，即紧后活动 B 的结束时间受到紧前活动 A 的开始时间约束。例如，必须等系统上线一段时间以后，项目才能完成结项。

为了准确地表达项目计划中的活动及其依赖关系，合理推算项目的工期，早期的一些数学家和工程师们提出了网络计划方法。

网络计划图（简称网络图）通过框和箭头方式直观展现了项目活动之间的依赖关系，便于项目管理人员发现完成项目活动的关键路径，得到完成项目所需的最短时间。

网络计划图中的各个节点标注了活动的名称、活动代号、最早开始时间、最早结束时间、最晚开始时间、最晚结束时间、持续时间长度和宽松时间等，如图 11-7 所示。软件开发组织可以借助网络计划图了解项目包含各项活动的详细信息。

图 11-7　网络计划图活动节点

通常而言，软件开发组织可以通过以下步骤发现网络计划图中的关键路径。

（1）建模活动及活动依赖。

软件开发组织根据项目的工作任务分解内容来设立活动，建模活动之间的依赖关系。图 11-8 给出了一个简单的网络计划图案例。

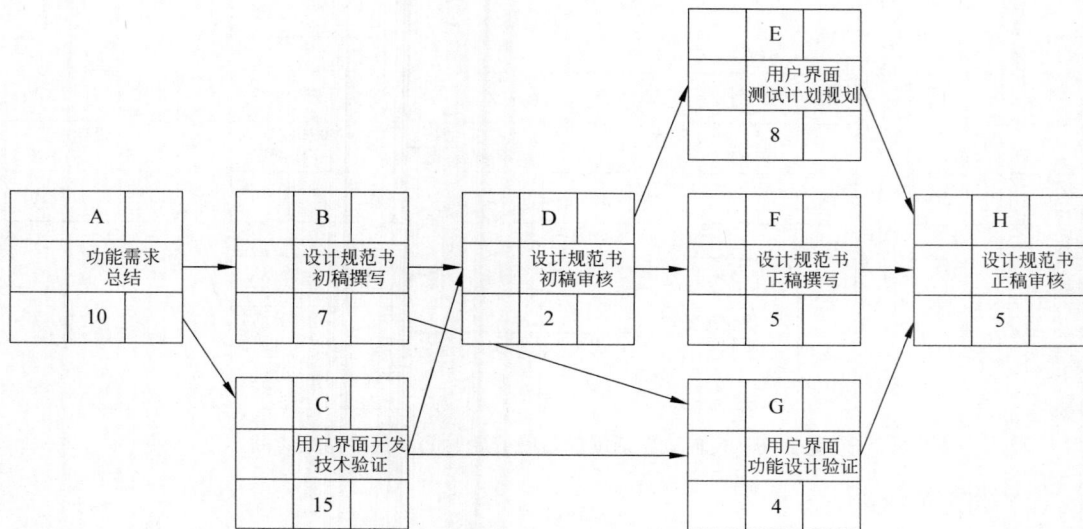

图 11-8 建模活动及活动依赖案例

（2）正向确定活动的最早开始时间和最早结束时间。

在规划项目时间时，软件开发团队可以将首活动的最早开始时间设置为 0，然后再根据活动之间的依赖关系来确定各个活动的最早开始时间和最早结束时间及整个项目的最早结束时间。可以得到规划时间后的网络计划图案例，如图 11-9 所示。

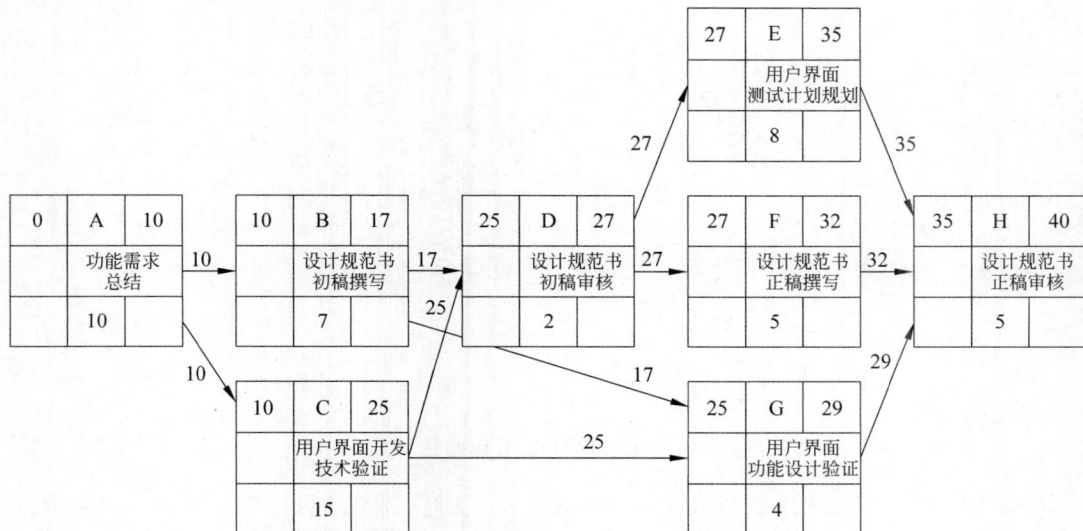

图 11-9 正向确定活动的最早开始时间和最早结束时间

（3）反向确定活动的最晚开始时间和最晚结束时间。

软件开发组织可以采用"反向分析"法，从网络计划图的结束节点开始，反向计算项目各个活动的最晚开始时间和最晚结束时间。例如，图 11-10 给出了反向推算时间的案例。

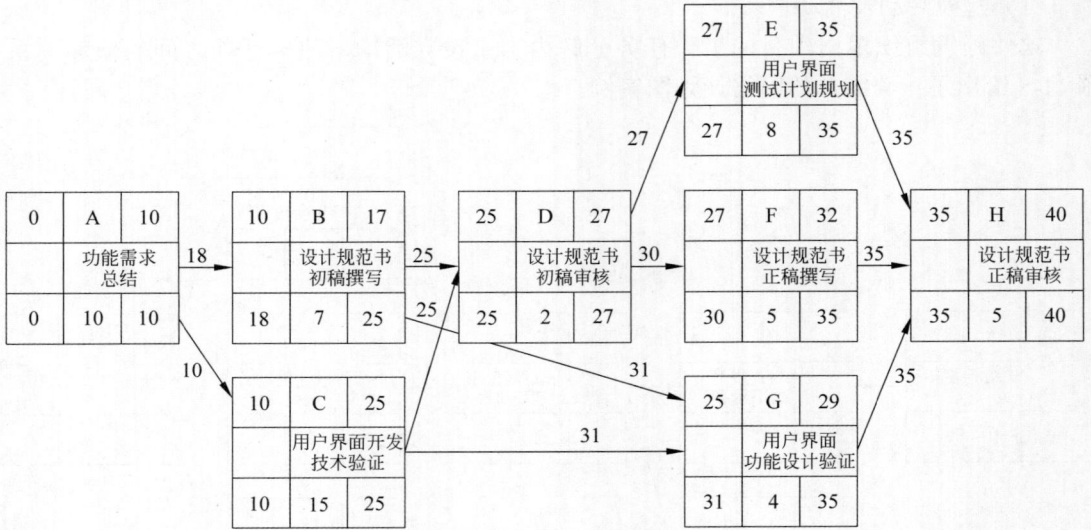

图 11-10 反向确定活动的最晚开始时间和最晚结束时间

（4）判定关键路径。

使用各个活动的最晚开始时间减去最早开始时间，得到各个活动的宽松时间。在网络计划图中，宽松时间为"0"的活动就是关键路径上的活动，连接所有关键活动的路径构成项目的关键路径。可以发现，本章案例的关键路径为 ACDEH，如图 11-11 所示。

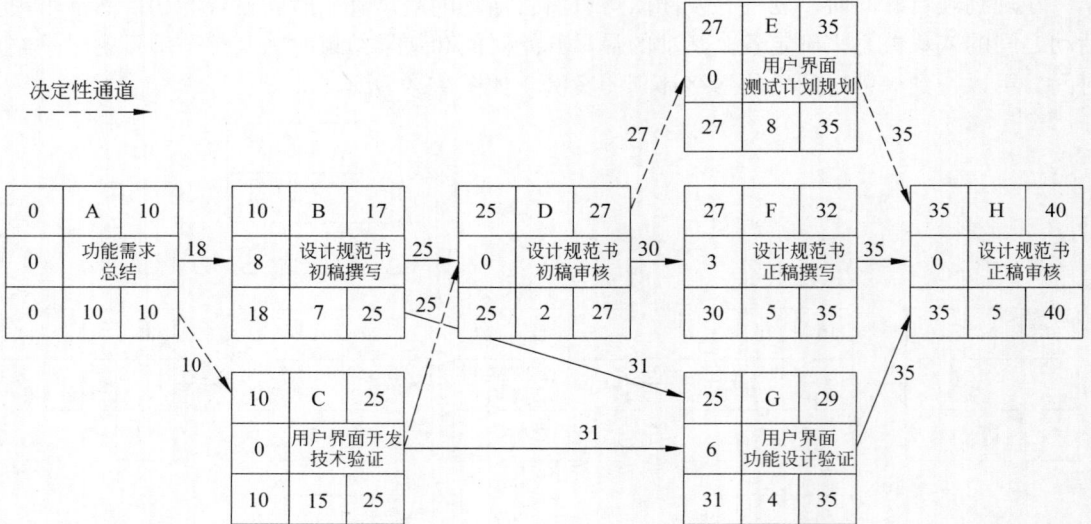

图 11-11 判定关键路径

在项目管理中，如何准确寻找网络计划图中的关键路径是项目计划的关键，也是项目管理人员必须掌握的技术和本领之一。

在管理项目的进度时，项目经理需要持续跟踪关键路径上各个活动的执行情况，尽力确保关键路径上的活动按计划进行。软件开发组织可以分析关键路径上各项活动的情况和宽松时间，跟踪并关注各项活动的进度和风险。同时，软件开发组织可以将最佳的项目资源（人力、费用、设备等）用在关键路径上，通过协调其他非关键活动的资源来保证关键路径上所有活动的实施，进一步缩短项目工期，降低软件开发成本。

然而，在实际的软件项目管理中，网络计划图中可能存在多条关键路径，并且要求关键路径上的所有活动都严格按计划执行。项目管理人员需要根据实际情况来预测问题、标识问题，并及时修订、更新项目计划，缓解各种突发情况对项目进度的影响。

网络计划方法中最常用的是关键路径法（Critical Path Method，CPM）和计划评审技术（Program Evaluation & Review Technique，PERT）。

1）关键路径法

关键路径法起源于美国杜邦公司，是杜邦公司在 1957 年制订化学工厂的建设计划时，在兰德公司的协助下设计的一种计划管理方法。关键路径法采用网络计划图列出各项工作之间的依赖关系，找出网络计划图中的关键路径与关键工作，然后再对整个工程与生产进行必要的调整，达到加速工程进度与降低项目成本的目的。

2）计划评审技术

计划评审技术是 1958 年美国国防部为了加速研制"北极星"导弹核潜艇而提出的一种评估方法。该方法以数理统计学为基础，主要适用于对不确定性较高、更新频繁、进度风险较高的项目活动和技术进行评估。

计划评审技术同样以网络计划图来建模活动之间的依赖关系。在获得网络图后，计划评审技术通过计算各项活动所需的时间和时间差，找出项目的关键路径。同时，计划评审技术利用时差来持续调整软件计划，寻找工期、成本和资源的优化方案。

可以发现，关键路径法和计划评审技术都是独立发展起来的网络计划方法。两者的主要区别在于，关键路径法以经验数据为基础来确定各项工作的时间，而计划评审技术则把各项工作的时间作为随机变量来处理。因此，关键路径法往往被称为肯定型网络计划技术，而计划评审技术被称为非肯定型网络计划技术。在实际的项目管理中，软件开发团队需要配合使用关键路径法和计划评审技术来控制和管理项目进度。例如，先用关键路径法发现项目的关键路径，然后再借助计划评审技术来估算关键路径上的各个活动的完成期望和方差，最后得到项目在某一个时间段内完成的概率。

4. 制订项目进度计划

当所有活动的工作量确定以后，软件开发组织可以根据完成的网络计划图来制订整个软件项目的详细计划。

软件项目计划应当在软件项目开始后的一个有限时间段内完成。软件项目计划中的进度计划表指示了各项活动的开始时间、完成时间、负责人，可度量的完成计划以及活动之间的依赖关系。通过制订进度计划，软件开发组织可以确保各项活动在实施时能够获得合适的资源，避免多项不同的活动在同一时间竞争相同的资源。

在实际的项目管理中，软件项目计划是一个逐步细化的过程。每一次软件项目计划的迭代都能使计划比前一次更详细、更准确。

目前，软件开发组织主要使用甘特图（Gantt Chart）来组织软件项目的进度计划。甘特图又称横道图、条状图，是亨利·劳伦斯·甘特（Henry Laurence Gantt）于 1917 年发明的一种展示项目活动、进度及其他与活动、时间相关的项目内在联系的表示图，如图 11-12 所示。

图 11-12　亨利·劳伦斯·甘特（Henry Laurence Gantt）

在甘特图中，项目管理人员可以列举出项目包含的所有分解活动，并设定各项活动的开始时间、结束时间、占用资源以及设置活动之间的依赖关系（前置任务），形成展现项目活动安排的横条图，如图 11-13 所示。

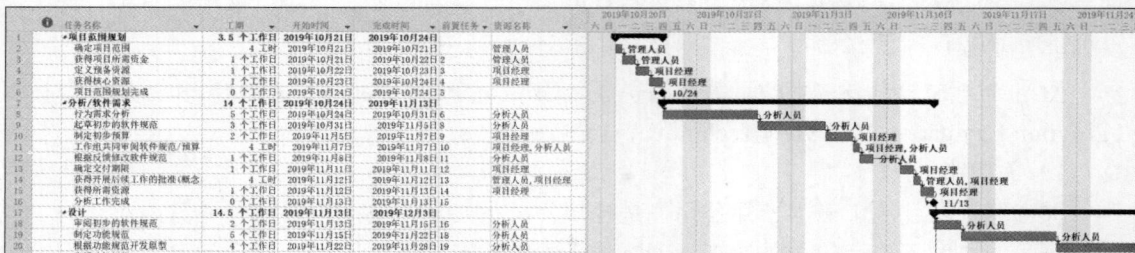

图 11-13　甘特图案例

通常而言，软件开发组织可以按照以下步骤进行项目进度规划。

（1）设置项目活动及活动持续时间。

项目管理人员可以依据工作任务分解 WBS 涵盖的活动内容来设置甘特图中的任务，并根据网络计划图中的内容来设置各项活动的持续时间。由于篇幅限制，此处仅对 WBS 第一层中的分解内容进行介绍，给出简单的甘特图任务分解案例，如图 11-14 所示。

图 11-14　任务分解案例

（2）设置活动之间的依赖关系。

项目管理人员根据网络计划图中建模的任务依赖关系，依次设置各个任务的前置内容，并安排首任务的开始时间。

同时，为了确保生成的甘特图形态优美，项目管理人员可以将被依赖的任务放于对应的任务列表之前。假设图 11-14 所示甘特图案例的依赖关系设置如图 11-15 所示。

图 11-15　设置了任务前置关系的甘特图表

（3）设置其他任务的开始时间和结束时间。

在规划项目进度时，项目管理人员需要结合项目的实际情况为没有前置任务的活动设置开始时间和结束时间。

（4）为任务指定责任人和分配资源。

项目管理人员根据任务需求和项目实际情况为各个任务指定责任人和分配资源，跟踪各种资源的使用情况。图 11-16 给出了一个简单的任务分配资源案例。

当项目中所有任务的相关信息以及前置活动设置好以后，项目管理人员即可利用特定的

❶	任务模式	任务名称	工期	开始时间	完成时间	前置任务	资源名称
	📌	需求分析	5 个工作日	2020年12月1日	2020年12月7日		杜文峰
	📌	系统设计	8 个工作日	2020年12月8日	2020年12月17日	1	Tommy
	📌	编码测试	5 个工作日	2020年12月18日	2020年12月24日	2	Miki
	📌	系统集成	4 个工作日	2020年12月25日	2020年12月30日	3	Tommy,Rechal
	📌	系统实施	3 个工作日	2020年12月31日	2021年1月4日	4	Basker Geroge

图 11-16　为任务分配资源

软件工具来生成项目进度规划表对应的甘特图。可以发现，图 11-16 所示案例对应的甘特图如图 11-17 所示。

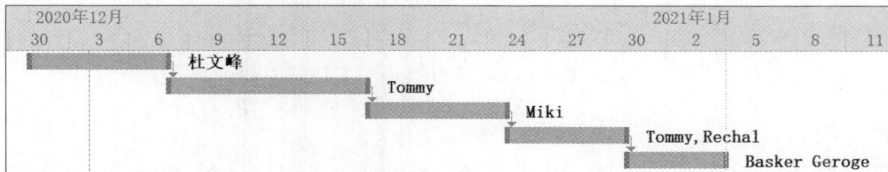

图 11-17　项目甘特图案例

软件开发组织可以借助甘特图，结合各种资源的使用情况、使用条件、使用成本等信息来准确估算项目的成本和进度，实现对软件项目的有效管理。

11.3.3　项目的执行与控制

在软件项目的执行过程中，软件技术团队主要涉及软件的开发、测试和软件发布。然而，从项目管理的角度而言，项目管理人员需要考虑项目中的人员、风险、成本、进度和质量等内容。

1. 项目人员管理

尽管小型软件项目成功的关键是拥有高素质的软件开发人员，但是，随着软件规模的扩大，软件开发人员的个人能力已经无法满足软件开发的需求，无法在合理的时间内完成软件项目的全部开发工作。此时，软件开发组织必须将大量软件开发人员组织起来，通过分工协作，共同完成软件项目的开发工作。因此，软件项目的成功除了需要高素质的软件开发人员以外，还必须具备高水平的人员组织和管理能力。

1）项目组织结构

项目启动以后，委托方和项目开发方将从各个部门中抽调合适的人员组成项目组，且为各个团队成员设置岗位。为了清晰地表示项目组的人员组成和架构，软件开发团队可以借助层次结构将项目组的人员组成抽象为项目组织结构。

项目的组织结构可能会随着软件的规模和性质不同而有所区别。图 11-18 给出了一个简单的项目组织结构图案例。

在软件项目的开发过程中，项目组成员各司其职，共同完成软件项目中的相关内容。

（1）项目经理。

项目经理由项目开发方指定，负责从全局角度把握项目各个功能的实现，控制项目的进度/时间，协调项目组的各个团队、角色、人员的工作，负责参与和提出决策。

（2）产品组。

产品组主要由委托方工作人员担任，也可以选用合适的开发方人员。产品组负责需求调研和撰写规约，负责监督软件系统开发各阶段的成果是否符合业务需求，控制业务需求的变更，对软件系统提供意见等。

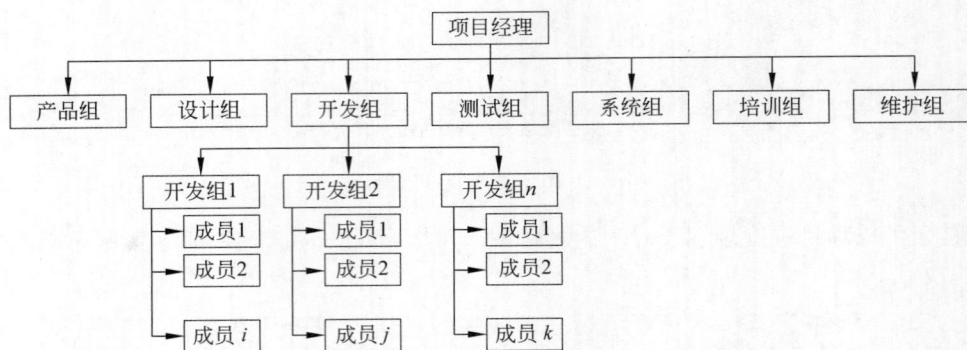

图 11-18　项目组织图案例

（3）设计组。

设计组主要负责软件系统的需求分析与概要设计、详细设计等。

（4）开发组。

开发组按照需求分析和设计阶段的成果，将软件设计转换为程序代码，并负责程序调试和单元测试。

（5）测试组。

测试组成员由委托方和开发方的技术人员共同担任，负责对目标软件系统进行单元测试、集成测试、系统测试、用户测试等，保障软件系统的质量。

（6）系统组。

系统组负责搭建和维护软件开发、运行环境，保证软件开发、运维工作的顺利实施。

（7）培训组。

培训组成员由委托方和开发方的人员共同担任，负责编写用户培训手册和系统使用手册，为目标用户提供系统的培训计划，开展培训工作等。

（8）维护组。

维护组成员首先由开发方人员担任，然后再逐步过渡给委托方人员。维护人员负责收集系统使用日志，保证系统顺利正常运行。当系统遇到问题时，维护组成员首先分析问题产生的原因，并尽量解决问题；如果出现的问题在维护组的能力范围以外，维护组可以将问题上报给开发方，与开发方共同解决软件在运行过程中遇到的新问题。

2）团队管理

团队成员作为软件项目中的重要资源，是软件项目成功与否的关键。团队成员的配置、调度和安排工作贯穿于整个软件生命周期，团队人员的组织管理是否恰当、合理将直接影响到软件项目的质量。

通常而言，软件项目组的成员有项目经理、系统分析员（需求分析人员）、系统架构师（软件设计人员）、程序员（软件开发人员）、测试人员、文档管理员等。在组建项目团队时，团队成员的选择应当遵循以下三个原则。

（1）团队的成员应当少而精。如果软件项目的规模较大，可以将团队分为若干小组。

（2）分配的任务与参与人员的技能和动机相匹配。

（3）人员的选择应当强调彼此之间的互补性和协调性。

与此同时，如果从技能角度而言，参与项目的团队成员还必须具备以下基本条件。

（1）掌握计算机相关的基础知识。

（2）具备必要的沟通能力，包括技术沟通能力、非技术沟通能力，能够与人融洽相处。

（3）具备所需的技术、技能，能竖立软件系统的概念。

（4）具有熟悉业务的能力。

（5）能学习和熟悉目标软件系统中涉及的行业与业务领域知识。

（6）有集体观念和较强的责任心。

（7）有一定的文档总结和编辑能力。

除了基础的能力和职责以外，软件项目可能还需要项目团队的部分角色承担额外的特殊职责。

（1）项目经理。

项目经理作为项目团队中的主要人员，必须具备较强的统筹能力、领导能力、交往能力、处理压力的能力和解决问题的能力。除此以外，项目经理还必须具备全局观，具有较强的系统分析和设计能力、较高的技术水平、组织协调能力、计划能力等。

项目经理需要对项目的质量、成本和进度负责，是整个项目的组织者和直接领导者。

（2）系统分析员。

系统分析员是对用户进行需求调研的主要负责人，也是与用户沟通的主要协调人。系统分析员与系统架构师组成系统设计组，共同准备可行性分析报告、软件需求规约和设计任务书等。

同时，系统分析人员与项目组的其他成员共同制订系统测试计划、系统运行计划等。

（3）系统架构师。

系统架构师协助系统分析员开展可行性分析，完成各种系统分析报告。除此以外，系统架构师更重要的工作是完成目标软件系统的架构设计，确定系统的实现方案，制定软件的设计风格，并全程管理和指导软件系统实现。因此，系统架构师必须具备较强的系统分析/设计能力、较高的技术水平和较强的沟通组织能力。

（4）程序员。

程序员在项目经理、系统架构师的指导下开展工作，严格按照设计阶段的成果来实现软件系统。与此同时，程序员负责对其完成的程序模块实施单元测试。

（5）测试人员。

测试人员负责制订软件测试计划，并结合软件需求规约和领域知识编写测试用例，做好测试记录。在软件测试过程中，测试人员需要与系统架构师和程序员沟通，跟踪问题的解决过程，并提交最终的测试报告。

（6）配置管理人员。

配置管理人员为软件开发团队提供统一的协同工作平台，负责软件的版本控制工作。

由于软件开发团队的所有成员均在版本控制平台上提交软件代码和文档，配置管理人员必须做好软件项目各个工件（或文件）的版本控制工作，即保存好软件各个工件的每个版本，详细记录各个工件的变更情况。与此同时，为了方便软件开发团队访问项目中的各类文档，保证文档的完整和安全，配置管理员还需要对项目中的文档进行编号、索引，做好团队成员的权限管理工作。

当软件项目取得阶段性进展或者需要发布时，配置管理人员需要与系统架构师、程序员协商，将发布软件版本对应的源代码和文档进行打包、编译、建档。

3）阶段管理

在软件项目开发过程中，人员管理主要涉及人员规划、人员需求分析、人员招聘与选拔、人员培训学习及使用、人员绩效考核与评定、人员激励等工作。

尽管人员管理贯穿于整个软件开发过程，但是根据项目所处的阶段不同，人员管理的重点也是不同的。

（1）启动阶段。

在项目启动阶段，人员管理的重点是确定项目经理，获取适合项目需要的团队成员，建立合适的项目团队。

（2）计划阶段。

计划阶段的主要工作是对软件项目需要的资源和进度进行统筹安排。此时，在项目范围和工作说明中、在工作分解结构中、在编制项目计划进度时、在估算项目成本时和在编制项目预算时均需要考虑人员管理。

（3）执行阶段。

在项目执行阶段，人员管理的主要工作是跟踪项目团队的人员变动情况，通过团队建设和沟通来融洽团队氛围。

（4）收尾阶段。

在项目的收尾总结阶段，人员管理主要涉及项目的总结与人员考核奖罚等工作。

4）团队建设

团队建设是指为了实现团队绩效及产出的最大化而进行的一系列团队结构设计、人员激励等优化行为。通过团队建设，软件开发团队能够有效地提高团队的凝聚力，进一步保障软件项目的顺利实施。

团队建设并不是突发和随机的行为。从软件项目启动的第一天，软件开发团队就应当开始进行"团队建设"了。例如，利用工作分解结构 WBS 决定项目组需要什么样的人员，然后招聘团队成员，根据团队成员的参与情况制订项目计划。

尽管团队建设是伴随项目的开展而进行的，但是，团队建设在不同阶段的目标和侧重点是不同的。通常而言，项目中的团队建设可以分为以下 5 个阶段。

（1）形成阶段。

在项目启动初期，软件开发团队的目标、结构、成员和领导都还没有确定。此时，团队成员对软件项目的具体情况了解不多，也不知道该如何开展工作，或者按照个人原有的习惯和经验来开展工作，不利于团队成员之间的配合。

在项目的形成阶段，项目团队需要指导型的领导人物，即指导型的领导风格。

（2）震荡阶段。

项目组成立以后，项目组成员之间不同的工作习惯必然会产生矛盾，是团队内部的震荡阶段。此时，项目组需要一位有影响力的人物，即影响型的领导风格。

（3）规范阶段。

在规范阶段，项目组成员之间开始形成亲密的关系，团队表现出一定的凝聚力。此时，项目团队更渴望领导能够和团队成员打成一片，即需要参与型的领导风格。

（4）执行阶段。

此时，项目团队已经开始充分发挥作用。项目组希望领导具有授权型领导风格。

（5）休整阶段。

项目结束以后，团队成员开始解散。

5）团队凝聚力

团队的凝聚力不仅是维持团队存在的必要条件，也是促进团队潜能发挥的前提条件。如果团体失去了凝聚力，就很难完成赋予的任务，也就失去了团队存在的价值。

通常而言，软件开发团队可以通过以下方式来提高团队的凝聚力。

（1）建立共同的愿景。

愿景是项目经理与项目组成员共同建立起来的、融合项目目标与个人目标于一体的、项目组成员共同努力所追求的目标。

通过追寻共同的目标，项目团队可以对其成员产生强大的吸引力，增强团队的凝聚力。与此同时，如果愿景使组织目标与项目团队目标、个人目标高度一致，可以大大提高项目团队的生产效率。

（2）采取措施满足项目组成员的各种物质和精神需求。

除了建立共同的愿景之外，项目经理在项目建设过程中还应采取必要的措施来满足项目组成员的各种物质和精神需求，使其不断受到激励，增强团队对团队成员的吸引力。

例如，为承担更有挑战性工作的团队成员授予更大的自主权，满足他们希望实现自我价值的精神需要；为团队成员提供学习的机会，满足他们希望不断提高自身价值、不断成长的需要；通过公平合理的工资和奖金发放，满足团队成员希望不断改善生活条件的需要；通过安排丰富多彩的业余活动，如聚餐、郊游等，满足团队成员希望与人交往、精神沟通的需要等。

（3）加强项目组成员之间的沟通和参与意识。

软件项目团队是一个具备多方面人才、汇聚多种需要的团体。在项目团队中，任何一个人都不可能是全知全晓的。因此，在项目团队中加强信息沟通，充分利用集体的智慧是项目取得成功的基础。与此同时，加强团队成员的主人公感，让所有团队成员共享团队目标，共同完成软件项目。

（4）成为具有超凡魅力的领导者。

据统计，领导者的魅力与下属的绩效和满意度之间有着显著的相关性。团队成员为有超凡魅力的领导者工作，会因为受到激励而付出更多的努力。并且，团队成员由于喜爱和敬佩自己的领导，也会表现出更高的满意度。满意度越高，团队的凝聚力越强。

2. 项目风险管理

风险存在于软件项目的整个生命周期。如果风险管理不善，风险将严重影响软件项目的顺利进行和验收，阻碍软件项目向预期的目标前进。为了降低风险对软件项目带来的影响，项目团队必须采用一系列的主动措施来管理风险，例如，进行风险识别、风险评估、行动计划等。同时，项目团队也需要考虑风险预防、风险监视和风险控制等应对措施。

项目风险管理是指采用科学的方法去识别风险、评估风险，并设计、实施有效的方法去控制风险的过程。在项目开发过程中，预防风险、将潜在风险最小化是风险管理的主要目标。然而，在实际的软件开发过程中，软件开发团队并不能预防所有的风险。因此，除了尽早进行风险管理以外，软件开发团队还应该为项目制订风险规避计划，或者制订针对意外事件的处理计划，避免风险发生时缺乏有效、可控的应对方式。

1）风险分类

风险具有损失和不确定性两个显著特点。损失是指当风险发生时给项目带来的危害、负面影响等；而不确定性是指风险可能发生，也可能不会发生。因此，在分析风险时，软件开发团队最重要的工作就是量化风险可能造成的损失程度和风险的不确定性程度。

根据风险的影响范围不同，软件开发团队可以将风险分为以下三种类型。

（1）项目风险。

项目风险是指项目预算、进度、人力、资源、客户及需求等方面存在的潜在问题以及这些问题对软件项目的影响。同样，项目的复杂程度、规模及结构的不确定性也属于项目风险的范畴。

如果项目风险变成现实，可能会拖延项目进度，增加项目成本。

（2）技术风险。

技术风险是指软件项目在设计、实现、接口、验证、维护等方面存在的潜在问题。此外，规格说明的二义性、技术的不确定性、技术陈旧或"前沿"技术也是技术风险因素。

由于软件项目具有一定的复杂性，且有可能超出现有的技术能力范围，软件项目中往往存在着技术风险。如果技术风险成为现实，可能会极大地影响软件项目的开展，甚至导致软件项目的失败。同时，技术风险将对软件产品的质量和交付时间带来较大影响。

（3）商业风险。

商业风险主要包括预算风险（预算或人力是否充足）、市场风险（市场是否接受产品）、策略风险（产品是否符合公司的整体商业策略）、销售风险（产品是否存在合适的销售途径）和管理风险（公司的发展方向发生变化，或者失去高级管理层支持）等。商业风险将威胁产品的生存力。

如果从风险的可预测性来分类，风险分为已知风险、可预测风险和不可预测风险三种类型。

同时，在以上两种风险分类方法的基础上，每一类风险又可以进一步分为一般性风险和特定产品风险。一般性风险是指对每个软件项目都存在的潜在威胁；而特定产品风险是指那些只能由对当前项目的技术、人员及环境非常熟悉的团队成员或专家才能识别出来的风险。为了识别出特定产品的风险，软件开发团队必须检查项目的计划和范围说明。

2）风险识别

当项目启动以后，软件开发团队就必须同步开展风险识别工作了。风险识别包括确定风险来源、风险产生的条件，描述风险的特征，列举可能会影响项目的风险事件等。

同时，风险识别不是一次性就可以完成的工作，而是贯彻于整个软件生命周期。在进行风险识别时，软件开发团队可以结合项目的特点来建立风险检查栏目表，通过定期执行风险识别活动，系统地找到软件项目中已知的和可预测的风险。

3）风险量化

风险量化是指对风险以及风险之间的相互作用进行评估。风险量化可用于衡量风险出现的概率，评估风险对项目的影响程度。

目前，风险量化的主要依据是风险管理计划、风险及风险条件排序表、历史资料、专家判断及其他计划成果。风险量化利用灵敏度分析、决策分析与模拟的方法与技术，得到风险量化序列表、项目确认研究以及所需应急资源的量化结果。

识别出项目的风险以后，软件开发团队可以衡量各个风险的损失性质（风险类型）、损失范围（风险的严重程度、变动幅度和分布情况等）和时间分布（是否为突发风险），然后结合风险的特点和项目实际情况，采用相应的步骤来量化风险。

（1）定义项目的风险参考水平值。

对于大多数软件项目而言，软件开发团队可以通过分析项目约定的性能、成本、支持及进度等内容来得到项目的风险参考水平值。如果风险导致的性能下降、成本超支、支持困难或者进度延迟等超出项目能够承受的风险参考水平值，项目就会被终止。

（2）分析并评估风险。

通过分析风险列表中的各项内容，软件开发团队可以估算出各个风险发生的概率、风险产生的影响，建立风险与项目风险参考水平值的关系。

（3）预测风险临界点。

软件开发团队可以分析、预测风险列表中各个风险发生的临界点，并根据临界点来定义各个风险的终止区域。

（4）预测风险对项目的影响。

可以发现，风险量化的基本内容就是确定哪些风险需要制定应对措施。软件开发团队可以使用风险因子估算、PERT 估计、决策树分析、风险模拟等方法来量化风险列表中的各个风险，为风险应对做准备。

4）风险应对

为了降低风险带来的负面效应，软件开发团队可以依据风险管理计划、风险排序、风险认知等内容，结合各个风险的量化结果来制定相应的应对策略，形成风险应对计划。

风险应对计划需要考虑风险规避、风险监控、风险管理以及对意外事件的处理等内容。通过风险应对计划，软件开发团队可以评估预测的风险是否会真实发生，为可能发生的风险制定缓解措施。风险应对计划可以包含在软件项目计划中，也可以作为独立的风险缓解、监控和管理计划。

同时，随着项目进入到不同的阶段，软件开发团队对风险应对的措施也各不相同。

（1）项目计划和可行性分析阶段。

由于当前阶段尚未开展实质性的项目建设工作，软件开发团队仅需标识出可能的延误风险即可。

（2）需求分析阶段。

在需求分析阶段，软件开发团队必须标识出需求不确定或不足的风险，并提出相应的补救措施计划。

（3）软件发布阶段。

在发布软件的最初版本和主要修订版时，软件开发团队需要标识出项目中可能存在的缺陷风险。在项目审查、确认阶段，软件组织需要对各种风险进行评估，然后再决定是否发布软件。

另外，在项目的里程碑、指定的风险检查阶段点和在对软件项目有影响的计划重大变更过程中，软件开发团队都应该对已发现的风险进行跟踪、再评估和重新计划。软件开发团队应设置固定的周期来检测、评估项目风险，跟踪各个风险的变化情况。

在项目的实施过程中，软件开发团队需要持续跟踪、识别项目中存在的风险，借助风险监控来维护风险列表；同时，软件开发团队需要持续评估各个风险的发生概率，尽量规避优先级较高的风险，直到风险消失或项目完成。每次检查和评审以后，项目经理都需要重新审查并修正各个风险的级别，精化风险评估和软件开发计划。

主动的风险缓解方法是进行风险控制的最有效途径。

3. 项目成本管理

项目成本管理是指为了确保项目实际发生的成本不超过预算，使项目在批准的预算内按时、按质、经济高效地完成而开展的管理活动。

由于软件项目具有复杂性、一致性、可变性和不可见性等内在特点，影响软件项目成本的因素很多，加大了软件项目成本管理的难度。例如，软件项目的质量、工期、管理水平、人力资源和价格等因素都会对软件项目的成本造成巨大影响。因此，在软件项目的开发过程中，如何有效地管理项目成本是项目经理所必须掌握的基本技能。项目经理负责控制整个软件项目的预算支出，明确项目的范围和交付时间，努力减少、控制项目成本。

通常而言，软件项目的成本管理包括成本规划、成本估算、成本预算和成本控制 4 个部分的内容。

1）成本规划

成本规划是指为规划、管理和控制项目成本而制定政策、程序和文档的过程。该过程的主要作用在于为如何管理项目成本提供指南。

成本规划是软件组织管理中的重要因素。软件组织可以参考历史项目的成本管理内容，为即将进行的软件项目制定更加适宜的成本规划方案。

2）成本估算

成本估算是指软件开发团队对项目包含的各项活动的所需资源进行近似估算的过程。

通常而言，软件开发团队可以采用以下三种分解和类推方式来估算软件项目的成本。

（1）自顶向下估算。

自顶向下估算法从项目的整体出发进行类推，即估算人员根据历史项目所消耗的总成本或者总工作量来推算将要开发的软件项目的总成本或者总工作量。然后，估算人员再按比例将成本或者工作量分配到各个项目单元中。

自顶向下估算法的优点是估算工作量小，速度快。但是，该方法对项目中的特殊困难估算不足，得到的成本估计盲目性较大，且可能会忽略软件项目中的某些内容。

（2）自底向上估算。

自底向上估算法首先将待开发的软件系统进行细分，直到每个子任务都能明确所需要的开发工作量后，再将所有子任务的工作量相加，得到整个软件项目的总工作量。

在项目估算中，自底向上估算是一种常见的估算方法。其优点在于能够根据简单任务的估算得到整个项目的总工作量，估算准确度较高；然而，自底向上估算法可能会忽略联系各项子任务所需的工作量，忽略许多与软件开发有关的系统级工作量（如配置管理、质量管理、项目管理等）。

（3）差别估计。

差别估计综合了上述两种估算方法的优点，将待开发的软件项目与历史软件项目进行类比，找出目标软件项目与历史软件项目中类似的部分和不同的部分。类似的部分按照实际量进行估算，不同的部分则采用相应的方法进行估算。

差别估算的优点是可以提高估算的准确程度，缺点在于不容易明确"类似"的界限。

为了能够更加准确地估算软件成本，人们在软件项目规模估算方法的基础上衍生出了软件成本估算模型。软件成本估算模型是一种经验估算模型，它利用收集到的历史软件项目数据，结合当前软件项目的规模和特点进行回归分析，从而得到当前软件项目的可能成本。在软件开发过程中，软件开发团队可以借助成本估算模型来估算、预测，或者实时检测软件项目的成本。

常见的软件成本估算模型有以下两种。

（1）专家判定技术。

为了获得软件成本的准确估算，软件开发团队可以邀请多位经验丰富的行业专家来评估目标软件系统的规模。通过让每位专家给出目标软件系统可能的最小规模估算 a_i、最可能的规模估算 m_i 和可能的最大规模估算 b_i，计算各位专家估算的期望值 E_i；当各位专家的期望值确定以后，软件开发团队可以计算所有专家估算的平均值，得到目标软件系统的规模估算 E。

$$E_i = \frac{a_i + 4m_i + b_i}{6}$$

$$E = \frac{1}{n}\sum_{i=1}^{n} E_i$$

获得多数专家达成共识的软件规模（源代码行数）估算后，软件开发团队可以根据历史项目的规模和成本信息，与历史项目进行类比，推算出本项目的成本估算值。

（2）COCOMO 模型。

构造性成本模型 COCOMO（Constructive Cost Model）是软件工程专家 Boehm 提出的一种精确、易于使用的层次模型。

根据项目类型和环境不同，COCOMO 模型将软件项目划分为组织型、嵌入型和半分离型三种类型。组织型项目是指规模不大的简单项目（例如，代码行<5 万），在组织型项目中，软件开发团队对软件项目的目标理解充分，经验丰富，对软件开发环境熟悉；嵌入型项目需要在紧密联系的硬件、软件和操作系统中运行，项目对接口、数据结构和算法的要求较高；半分离型项目则介于上述两种类型的软件之间，软件的规模和复杂度都属于中等。

与此同时，如果按照成本估算的详细程度进行分类，COCOMO 模型又可以分为基本模型、中间模型和详细模型三种。基本模型以估算出来的源代码行数（LOC）为参数来计算软件项目的工作量；中间模型首先采用源代码行数来计算软件项目的工作量（此时称为名义工作量），然后再用涉及产品、硬件、人员、项目等内容的影响因素来调整工作量的估算；详细模型包括中间模型的所有特性。除了考虑各种因素对工作量估算的影响以外，软件开发团队还必须考虑这些因素对软件工程中每一个步骤的影响。

可以发现，基本模型主要适用于项目的前期估算，中间模型适用于需求具体化后的项目估算，而详细模型可以用于对完成后的项目进行估算。

当然，除了软件项目的开发费用以外，项目成本还涉及多种其他费用，例如，采购软硬件设备的费用、办公费用、物资耗材费用、培训费用、软件维护费用等。

在分析软件项目的效益时，软件开发团队除了考虑软件项目的成本以外，还必须从投资的角度来衡量项目的意义。投资在前，取得收益在后。在进行项目投资之前，软件开发组织需要考虑货币的时间价值，并结合货币的时间价值来判断是否有必要开展项目建设。

成本估算的目的在于估计项目的总成本和误差范围，为开发方投标报价提供依据。同时，组织内部也可以根据成本估算的结果进行内部立项，开展下一步的预算编制。

3）成本预算

与成本估算不同，成本预算是指将总的估算成本分配到项目的各项活动，建立衡量绩效的成本基准计划。相对于成本估算回答项目需要多少成本而言，成本预算回答的是如何分配这些成本。成本预算不仅要给出各项开支的数额，还要指出各笔数额发生的时间。

在进行成本预算时，软件开发团队需要控制费用预算的层次。层次太少将影响预算的控制，层次太多则需要更多的计划准备时间和费用。通常而言，软件开发团队可以在 WBS 的基础上，对 WBS 包含的工作任务进行成本预算，形成项目的成本基准计划。

成本基准计划给出了项目各项工作任务的费用分配细节。软件开发团队可以根据成本基准计划来控制项目的执行和费用支出，如图 11-19 所示。

4）成本控制

项目成本控制的目的就是将项目的实际成本控制在预算的范围内，或者控制在可以接受的范围内，以便在项目失控之前及时采取措施予以纠正。

在项目实施过程中，软件开发团队需要按照事先拟定的成本基准计划，定期、经常地收集各种实际成本数据，将成本实际值和计划值进行动态对比分析，识别造成成本偏差的因素，控制项目预算的变更，即成本控制主要是监控预算的变化情况，保证各项工作在分配的预算范围内进行。

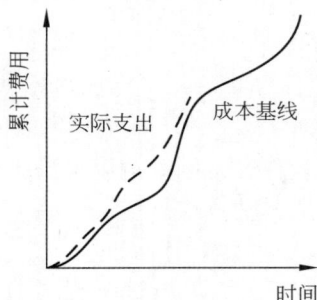

图 11-19　成本基线的作用

成本控制的依据是成本基线、绩效报告、变更申请和成本管理计划。其中，绩效报告提供费用执行方面的信息；变更申请是对成本变更的申请，可以采取多种形式，如直接申请或间接申请、外部申请或内部申请、口头申请或书面申请等；成本管理计划描述了费用出现偏差时的处理方法。

成本控制的核心是管理好累计预算成本、累计实际成本、累计实现价值（挣值）、总预算成本 4 个关键指标。在对软件项目进行成本控制时，软件开发团队可以得出修订成本估算、更新成本预算、采取纠正措施和对完工的项目重新进行估算等结论。

目前，软件开发团队大多采用挣值分析法（又称已获取价值分析法、盈余分析法）来控制项目成本。该方法通过综合监测项目费用、进度的计划指标和完成状况，以货币为单位来比较成本、预算和进度数据之间的偏差。软件开发团队可以在保证质量目标不变的前提下预测项目的最终进度及成本，分析偏差产生的原因，并针对项目实施采取相应的纠正措施，降低项目风险。

以上 4 个成本管理过程相互影响、相互作用。每个成本管理过程可以由一人、数人或分组完成。在项目的每个阶段，上述过程至少出现一次。

为了控制软件项目的成本，成本管理必须贯穿于项目的整个实施过程。软件开发团队可以通过控制需求范围、提高代码复用、优化实施策略、守住里程碑、强化质量管理、优化资源配置、搞好团队建设、加强沟通协调、规范开发过程和控制直接非人力成本等方法来降低项目的实际成本。

4. 项目进度管理

在软件项目的生命周期中，项目经理需要从多个角度实时监控项目的进度状况。如果项目的进度出现异常，项目经理就需要结合项目的实际情况及时调整项目安排。通常而言，项目进度管理包括准备工作、获取进度信息、分析进度信息和项目进度调整 4 个活动。

1）准备工作

在项目开始之前，项目经理需要建立项目进度报告制度，例如，确定例会时间、报告路径、周报格式等，并检查项目团队成员的个人工作进度计划是否合理。

项目团队成员需要结合自己在项目中担任的角色，根据软件开发计划来制订个人工作进度计划，并按时提交周工作进度报告。通过制订个人工作计划，可以让每个团队成员对自己制订的计划充分负责，培养项目团队成员主动考虑问题对策的能力和自我管理习惯。与此同时，通过建立个人工作计划，可以让团队成员从项目经理的角度出发，了解个人在整个项目中的地位与义务，强化项目团队意识。

准备工作完成以后，项目团队成员即可遵循制定的项目进度报告制度，定期向直接上级汇报工作。工作汇报的内容应当尽量详尽，包括上级需要了解的所有信息。工作汇报的内容格式必须符合约定的形式，便于直接领导和项目经理阅读。同时，项目组成员严禁提交虚假报告。虚假报告不利于直接领导和项目经理了解项目的实际情况，会对项目的进度管理造成严重影响。

团队领导和项目经理需要按时检查各个团队成员的个人工作计划是否符合软件开发计划的要求,是否有遗漏项,是否未列入项目开发计划的临时性工作也被列入到个人工作计划,各项工作的完成期限是否合理,是否对团队其他成员的工作造成负面影响等。同时,团队领导和项目经理也需要根据团队成员的个人能力来判断其能否按照计划完成各项任务,与团队中的其他成员相比工作量分配是否平衡等。

除了个人工作计划和汇报制度以外,软件开发团队在准备阶段还需要建立问题及时报告制度,鼓励团队成员积极思考,寻找解决问题的对策。

2)获取进度信息

在项目执行过程中,团队领导和项目经理必须通过多种渠道来获取项目的进度信息。除了定期的进度汇报以外,日常的口头交流和项目会议也是重要的进度信息获取途径。

通常而言,项目会议具有以下几种形式。

(1)项目周例会:检查上周工作,分配下周工作,形成项目周报。

(2)项目月度会议:横向交流经验,调整项目事项,形成会议记录。

(3)里程碑会议:项目经理与软件质量保证人员分别汇报当前的项目情况。高层管理人员根据报告的内容来判断风险,并决定是否可以进入下一阶段,形成项目度量表等文档。

(4)评审会议:评审前一阶段的成果,并决定是否可以进入下一阶段,形成评审记录。

3)分析进度信息

获得项目的进度信息以后,软件开发团队可以对比"计划指标"与"实际完成情况"之间的差距来确定项目的进度状况。在评估项目实际进度时,项目经理需要综合考虑各个任务的工作量,尽可能地得到可靠的实际进度。

表 11-1 给出了一个简单的进度信息分析案例。

表 11-1　进度信息分析实例

阶　　段	管理指标	完成率
整体设计	完成 WBS 数	7/10 个 = 70%
详细设计	完成设计书页数	5/10 页 = 50%
编码	代码完成行数	100/1000 行 = 10%
	模块完成个数	5/20 个 = 25%
测试	测试完成项目数	100/1000 项 = 10%
	Bug 摘出件数	25/50 件 = 50%

项目经理可以结合项目的实际情况来预测剩余工时,如图 11-20 所示。

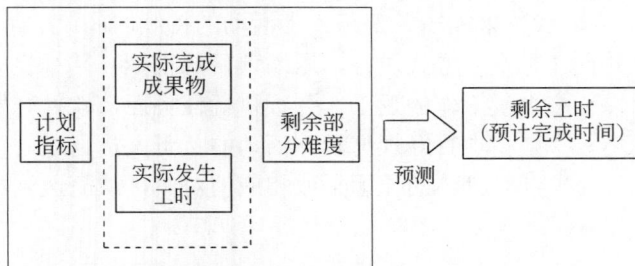

图 11-20　进度预测模型

经过多次项目进度预测以后，团队领导和项目经理可以获得团队平均生产效率的经验数据。同时，分析积累得到的生产效率数据可以作为将来任务历时估算的基础，帮助软件开发团队建立切实可行的软件开发计划，对项目/员工的绩效进行考核。

4）项目进度调整

项目的进度控制实际上是对项目团队成员进行管理的过程。通过让项目团队成员按照设定的计划开展工作，项目经理可以推动整个项目的进展。因此，项目进度控制对项目经理的要求很高，项目经理必须掌握包括授权、激励、纪律、谈判等领导技能。

通过综合分析大量软件项目案例，可以发现导致项目进度落后的原因主要有以下几种。

（1）不切实际的计划。

软件的交付日期设置不合理、历时估算不准确、高估项目团队成员的技术水平等都将导致软件开发团队无法在预定的时间内完成项目内容。

（2）范围变更导致工作内容增加。

软件项目的需求发生变更以及系统维护、Bug 修订等其他工作挤压了开发工时，导致项目进度落后。

（3）意外事件。

项目团队成员的伤病、工作调动和离职等意外事件影响了项目的进度。

当项目的进度落后于预期时，项目经理需要结合实际情况来调整项目进度，降低落后进度带来的影响，如图 11-21 所示。项目经理除了需要关注项目的进度以外，还必须对项目的质量问题（按照项目规章、质量目标组织评审）、项目团队的成员问题（团队成员的健康状况和士气）和落后原因（采取适当的对策，预防再犯相同的错误）进行分析，采取压缩工期、平衡资源、修改计划、补充人员等必要措施和对策来挽回项目进度。

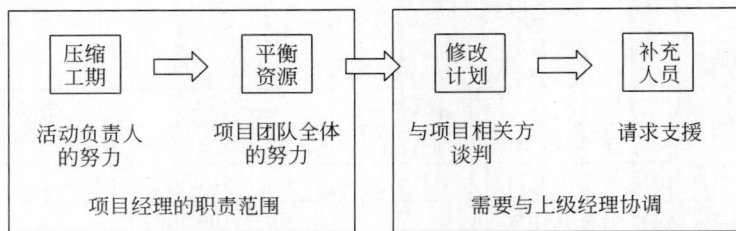

图 11-21　项目进度落后时的对策

（1）压缩工期。

常见的压缩工期方法有赶工、并行和提高效率三种方法。赶工意味着用成本来争取时间，是一种平衡成本和进度的技术。赶工需要考虑如何以最低的成本，以最大的限度来压缩项目的总工期。例如，以加班为代价来缩短关键路径上活动的持续时间。并行是指将原来串行（顺序）执行的任务改为并行（重叠）方式进行，压缩项目的工期。并行将某些任务提前执行，可能会增加项目风险，造成大量工作的返工。并行执行任务后，软件开发团队需要重新判断项目的关键路径。提高效率是指项目经理与具体活动的负责人员沟通，了解导致进度落后的真实原因。然后，项目经理针对具体的原因采取相应的对策，从而达到提高效率、挽回项目进度的目的。

（2）平衡资源。

平衡资源也就是对项目可用的资源进行再分配。软件开发团队可以通过将"需要的资源"与"可用的资源"进行调整，尽可能地降低项目进度落后带来的影响。

（3）修改计划。

如果在软件生命周期的早期（需求~编码阶段）出现了进度落后，软件开发团队应当尽量在里程碑之前调整项目的进度计划，并采取相应的措施来挽回进度。此时，软件开发团队需要及时分析导致进度落后的原因，防止由于同一原因再次导致进度落后。在本阶段，项目经理应尽量在职责范围内解决问题，避免对项目相关方的工作造成影响。

在软件生命周期的后期（测试、实施阶段），为了降低落后进度对外部产生的影响，软件开发团队必须与项目相关方进行协调。由于临近项目的交付日期，软件开发团队可以通过减少发布的功能、限制某项功能的应用、分阶段发布各项功能、变更交付日期等措施来减少影响，尽量将项目落后进度的影响控制在最小范围之内。

（4）补充人员。

为软件开发团队补充新的团队成员来挽回项目进度具有一定的局限性，可能会导致项目成本和管理复杂度的增加并对外造成影响。因此，建议将补充人员作为挽回项目进度的最后手段。

软件项目的进度管理必须以切实可行的软件开发计划为基础，确保软件项目能够在规定的时间内按期完成。不合理的软件开发计划将导致软件项目的进度失控，并最终导致软件项目的失败。

5. 项目质量管理

对于软件质量而言，不同的组织有着不同的定义。例如，国际标准化组织 ISO 对软件质量的定义为"对用户在功能和性能方面需求的满足、对规定的标准和规范的遵循以及正规软件某些公认的应该具有的本质"；ANSI/IEEE 对软件质量的定义为"与软件产品满足规定的和隐含的需求能力有关的特征和特性的全体"。

尽管质量是产品的生命，但是质量仍然是一个相对的概念，还需要落实到具体的产品质量属性上。因此，软件的质量定义实际上就是对软件的质量属性进行约束，软件的质量管理也就是通过管理活动来确保完成的软件产品符合各项约束的质量属性要求。

从管理角度而言，项目质量管理涉及系统建设的准备、规划、组织、协调以及运行管理方面所反映的工作质量问题；从技术角度而言，项目质量即软件实现过程的质量，包括软件生命周期各阶段的成果质量。可以发现，管理质量和技术质量是相辅相成的，管理质量的提高可以促进技术质量的提升，而技术质量的提高也可以促进管理质量的提升。

在软件项目中，软件系统不但应该满足用户的需求，而且还应高效、可靠地运行。同时，软件项目必须在预算范围内按时交付。除了考虑缺陷率以外，软件质量还要考虑不断改进、提高用户的满意度，缩短产品的开发周期与投放市场时间，降低质量成本等因素。

质量控制最核心的问题就是如何提升软件项目的质量。质量控制是指检查项目结果是否符合质量标准，识别导致项目质量问题的原因，消除质量缺陷。通常而言，提高产品质量的过程与质量管理采用的工具和技术密切相关。

结合软件项目的质量特征，软件开发团队可以采用以下措施来实施全面的质量控制。

1）实施工程化开发

在软件开发过程中，软件开发团队必须采用严格的工程控制方法，要求软件开发团队的所有成员均遵守规定的工作规范。

2）实行阶段性冻结与改动控制

软件开发团队可以将软件项目的开发过程划分为若干阶段（可参考软件生命周期），并为每个阶段定义任务和成果。分阶段的项目开发便于软件开发团队管理和控制工程进度，增强项目开发人员和用户的信心。

当每个阶段结束以后，软件开发团队可以冻结该阶段的部分成果，并以冻结成果作为下一阶段开发的基础。值得注意的是，冻结的开发成果并不是不能修改，而是需要经过特定的审批程序才能修改，降低内容改动对整个项目的影响。

同时，软件开发团队在每个阶段都必须遵循严格的质量计划，落实质量计划中的各项措施，完成质量计划中的各项工作。

3）实施里程碑式的审查与版本控制

在软件生命周期的各个阶段结束之前，软件开发团队必须采用结束标准对各个阶段的成果进行严格的技术审查，确保完成的阶段性成果符合要求。

4）全面评审、质量跟踪和项目监理

质量评审作为一种非常有效的质量保证机制，能够指出软件开发人员、管理人员以及软件产品需要改进的内容。质量评审可以帮助软件开发团队获得一致的、可预测的产品质量，使技术工作更加容易管理。

质量评审小组由项目组成员和技术管理人员组成。相对于其他类型的项目而言，软件项目开发团队在开发过程中可以评审以下内容。

（1）设计或者代码评审。

设计评审和代码评审主要是为了发现软件设计或者编码中的错误，检查设计与代码质量是否符合相应的标准。

（2）管理评审。

管理评审既是过程评审也是产品评审，其目的是为软件项目的进度管理提供信息。管理评审主要关心项目的成本、计划和进度，一般在项目的检查点上进行。管理评审的结果将对软件开发计划的修订以及确定产品定位提供参考。

质量评审的目的是对产品组件或文档进行技术分析，发现需求、设计、编码和文档中的错误或者不匹配之处，评审完成的项目内容是否遵循了质量标准或质量计划中要求的质量属性等。

同时，软件质量评审是软件项目管理过程中的"过滤器"。软件开发团队可以通过评审将分析、设计、编码过程中不合格的内容"净化"出去，起到发现错误、纠正错误的作用。软件质量评审的作用如图 11-22 所示。

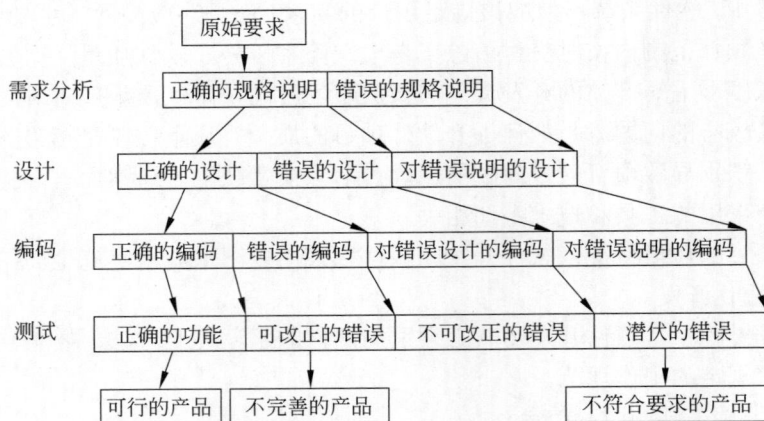

图 11-22 错误的"积累"及"放大"效应

软件项目评审并不是在软件开发结束之后才进行的，而是贯穿于软件开发的各个阶段。软件开发团队可以采用适当的评审手段，对各个阶段完成的任务和成果进行全面审查和测试，提高各阶段成果的质量。当然，除了项目组自行开展评审以外，软件开发团队也可以借助 IT 项目监理来管理和控制项目风险。各阶段评审的结果也可以用于软件项目的进度跟踪管理。

通过质量管理，软件开发团队可以发现具体的项目质量改进措施，判断项目的工作成果是否可以被接受，决定哪些工作成果需要返工，估算返工对应的最小成本和最少工作量等信息。同时，软件开发团队可以结合评审产生的质量记录，对软件项目的过程进行调整，纠正项目开发中出现的问题，对软件项目中存在的风险进行预防。

6. 项目配置管理

随着软件开发过程的推进，软件项目产生的代码、文档急剧增多。同时，为了开发复杂的软件项目，软件开发团队的规模也越来越庞大，且存在较多变化。在项目开发过程中，如果软件的代码或文档在变更之前没有经过分析、记录，没有向相关人员报告变更，则可能会使软件开发团队出现找不到某个文件的历史版本，使用错误的代码版本，未经授权修改代码或文档，人员交接工作不彻底，无法重新编译软件的某个历史版本，因协同开发或者异地开发不同步而引发版本变更混乱等问题，从而导致整个软件项目的失败。因此，如何有效维护软件项目的源代码和文档，如何有效管理代码和文档的更新记录成为软件开发团队必须解决的问题。

为了协调软件开发团队的各种活动，将软件开发过程中的混乱降到最低，软件项目管理中引入了软件配置管理（Software Configuration Management，SCM）。软件配置管理通过标识、组织和控制修改来跟踪、管理软件项目中的内容变更，减少因错误变更导致的项目风险，提高软件开发团队的生产效率。

软件配置管理的概念最早出现于 20 世纪 60 年代末 70 年代初。当时，加利福尼亚大学圣巴巴拉分校的 Leon Presser 教授在承担美国海军的航空发动机研制项目期间撰写了一篇名为 *Change and Configuration Control* 的论文。该论文对他负责的项目（进行过近 1400 万次修改）进行了经验总结，提出了控制变更和配置的概念。

随着软件开发技术的快速发展，软件配置管理也从最初仅有的版本控制，发展到能够提供工作空间管理、并行开发管理、过程管理、权限控制、变更管理等一系列全面、强大的支持能力，并形成了一个完整的理论体系。

在软件开发过程中，软件配置管理主要用于标识变更、控制变更、保证恰当地实施变更和向其他可能的相关人员报告变更。通常而言，配置管理工具可以为软件开发团队提供：①存储所有软件配置项的项目数据库（中心存储库）；②存储软件配置项的所有版本（或能够通过与先前版本间的差异来构建任何一个版本）的版本管理功能；③使软件开发团队能够汇总软件配置项的相关信息和获取软件配置项特定版本的功能；④提供问题跟踪（也称为错误跟踪）功能，确保软件开发团队能够记录和跟踪与每个软件配置项相关的信息和状态。功能强大的配置管理工具能覆盖软件开发和维护的各个方面，对软件项目管理有着重要的支持作用。

通常而言，软件配置管理包含标识、版本控制、基线管理、变更控制、配置审计和配置状态报告 6 个过程。

1）标识

在软件项目的开发过程中，软件开发团队将会输出大量的信息，例如项目工程文件（源代码文件和可执行程序）、文档和数据（程序内部或外部运行所需的数据）等。软件配置管理工具需要对软件项目输出的信息进行管理，将软件项目的输出信息设置为配置管理工具中的软件配置项（Software Configuration Items，SCI）。

软件配置项可以是基本对象或者聚集对象。基本对象是指软件开发团队在分析、设计、编码和测试阶段创建的"文本单元"，而聚集对象是指基本对象和其他聚合对象的集合。例如，在软件项目中，基本对象可以是一个文档文件、源代码文件，或者已命名的程序构件、建模分析文件等，而聚集对象则可以是一个目录及目录中包含的内容。

通常而言，软件项目中的项目开发计划、需求规格说明、软件设计、程序源文件、测试用例、用户手册等重要对象必须纳入配置管理。为了控制和管理软件配置项，软件开发团队必须对每个配置项进行单独命名，且为每个被命名的对象设置一组能够唯一标识它的特征信息，如名称、描述、资源表及实现等。同时，软件开发团队也可以利用目录将多个软件配置项组织为一个聚集对象，利用配置管理工具直接管理整个文件目录。

2）版本控制

由于软件配置项在软件开发过程中可能会经历多次变更，即软件配置项可能存在多个版本，且各个版本的组成内容存在一定的差异，配置管理工具除了标识各个软件配置项以外，还必须跟踪各个软件配置项的变更信息，维护软件配置项的各个版本及变更记录。图 11-23 给出了一个软件配置项的变更案例。

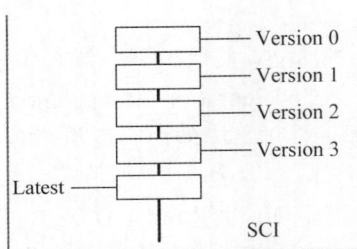

图 11-23　软件配置项管理

实际上，版本控制就是对软件项目中各个软件配置项的演化过程进行跟踪、记录和管理的过程，确保软件开发团队在软件生命周期中的各个阶段都能得到精确的产品配置。在配置管理工具中，软件配置项的每一个版本以及每一次变更的备注信息都会被保存下来。软件开发团队可以跟踪、对比以及获取软件配置项的各个版本，利用配置管理工具对软件开发过程的输出进行有效管理。

通常，配置管理工具会提供 Check in（提交，某些软件为 push）和 Check out（检出，某些软件为 pull）等操作来管理软件项目的各个配置项。

（1）Check out。

软件团队成员可以根据批准的变更请求和变更实施方案，利用配置管理工具提供的 Check out 功能访问其权限范围内的软件配置项。Check out 功能将软件配置项检出到本地，便于软件团队成员进行修改。同时，配置管理工具的同步控制功能将锁住被检出的对象，确保当前处于检出状态的软件配置项在再次提交之前不被其他软件团队成员修改。

（2）Check in。

当软件团队成员完成软件配置项的内容修改以后，变更后的软件配置项可以通过配置管理工具提供的 Check in 功能提交到项目数据库，并用适当的版本控制机制来创建该软件配置项的下一个版本。此时，同步控制功能将解锁提交后的软件配置项，允许其他有修改权限的软件团队成员更新软件配置项。

当软件配置项发生变更时，配置管理工具将把变更信息及时通知给相关的软件团队成员。可以发现，软件配置项的存取控制和同步控制原理如图 11-24 所示。

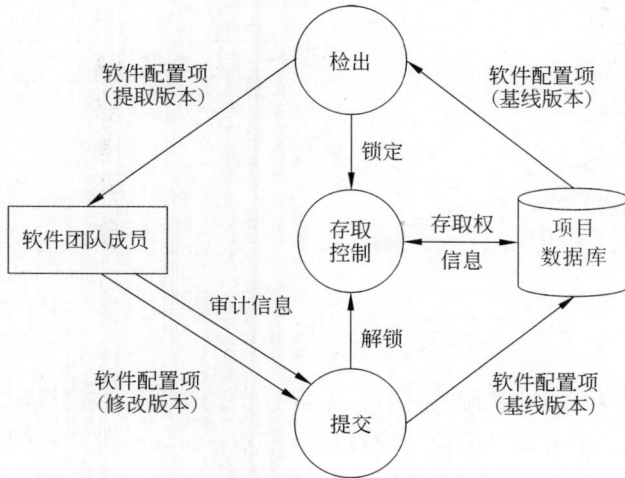

图 11-24　存取控制和同步控制

除了对软件配置项的变更进行跟踪以外，部分配置管理工具也提供了版本分支功能来支持复杂软件项目的开发。软件开发团队可以根据需要为每个软件配置项开辟独立的软件配置项分支，并在分支上提交更新后的配置项内容。当软件配置项开发到一定程度时，软件开发团队可以将经过评审的软件配置项分支合并入主分支，降低新内容对主分支内容的影响，如图 11-25 所示。

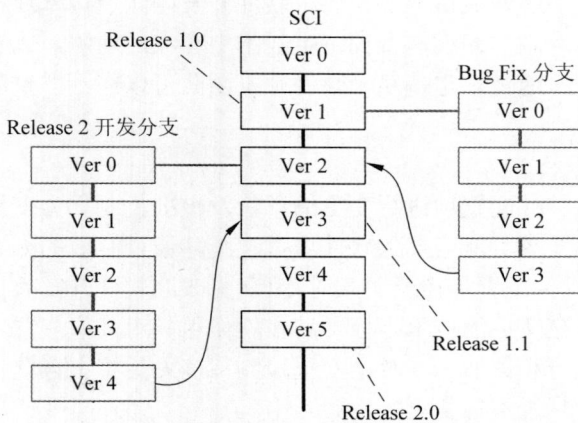

图 11-25　软件配置项分支管理

当然，部分功能强大的配置管理工具也支持软件配置项的并行开发。配置管理工具可以根据特定的机制来合并多个并行开发的软件配置项分支，形成软件配置项的合并版本。例如，图 11-26 中在配置项中分离出 Bug Fix 分支和 New Application 分支。

3）基线管理

基线（Baseline）是配置管理中的概念，也是软件项目开发中的里程碑。根据 IEEE 软件工程术语集（610.12—1990）中的描述，基线是指已经通过正式评审和批准的规格说明或产

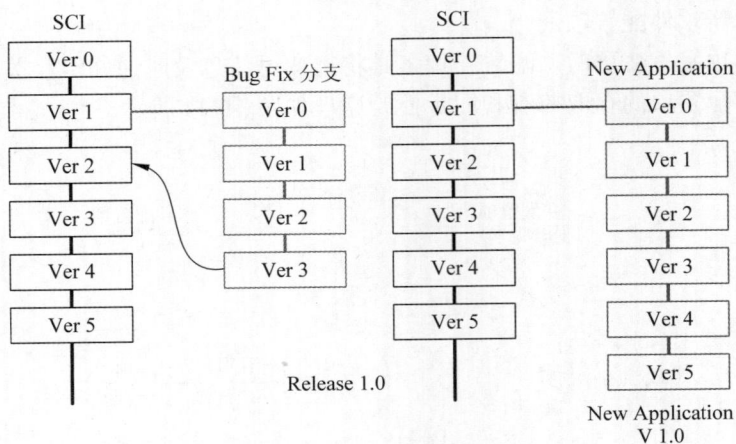

图 11-26　软件配置项的并行开发

品，它可以作为进一步开发的基础，并且只有经过正式的变更控制规程才能修改它，即基线可用于标识一个或者多个可交付的或者通过正式技术评审认可的软件配置项。

实际上，基线可以被理解为软件开发过程中某个阶段输出的快照。软件项目建立基线后，后续的软件开发将在该基线上进行，直到建立下一个基线为止。例如：

baseline1　需求 V2.0　设计 v1.0

baseline2　需求 V2.0　设计 v2.0　main.c V1.0　Function.c V1.0

baseline3　需求 V2.0　设计 v3.0　main.c V1.1　Function.c V1.0

在软件开发过程中，基线应当尽量稳定。任何对基线内容的变更必须通过规范的变更控制流程才能实施，减少基线内容变更对后续软件开发工作的影响。同时，配置管理员需要将基线信息通知到相关软件团队成员，并且要求软件开发团队通过基线构建软件版本。软件开发团队可以借助基线实现版本回滚，查找特定版本中存在的缺陷，比较版本之间的差异，发布旧版本的软件等操作。通过设定基线，软件开发团队可以在不严重阻碍合理变更的情况下控制变更。

4）变更控制

在配置管理中，对软件配置项进行变更的评价及核准机制称为变更控制。

由于软件配置项的变更可能会导致软件项目混乱，通过有效的方式来控制变更是一项重要的配置管理活动。当软件配置项需要更改时，负责更改的软件开发人员必须提交变更请求，再由软件开发团队对提交变更的技术指标、潜在副作用、对其他配置项和系统功能的影响以及对变更的成本进行预测和评估。同时，变更控制审核人员将审查软件配置项的变更评估结果，结合实际情况决定是否执行变更。

在软件配置项成为基线之前，软件开发团队仅需应用非正式的变更控制就可以完成软件配置项的修改工作。但是，一旦软件配置项被划入基线，软件开发团队就必须对其实施项目级的变更控制。此时，任何对软件配置项的修改都必须获得项目管理者的批准，并分析变更对其他软件配置项的影响。

每个被批准的变更将会生成一个对应的工程变化命令（Engineering Change Order，ECO）。工程变化命令描述了将要进行的变更内容、必须注意的约束以及变更复审和审计的标准。

5）配置审计

在软件开发过程中，软件开发团队可以通过标识、版本控制、基线管理和变更控制来维护软件项目的开发秩序。然而，为了确保各个变更能够适当地完成，软件开发团队除了需要对变更内容开展正式的技术复审以外，还必须对变更进行软件配置审计。

配置审计的主要目的是评估整个软件生命周期中各软件配置项在技术上和管理上的完整性和正确性，确保对软件配置项实施的变更是符合需求和规定的。配置审计人员逐一评审各个软件配置项，确定各个软件配置项与其他软件配置项的一致性，检查各个软件配置项中是否存在遗漏及潜在的副作用。

配置审计是变更控制人员掌握配置情况、进行审批的依据。在软件开发过程中，软件开发团队必须不断地进行正式的技术复审和软件配置复审，确保提交的变更被正确地完成，减少软件变更出错带来的影响。通常而言，正式的技术复审关注变更后的软件配置项的技术正确性；而配置复审对技术复审进行补充，例如，检查软件配置项的变更标识是否完整、正确、明显等。

6）配置状态报告

配置状态报告（Configuration Status Reporting，或称 Status Accounting）作为配置管理工作中必须完成的重要任务，记录了各个软件配置项的变更记录和审计结果。通过配置状态报告，软件开发团队能够确定何时何人做过何种变动，什么元素被添加到已经批准的基线中，在给定的时间内各个软件配置项处于什么状态等，即配置状态报告回答了"发生了什么事""谁做的""什么时候发生的""有什么影响"等问题。

配置状态报告的信息流如图 11-27 所示。

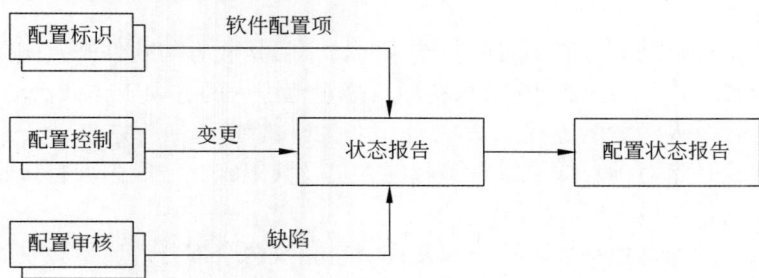

图 11-27　配置状态报告的信息流

通过配置状态报告，项目管理人员或者软件开发团队可以详细了解各个软件配置项的变更细节，便于后续相关工作的开展。

在实际的软件开发过程中，软件配置管理的实施也可以分解为制订软件配置管理计划、配置库建立及使用、软件配置项入库、变更控制、基线发布、配置审计、产品构造与发布、管理 SCM 工作等若干过程元素。软件开发团队可以结合项目的特点和团队的工作方式来灵活定制软件配置管理的流程。

可以发现，配置管理是对软件项目的定义、开发、维护阶段的重要补充。良好的配置管理能使软件开发过程具有更好的可预测性，使软件项目开发过程具有可重复性，让客户和主管部门对软件的质量和软件开发团队有更强的信心。

11.3.4　项目的收尾与总结

项目的收尾阶段是将项目或者项目各阶段的可交付成果移交给用户的过程，也可以是项目取消的过程。项目的收尾阶段完成以后，表明该项目已经结束，项目团队以及项目相关方可以终止他们对项目所承担的义务和责任，并从项目中获取相应的权益。

通常而言，项目的收尾阶段包括项目管理收尾、项目验收、项目审计和项目后评价4个过程。

1. 项目管理收尾

对于软件项目而言，项目结束可以分为正常完成项目、未全部完成项目（只完成软件项目的一部分）和项目失败三种情况。项目收尾意味着软件开发过程所有活动的结束，即正式结束项目，移交已经完成或者取消的项目成果。

在项目收尾阶段，软件开发团队需要核实项目可交付的成果，并协调用户或相关方对交付的成果进行正式验收，或者检查项目未完成及终止的原因。

除了核实软件项目可交付的成果以外，软件开发团队在项目管理收尾过程中还需要完成项目资料整理和项目收尾检查两个工作。

1）项目资料整理

项目资料整理工作包括甄别未完成的工作，核对所有任务和活动的相关记录是否准确、齐备，确认所有与项目收尾相关的资料是否完整，检查项目管理计划中的所有工作是否实际完成等。

项目资料整理工作可以为项目移交做准备，也能为项目审计和后评工作提供保障。

2）项目收尾检查

项目收尾检查主要是对项目范围说明书、项目计划、财务结算、合同和工作单结算等内容进行检查。

2. 项目验收

项目验收是指项目结束或者项目阶段结束时，项目接收方与软件开发团队、项目监理等组织对即将交付的工作成果进行审查，核实项目规定范围内的各项工作或活动是否已经完成，应交付的成果是否令人满意的过程。

项目验收组织是指对项目成果进行验收的人员及其组织，一般由项目接收方、软件开发团队和项目监理人员组成。

项目的验收范围通常包括质量验收和文件资料验收两个部分。质量验收的结果可用于生成质量验收评定报告和项目技术资料；项目文件验收的结果可用于产生项目文件档案和项目文件验收报告。

如果项目审查合格，项目接收方将接受软件开发团队交付的项目成果。同时，软件开发团队总结项目开发过程中得到的经验教训，为后续的项目开发做准备。

3. 项目审计

当软件项目移交给用户后，软件开发组织就可以对完成的软件项目开展审计了。

项目审计是指审计委托方依据相关的法规、财务制度、企业经营方针、管理标准和规章制度，采用科学的方法和程序对接受审计的项目和组织进行审核的活动。项目审计活动可以判断被审计的项目和组织是否合法、合理和有效，并从中发现问题，纠正弊端，最终确认项目的目标是否已经实现等。

4. 项目后评价

项目后评价是指对已经完成的项目（或规划）的目的、执行过程、效益、作用和影响进行系统、客观的分析评价过程。通过项目后评价，软件开发组织可以确定项目预期的目标是否达到，项目的主要效益指标是否实现等。

根据软件项目的执行结果不同，软件项目的评价结果可以分为完全成功、成功、部分成功、不成功和失败5个等级。

通过分析和评价已完成的软件项目，软件开发组织可以达到肯定成绩、总结经验、吸取教训、提出建议、改进工作、不断提高项目决策水平和投资效果的目的。与此同时，通过项目后评价的建议和反馈，项目的决策者和建设者可以学习到更加科学、合理的方法和策略，完善和调整相关的方针、政策和管理程序，提高决策者的决策、管理和建设水平。

软件项目收尾和总结阶段的成果之一就是软件项目总结文档。该文档对本次项目的成功和不足之处进行分析，对项目进行客观评价，为下次项目建设积累经验。

11.4　小　　结

本章在介绍了 PMBOK 十大领域内容的基础上，以软件项目开发过程为主线，为大家介绍了软件项目开发过程中的管理实践，帮助大家了解软件项目管理的实际情景。

项目管理作为软件项目开发过程中的重要环节，对软件项目的执行结果起到至关重要的作用。

在实际的软件项目开发过程中，项目管理人员通过制订合理的软件开发计划，可以有效地规划项目可用资源，协调软件开发进度，确保软件项目的顺利开展。同时，良好的风险管理和规避措施能够有效地减少或避免风险对软件项目带来的影响。

与此同时，项目管理人员可以依据软件项目开发过程中产生的开发数据来评估、考核项目团队、项目组成员的工作效率、工作质量等。同时，项目审计和收尾总结等活动也有利于软件项目团队积累经验，不断改进。

除了技术管理以外，软件开发组织还必须为软件开发团队搭建配置管理平台。通过对软件配置项进行标识、组织和控制修改，配置管理平台可以有效跟踪和管理软件项目中的内容变更，减少因错误变更和版本不一致导致的风险，提高软件开发团队的生产效率。

总而言之，项目管理是一项兼备技术和经验积累的工作。管理人员和项目团队成员都可以从项目的开发过程中不断成长，对项目的管理过程进行持续优化。

11.5　习　　题

1. 结合你在项目研发过程中的经历，谈谈你对项目管理的理解，思考你曾参与的项目在管理方面有哪些地方需要提高。

2. 在软件项目开发过程中，如何有效地管理时间、人力和设备资源？

3. 如何有效管理软件开发计划的实施？如果软件项目在开发过程中出现了变动，如何确保软件项目按计划如期进行？

4. 在敏捷开发过程中，如何有效管理项目的进度？敏捷开发跟随用户需求不断演进，还需要管理软件项目进度吗？

5. 如何有效组织和协调项目团队成员编写软件项目代码？出现代码合并冲突时应当如何处理？

第五篇　现代软件开发

计算机技术的快速发展，促使人类生活与计算机的耦合度越来越高，软件应用也呈现出需求个性化、产品生命周期变短、市场需求不稳定等特点。然而，传统以分层架构、数据集中存储为特征的单体应用因交付周期较长，已经无法及时响应需求的快速变化，面临着越来越多的挑战。

随着云计算、移动互联网、敏捷开发、微服务等技术的兴起，计算机软件的设计、开发、部署也发生了巨大的变化。相对于传统的规划式设计软件开发方法而言，现代软件工程则更像演进式设计，要求软件开发团队能够结合需求变化不断地更新、调整设计。

为了实现快速、敏捷的软件开发过程，软件开发团队开始采用多个用户故事来替代完整的软件需求规约，采用短迭代周期来代替传统完整的长开发周期。同时，为了提高软件系统的开发和运营效率，软件开发团队进一步将研发与运维相融合，提高了服务部署的效率。

近年来，敏捷开发、持续交付等理念已被越来越多的组织所接受，且环境、质量、持续集成、部署等实践也逐渐成熟，软件架构解耦成为继续做好持续交付所必须面对的挑战。随着云计算技术的快速发展，越来越多的组织将软件系统迁移到云端，利用云计算平台提供的弹性资源向用户提供服务。云计算的不断成熟进一步促进了微服务技术的快速发展，促使了云原生架构的提出。

云原生架构技术允许软件开发团队将单一集成的计算机软件系统解耦成为多个耦合度较低、可独立开发和维护的微服务或云构件，实现了软件开发的敏捷。与此同时，领域驱动设计的提出为分析和拆分微服务奠定了理论基础，形成了一整套现代软件开发过程。软件开发团队可以采用领域驱动设计和云原生架构，结合敏捷开发，有效地缩短软件交付周期，提升软件交付的质量和效率。

除了软件开发过程敏捷以外，如何让软件系统更好地服务用户、更有效地发挥作用也成为现代软件应用开发所必须考虑的重要内容。软件开发团队在软件设计、开发过程中除了需要考虑软件的功能和性能以外，还必须关注人机交互方面的性能提升。

在接下来的三章将为大家简单介绍一下腾讯公司的敏捷开发过程、基于领域驱动设计的云原生软件开发以及人机交互设计方面的内容，帮助读者了解现代软件系统开发中需要掌握的相关知识。

第 12 章 | 腾讯敏捷软件开发

当今市场形势快速变化，传统软件开发过程的长周期交付方式导致软件产品更新缓慢，无法及时响应需求的快速变化。

随着软件开发方法的不断演进，敏捷开发以其"能持续满足不断变化的用户需求"的特点而受到众多高效软件开发团队的重视。敏捷开发的盛行绝非偶然，其最大的推动力是采用这种方法所能带来的收益。根据腾讯敏捷研发协作平台发布的《2020 企业敏捷协作数据报告》统计结果，敏捷开发使需求的平均响应效率提升 67%，Bug 平均修复所需时长缩短 1/3，让软件的质量得到了更加可靠的保障。

敏捷开发强调软件研发团队各角色之间的紧密协作、面对面的沟通，高效交付新的软件版本，这种适应需求快速变化的代码编写和团队组织方式，能够在特定的应用领域中取得较好的实践效果。

本章将围绕腾讯敏捷产品研发框架，为大家介绍腾讯敏捷研发的核心思想和理念、文化和组织、方法与技巧以及承载这些思想和实践的实体平台，帮助大家了解敏捷的核心思想及实践精要。

12.1　腾讯敏捷研发理念

腾讯公司（以下简称腾讯）作为国内最早实践敏捷开发的企业之一，在其联合创始人、CTO 张志东先生的倡导下，于 2006 年建设了自己的敏捷产品研发框架，也就是后来的腾讯敏捷研发协作平台（Tencent Agile Product Development，TAPD）。

当时国内可参考的敏捷开发实践很少，能预见敏捷开发革命性影响的企业并不多。腾讯在借鉴了业界比较成熟的敏捷思想基础上，吸取了 Scrum、XP、FDD 等方法的精髓，通过不断的实践、沉淀，最终总结、梳理出了一套适合现代软件产品开发的研发模型。

腾讯的敏捷产品研发模型可以概括为道、法、术、器 4 个方面。

（1）"道"是指腾讯研发的核心思想和理念。

腾讯产品研发的核心思想就是敏捷。经过十几年的发展，敏捷思想已经在腾讯落地、生根、发芽，并逐步演变成具有腾讯特色的敏捷理念。通过"用户参与、拥抱变化、持续交付、灰度验证"等方式，腾讯敏捷产品研发模型已经形成了以用户价值为依归，敏捷迭代、小步快跑等理念，帮助腾讯快速迭代软件产品。

（2）"法"是指腾讯的研发文化和组织。

为了将敏捷理念真正落地，腾讯通过组织各种类型的敏捷培训来培养员工的敏捷意识，帮助员工将敏捷思想应用于实践中。除了营造敏捷文化氛围外，腾讯还在组织结构上培育敏捷生长的土壤。在腾讯，除了传统的职能层级团队以外，越来越多的组织转变为以用户为中心的特性团队。在特性团队中，小伙伴们按照领域组建团队，每个团队内设置自己的产品、开发、测试等角色。各个特性团队独立运作，为自己的领域负责。腾讯倡导的这种组织结构方式有利于打破部门壁垒，做到团队间的无缝高效协作。

（3）"术"是指腾讯研发的方法与技巧。

腾讯的整个敏捷实践可以分为敏捷管理实践和研发工程实践两个部分。敏捷管理实践包含了每日站会、故事墙、迭代计划会等活动；研发工程实践主要包含持续集成、持续交付、持续部署等活动。

（4）"器"是指腾讯统一研发平台。

有了敏捷研发的理念、文化、组织和方法后，腾讯如何将其真正地落地呢？这时候就需要借助"器"，也就是承载这些思想和实践的实体平台。

在腾讯内部，几乎每个软件开发团队都使用 TAPD 进行团队协作。TAPD 伴随着腾讯敏捷理念而产生，承载了腾讯内部几乎全部产品的研发实践。与此同时，根据腾讯各团队的敏捷实践模式不同，TAPD 将常规的软件开发过程分为迭代模型、极速模型和大象模型三种类型，如图 12-1 所示。

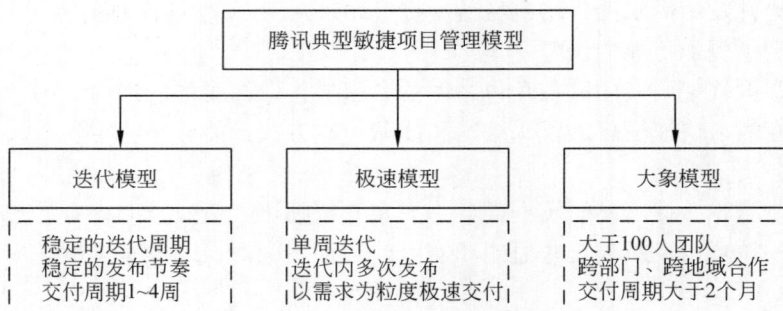

图 12-1　TAPD 项目管理模型

迭代模型是基于 Scrum 思想的团队实践，其特点在于具有相对稳定的迭代周期，且每个迭代周期至少有一次交付。目前，迭代模型是 TAPD 平台上软件开发团队使用最多的实践模型（据后台统计，大约 80%的软件开发团队采用迭代模型组织团队实践，且 TAPD 团队自身就是按照迭代模型来进行产品研发的）。在迭代模型中，产品负责人会结合各个渠道的反馈需求，将需求整理、分析成产品 Backlog，按照经典的 Scrum 思想来组织软件开发活动。

极速模型以需求为粒度来拉动交付，适合需要单周迭代，且一个迭代周期内进行多次发布的软件项目（甚至有些团队最快可以做到每天多次发布）。通常而言，极速模型适用于运营活动频繁、且需要实时响应外部环境的产品，如游戏类产品。使用极速模型的软件开发团队必须具备较高的自动化水平，从而实现持续、快速地发布软件产品。

大象模型主要适用于一些需要跨地域、分布式协作的大规模、复杂软件产品的开发活动。在大象模型中，软件开发团队往往被拆分成为多个不同的 Feature Team，每个 Feature Team 对自己所属的领域负责。在 Feature Team 内设置了专门的产品、开发、测试等角色，且安排了兼职的 Scrum Master。Scrum Master 负责把控自己所在 Feature Team 的项目进度与风险。通常而言，软件开发团队在 Feature Team 之上还会设置一层 Scrum of Scrums。在 Scrum of Scrums 中设置专业的 Project Manager 或 Scrum Master 来负责统筹整个大产品的进度、风险、内容，以保证整个软件开发团队有统一的产品节奏。

经过腾讯内部十余年的敏捷实践和沉淀，腾讯敏捷研发协作平台提供的三大敏捷研发模型不断被优化。无论是小型团队、中型团队还是大型团队都可以根据团队成员的能力与研发情况来选择最适合的敏捷模型，借助腾讯敏捷研发协作平台快速开展实践。到目前为止，

TAPD 平台已经覆盖了腾讯所有的研发团队、各类业务线，支持了 QQ、微信、王者荣耀等明星产品各个阶段的研发协作。同时，TAPD 平台也开始对外开放，为更多的企业提供便捷、安全的敏捷开发一站式服务。

12.2　腾讯敏捷解决方案

腾讯 TAPD 平台于 2017 年起正式对外开放，开始为各行各业的企业和团队提供服务。作为一站式的敏捷研发协作平台，TAPD 沉淀了腾讯经典敏捷研发模式的精髓，形成了三套独具腾讯特色的协作与研发解决方案。

1. TAPD 轻量协作解决方案

轻量协作解决方案适合初创团队和小型组织开展任务协作。该解决方案包括了看板、文档和报表三个应用，主要用于任务协作类管理场景，如需求管理、设计管理、敏捷开发、Bug管理等。

2. TAPD 敏捷研发解决方案

TAPD 敏捷研发解决方案是一种极速敏捷研发模式，包含了需求、迭代、缺陷、任务、文档、报表、测试用例等应用。敏捷研发解决方案覆盖了敏捷开发的全生命周期，可以帮助软件开发团队实现需求、迭代、缺陷、任务、测试、发布等内容的全方位管理。相对于轻量协作解决方案而言，敏捷研发解决方案更适合产品研发团队的项目管理，能够帮助软件开发团队敏捷迭代，小步快跑。极速敏捷研发模式的实施过程如图 12-2 所示。

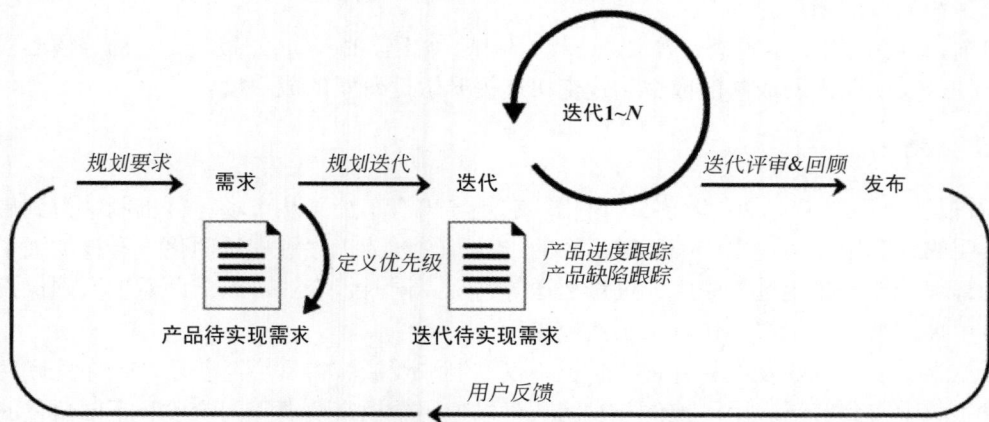

图 12-2　极速敏捷研发模式

软件开发团队可以根据客户价值来定义需求列表中各个用户故事的优先级；然后，再从需求列表中抽取出一系列内容纳入到各轮迭代中，确定各轮迭代的范围和目标，形成迭代列表。迭代规划完成后，软件项目进入迭代开发环节；在迭代过程中，团队成员共同协作，完成需求内容的开发、测试及迭代进度跟踪等相关工作；最后，迭代任务开发完成以后，软件开发团队将进行迭代评审、回顾及发布。迭代功能发布以后，软件开发团队及时收集用户反馈并纳入下一轮迭代，实现软件项目开发的快速迭代。

3. DevOps 持续交付解决方案

TAPD DevOps 持续交付解决方案覆盖"需求—代码—构建—测试—发布"的全过程，能够提供贯穿于产品研发生命周期的一站式服务。DevOps 持续交付解决方案包括项目管理、代码集成、持续集成与交付、测试管理、运维监控等应用，能够帮助软件开发团队高效、可靠地构建与发布软件产品，快速交付用户价值。

TAPD DevOps 持续交付解决方案具有 4 个明显的功能特性：①支持 Gitlab、Github、Jenkins 等主流研发工具；②能够提供可视化的交付流水线管理，使代码管理、编译构建、测试和部署发布的全过程透明可控，帮助团队成员快速掌握流水线的执行情况，并定位失败原因；③跟踪记录从需求到发布全生命周期的软件交付数据，通过专业的统计分析报表来帮助管理人员清晰地了解产品的研发过程，识别产品研发过程中存在的各类问题；④集成了丰富的项目报告模板，能够以邮件、站内信等多种方式灵活配置通知提醒，快速向相关人员反馈项目构建结果。

12.3　敏捷的核心应用

在软件开发过程中，敏捷并不是一门具体的技术，而是一种理念或者说是一种思想，它可以指导软件开发团队更加高效地研发软件产品。

作为腾讯内部统一的敏捷研发协作平台，TAPD 几乎承载了腾讯全部产品的研发实践。TAPD 以"敏捷迭代、小步快跑、鼓励用户参与、持续交付和灰度验证发布"为核心理念，其最大的特色就是敏捷。TAPD 将敏捷理念贯彻于产品研发的全生命周期，覆盖了从产品规划、产品需求管理、项目迭代计划、项目进度跟踪、工作任务管理、工时进度度量、产品测试管理、产品缺陷管理，到产品的发布计划、产品发布结果跟踪、产品反馈等活动，形成软件研发生命周期的闭环。

目前，TAPD 提供了看板、需求、迭代、测试、缺陷、DevOps、报表、文档等核心应用，允许软件开发团队借助成熟的应用实践来快速提升敏捷研发的成熟度。

12.3.1　看板

"看板"一词产生于 20 世纪 50 年代，它是丰田汽车公司从市场运行机制中得到启示，从而发明的一套用于传递生产和运送指令的工具。通过让工序进程透明化，看板加强了生产线体制管理，能够防止过量生产、过量运送等情况。同时，企业可以借助看板来确保设备整体的可用性，使整个生产工作有条不紊地进行。

经过半个多世纪的发展和完善，看板不仅在制造业领域得到广泛普及，也在互联网和软件开发领域中得到广泛应用。软件开发团队可以使用看板来协调不同阶段和不同角色的研发工作，借助看板来跟踪和记录任务在软件开发过程中的进度和历程，将软件开发过程可视化，如图 12-3 所示。

看板是 TAPD 轻量协作解决方案中的核心应用。软件开发团队可以利用看板实现开发过程管理、需求管理、设计管理和 Bug 管理等内容，直观呈现各个过程的细节信息。

看板中的每一列代表一个阶段流程，每一张卡片代表一项工作任务。通常而言，软件任务的流转过程由"To Do""Doing""Done"三个阶段组成。软件开发团队可以在看板中添加工作任务，拖动任务卡片到对应的流程列，确保每个团队成员都能及时反馈工作进展，了解项目的整体进度。同时，软件开发团队也可以结合项目特点和团队情况对看板的流程进行定制，并结合工作流程来制定符合需要的任务流转机制。

除此以外，TAPD 看板应用还提供了成员视图，方便项目管理人员跟踪每个团队成员的工作分配情况。在成员视图中，看板应用的每一列代表一位团队成员。成员列中的卡片表示

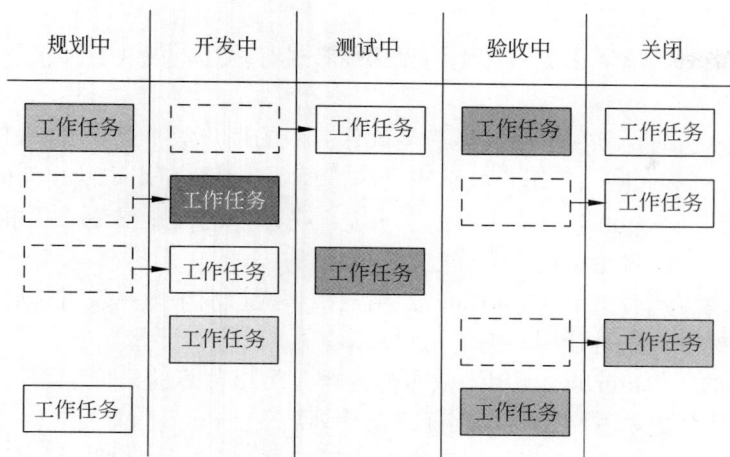

规划中	开发中	测试中	验收中	关闭

图 12-3　看板

该成员承担的工作任务。同时，TAPD 还提供了看板统计报表，能够清晰地呈现项目是否稳步推进、进度是否延期、成员分工是否合理等内容，帮助项目管理人员快速掌握项目进展，结合项目统计数据来降低延期风险。

12.3.2　需求

在敏捷开发中，软件开发团队借助用户故事（User Story，简称 Story）来记录用户需求，将用户需求中有价值的内容表达为一系列规模较小的用户故事，即用户故事是从用户的角度来简短说明目标软件系统的某个业务需求，描述了软件应用或系统对用户、系统或软件购买者有价值的需求。

用户故事主要关注角色、功能和价值三个要素。角色是指使用系统功能的用户；功能对软件系统需要完成的业务逻辑进行描述；而价值定义了为什么需要这个功能，且该功能可以为用户带来什么样的价值。

在软件开发过程中，软件开发团队可以通过挖掘角色、整合角色、提炼角色、角色画像 4 个步骤来准确获得用户故事中的角色。软件开发团队首先可以通过头脑风暴方式来挖掘角色；然后，对得到的角色进行整合去重，补充遗漏的角色；接着，软件开发团队可以结合软件项目涉及的范围对得到的角色进行提炼，并对得到的目标角色进行画像，确保虚拟形象能够代表真实的目标用户。用户角色确定以后，软件开发团队即可根据得到的用户角色及产品功能点来绘制业务流程图，借助业务流程图来梳理用户角色的功能场景，整理业务之间的逻辑关系，避免遗漏用户场景及关键功能点；最后，软件开发团队可以结合整体需求及颗粒度情况来决定是否对当前功能点的需求进行合并或拆分。

通常而言，敏捷开发中的用户故事由需求描述和验收标准两个部分组成。

1. 需求描述

需求描述是指从用户的角度来阐述的需求价值，其常规的表达方式如下：

作为用户……，

我希望……，

以便……。

腾讯敏捷软件开发

2. 验收标准

验收标准是指对当前需求必须达到的目标细节进行描述，如 UI 要求、测试标准以及性能要求等。

在进行需求分析时，软件开发团队应当确保完成的用户故事遵守 INVEST 原则。

（1）独立（Independent）：用户故事应当尽量独立，且避免用户故事间的相互依赖。

（2）可讨论的（Negotiable）：用户故事卡是业务功能的简短描述，故事的细节将在客户团队和软件开发团队的讨论中产生。

（3）对用户或客户有价值（Valuable）：用户故事应该清晰地体现目标软件系统对用户或客户的价值，最好的做法是让用户编写用户故事。

（4）可估算的（Estimable）：用户故事的内容是可以估算的，便于软件开发团队确定故事的优先级、工作量等，并结合安排制订开发计划。

（5）规模小（Small）：一个好的用户故事在工作量上应当尽量小，最好不要超过 10 个理想人/天的工作量，且至少能够在一个迭代或 Sprint 中完成。

（6）可测试（Testable）：用户故事必须是可测试的。

与此同时，需求分析结束以后，软件开发团队可以根据 MoSCoW 法则将用户故事的优先级分为 Must、Should、Could 和 Would not 4 个级别。

（1）Must：必须完成的用户需求。如果该需求未完成将导致项目失败。

（2）Should：应该做的用户需求。这些需求很重要，但不是必需的。

（3）Could：可以做，但不是必需的需求。该需求可以提高用户的体验或满意度。

（4）Would not：不要做或最不重要的需求。此需求在项目中的回报最低，或者在当前情况下是不适合的。

除了定义用户故事的优先级以外，软件开发团队还要对用户故事的规模进行估算。目前，用户故事估算主要采用工时和需求规模两种方式。

1）工时

工时作为最常规的工作量估算方式，采用人时、人日等单位来描述完成指定用户故事所需的工作量。

2）需求规模

需求规模估算法作为敏捷需求估算的一种特有方式，无须关心谁来做以及花多长时间可以完成需求，而是以一种抽象的单位（故事点）来估量指定需求的工作量。此时，故事点是一个相对值概念。软件开发团队可以将完成一个基准用户故事所需要的工作量作为参照物，并将该参照物定义为一个故事点。

通常而言，需求规模估算法可以使用 T 恤尺寸：S、M、L、XL，或者斐波那契数列：1、2、3、5、8…来标注各个用户故事的规模。

当然，软件开发团队也可以结合实际情况，采用适合的需求规模评估方式来量化各个用户故事的工作量，为制订迭代计划做准备。

在 TAPD 敏捷研发协作平台中，需求是非常核心的应用。软件开发团队可以通过需求应用来创建需求、定义需求优先级、分类需求，实现对软件需求的有效管理。

12.3.3　迭代

相对于传统瀑布开发模型将所有的软件需求规划为一个长开发周期而言，敏捷开发通过将用户需求规划为多个周期较短的迭代，以小步快跑模式，分批次地完成目标软件系统包含的业务内容。

在敏捷开发中，迭代是软件开发团队实施敏捷研发的节奏。通常而言，敏捷开发中的迭代包括迭代规划、设计、实施、测试、发布与交付以及回顾评审等活动。软件开发团队可以根据客户交付价值和发布计划来规划迭代，将目标软件系统包含的用户故事划分为多个迭代，约定各个迭代的交付内容。同时，迭代在敏捷开发中也可以是一个相对固定的时间段，例如1到4周左右。软件开发团队可以在这个固定的时间段内实施迭代，产出约定的交付内容，并向用户交付完成的软件产品和开展迭代回顾。

为了有效地支持敏捷研发，腾讯围绕"迭代规划、迭代开发、迭代发布"三个内容来设计迭代应用，帮助软件开发团队实现"敏捷迭代，小步快跑"的核心价值。软件开发团队可以借助 TAPD 敏捷研发协作平台中的迭代应用来规划和跟踪迭代，开展后续的迭代发布、迭代回顾，持续实现用户价值，做到软件产品的快速交付。

12.3.4　测试

在软件开发过程中，测试是指软件开发团队通过手动或者自动化方式来检测软件产品中是否存在缺陷和问题的过程。通过对软件产品开展测试，软件开发团队可以进一步提高软件产品的质量；同时，软件开发团队可以借助测试来分析错误的产生原因和发生趋势，对产品的研发过程提出改进意见。

在敏捷开发中，测试是指一种遵循敏捷开发管理的实践，强调从用户的角度来测试软件产品。软件开发团队通过不断修正质量指标，完善测试策略，确保发布的软件版本成功地实现用户需求，及时实现用户价值。

那么，敏捷测试与传统测试的区别是什么呢？在传统的软件开发过程中，测试通常是在需求开发完成后才开始的，并且测试是软件交付前的最后一个执行环节。如果软件开发团队在测试环节发现了问题，将导致软件开发过程返回到开发阶段，导致软件项目延期交付，降低客户的满意度。在敏捷开发中，测试不再是传统意义上庞大且正式的基于文档的测试了，而是体现在每个迭代的具体环节。通过迭代测试，软件开发团队可以快速发现、及时修复问题，并根据测试的结果实时调整阶段测试计划，提高软件开发团队的工作效率和质量。

敏捷开发中的测试有验收测试、探索性测试和自动化测试三种类型。验收测试，也称交付测试，用于确保软件产品的可交付性；探索性测试根据个人的测试经验来持续提升被测软件产品的质量，强调测试者的个人经验和责任；而自动化测试是指利用工具或程序来辅助人工测试。在自动化测试中，软件开发团队可以通过运行或者回调脚本来执行测试用例，代替人工对目标软件系统进行验证。

为了帮助软件开发团队更加有效地开展敏捷测试，TAPD 在测试应用中提供了测试计划、测试用例和测试执行三大主体功能。

1. 测试计划

测试计划是指测试工程师根据软件需求确定测试范围、任务、责任人以及对测试进度的安排。

通常而言，测试计划主要包括确定测试范围、制定测试策略和人员资源分配三个部分。在敏捷开发过程中，软件开发团队可以根据敏捷开发各个迭代包含的用户故事来确定测试范围，并针对已确定的需求内容制订测试计划；同时，除了规定测试环境搭建、测试工具选型等内容以外，软件开发团队还需要在测试计划中表明选择的测试类型（如功能测试、性能测试）和测试的手段；最后，软件开发团队需要在测试计划中评估涵盖的测试工作，对测试的工作量进行评估和任务划分，将测试任务合理地分配给相关工作人员。

2. 测试用例

测试用例是指测试人员根据具体的用户需求编写的测试场景以及对单个需求测试点或场景的拆分说明。

测试用例主要包括前置条件、用例步骤和预期结果三个部分的内容。其中，前置条件是指执行当前测试用例所必须具备的前提条件。如果前置条件不能满足，则无法执行后续的测试步骤，或者执行测试用例将无法达到预期的结果；用例步骤是对测试执行过程的详细描述，给出了测试的输入数据、执行过程、操作步骤和方法等；测试用例的预期结果则对执行本用例后期望获得的输出结果进行描述，是判断当前测试用例是否通过的标准。

3. 测试执行

测试执行是指采用设计的测试用例来验证软件的正确性、完整性、安全性和质量要求的具体过程。有效的测试执行可以将测试用例的价值发挥到最大。

当软件的测试用例编写完成以后，软件测试人员即可根据测试计划的安排，对待测软件系统或软件模块开展有计划的测试。如果待测软件系统不能通过测试用例，软件测试人员可以直接记录缺陷，方便软件开发人员在第一时间了解缺陷，实现对缺陷的跟踪管理。

除了提供完整的测试管理功能以外，TAPD还集成了测试报表功能。该功能对采集到的测试数据、测试结果进行统计分析，协助软件测试人员生成测试报告。TAPD产生的测试报告包括测试概述、测试计划、缺陷分析、测试结论与建议等内容，能够帮助团队成员分析出现的问题和缺陷，为改进软件质量、产品验收和交付提供依据。

可以发现，TAPD通过制订测试计划，规划、关联测试用例，执行测试用例，生成测试报告4个步骤来管理软件测试，能够提供敏捷软件测试管理的一站式解决方案。软件开发团队可以借助TAPD，实现对软件产品质量的全程把控。

12.3.5 缺陷

在软件开发过程中，缺陷的产生是不可避免的。软件本身、团队工作和技术问题都可能导致软件出现缺陷。缺陷会导致软件产品在某种程度上不能满足用户的需要，并且严重影响软件的质量。

通常而言，缺陷管理包括缺陷信息管理和缺陷生命周期维护两个部分。

1. 缺陷信息管理

为了便于跟踪和修复缺陷，软件测试人员必须尽可能多地从各个途径收集缺陷信息。

通常而言，缺陷包含缺陷标题、缺陷描述、优先级和严重程度4个信息。缺陷标题是对缺陷内容的概括性描述，保证团队成员看到标题就能大概明白缺陷内容；缺陷描述是对出现问题的详细描述，给出了重现问题场景的详细步骤及预期的正确操作结果；优先级用于表现处理和修正软件缺陷的先后顺序，即哪些缺陷需要优先修复，哪些缺陷可以稍后修复；严重程度表示该缺陷对软件产品本身和用户使用造成影响的程度。

为了方便管理缺陷，TAPD将缺陷的优先级分为紧急、高、中、低和无关紧要5个等级。"紧急"表示缺陷必须立即解决；"高"表示缺陷需要优先修复；"中"表示缺陷可以按照正常队列等待修复；"低"表示软件开发人员可以在方便的时间处理缺陷；"无关紧要"则表示该缺陷是与系统关联性不大的其他缺陷。

与此同时，TAPD也提供了缺陷严重程度分类功能，允许软件开发团队根据缺陷的严重程度将缺陷分为致命、严重、一般、提示和建议 5 个级别。"致命"表示该缺陷会导致系统崩溃、用户数据严重损坏，或者操作系统死机等问题；"严重"表示软件系统的主要功能未实现，或者主要路径上的功能出现问题；"一般"表示系统的次要功能未实现，或者分支路径有问题，界面报错等；"提示"是描述前端的样式存在问题，或者文字内容错误等；"建议"是指产品功能的体验需要优化等。

尽管缺陷的优先级和严重程度都能表示缺陷对软件系统的影响和需要被处理的顺序，但是，缺陷的优先级和严重程度并不总是一一对应的。一些严重程度低的缺陷可能会具有较高的优先级，需要及时处理。因此，软件开发团队必须综合考虑市场发布和质量风险等因素来指定软件缺陷的处理优先级。

在创建缺陷记录时，软件开发团队可以使用简单、准确、专业的语言来描述缺陷。清晰的缺陷描述可以帮助软件开发人员分析缺陷产生的具体原因，提高缺陷的修复速度，使软件开发团队能够更加高效地工作。目前，TAPD 提供了标准的缺陷描述模板，允许团队成员直接按照模板填写缺陷的各项基本信息来创建缺陷记录。当然，软件开发团队也可以在 TAPD 平台中结合项目的类型和团队特点来定制适合的缺陷内容模板，实现对缺陷内容的详细描述。

2. 缺陷生命周期维护

缺陷管理的另外一个重要内容就是缺陷的生命周期维护。与其他生命周期类似，缺陷的生命周期决定了缺陷从发现到被处理的整个过程。

在软件开发过程中，软件的每一个缺陷都拥有独立的生命周期。根据缺陷所处的阶段不同，缺陷可能处于不同的状态，且随着缺陷的处理流程不同在不同的状态之间流转。

目前，腾讯已经在 TAPD 中提供了功能完整的缺陷应用，能够支持软件开发团队对缺陷进行全生命周期管理。在 TAPD 中，缺陷的生命周期被默认划分为 7 个状态，各个状态之间的流转关系如图 12-4 所示（图中每个方框表示一个状态）。

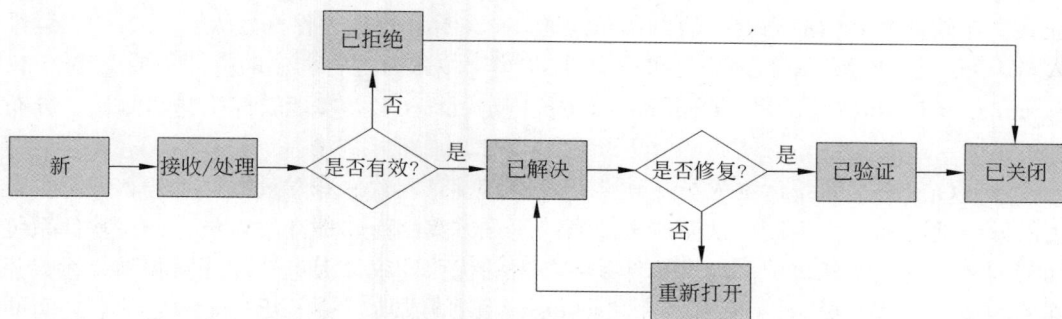

图 12-4　TAPD 中默认的缺陷生命周期

其中，①如果缺陷的状态为"新"，则表示该缺陷是新提交的缺陷；②如果新提交的缺陷已经被分配给相应的软件开发人员，且软件开发人员已经开始对缺陷进行定位修复，则需要将缺陷流转到"接收/处理"状态；③如果软件开发人员判断该缺陷并非由软件本身的原因产生，而是用户环境或者其他问题导致的，则可以将缺陷流转到"已拒绝"状态，不做处理；④否则，待软件开发人员修复缺陷后，可以将对应的缺陷流转到"已解决"状态，便于软件测试人员进行再次验证；⑤如果已修复的缺陷通过了验证，则该缺陷将被流转到"已验证"状态；⑥同时，如果修复的缺陷已经发布上线，并且修复的缺陷内容已经符合预期，则可以将缺陷关闭，将缺陷流转到"已关闭"状态；⑦如果已修复的缺陷未通过验证，则需要将该缺陷流转到"重新打开"状态，让软件开发人员继续修复，直到缺陷关闭为止。

TAPD 也允许软件开发团队结合项目特点和团队工作方式来定义缺陷的生命周期，配置缺陷工作流，配置缺陷在各个状态之间的流转规则。适合的缺陷状态和缺陷工作流可以让软件开发团队更加便捷地管理和修复缺陷，提高缺陷的修复效率。

除此以外，TAPD 还提供了丰富的缺陷统计功能（例如，缺陷分布统计和缺陷趋势统计），帮助项目管理人员从多个维度来分析项目的缺陷情况，了解软件产品的健康度，提高软件产品的质量。

12.3.6 DevOps

在早期的敏捷开发中，尽管软件开发达到了敏捷的目标，但是软件开发完成后仍然无法及时部署，运维中存在的问题不能及时反馈至研发，导致整个软件开发过程并未实现敏捷。

DevOps 作为一种新的敏捷开发模型，覆盖了从需求管理、迭代跟踪、代码关联、持续集成、测试管理、持续交付到用户反馈的整个系统研发生命周期，倡导"研发运维一体化"。DevOps 一词是由英文 Development（开发）和 Operations（运维）组合而成，其形态正如一个横向的"8"字环，如图 12-5 所示。

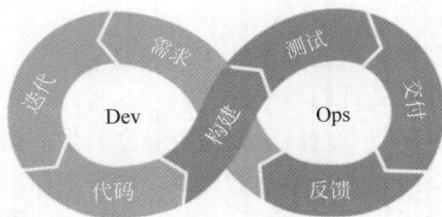

图 12-5　DevOps

实际上，DevOps 是一种基于精益和敏捷研发理念的方法、过程与系统的统称，强调 IT 专业人员在软件产品生命周期中的协作和沟通。DevOps 重视软件开发人员（Dev）、运维技术人员（Ops）和质量保障（QA）之间的沟通、合作，主张通过自动化的持续集成（Continuous Integration，CI）和持续部署（Continuous Deployment，CD）实现软件构建、测试、分布的敏捷。

在 DevOps 中，系统运维人员在软件开发期间就介入软件开发过程，了解软件开发人员使用的系统架构和技术手段，从而制定适当的运维方案；而软件开发人员也会在软件系统运维的初期参与到系统部署中，提供软件系统部署的优化建议，促进软件开发和系统运营部门之间的沟通、协作与整合。可以发现，DevOps 的出现成功填补了开发端和运维端之间的信息鸿沟，实现了整个软件开发过程的敏捷。

然而，由于 DevOps 涉及的范围比较广，在企业中开展 DevOps 实践与应用具有较高的难度。通常而言，DevOps 包含人员、流程和技术等环节，其实施过程就是对企业文化的转变过程。因此，DevOps 的建设实际上也就是对人、工具和文化三个方面的建设。

1）人

DevOps 要求产品人员、开发人员、测试人员和基础设施团队之间加强沟通和协作，成员之间充分互信，共同推动软件项目开发的敏捷。然而，由于每个人来自于不同的岗位，单个团队成员不可能承担所有的工作。因此，DevOps 更加强调跨界思维和一体化思维。

DevOps 希望团队中的每个成员都从"只想着自己的事情"转变为"也要知道其他成员是怎么做事的"。团队成员之间互相学习、不断改进，有利于团队的持续优化。

2）工具

为了实现敏捷开发，软件开发团队需要具备编译构建、自动化测试、部署管理、基础环境四大基础支撑服务和需求管理仓库、代码仓库、包管理三大受信源。软件开发团队可以在此基础上根据业务差异化来孵化更多的工具。

同时，软件开发团队在实践过程中可以通过持续迭代，不断改进和优化工具链。

3）文化

除了开发软件以外，软件开发团队还需要包含组织文化、质量文化、度量文化等内容的建设。DevOps 推崇以 Feature Team 来划分团队，做到团队内部的持续迭代，让团队协作更加敏捷。同时，DevOps 坚持质量内检，对迭代过程中的数据进行实时度量、及时反馈，加快价值流动。

目前，TAPD 已经提供了 DevOps 解决方案，能够覆盖项目管理、代码管理、编译构建、代码检查&包管理、自动化测试、发布等各个阶段，实现产品研发过程全生命周期的一站式管理。同时，DevOps 解决方案中还提供了可视化的流水线管理，能够帮助软件开发团队更好地了解软件项目的实施细节。

软件系统价值链流转的速度越快就意味着软件开发团队的交付能力越强。借助 TAPD 提供的 DevOps 解决方案，软件开发团队可以持续跟踪软件开发各个环节的数据，帮助项目管理人员从多个维度来度量研发效能，实现软件产品的高效、可靠构建与发布，快速交付用户价值。

12.3.7 报表

由于软件开发是一项群体智力活动，其开发过程往往不够明显。为了帮助软件开发团队实时掌握项目的进展情况，TAPD 借助收集的软件开发过程数据，结合敏捷研发中需要关注的指标点，生成一系列关于项目/迭代进度、质量、工作分配等信息的数据报表，让软件开发过程尽量清晰，降低软件项目开发中存在的风险。

目前，TAPD 支持从迭代、项目、组织三个维度来洞察软件项目开发数据，能够提供燃烧图、需求统计图、缺陷统计图等数据报表。

1. 迭代

TAPD 的迭代仪表盘从迭代维度统计了多种项目开发数据，如迭代内的需求分配与执行、缺陷解决趋势、代码提交趋势、构建情况、代码质量情况等。

迭代仪表盘中的数据报表实时展现了各轮迭代的生产数据。通过迭代仪表盘提供的数据报表，项目管理人员可以准确地分析实际工作进度与理想情况的偏差，在掌握迭代进度的情况下采取合理的行动、规划后期的迭代工作。例如，软件开发团队可以借助燃尽图来了解特定迭代中所有需求的剩余工作量随时间的变化趋势，观测各轮迭代中涵盖工作的实时完成情况。

除了提供标准的迭代仪表盘以外，TAPD 敏捷研发协作平台也允许软件开发团队根据项目的特点和工作需要来配置迭代仪表盘，方便软件开发团队利用收集到的项目生产数据来发现软件开发过程中的潜在信息。

2. 项目

在敏捷开发中，软件开发团队除了需要关注单个迭代的生产数据以外，还必须从整体上把控软件项目的开发过程。目前，TAPD 除了支持统计各轮迭代中的生产数据以外，还能够从项目整体的角度来汇总各类信息，例如，统计整个项目的需求/缺陷分布、需求关联、缺陷趋势等，帮助项目管理人员从不同的角度了解软件项目的进展情况。

与此同时，TAPD 还支持将项目产生的报告内容以邮件形式同步给指定的团队成员。目前，平台支持的报告形式主要有项目报告和定时报告两种形式。项目报告对项目的各类信息进行汇总，而定时报告则可以将项目需求、任务、缺陷等内容的统计数据按照设置的时间频率发送给指定人员。

3. 组织

在实际的敏捷开发过程中，如果需要多个软件开发团队共同协作开发或交付同一个大型软件项目，单一的迭代、项目统计数据可能无法展现整个项目的实际生产情况，无法协助高层管理人员把控项目进展。

为了帮助管理层实时掌握大型项目的进展情况，TAPD 提供了组织维度报表，能够将多个项目的生产数据信息进行汇总，帮助管理层实时监控多个项目的进展情况、交付质量，实现项目资源的有效调度。

12.3.8 文档

尽管敏捷开发强调"可以工作的软件胜过面面俱到的文档"，但是这并不意味着敏捷开发必须完全抛弃文档。软件开发团队可以借助文档来沉淀知识资产、凝聚团队智慧。在实际的软件开发过程中，市场分析、用户画像分析、软件维护记录、代码规范说明、代码接口说明等内容都可以通过文档的形式进行沉淀。

为了方便团队成员共同撰写和维护软件开发过程中产生的文档，TAPD 提供了文档应用模块。该应用允许团队成员在统一的平台上协同工作，共同撰写和维护文档资料，提高软件开发团队的工作效率。

目前，TAPD 中的文档应用提供了在线文档、思维导图和文件管理三个主要功能。软件开发团队可以借助文档应用，完成文档的多人、在线、协作撰写工作，并实现文档内容的安全存储。与此同时，TAPD 也支持软件开发团队将已有的 Word、Excel、PPT 等格式文件上传到文档应用。平台将上传的文档资料自动转换为在线文档，便于团队成员共享、协同编辑。

除此以外，TAPD 还提供了文件夹和多目录层级方式来管理众多的文档资料，允许软件开发团队对文档的内容进行评论和讨论，方便软件开发团队进行深度协作。同时，所有对文档的变更和下载信息都会记录在平台中。软件开发团队可以借助变更和下载信息追溯文档的访问情况，保障软件项目的信息安全。

12.4 小　　结

随着计算机技术的快速发展，敏捷开发逐渐成为企业生存和发展的制胜法宝。通过敏捷开发，企业能够在激烈的市场竞争中保持领先，快速地交付符合用户价值的软件产品。然而，作为互联网时代的产物，敏捷不仅仅是简单的软件开发过程，而是一整套工作方法和思想。如何有效地实施敏捷成为企业提高生产、工作效率的关键。

腾讯作为国内知名的互联网企业，也是国内敏捷开发的首批践行者。通过不断总结内部各种产品的研发经验和研发过程，腾讯将十余年的团队协作理念与敏捷研发精髓沉淀为 TAPD 敏捷研发协作平台，并向软件开发团队提供轻量协作、敏捷研发、DevOps 持续交付三种解决方案。

软件开发团队和组织可以结合项目的特点和团队特征，选用 TAPD 敏捷研发协作平台提供的敏捷解决方案来实践敏捷，提高软件开发团队的工作和协作效率。

12.5　习　　题

1. 如何有效地估算各个用户故事的工作量？如何有效地规划迭代？
2. 为什么看板不适合用于复杂的软件开发项目？
3. 如果让你来撰写用户故事，你可以找到更加合适的用户故事模板吗？
4. 如何根据项目的特点和项目团队的实际情况来定制用户故事的流转状态？
5. 除了 TAPD 上已有的应用以外，你还希望 TAPD 提供哪些功能？

基于领域驱动的云原生软件开发

随着计算机技术的快速发展，如何让软件项目的开发、管理、运维都能快速响应用户需求的软件变化成为现代软件项目开发所必须解决的问题。

尽管 DevOps 倡导将软件项目的开发、测试、运维一体化，给出了一种快速响应用户需求的软件项目开发模式，但是 DevOps 并未对如何设计和开发软件系统进行约束。

云原生（Cloud Native）作为一种快速构建和运维软件应用的理念，允许软件开发团队借助虚拟化、容器、微服务等新技术，将软件系统拆分为一系列"高内聚、低耦合"的原子服务，并借助云计算平台高效地运维软件系统。通过云原生，软件开发团队可以独立地开发、部署和运维各个原子服务，为 DevOps 的实施奠定基础。

与传统的瀑布式软件开发过程相似，云原生软件的整体开发过程也可以分为需求分析、架构设计、开发部署等多个阶段。然而，相对于瀑布式的软件开发过程而言，云原生软件的开发过程必须保持各个部分和阶段的独立迭代，以更加灵活的方式来实现业务逻辑，确保软件项目在演进中能够容错、按需伸缩，从而能够满足更多的使用场景。

本章首先介绍与云原生相关的理念，然后再以领域驱动设计为指导，为大家简单介绍云原生软件项目的分析和设计过程，帮助大家了解现代软件系统的开发方法。

13.1 云原生概述

从云原生的英文名称 Cloud Native 可以看出，云原生是由 Cloud 和 Native 两个词组合而成的新词。其中，Cloud 表示完成的软件应用将被部署于云计算平台中，而不是传统的数据中心；Native 表示软件应用从设计之初就考虑到云计算环境，原生为在云计算环境中部署而设计。通过云原生，软件开发团队可以充分借助云计算平台的弹性和分布式优势来构建和部署软件应用，让软件应用更易于弹性扩展。

2013 年，Pivotal 公司的 Matt Stine 首次提出了云原生概念，并于 2015 年出版了 *Migrating to Cloud-Native Application Architectures*（中文名《迁移到云原生应用架构》）一书（如图 13-1 所示），总结了云原生架构的几个显著特征。

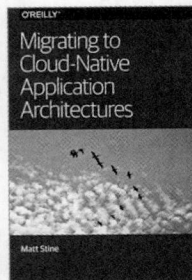

图 13-1　Matt Stine 及其著作

同年，云原生计算基金会（Cloud Native Computing Foundation，CNCF）成立，该基金会对云原生进行了重新定义。一般而言，云原生可以概括为微服务、容器、DevOps和持续交付4个方面的内容。

1. 微服务

通常而言，传统的软件系统主要采用单体架构进行构造，且所有与软件系统相关的接口、业务逻辑、数据持久等内容均被封装到一个大而全的软件项目中，由一个或者多个软件开发团队协同完成。

随着软件应用规模和复杂度的不断增加，多个软件开发团队协同开发单体软件系统的难度越来越大，且复杂度越来越高。此时，软件系统中某个接口、技术手段、业务逻辑等内容的改变都要求重新构建、测试、部署整个软件系统，导致软件系统的开发和维护无法及时响应用户需求的快速变化。

微服务（Microservice）是近年来出现的一种分布式系统解决方案，它允许软件开发团队按功能集来切分软件服务，通过组织多个相互协调、相互配合的细粒度服务来实现大型软件系统或者复杂软件应用，为用户提供最终价值，如图13-2所示。根据维基百科给出的定义，微服务是一种软件开发技术，是面向服务的架构（Service-Oriented Architecture，SOA）的变体。微服务架构将软件应用变为一系列松散耦合服务的集合。软件开发团队可以根据需要，采用轻量级协议来调用微服务架构中的多个细粒度服务。

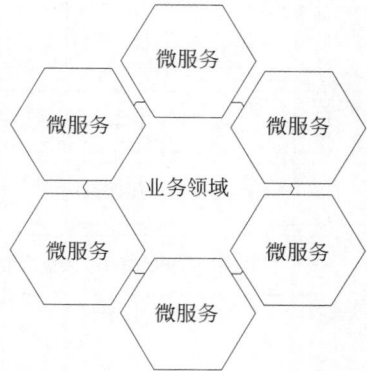

图 13-2　微服务

可以发现，在微服务架构中，各个服务之间松散耦合，且具有独立的生命周期，可以单独地部署和维护。由于使用微服务架构的软件系统可以通过扩展服务组件来解决性能瓶颈问题，相对于传统的软件架构而言，微服务架构能够更加有效地利用计算资源，具有较强的可扩展性。

2. 容器

在传统的软件项目中，软件应用需要独立地部署到物理机上，通过独占物理机的资源向外提供服务。很明显，独占物理机的部署方式往往会导致资源分配不均，造成硬件资源的浪费；随着虚拟化技术的发展，基于Hypervisor的硬件抽象方式让一台物理服务器虚拟化为多台虚拟机成为可能。软件开发团队可以根据需要在不同配置的虚拟机上部署软件应用，在优化硬件资源利用率的同时，提高管理的灵活性；然而，基于Hypervisor的虚拟化技术要求每台虚拟机实例都安装操作系统的完整副本和其他支撑应用程序，从整体上影响了硬件的工作效率和性能表现。同时，软件开发团队还必须保证软件应用在开发环境Dev、测试环境Test、灰度环境Pre和生产环境Prod的一致性，增加了系统开发的工作量，如图13-3（a）所示。因此，如何加速软件应用的快速、弹性部署成为软件开发团队所必须解决的关键问题。

容器（Container）作为一种轻量级的虚拟化技术，允许软件开发团队借助容器技术将微服务所需的配置、依赖关系和环境配置构建成镜像，使各个封装后的镜像能够独立地在容器内运行。

服务器中的容器互不关联，共享宿主机的CPU、磁盘、网络、内存等资源，实现了进程隔离（每个服务独立运行）、文件系统隔离（容器目录修改不影响主机目录）、资源隔离（CPU、

315

内存、磁盘、网络资源相互独立）。通过容器，软件开发团队可以按照需求将微服务直接部署到全新的服务节点上，无须重新配置环境。

借助容器技术，软件服务的开发流程变为软件开发团队将完成的服务代码、环境构建为服务镜像；测试人员从宿主机上下载服务镜像，并在测试容器内启动镜像对应的服务开展测试工作；运维人员则根据业务容量需要来申请资源，然后将下载的服务镜像部署于一台或者多台宿主机上的一个或者多个容器中，共同向用户提供服务，如图 13-3（b）所示。

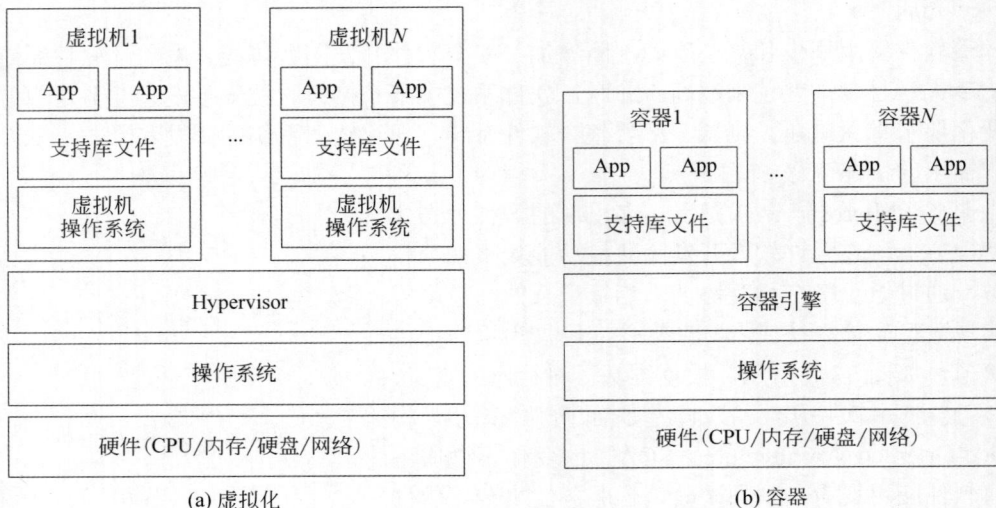

图 13-3　虚拟化与容器

3. DevOps

相对于敏捷开发而言，传统软件开发模型（如瀑布、迭代、螺旋模型等）的开发周期较长，无法及时响应用户需求的快速变化。DevOps 作为一种新的团队工作方式和技术理念，强调研发、运维一体化，倡导通过自动化流程让软件开发、部署更加快捷、可靠。

随着微服务架构理念、容器和云计算等技术的快速发展，软件应用也可以被分解为多个可以独立开发、测试、部署和运维的软件模块，让 DevOps 的实施变得更加容易、高效，如图 13-4 所示。

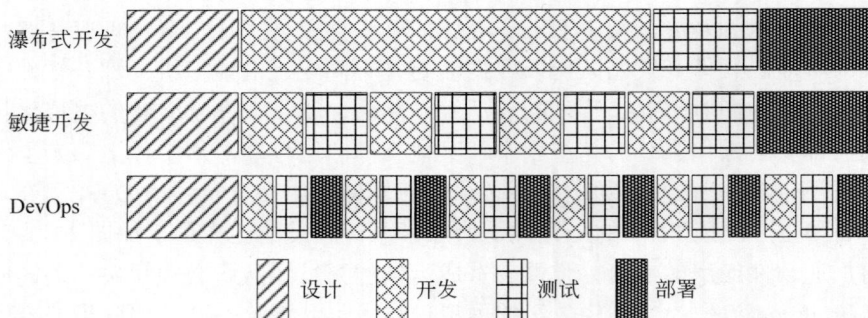

图 13-4　DevOps 与瀑布模型、敏捷开发模型

在 DevOps 中，软件开发团队将用户需求及需求变更记录为多个独立的用户故事，并通过迭代来规划、实现用户需求。软件开发团队可以借助 DevOps 对软件系统中的各个构件、服务开展不间断的迭代（开发、测试、部署、运维），通过自动化的持续集成、持续部署来完

成各种规模较小且频繁的软件发布，持续向用户交付最新成果。

4. 持续交付

随着网络技术的快速发展，各种移动应用、系统应用、HTML5 终端应用层出不穷。软件开发团队除了需要完成复杂的软件应用以外，还必须做到快速响应用户需求的变化。此时，传统软件开发模型的 V 型流程已无法适应快速的市场变化。软件开发团队除了开发、测试、部署敏捷以外，还必须确保完成的软件应用能够及时地交付给用户。

在敏捷开发和 DevOps 中，软件开发团队随时都有一个合适的软件版本部署于生产环节上。为了满足敏捷开发的频繁发布、快速部署、快速验证等特征，软件开发团队必须具备及时地交付软件应用的能力。

持续交付（Continuous Delivery，CD）是指频繁地将软件系统的新版本交付给质量团队或者用户，以供评审。如果新版本的软件系统通过评审，软件开发团队可以通过手动方式将新版本的软件系统部署到生产环境。可以发现，持续交付和持续部署的区别在于，持续交付后的软件产品需要经过评审后才能手动部署到生产环境，而持续部署则是在持续交付后自动部署到生产环境。

通常而言，软件开发团队会在生产环境中部署软件系统的多个版本，并通过灰度发布、蓝绿发布来升级软件系统中的部分服务，让部分用户尝试新版本的软件。借助持续交付，软件开发团队可以针对不确定的需求进行快速验证，并根据用户的反馈情况来及时调整产品的演变方向，实现软件产品的快速迭代。

13.2　云原生架构及其设计原则

在传统的单体软件开发过程中，软件开发团队往往将软件系统的外围功能紧密集成在主应用程序中。单体软件的优点在于可以共享同一进程中的资源，但是却无法对各个功能组件进行有效的隔离。如果单体软件中的某个组件发生故障，该故障可能会影响到其他组件甚至整个软件系统的正常运行。外围组件和主应用程序之间保持着紧密的耦合关系。

为了提高应用软件的灵活性和健壮性，软件开发团队可以将应用程序与外围功能进行解耦，采用云原生架构来设计、开发软件系统。

1. 微服务架构

随着容器这种轻量级虚拟化技术的广泛应用，针对云计算的各种新概念、新技术层出不穷。云计算在传统 IaaS、PaaS 和 SaaS 服务的基础上进一步演化出了后端即服务（Backend as a Service，BaaS）、函数即服务（Function as a Service，FaaS）、数据即服务（Data as a Service，DaaS）和网络即服务（Network as a Service，NaaS）等 XaaS 形态。

可以发现，容器技术极大地促进了微服务架构的演进，也为软件应用的开发和设计提供了新的思路和途径。软件开发团队设计、开发、部署的微服务和其他可用的微服务组成微服务网络，共同为软件应用提供服务，如图 13-5 所示。

随着微服务概念和技术的普及，微服务架构被迅速应用到各种与网络相关应用的开发过程中。目前，软件开发团队已经在微服务架构领域积累了大量设计、开发经验，形成了一系列经典模式。

1）聚合器模式

聚合器模式将多个业务相关的微服务进行聚合，通过多个微服务共同完成应用程序所需

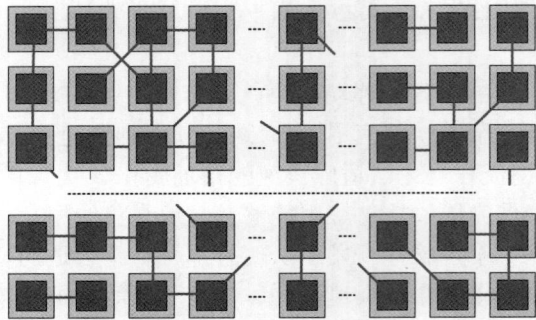

图 13-5　服务网络

的功能，如图 13-6 所示。

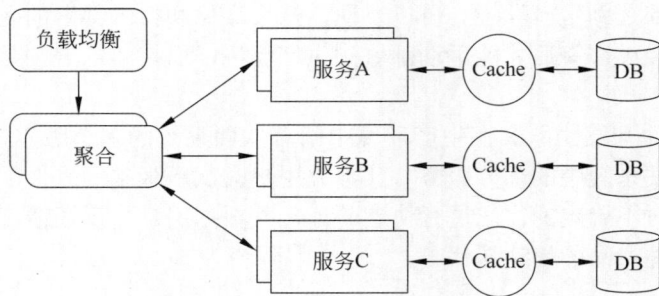

图 13-6　聚合器模式

2）代理模式

代理模式将所有可用的微服务隐藏到代理后，并根据客户需求来转发服务调用请求，将服务请求转发给适合的微服务，如图 13-7 所示。

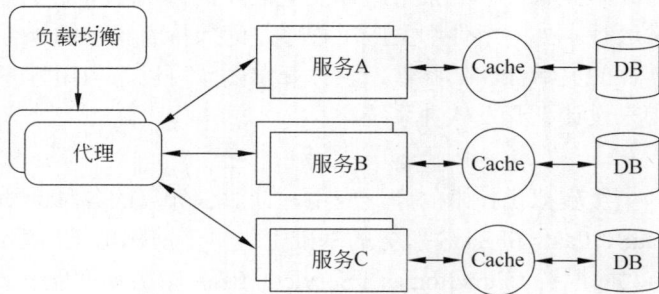

图 13-7　代理模式

3）链式模式

链式模式将业务涉及的多个微服务组合成调用链，按照业务顺序依次使用调用链上的服务。由于服务具有顺序性，客户端在链式调用完成之前会一直阻塞，如图 13-8 所示。

4）分支模式

分支模式作为聚合器模式的扩展，允许软件应用在架构中同时调用两个或者两个以上的微服务链，如图 13-9 所示。

5）数据共享模式

尽管自治是微服务的设计原则之一，但是在重构现有的"单体应用"时可能需要让多个

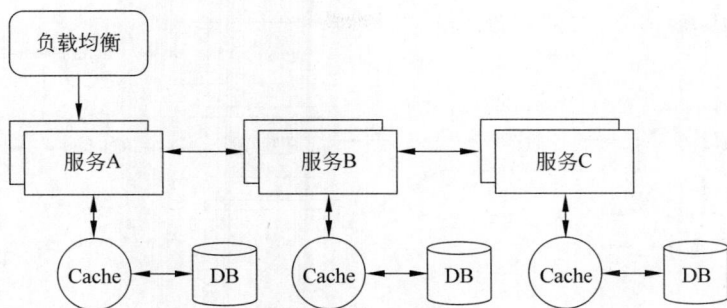

图 13-8 链式模式

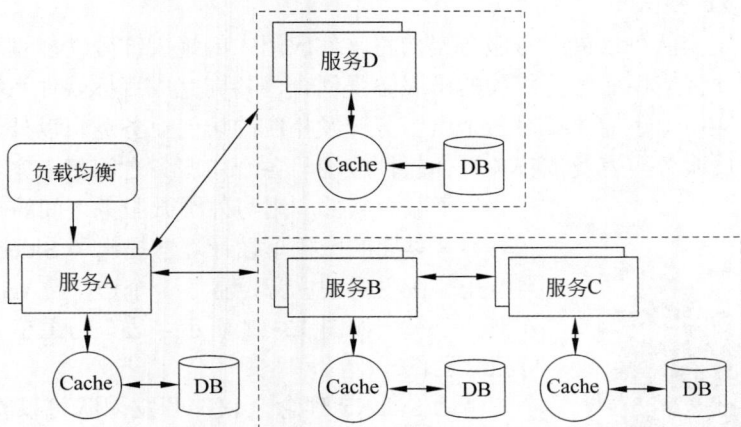

图 13-9 分支模式

微服务共享数据。数据共享模式是指在软件架构中让部分存在强耦合关系的微服务共享缓存和数据库存储,降低由于数据库反规范化带来的数据重复和不一致问题,如图 13-10 所示。

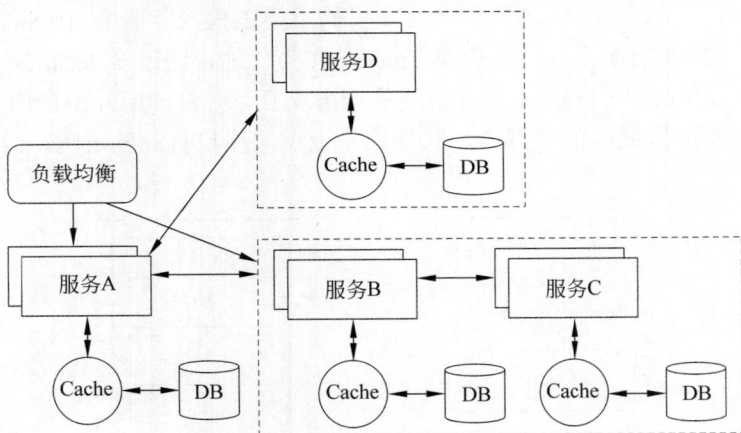

图 13-10 数据共享模式

6)异步消息传递模式

异步消息传递模式在微服务架构中引入消息队列来替代 REST 请求和响应,避免同步消息造成的请求阻塞,如图 13-11 所示。

基于领域驱动的云原生软件开发

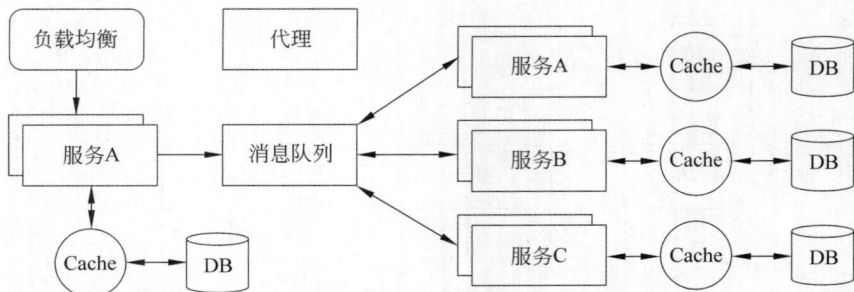

图 13-11　异步消息传递模式

2. Sidecar 设计模式

尽管软件开发团队可以借助微服务架构将软件应用中的绝大部分功能剥离到云端，但是该模式也意味着软件应用必须与相关的微服务强耦合，共同完成目标软件系统涵盖的业务功能。此时，软件应用除了需要针对各个微服务开发相应的访问业务逻辑以外，还必须处理调用微服务时的附属服务内容及依赖关系，软件应用与各个微服务之间仍未完全解耦。

图 13-12　Sidecar

为了减少软件应用与外围微服务之间的耦合，软件设计人员参考早期的摩托车设计理念提出了 Sidecar 设计模式。该类摩托车在主驾驶位旁设置了一个边车位（Sidecar），可以额外坐一个人，如图 13-12 所示。边车与主车同步行进，且保持独立运作。

借助 Sidecar 理念，软件开发团队可以将微服务调用过程中与业务无关的服务注册与发现、负载均衡、熔断降级、限流扩容、监控度量和安全日志等通用功能封装到 Sidecar 中。软件应用直接向 Sidecar 请求需要的业务功能即可。

通常情况下，软件开发团队将 Sidecar 与软件应用共同部署于一台主机的不同进程或容器中，让 Sidecar 与软件应用共享资源，如图 13-13 所示。软件应用将 Sidecar 作为代理，通过 Sidecar 来调用外围的微服务。此时，软件应用仅需与 Sidecar 进行必需的业务交互，而将调用外围微服务的辅助操作交给 Sidecar，实现与外围服务的解耦合。软件应用只需关注自身业务逻辑，且与 Sidecar 之间的耦合是松散的。

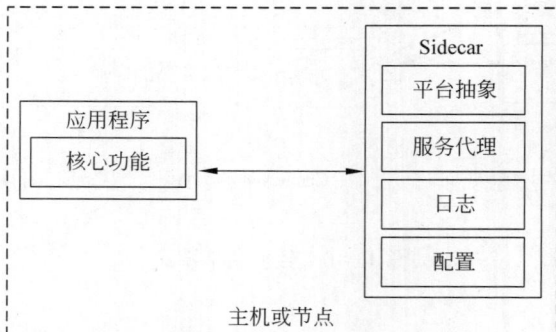

图 13-13　Sidecar 设计模式

与此同时，为了将微服务的主业务逻辑与其他附属功能分离开来，越来越多的微服务也主张配置 Sidecar。软件开发人员可以借助 Sidecar 将众多分布式服务之间的通信抽象为单独一层，降低微服务的开发复杂度，如图 13-14 所示。Sidecar 作为微服务的代理与微服务部署在同一个容器节点，负责接管微服务的流量，即微服务通过与 Sidecar 代理之间的通信来间接完成服务之间的通信请求，降低微服务与服务消费者以及其他微服务之间的耦合度。

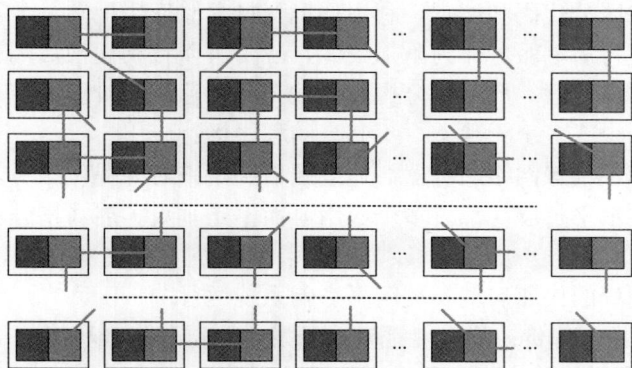

图 13-14　带 Sidecar 的微服务网络（深色为微服务，浅色为微服务的 Sidecar）

3. Service Mesh

随着微服务技术的广泛应用，微服务的数量和规模也迅速增加。此时，分布在多台主机或者容器中的大量微服务也通过 Sidecar 代理组成了 Service Mesh。

可以发现，Service Mesh 作为下一代微服务技术的代名词，自提出以来就备受人们的关注。根据 William Morgan 的定义，Service Mesh 是用于处理服务间通信的基础设施层，可以为云原生应用在复杂的服务拓扑结构中提供可靠的请求传递。

然而，随着微服务数量和规模的不断增加，微服务代理组成的网络也越来越复杂。为了方便管理和维护众多的微服务，软件设计人员提出在微服务网络中演化出集中式的控制面板，为微服务网络中所有的服务提供运维入口，如图 13-15 所示。

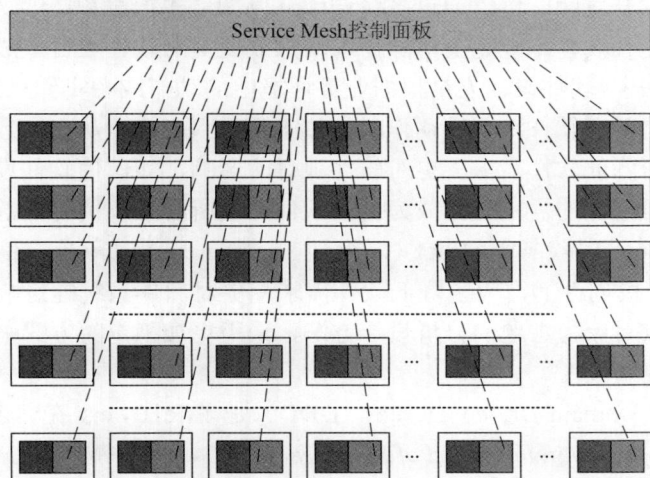

图 13-15　带控制面板的 Service Mesh

此时，所有微服务的代理组件均通过与控制面板的交互来完成网络拓扑策略的更新和单机数据的汇报，进一步降低了微服务架构的复杂性。

随着互联网软件应用开发技术的逐渐成熟，软件开发团队也在开发过程中积累了大量的

基于领域驱动的云原生软件开发

经验和准则。在众多的设计原则中，12-Factor（12 要素）给出了设计一个优雅的互联网应用需要遵循的基本原则，被认为是与云原生最相符的设计准则。

（1）基准代码：每个应用都有可以跟踪的代码，而且可以同时部署代码的不同版本。

（2）依赖：利用包管理工具来解决依赖，而不是代码依赖。

（3）配置：严格区分代码和配置，利用环境变量存储应用配置。

（4）后端服务：将后端服务作为附加资源，应用可以自动切换后端服务。

（5）构建、发布、运行：严格区分构建、发布、运行 3 个阶段。

（6）进程：以一个或多个无状态、不共享的程序运行应用。

（7）端口绑定：不依赖网络服务器，通过端口绑定来对外提供服务。

（8）并发：通过水平扩展（部署多个应用）而不是垂直扩展（增强单机性能）来实现业务并发。

（9）可分散：进程的快速启动和关闭不影响系统运行。

（10）开发/生产环境等价：尽可能地减少开发、测试和生产环境的不一致。

（11）日志：分别对待日志产生和日志信息处理。

（12）管理进程：将管理服务写为执行代码，通过执行代码实现后台管理。

在设计云原生应用时，软件开发团队可以结合实际的业务需求，参考以上原则来优化应用设计，提高软件设计的质量。

13.3 领域驱动设计

随着云原生概念的提出，越来越多的软件开发团队开始将软件应用部署在云端，利用云计算平台提供的丰富资源来增强产品的竞争力。通常而言，软件开发团队可以借助"微服务+容器"方式来解耦软件架构和系统部署，通过小步迭代、周期性持续交付方式来响应用户需求的变更。

然而，尽管软件开发团队可以通过多轮迭代，以增量式构建和持续交付来降低软件项目中的风险，但是敏捷开发并不能完全消除需求增加或变更对软件项目造成的影响。在结构化方法和面向对象方法中，软件设计人员根据业务环境中的动作或者实体来建模目标软件系统。当软件需求发生变更时，软件涉及的动作或实体难免受到影响，从而导致软件系统的架构发生变化。因此，如何降低软件需求变更对软件项目的影响，如何使软件设计既能满足现有的短期需求，又能平衡潜在的需求变更成为当前软件开发所必须解决的关键问题。

在当前这个 VUCA 时代（Volatility（易变性）、Uncertainty（不确定性）、Complexity（复杂性）、Ambiguity（模糊性）），为了降低软件需求变更对软件系统的影响，软件开发团队必须脱离传统以功能或对象为主题的分析设计方法，采用更加稳定的方式来解耦问题空间，从根本上降低软件的复杂程度。

领域驱动设计（Domain-Driven Design，DDD）是 Eric Evans 在其著作 *Domain-Driven Design: Tacking Complexity in the Heart of Software*（图 13-16）中定义的一种开发理念，用于构造及维护涉及复杂问题域的软件系统。

领域驱动设计强调对问题空间进行领域建模，从问题的本质来分解复杂的软件系统，使设计和代码与问题域保持一致。同时，根据云原生包含的内容，可以认为基于云原生的软件设计仍然属于微服务架构设计的范畴，也是领域驱动设计的延伸。只是相对于微服务架构设计而言，云原生要求的内容更多而已。

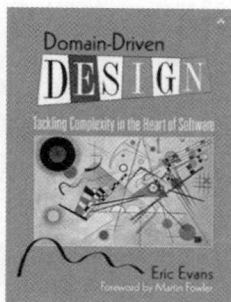

图 13-16　Eric Evans 及其著作

13.4　基于领域的敏捷需求分析

在领域驱动设计中，软件开发团队在需求分析中最重要的事情在于完成目标软件系统涉及问题域的领域建模，并结合用户对软件系统的期望和业务逻辑对目标领域进行划分。

13.4.1　领域分析及子领域识别

通常而言，领域是指目标问题空间所涵盖的内容范围，也是客观世界中存在的知识范围。为了获得目标问题空间的准确领域信息，软件开发团队必须与领域专家共同协作，对需要解决的问题进行分析和提炼，形成问题空间的解空间。

在传统的软件开发过程中，软件开发团队往往寻求整个问题空间的可行解。然而，由于目标领域可能承载了太多的业务知识，得到的完整解决方案也相对复杂，且难以理解，形成所谓的"大泥潭系统"。

为了降低问题空间的分析复杂度，软件开发团队可以在领域专家的指导下对问题空间进行分割，将大的领域切割为多个独立的子问题域。例如，将在线购物系统包含的领域内容分为用户管理、商品交易、商品展示、财务报表、物流管理、系统通知等子领域。

由于不同子领域在目标问题空间中的重要性不同，软件开发团队和领域专家除了划分领域以外，还需要对各个子领域的类型进行分析，并根据子领域的类型进行区分处理。

通常而言，领域中的子领域可以分为核心域、支撑域和通用域三种类型。

1）核心域

在领域分析中，核心域是指目标问题空间中的核心内容，目标软件系统的开发主要就是为了解决核心域中存在的问题，即解决了核心域的问题就代表解决了问题域的关键部分。例如在线购物系统中的商品交易子领域。

软件开发团队必须重点关注核心域，确保核心域中的问题能够得到及时解决，快速响应核心域中的需求变化。

2）支撑域

支撑域是指在问题空间中对其他领域进行支撑的子领域。例如在线购物系统中的身份验证、物流管理等子领域。支撑域中包含的问题可以由软件开发团队自行开发，也可以选用其他合适的第三方软件服务或产品。

3）通用域

除了核心域和支撑域以外，目标问题空间中可能还存在一些与其他问题空间相同的子领

基于领域驱动的云原生软件开发

域，如财务报表、系统通知等。此时，软件开发团队可以直接使用其他合适的软件服务，无须特别处理该子领域涉及的问题。

图 13-17 给出了一个领域模型划分案例。

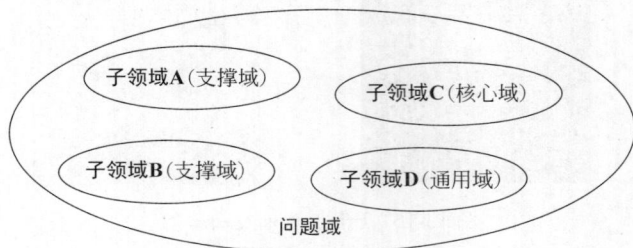

图 13-17　领域模型划分案例

与此同时，由于领域专家和软件开发团队可能具有不同的背景知识，为了避免专业术语与技术术语描述问题的不一致性，软件开发团队在描述领域内容时应尽量（注意：DDD 中强调"必须"，但是我们认为"必须"不需要，"尽量"即可，因为在实践中软件工程师是绝对生产力）使用通用语言来描述各个领域。

可以发现，通过领域来建模问题域，以及通过子领域来划分问题域，能够对目标问题域涉及的内容进行自然分解，降低目标软件系统的分析复杂度。同时，相对于基于功能或实体的结构化分析和面向对象分析而言，领域划分具有更优秀的稳定性。

13.4.2　业务需求分析

当目标问题域的领域模型建立以后，软件开发团队和领域专家就可以借助敏捷开发中的用户故事来描述用户使用目标软件系统的各个业务场景和业务流程，对目标软件系统的用户需求进行细致描述。

在本书第 12 章对用户故事进行了简单描述。用户故事以参与者为中心，详细描述了参与者"作为（系统的一个涉众），想要（做一件事），从而（达到业务价值）"的集合。可以发现，用户故事通过"三段式"的内容组织方式对用户期望使用目标软件系统的场景，以及完成具体功能的流程进行了显示说明。从另一个角度来看，用户故事可以理解为统一过程中的用例（Use Case），通过一系列的用例来描述目标软件系统的业务需求。

在软件项目中，用户故事可以是小颗粒的业务和特征描述，也可以是跨越多个领域的复杂业务逻辑。软件开发团队可以借助多个用户故事以及新的用户故事，来建模用户需求和持续跟踪各个领域的需求变更。相对于集中在项目前期的瀑布式需求分析而言，敏捷开发的需求分析近乎均匀地贯穿于项目的整个生命周期。软件开发团队可以持续跟踪目标软件系统涉及领域的用户故事，通过不断迭代来满足和响应用户需求的变更。

13.5　云原生软件架构设计

当目标问题域的需求积累到一定程度时，软件开发团队与领域专家就可以结合已有的知识对待开发的软件系统进行架构设计了。

然而，成熟的瀑布式软件设计方法以需求完整和稳定为前提来开展架构设计，软件需求的变更将给完成的软件架构和软件设计带来较大的影响。在当前这个 VUCA 时代，需求变更不可避免，且频度越来越高、范围越来越广。设计出高质量的、灵活的软件架构来满足敏捷、迭代的软件开发过程成为评估软件架构的唯一标准。

在基于领域驱动的软件设计中，软件开发团队以分布式的软件架构和松散的数据组织来解耦目标软件系统，提高目标软件系统的灵活性和稳定性。在完成的软件设计中，各个服务、数据单元可以独立地更新和维护，降低软件需求变更对整个软件系统带来的影响。

通常而言，基于云原生的软件系统可以分为用户接口层、应用服务层、领域层和基础设施层 4 个部分，如图 13-18 所示。基础设施层主要用于提供各种支持服务，如存储、并发处理、服务治理等；领域层封装领域相关的信息，实现与领域相关的核心业务。同时，领域层可用于将领域模型的状态直接或间接（通过数据存储）持久化；应用服务层封装基础设施层和领域层的相关业务，向用户接口层提供服务；用户接口层负责解析用户的输入信息，向用户展现处理结果。

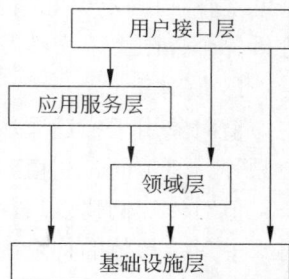

图 13-18　软件系统架构

与传统的瀑布式软件设计流程一致，基于领域驱动的软件设计也需要经过概要设计和详细设计等多个阶段。概要设计对目标软件系统中的服务、数据进行划分；详细设计则结合软件需求来细化概要设计的结果。

13.5.1　界限上下文划分

当目标软件系统的需求积累到一定程度时，软件开发团队可以结合需求列表中的用户故事来分析领域模型中的各个子领域以及各个子领域涉及的业务内容和业务范围。然后，软件开发团队通过分析得到的业务场景和业务内容，结合软件项目的实际情况和技术需求为各个子领域设计合适的解决方案。

通常而言，目标软件系统的子领域中可能会包含一套到多套可行的方案来解决该领域涉及的不同业务逻辑。在领域驱动设计中，子领域的解决方案称为界限上下文（Bounded Context，BC）。界限上下文承载了该领域中的部分业务知识及规则，负责解决子领域中的部分问题。例如图 13-19 中的子领域 C 可以划分为 C1、C2 和 C3 三个界限上下文。

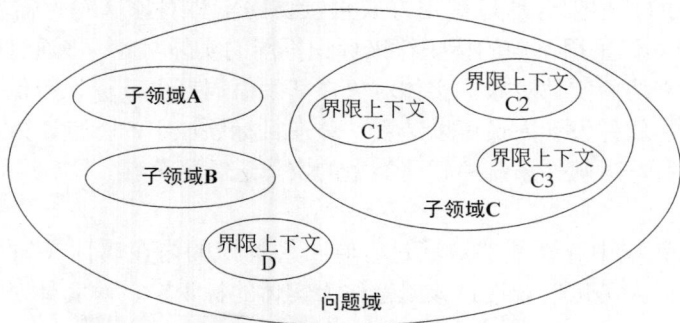

图 13-19　领域模型案例

由于每个界限上下文均封装了领域的部分知识和业务逻辑（解决了领域涉及的部分问题），软件开发团队可以将每个界限上下文包含的内容设定为一个独立的微服务。软件开发团队可以针对各个界限上下文的业务特征，选用最适合的技术方案来实现界限上下文涉及的业务内容。

与此同时，软件开发团队可以结合界限上下文涉及的内容和开发需求，参考康威定理

基于领域驱动的云原生软件开发

（Conway's law）来组建各个界限上下文的开发团队。各个开发团队在界限上下文的范围内形成一个个独立的自循环，确保相关的内容可以被不断地迭代。

13.5.2　实体及值对象分析

在云原生软件系统中，软件开发团队除了可以使用微服务来分解业务逻辑以外，还可以借助实体（Entity）和值对象（Value Object）来解耦领域中包含的数据。软件开发团队可以分析各个界限上下文涉及的用户故事，结合"名词法"来提取与业务相关的概念。

1. 值对象

值对象用于描述领域内本身没有概念标识的对象，例如，在线商城中的订单状态、订单金额等。通常而言，值对象可能是多个属性的聚合，没有生命周期，也没有状态。

值对象实例化以后，相关对象的值在其生命周期内不允许改变。软件设计人员可以在值对象中封装具体的构造函数和数据获取操作（不封装修改属性的操作）。同时，为了便于使用值对象，软件设计人员也可以在值对象中封装部分使用属性值的操作，例如，判断值对象表示的值是否相等，或者利用属性值进行其他运算等。图 13-20 给出了一个简单的值对象及值对象案例。

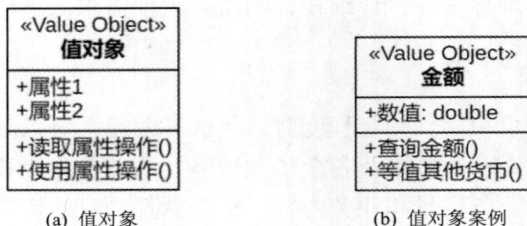

(a) 值对象　　　　(b) 值对象案例

图 13-20　值对象及其案例

2. 实体

实体是指目标领域中能够独立存在的概念。实体在目标领域中具有独立的生命周期，可以被独立地发现、识别和更新。例如，在线商城中的订单、订单项可以被定义为实体。

为了避免软件的其他部分通过引用方式直接访问实体对象（软件需要实时保存引用关系），现代软件系统建议采用不同的标识符来标识不同的实体对象，将通过引用访问实体对象转换为通过标识符来访问实体对象。实体对象在其生命周期内，标识符保持不变。

在设计实体时，软件设计人员可以结合实体在目标领域中的特点，采用合适的方式为实体设置适合的标识符，对软件系统中相同类型的实体进行区分。

1）自然键

如果实体在问题域中存在能够对其进行唯一性标识的内在属性（如身份证号码、书籍 ISBN 等），软件设计人员可以直接将该属性作为实体的标识符，对实体对象进行标识。

2）业务规则 ID

如果实体在问题域中不存在自然键，软件设计人员可以选择使用递增式数字、全局唯一标识符（GUID）以及按照特定规则生成的字符串等业务规则 ID 作为实体的标识符。

3）数据存储 ID

当然，软件设计人员也可以直接使用数据库存储实体的 ID 作为实体的标识符。

通常而言，实体的标识符必须满足唯一性、一致性要求，即确保软件系统中生成的实体标识符在整个后台服务中都是唯一的。同时，软件设计人员在为实体设计标识符时，还必须考虑标识符的连续性、易存储性、性能、安全等内容，对实体的设计内容进行优化。

图 13-21 中给出了实体及实体案例。

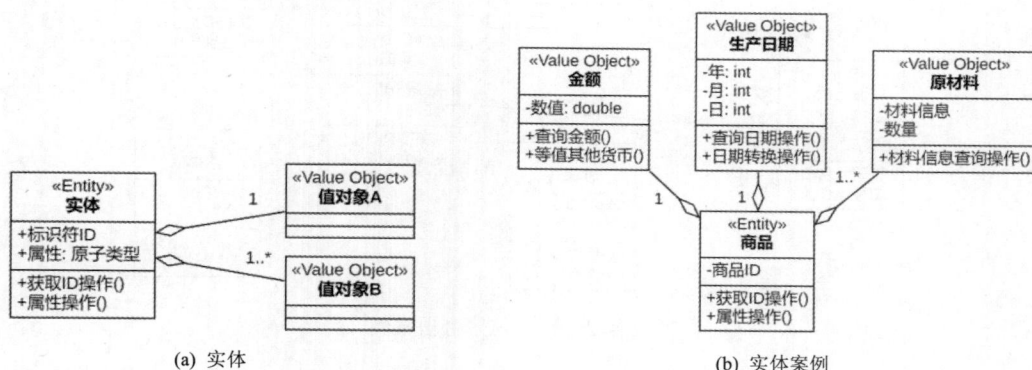

图 13-21　实体及实体案例

在软件开发过程中，软件开发团队可以结合领域的背景知识来区分领域中的实体和值对象。在领域中具有生命周期，且能够通过标识来区别的概念可以被定义为实体；如果对象无须标识，没有生命周期，且属性值相同、被认为是同一对象的概念则必须定义为值对象。值对象依附于实体而存在，也可以被多个实体所使用。并且，由于值对象的属性是只读的，软件开发团队可以通过复制或共享两种方式来共享值对象。

在领域驱动设计中，实体主要用于寻找实体之间的关联，发现其他的实体或值对象。通常而言，实体内不要定义太多的属性和行为，软件开发团队可以将实体的属性和行为转移到关联的值对象或领域服务中。例如，实体可以采用一个或者一组值对象来定义与其相关的属性信息，采用领域服务来实现实体涉及的业务一致性。

13.5.3　聚合分析与设计

在对目标领域进行分析建模时，软件开发团队除了需要对界限上下文中包含的实体和值对象进行分析以外，还必须结合目标领域的背景知识来建模实体之间的关系。

尽管软件设计人员可以利用实体、值对象以及实体之间的关系对领域中的概念进行建模，但是随着概念数量的增加，领域模型的复杂度也急剧增加。为了降低领域模型的复杂度，软件设计人员可以借助聚合来建模实体之间的关系，将涉及多个实体的概念封装为一个独立的整体，并采用值对象来记录聚合的各种属性和状态信息。

同样，为了便于定位领域中的各个聚合，软件设计人员可以为每个聚合选取或者创建一个能够唯一标识该聚合的实体，即聚合根。聚合根可以是聚合中的一个实体，且聚合中的其他实体需要依赖聚合根来表示特定的概念。聚合根中封装了能够对聚合进行识别的标识符信息，允许领域中的其他值对象、聚合通过聚合根的标识信息来引用聚合内容，如图 13-22 所示。

为了保证聚合内容和状态的一致性，软件设计人员必须将聚合看作一个整体。由于聚合根内封装了聚合涉及的业务规则，所有对聚合进行的操作必须通过聚合根，避免其他值对象或聚合通过引用方式直接修改聚合的属性或状态，确保聚合内部的一致性。例如，订单聚合中具有订单总额属性（值对象），订单项有当前金额属性（值对象），且订单总额为所有订单项的金额之和。此时，如果其他聚合绕过订单聚合的聚合根，直接修改聚合包含的订单项实

基于领域驱动的云原生软件开发

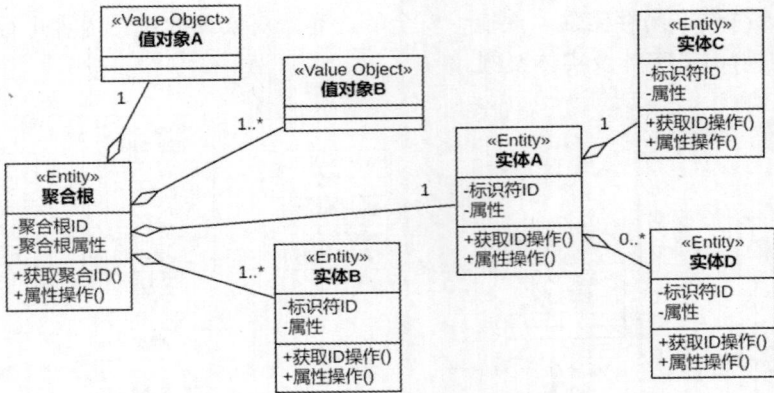

图 13-22　聚合与聚合根案例

体，则可能会导致订单项金额与订单总额不一致。与此同时，当聚合被删除时，聚合内部的所有领域对象都必须被移除。

在设计领域模型时，软件设计人员可以围绕领域中的不变条件来设计聚合，也可以从更高的层次上来抽象领域。可以认为，聚合定义了对象之间清晰的关系和边界，并实现了领域模型的内聚。这里以一个简单的在线商城为例来介绍聚合的划分过程。假设在线商城的订单信息中必须包含下订单的客户信息，订单内有订单项，且每个订单项中必须包含对应的产品信息及产品分类信息。

此时，软件开发团队可以通过以下步骤设计目标软件系统的聚合架构。

（1）根据领域涉及的需求内容，确定实体、值对象以及实体之间的关联信息。

软件开发团队采用与面向对象方法中寻找类候选者相似的分析方法，可以得到在线商城领域涉及的概念模型如图 13-23 所示（为了简化图形的复杂度，值对象不单独标出）。

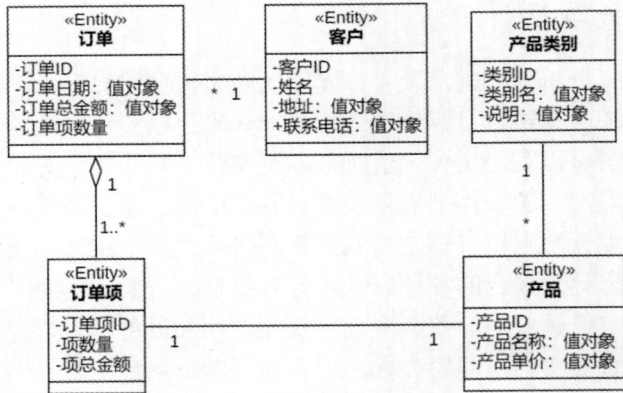

图 13-23　订单界限上下文的实体关系图

（2）分析实体之间的关系，划分聚合。

通过分析目标领域中的需求内容，软件设计人员可以得到以下结论。

① 订单（实体）仅需要保存下单时刻的客户姓名、电话和地址信息；订单（实体）无须依赖于客户（实体），且订单（实体）与客户（实体）无业务约束；软件设计人员可以直接将下单时刻的客户信息单独封装为客户信息（值对象），与订单（实体）相关联。

② 订单项（实体）只需要保存下单时刻的产品名称、单价等内容，软件设计人员可以

将下单时刻的产品信息封装为值对象，与订单项（实体）相关联。

③ 产品类别仅是产品（实体）的一种划分，无须作为单独的实体而存在，可以设置为产品（实体）的值对象。当然，如果业务需求中需要对某类产品进行促销，则产品类别就必须划分为一个单独聚合的聚合根。

可以发现，订单（实体）、客户（实体）和产品（实体）需要在项目不同的子领域内被独立地访问，且不同实体具有不同的生命周期。因此，软件设计人员需要将这三类信息划分到不同的界限上下文，即把这三类信息划分为三个不同的聚合，且订单（实体）、客户（实体）和产品（实体）分别为对应聚合的聚合根。

针对以上分析结果，软件设计人员可以得到如图 13-24 所示的聚合设计。

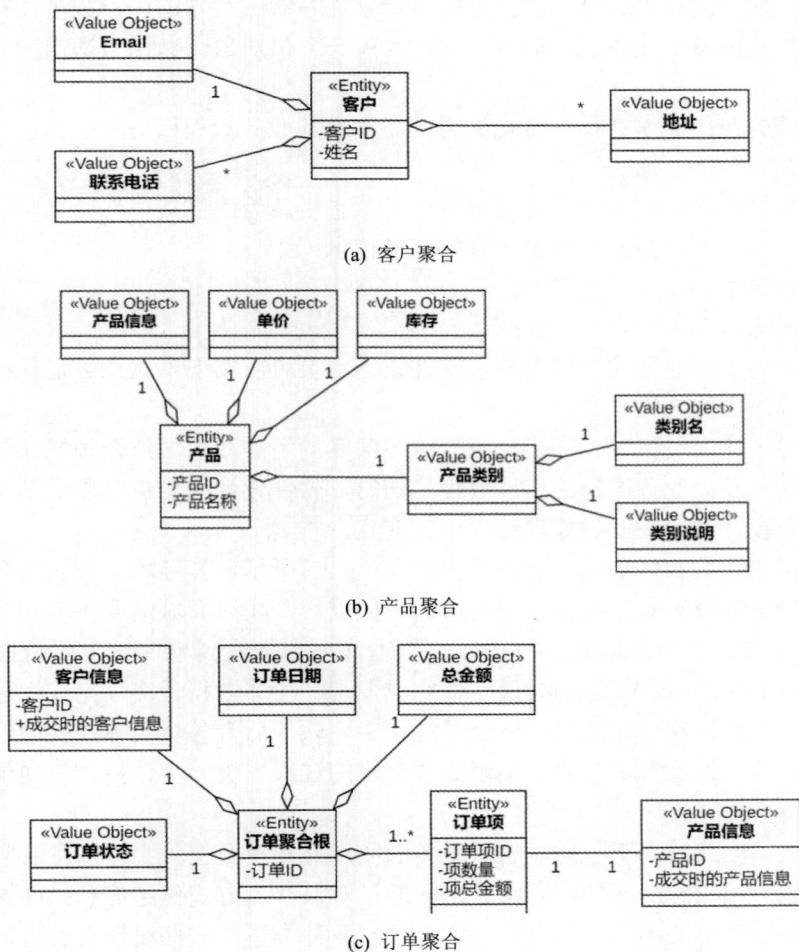

(a) 客户聚合

(b) 产品聚合

(c) 订单聚合

图 13-24　在线商城聚合划分案例

除此以外，软件设计人员可以在客户信息（值对象）和产品信息（值对象）中设置客户（聚合）的 ID 和产品（聚合）的 ID，便于软件系统中的其他部分通过记录的 ID 标识符来关联指定的客户（聚合）和产品（聚合）。

在设计聚合时，软件设计人员还需要注意聚合的一致性边界，合理划分各个聚合包含的范围。与此同时，由于涉及范围较广的聚合容易受到并发冲突影响，不恰当的聚合设计将直接影响软件系统的性能。为了增加聚合的可复用范围，软件设计人员需要限制聚合涉及的范

基于领域驱动的云原生软件开发

围，即聚合的规模不要太大。

可以发现，软件设计人员可以采用实体、值对象和聚合来表达目标领域中的特定概念，通过领域对象来建模不同的概念内容。软件设计人员除了可以借助各个领域对象的构造函数对其进行实例化以外，还可以借助工厂模式来简化复杂领域对象的构造过程。

13.5.4 事件识别及服务分析

在领域驱动设计中，软件设计人员除了可以采用实体、值对象和聚合对领域中的概念进行封装以外，还可以在实体、值对象和聚合中封装相关的服务，借助服务实现领域内的各种业务逻辑。

通常而言，软件设计人员可以通过分析目标软件系统中包含的用户故事，根据用户故事中描述的内容来建模参与业务逻辑的各个实体、聚合、值对象，并结合适当的方式来封装各种业务服务。

以一个简单的在线商城订单支付功能为例，假设其业务流程如下。

（1）用户选购商品，形成订单；

（2）用户支付订单后，业务系统需要将订单状态更新为"已支付"；

（3）修改商品库存，减扣订单中包含的商品信息；

（4）通知仓储中心，进行发货；

（5）结合购物信息为用户增加积分。

通过分析上述支付业务的处理流程，软件设计人员可以发现本次业务过程涉及订单、库存、仓储、积分等实体或聚合。

此时，软件设计人员可以进一步分析与业务关联的用户故事，结合领域知识，使用后端封装的领域对象来设计业务逻辑的实现过程。同时，软件设计人员也可以借助 UML 顺序图来准确建模各个领域对象在业务处理过程中的交互。

假设上述在线商城的订单支付业务流程如图 13-25 所示，其订单支付业务涉及订单、库存、仓储和积分等领域对象。前端的支付操作完成以后，在线商城的业务前端将调用后台的订单支付服务来完成整个订单的支付过程，即①订单实体收到事件后将更新订单的状态，②通知库存实体更新库存，③通知仓储实体完成发货，④通知积分实体完成积分累加。

可以发现，在设计软件系统的业务流程过程中，软件后台各个实体提供的业务服务也逐渐清晰。同时，软件设计人员可以在实现业务逻辑的过程中进一步分析、识别聚合，对前期完成的领域模型进行迭代。

根据领域服务涉及的范围不同，领域服务的实现方式也存在较大区别。通常而言，聚合之间的服务往往为无状态的服务，即服务之间通过对象 ID 方式传递信息；而聚合内部的服务则可以根据业务情况的不同分为有状态和无状态两种类型。软件设计人员可以将有状态的服务封装于聚合根内，也可以使用领域服务来实现聚合内的无状态服务。

所谓"无状态"服务是指不适合放入任何聚合、实体、值对象中的业务服务，即如果某个服务划分至任何一个领域对象都不是很合适，软件设计人员可以认为该服务为无状态的，可以采用领域服务来实现该业务逻辑。

应用服务对用户故事中描述的业务逻辑进行抽象，通过协调多个聚合、实体和值对象来完成相关业务逻辑的封装。相对领域服务而言，应用服务更加宏观。

同样以在线商城中的下订单服务为例，软件设计人员可以将该服务的原型定义为图 13-26所示服务。

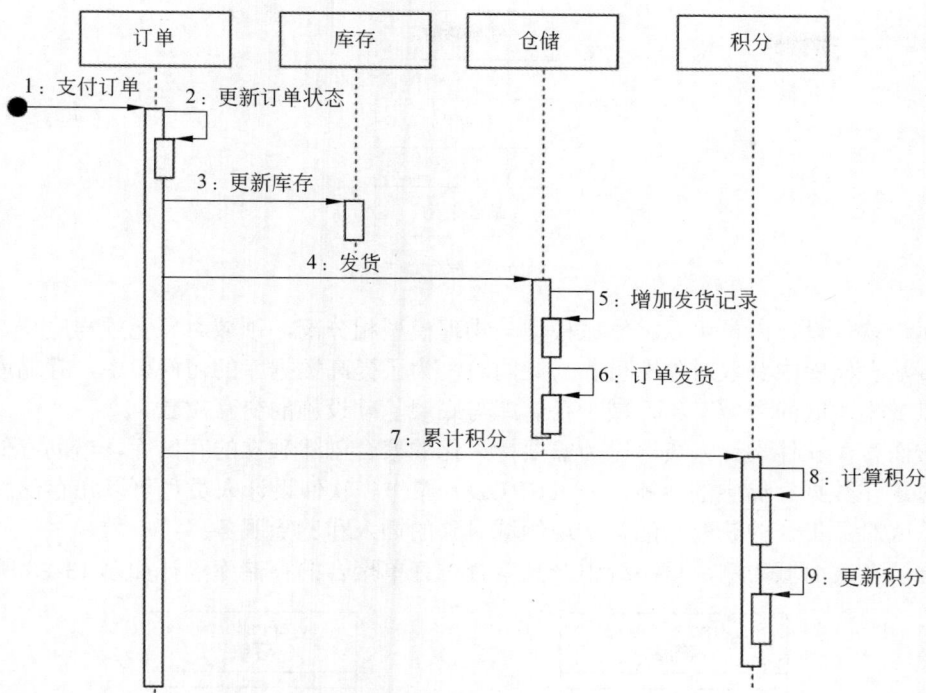

图 13-25　订单支付业务过程

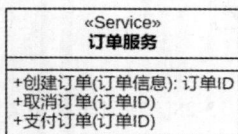

图 13-26　服务设计案例

　　在服务设计过程中，软件设计人员可以根据业务需要采用同步模式或者异步模式来实现业务交互，确定各个服务的交互类型。例如，采用命令方式来实现同步业务，采用事件方式实现异步操作等。软件开发团队可以参考命令模式、事件回调和 CQRS（命令和查询职责分离）等模式来实现软件系统涵盖的各个业务逻辑，对软件系统中的事件和服务进行分析和优化。

　　在云原生软件系统中，目标问题域中的每一个"无状态"服务都可以被封装为一个独立的微服务。但是，如果业务逻辑涉及的服务较多，该业务逻辑可能会导致大量的跨服务、分阶段提交问题。因此，软件开发团队需要结合软件项目的实际情况来划分服务的"粒度"，例如，根据康威定律或双披萨团队原则来划分服务，做到服务开发的敏捷。

13.5.5　存储库设计

　　在现实场景中，软件系统往往需要将聚合对象持久化，或者从数据存储中创建聚合对象。为了降低领域对象与底层基础架构之间的耦合度，清晰划分领域对象与基础架构之间的职责界限，软件设计人员在基础设施和领域对象之间引入了存储库（Repository），如图 13-27 所示。

　　存储库封装了软件系统存储、获取领域对象的业务逻辑，实现了领域对象的持久化。借

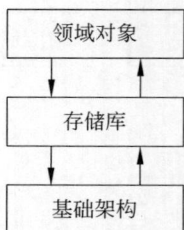

图 13-27　存储库架构

助存储库，软件设计人员可以将领域模型与物理模型相分离，领域对象无须与底层数据库交互，直接从存储库中获取对象即可。与此同时，为了提高数据库的访问效率，存储库将缓存刚创建以及刚读取的领域对象，减少存储库与底层基础设施的交互次数。

通常而言，软件设计人员可以为需要持久化的聚合创建独立的存储库，借助存储库来封装领域对象在数据存储中的增删改查（CRUD）操作。软件设计人员也可以在存储库中封装特定对象或对象集合的获取功能，实现领域对象的插入和删除服务。

同样以在线商城为例，该系统中产品聚合、订单聚合的存储库设计如图 13-28 所示。

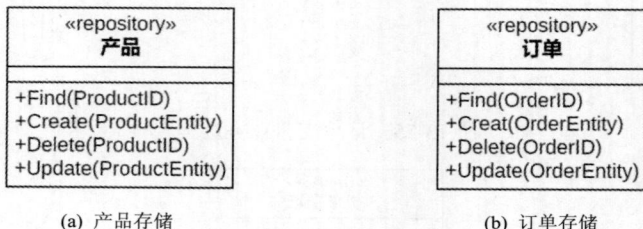

(a)　产品存储　　　　　　　　　　　　(b)　订单存储

图 13-28　存储库设计案例

借助存储库技术，领域驱动设计可以确保软件设计人员专注于软件系统的业务逻辑，无须考虑领域对象的存储与获取，做到业务数据与存储的解耦。当然，软件设计人员也可以借助存储库实现领域对象的全局访问，允许软件系统通过领域对象的标识符等信息从存储库中获取指定领域对象的相关信息。

为了便于访问存储库中的领域对象信息，软件设计人员可以将存储库中返回的内容直接输出到工厂。工厂负责解析返回的数据，并根据数据信息生成相应的领域对象供调用者使用。

13.5.6　数据一致性

在传统的软件项目中，软件设计人员可以采用事务来确保单数据源软件的数据一致性。然而，随着微服务技术的快速发展，为分布在不同节点上的服务设置独立的数据源已经成为软件开发的基本要求。此时，传统适用于单数据源的数据一致性方案已不再适合于数据分布存储的软件场景，软件设计人员必须结合分布式软件的特点以及微服务架构的特性来设计恰当的机制，确保云原生场景下的数据一致性。

随着软件开发技术的发展，软件设计人员提出使用2阶段提交（2PC）和3阶段提交（3PC）等方式来实现分布式事务管理。然而，由于微服务之间无法进行直接的数据访问，各个微服务使用的数据源可能完全不同，导致传统的分布式事务管理方案无法满足微服务架构下的事务管理需求。同时，在多个微服务之间维持一个大型事务的代价较高，对软件系统的性能影响较大。

由于微服务架构由多个独立分散的微服务组成，使用微服务架构的软件系统无法满足传统的 ACID 事务特性（原子性 Atomicity、一致性 Consistency、隔离性 Isolation 和持久性 Durability）。依据 CAP 理论，使用微服务架构的软件系统必须在可用性（Availability）和一致性（Consistency）之间做出让步。结合微服务的特点，微服务架构可以通过牺牲强一致性来获得可用性，即允许软件系统中的数据在短时间内不一致，但最终必须达到一致状态。

目前，微服务架构中的事务设计主要遵循由 eBay 架构师 Dan Pritchett 提出的 BASE 理论。BASE 理论是 Basically Available（基本可用）、Soft State（软状态）和 Eventually Consistent（最终一致性）三个短语的缩写。其核心思想是"即使无法做到强一致性（Strong Consistency），但是每个软件系统都可以结合自身的业务特点，采用适当的方式来让软件系统达到最终一致性（Eventual Consistency）"。

1）基本可用

基本可用是指在分布式软件系统中的数据同步允许出现一定的延迟，或者当软件系统出现故障时，软件系统仅需保证核心功能可用即可。

2）软状态

软状态是指允许软件系统中的数据存在中间状态，并认为该状态不会影响软件系统的整体可用性，即软件系统在多个不同节点上存储的数据副本可以存在延时。

3）最终一致性

最终一致性是指软件系统中的所有数据副本经过软状态的延迟后都取得一致，从而整个软件系统的数据最终达到一致。

目前，软件设计人员可以采用事件通知型和补偿型两种方案来实现微服务架构的最终一致性。其中，事件通知型可以进一步细分为可靠事件通知模式及最大努力通知模式，而补偿型又可以细分为 TCC（Try Confirm Cancel）模式和业务补偿模式。

1. 可靠事件通知模式

可靠事件通知模式要求主服务在执行结束后将执行结果通过事件（常常是消息队列）发送给从服务；从服务接收到消息以后，按照业务要求进行数据处理，完成整个业务逻辑，实现主服务与从服务之间的一致性。可靠事件通知模式的工作原理如图 13-29 所示。

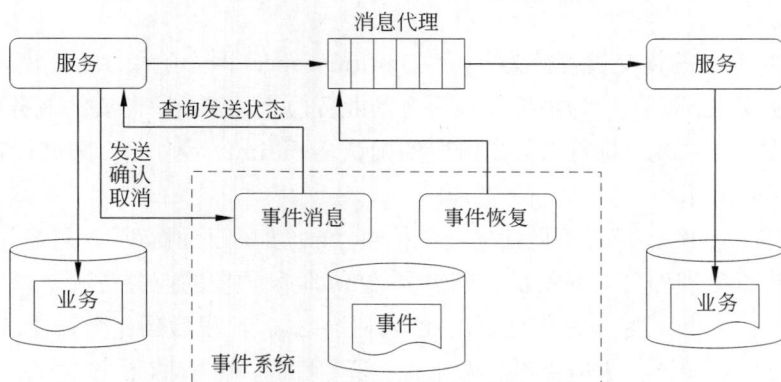

图 13-29 异步事件通知——外部事件服务

可靠事件通知模式通常采用异步消息方式，能够实现业务服务和事件服务的解耦。业务服务在提交之前先向事件服务发送事件。事件服务只记录事件，并不立即发送；业务服务在提交或回滚后通知事件服务，事件服务根据通知结果来发送事件或者删除事件。

此时，软件开发人员无须担心业务系统在提交或者回滚后是否会因为宕机而无法发送确认事件给事件服务。事件服务会定时获取所有仍未发送的事件，并向业务系统查询事件；事件服务将根据业务系统的返回结果来决定是否发送或者删除事件。

尽管软件设计人员可以借助外部事件服务来实现业务系统和事件系统的解耦，但是也带来了额外的工作量。外部事件服务比本地事件服务多了两次网络通信开销（提交前、提交／回滚后）；同时，外部事件服务还需要业务系统提供单独的事件查询接口，便于事件系统判断未发送事件的状态。

2. 最大努力通知模式

最大努力通知模式要求业务服务在提交事务后进行有限次数（设置最大次数限制）的消息发送，例如，发送三次消息。如果业务服务多次发送的消息都返回失败，则停止发送消息，且认为消息可能已经丢失。同时，主业务服务方需要为从业务服务提供查询接口，便于从业务服务恢复丢失的消息。

可以发现，最大努力通知模式的时效性比较差（可能会出现较长时间的软状态），一般用于在不同业务平台或者对第三方业务服务发送通知，如银行通知、商户通知等。

3. 业务补偿模式

补偿模式与事件通知模式最大的不同点在于，补偿模式的上游服务依赖于下游服务的运行结果，而事件通知模式的上游服务不依赖于下游服务的运行结果。

业务补偿模式是一种纯补偿模式，它要求每个服务都提供补偿接口（cancel），且允许业务在调用过程中正常提交；当某个服务在调用过程中出现失败时，该服务依赖的所有上游服务都进行业务补偿操作。

可以发现，业务补偿模式的最大缺点在于软状态的时间较长，可能会导致数据一致性的时效性较差，且多个服务之间常常处于数据不一致的状态。同时，业务补偿模式属于不完全补偿，即使上游服务进行了业务补偿，其失败操作的记录仍然存在，只是服务记录的状态变为"已取消"而已（在微服务架构中提交的数据一般不做物理删除）。

4. TCC 模式

TCC 模式将业务的提交过程分为 try 和 confirm/ cancel 两个阶段。TCC 模式在 try 阶段不会进行真正的业务处理，仅根据需要完成所有的业务检查，并预留需要的业务资源；如果 try 阶段中的所有服务都成功，则进入第二阶段的确认（confirm）操作，否则进行补偿（cancel）操作，如图 13-30 所示。

在确认操作中，TCC 模式不做任何业务检查（try 阶段已经做过），只需使用 try 阶段预留的业务资源进行处理即可；补偿操作则需释放 try 阶段预留的业务资源。

可以发现，TCC 模式是一种优化后的业务补偿模式，可以做到完全补偿，既补偿后不留下任何补偿纪录，就像什么事情都没有发生过一样。同时，由于 TCC 模式是一种两阶段型模式，其软状态时间较短。

在实际的软件开发过程中，由于很多服务都是依赖于外部系统的可用性来确保数据的一致性，绝对的数据一致性仍然很难保障。软件设计人员可以结合软件项目的实际情况来选择或者设计适当的数据一致性方案（如事件回溯、对账等）来提高软件系统的可用性。

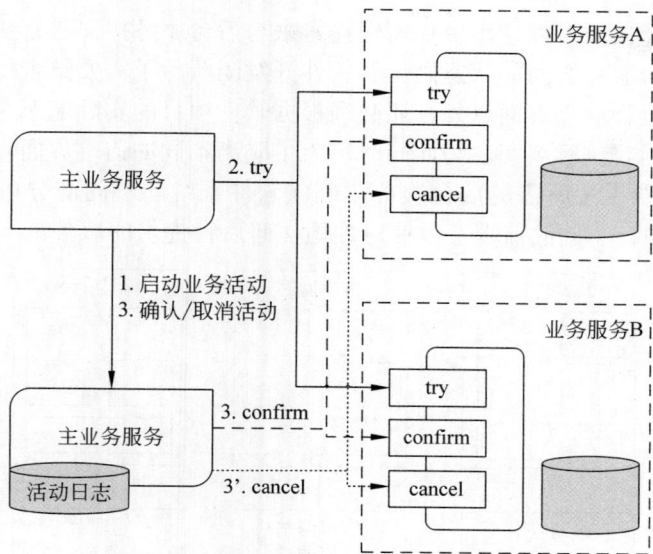

图 13-30　TCC 模式原理图

13.5.7　软件前端设计

前端作为软件系统与用户交互的窗口，主要负责解析用户输入、展示软件系统的处理结果等功能。

在前端设计过程中，软件设计人员首先需要结合用户需求和所选的人机交互方式对所展现内容进行模块划分，将需要的模块交互内容、标识值等信息告知后台服务设计人员；然后，软件设计人员根据后台提供的服务接口信息，利用 GET、POST 等方式与后台服务进行交互，将后台服务返回的结果以适当的方式动态展现给用户。可以发现，软件系统前端与后台服务之间的关系如图 13-31 所示。

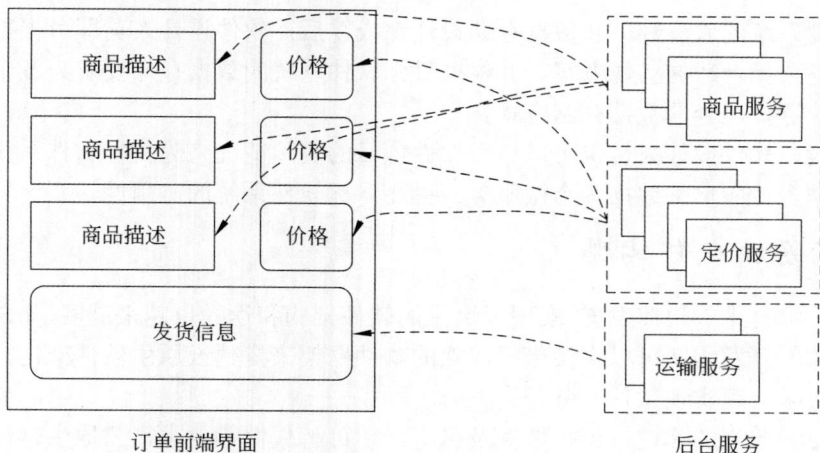

图 13-31　订单界面工作原理

软件系统的后台服务设计完成以后，软件设计人员还需要结合用户故事来设计软件系统的前后端交互。此时，软件设计人员可以在已有后台服务接口的基础上完成软件交互界面与后台服务的设计，向后台开发人员要求新的功能服务接口。

基于领域驱动的云原生软件开发

目前，软件设计人员可以使用多种前端技术来与后台服务接口进行交互，借助不同的组件来处理前端与后台服务之间的状态同步。软件开发团队除了需要结合用户需求，选用合适的人机交互方式来设计前端界面以外，还必须根据软件项目的实际情况来提取相应的应用数据，对前端涉及的内容进行组织。与此同时，为了隔离不同的前端界面，软件开发团队还可以为不同类型的前端设置所需的后台服务，确保软件系统的不同部分可以独立地更新。如图 13-32 所示案例中，不同的前端可以针对性地访问后台提供的服务。

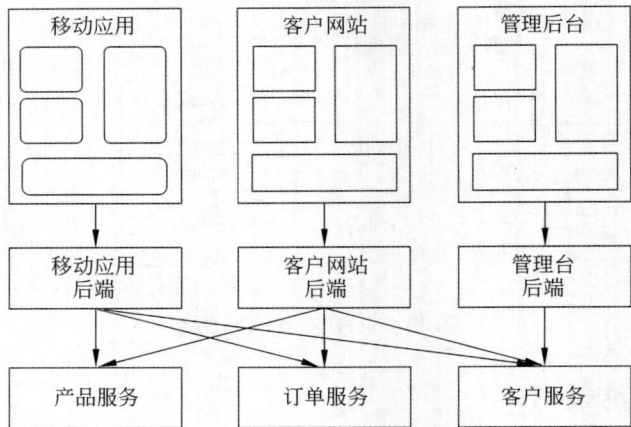

图 13-32　前端调用后台服务

在软件设计过程中，前端设计人员与后台服务设计人员不断交互，对完成的后台服务设计进行补充和优化。与此同时，前端设计人员也可以根据后台的可用服务来优化完成的前端界面设计，结合可用的后台服务内容来完善前端展示内容。

13.6　云原生软件系统实现及部署

目标软件系统的服务划分和数据存储设计完成以后，软件设计人员即可根据完成的设计为各个微服务选择合适的实现方案，并根据目标软件系统的数据存储要求为各个微服务以及整个软件系统选择适合的数据存储方式。

与此同时，软件设计人员也可以结合软件项目的实际情况来为目标软件系统选择合适的软件架构，结合业务量来编排各个微服务，提高目标软件系统的可用性。

13.6.1　云原生软件实现

随着云计算技术的快速发展，实现云原生的软件架构和途径也越来越多，如 Spring Cloud、Dubbo 等。软件开发团队可以直接借助成熟的软件框架来搭建云原生软件架构，并借助成熟的云计算平台来快速实现软件业务逻辑。

为了满足云原生的弹性、可扩展性及可组合、可替代性等要求，云原生软件架构中通常包含以下功能组件。

1. 注册与发现

随着微服务技术的快速发展，如何管理数量庞大且日益增多的微服务已经成为云原生环境必须解决的关键问题。

为了动态管理和维护云原生环境中的微服务，云原生软件架构中引入了服务注册与发现模块。服务注册与发现模块由服务注册中心和注册客户端组成，如图 13-33 所示。微服务启动后，内置于各个微服务内部的注册客户端首先向服务注册中心登记服务信息（例如服务部署的节点及端口号）；服务注册中心保存云原生环境中所有的微服务信息，并提供微服务查询接口。

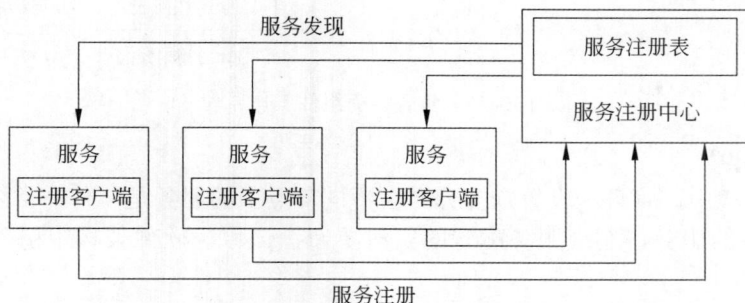

图 13-33　注册与发现组件工作原理

注册客户端除了完成服务注册以外，还可以从服务注册中心查询其他微服务，缓存服务注册中心返回的服务查询信息，加快服务调用过程。

2. 动态代理

在云原生环境中，微服务可以通过服务注册中心获得其他服务的访问信息，并通过访问信息来调用目标服务。然而，为了调用目标服务，服务调用方必须根据目标服务的相关信息进行大量信息处理，增加了服务调用的复杂度。

动态代理模块是云原生环境中引入的、协助服务调用方访问目标服务的单元模块，如图 13-34 所示。动态代理模块能够根据业务调用方传入的目标服务访问信息动态构建访问代理，自动拼接请求 URL 地址，并根据传入的参数发起服务请求、解析服务响应。

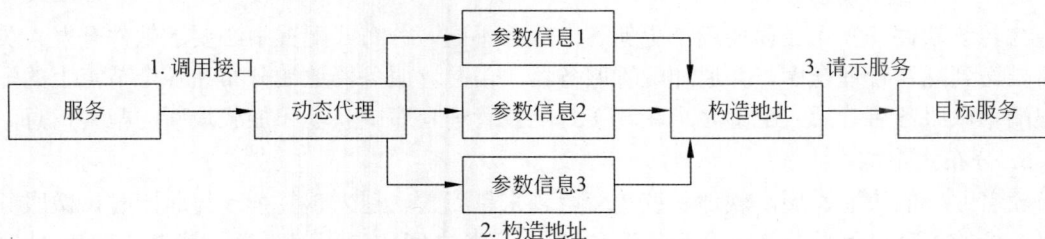

图 13-34　动态代理组件工作原理

3. 负载均衡

借助云原生技术，软件开发团队可以根据业务访问量来动态调整各个微服务的部署数量，提高软件系统的吞吐量和处理能力。然而，当软件系统中出现多个对同类服务的请求时，将这些服务请求转发到不同的服务节点，避免服务节点之间的负载不均衡现象成为确保云原生软件系统性能的关键。

为了避免出现负载分配不均衡现象，降低软件系统的开发复杂度，云原生软件架构中引入了负载均衡组件，如图 13-35 所示。该组件能够按照特定的负载判断算法，帮助服务请求方寻找合适的服务节点。借助负载均衡组件，云原生软件架构能够将同类型服务请求均匀地分发到各个服务节点上，避免部分服务节点负载较高带来的性能影响。

基于领域驱动的云原生软件开发

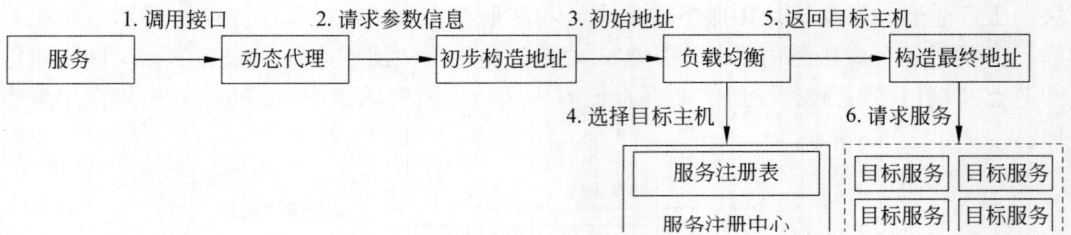

图 13-35　负载均衡组件工作原理

4. 分布式配置

在云原生环境中，管理和设置众多分布在不同节点上的服务是一件非常困难的事情。为了统一管理众多的服务，实现服务配置的实时更新，云原生软件架构中引入了分布式配置组件。

分布式配置组件由分布式配置中心和配置客户端组成，如图 13-36 所示。分布式配置中心作为一个独立的微服务，用于连接配置仓库并为配置客户端提供获取配置信息、加密/解密信息等服务访问接口；配置客户端通过分布式配置中心来管理服务资源和相关的业务配置内容。

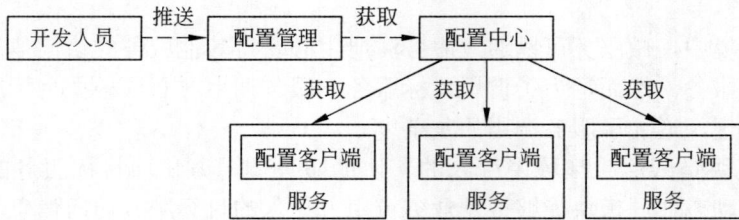

图 13-36　分布式配置中心工作原理

与传统软件开发人员需要逐个更新各个服务不同，分布式配置中心要求软件开发人员将更新推送到配置管理仓库，并通知配置服务器，由配置服务器通知分布在各个节点上的配置客户端；微服务启动后，配置客户端直接到配置管理仓库中获取和加载最新的配置信息。

5. 分布式跟踪

随着业务的快速发展，软件系统也变得越来越庞大，越来越复杂。与此同时，微服务架构将业务的处理过程拆分为一系列的服务调用，服务之间的调用链路变得越来越复杂。此时，如果在服务调用过程中出现了请求变慢，甚至请求不可用等问题时，如何查找故障原因和定位问题成为云原生架构必须解决的关键问题。

通常而言，分布式跟踪模块由数据收集、数据存储和数据展示三个部分组成，如图 13-37 所示。数据收集单元综合收集软件系统中的各种运行数据，例如每个业务请求的调用链、调用链上各个服务消耗的时间以及服务之间的拓扑关系等，并提交给数据存储；数据存储保存数据收集单元提交的实时数据或全量数据，实时数据可以帮助软件开发团队实时排查异常服务和定位故障，全量数据用于从整体层面分析软件系统性能，排查系统性能瓶颈；数据展示单元用于分析和挖掘存储的运行数据，并向软件开发团队展现具体的运行参数信息。

在实际的软件开发过程中，软件开发团队可以根据目标软件系统的具体情况来定制分布式跟踪模块的实现细节，对与运营相关的参数信息进行采集和分析。

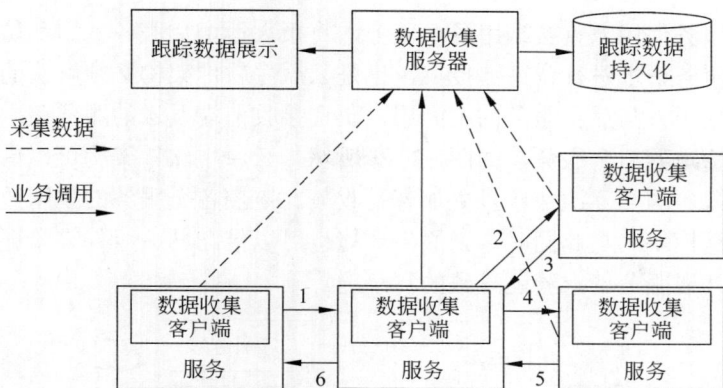

图 13-37　分布式跟踪模块工作原理

6. 断路器

随着业务复杂度的不断增加，云原生软件往往需要连续调用多个服务来完成某些独立的业务流程。然而，如果服务调用链中的某个服务连续出现调用故障，将会对软件系统造成严重影响，甚至导致整个软件系统的失效。

为了避免服务失效导致的业务流程阻塞，云原生软件架构引入了断路器。云原生软件架构可以借助断路器来隔离不同的服务调用，解锁失效的软件服务，避免服务雪崩问题，如图 13-38 所示。

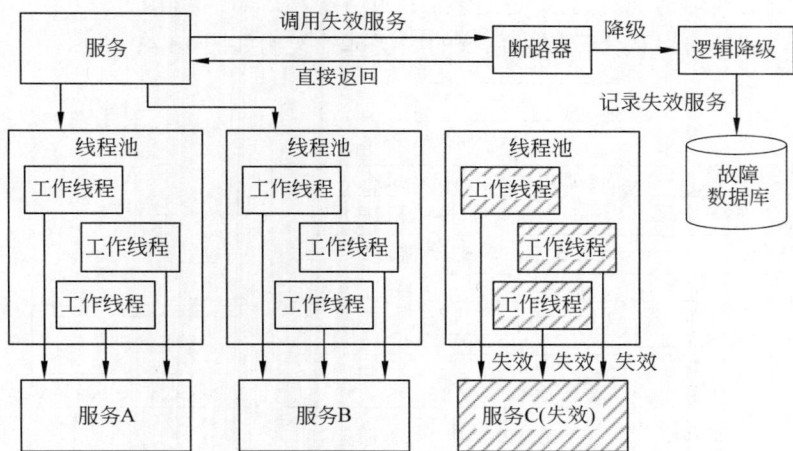

图 13-38　断路器工作原理

断路器的主要功能就是隔离、熔断和降级。断路器为每个服务设定一个独立的线程池，实现对各个服务的隔离。服务隔离不会影响其他服务的正常工作，可以降低故障服务对业务调用链的影响；同时，断路器也会对失效的服务进行熔断处理，避免其他服务继续请求已失效的服务带来的等待延迟；除此以外，断路器还允许对已失效的服务进行降级。此时，软件设计人员可以为被熔断的服务设置备用措施，例如，记录熔断服务的调用信息。后期，软件开发团队可以结合实际情况来处理服务失效期间的调用信息，降低服务失效对软件系统造成的影响。

7. 网关

在云原生软件架构中，大量位置分散的微服务部署为服务调用带来了较大的困难。如果

基于领域驱动的云原生软件开发

云原生环境要求服务使用方直接调用各个服务，将极大地增加服务使用和访问的复杂度。与此同时，如何对服务请求进行认证、授权，也是云原生软件架构必须解决的关键问题。

网关是服务使用方与后台服务的中间层，负责接收前端发送的服务请求，将通过验证的服务请求转发给特定的后台服务，如图 13-39 所示。云原生软件架构可以借助网关组件来减少前端与各个微服务的交互次数，且更加容易收集、监控各个服务的调用数据，将调用数据推送到分布式跟踪模块。与此同时，云原生环境也可以借助网关组件来验证服务请求，避免在每个微服务中开展服务请求验证导致的复杂度。

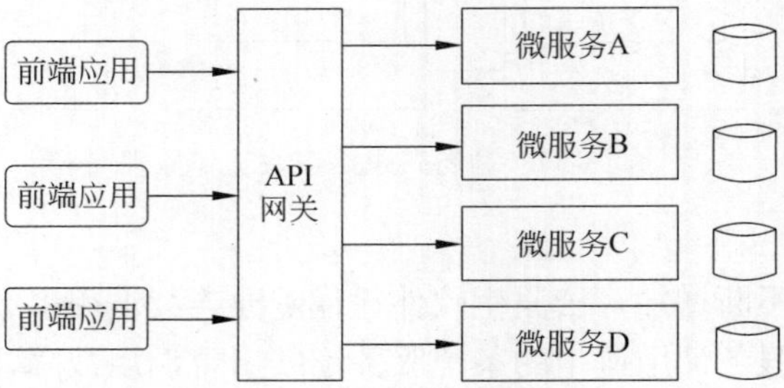

图 13-39　云原生网关组件

网关组件除了可以作为后台服务的统一入口以外，还可以承担认证授权、访问控制、路由、负载均衡、限流限额、服务编排、监控、统计分析等非业务功能。软件开发团队可以结合目标软件系统的实际情况，为网关赋能特定的功能。

综合上述内容，可以认为云原生系统的底层基础架构如图 13-40 所示。

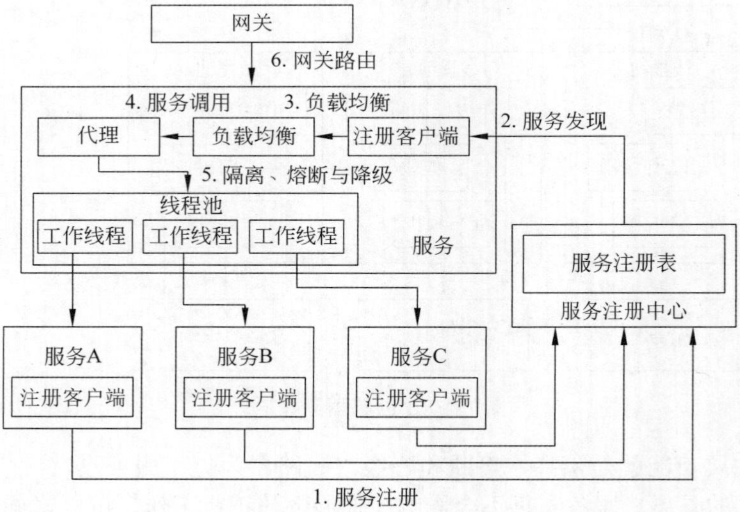

图 13-40　云原生系统底层基础架构原理图

在云原生软件架构中，软件开发团队可以结合微服务的特点来选择实现各个微服务的技术方案。同时，软件开发团队也可以定义与软件开发语言、运行平台无关的轻量级通信机制，实现不同微服务之间的通信与协作，借助云原生环境中部署的大量微服务来实现软件系统涉及的业务内容。

13.6.2　容量估算及组件选型

尽管云计算平台能够按需分配系统资源，也非常利于软件开发团队直接进行服务的部署和使用，但是云计算平台中的各种资源使用也是有成本和优缺点的。因此，软件开发团队如何估计各个服务的性能需求，如何为各个服务选择合适的云计算资源成为决定云原生软件系统使用成本的关键，也是云原生软件设计过程中必须关注的重要内容。

通常而言，软件开发团队可以与领域专家共同评估使用目标软件系统的用户数量，预测目标软件系统在不同时间段的业务使用情况，结合各项服务的 QPS/TPS（每秒处理完请求/事务的次数）、用户使用服务需要的平均带宽或流量、服务运行所需要的内存空间、服务或者整个软件系统需要的存储空间以及服务的可靠性/可用性需求等内容来分析云原生软件系统各个服务的容量，设计各个服务的所需资源数量和部署方式。

因此，在基于领域驱动的需求分析、设计过程中，软件开发团队除了需要了解目标软件系统的应用领域、使用场景（Scenario）以外，还必须分析目标软件系统的各种限制（Necessary），将用户需求封装成为软件应用（Application），结合各个服务使用的数据存储（Kilobit）来优化（Evolve）完成的服务，即软件开发团队在需求分析、设计中，可以结合 SNAKE 原则来优化设计，对目标软件系统的设计成果进行优化。当然，除了根据当前的业务量进行服务容量估算以外，软件开发团队还必须考虑服务将来的预估容量，确保目标软件系统具有一定的扩展性。

除此以外，随着云计算技术的快速发展以及微服务技术的不断成熟，提供相同或者类似功能的软件服务层出不穷。软件系统构建的难点从搭建基础服务变为自行开发或者选择已有的 XaaS 服务。软件开发团队可以结合各个服务的业务需求和使用成本来决定是否自行设计、开发软件服务，或者直接使用云计算平台提供的 XaaS 服务构件。

13.6.3　系统测试

与传统的软件开发过程一样，云原生软件系统在上线之前也必须通过严格的测试。然而，由于云原生软件开发必须保持快速迭代性，基于云原生技术开发的软件系统除了需要做到测试的全覆盖以外，还必须保证足够的灵活性。

在云原生软件系统的开发过程中，测试主要分为上线前的功能验证测试和上线后的周期性测试、监控两个部分。

1）上线前的功能验证测试

上线前的功能验证测试与常见的分布式系统测试方法类似（单服务调用测试和多服务调用测试），主要用于排除新功能中存在的错误，确保新功能的发布、存量功能的更新可以维持软件系统的整体稳定性，不会对海量用户造成影响。

除了对软件服务开展正常的功能性测试以外，软件开发团队还需要关注服务之间的依赖，检查全部关键性事务的执行路径，结合预测使用量对上线前的服务开展容量、性能测试，找出软件系统的性能瓶颈。

2）上线后的周期性测试、监控

云原生软件系统上线以后，软件开发团队将对整个软件系统进行实时监控，并开展周期性的测试。此时，软件测试的主要内容包括对所有接口的健康度测试，各个服务的输入和输出流量监控，各个服务的运行状态监控，各个服务的资源消耗监控与告警，系统异常日志监控与告警等。

通常而言，常见的微服务架构也会设置配套的测试框架。软件开发团队可以根据测试框架中提供的组件对软件系统进行实时监控、测试。

13.6.4 软件发布及部署

与传统的单体架构软件系统不同，以云原生技术开发的软件系统允许软件开发团队独立地部署和发布各个微服务，并实时监控各个微服务的运行状态。然而，随着微服务数量的增多，如何维护和管理大量的微服务成为维护云原生软件系统所必须解决的问题。

尽管软件开发团队可以直接将经过测试的软件服务上线给客户使用，然而，由于云原生强调软件开发过程的敏捷，软件开发团队必须降低新功能发布和业务故障对终端用户造成的影响。软件开发团队可以使用蓝绿发布、滚动发布、灰度发布等方式来部署软件，尽可能避免因新功能发布而导致的流量丢失及服务不可用问题。

1. 蓝绿发布

蓝绿发布是指软件开发团队在不停止原来服务的情况下，直接再部署一套新的服务。等新服务稳定、正常运行以后，软件开发团队再将系统流量切换到新版本的服务上。

在蓝绿发布中，软件开发团队将软件项目在逻辑上分为 A、B 两组，如图 13-41 所示。当需要发布新服务时，软件开发团队先将 A 组服务从负载均衡中摘除，进行新版本服务的部署。此时，B 组服务继续运行；当 A 组服务升级完成以后，软件开发团队再将 A 组服务重新接入负载均衡，重新为用户提供服务。接着，软件开发团队再将 B 组服务从负载均衡中摘除，部署新版本的服务；最后，当 B 组服务升级完成以后，软件开发团队将 B 组服务接入负载均衡。此时，软件系统的 A、B 两组服务均完成了版本升级，且都对外提供服务。

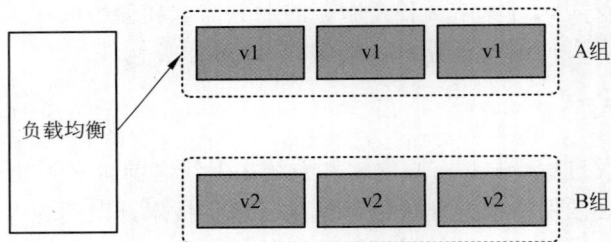

图 13-41 蓝绿发布

可以发现，蓝绿发布是一种不需要停机的软件部署方式。蓝绿发布以可预测的方式来发布软件应用，可以减少软件发布过程中的服务停止时间。

然而，为了降低服务发布过程对软件应用造成的影响，软件开发团队在蓝绿发布过程中必须同时部署两套服务，需要两倍的硬件资源。与此同时，在部署新版本的软件服务时，软件开发团队还必须妥善处理未完成的业务和新产生的业务，降低服务切换带来的影响。

2. 滚动发布

滚动发布是指软件开发团队在服务发布过程中并非同时更新所有的服务，而是逐个更新各个服务，直到所有的服务更新完成。与蓝绿发布需要双倍资源不同，滚动发布只需要多一个服务资源即可，如图 13-42 所示。

然而，滚动发布需要的时间较长，且在发布期间整个后台服务处于不稳定状态。软件开发团队需要为滚动发布进行流量控制，妥善处理被停止服务中未完成的业务和新的业务，降低服务关闭和启动对软件系统造成的影响。

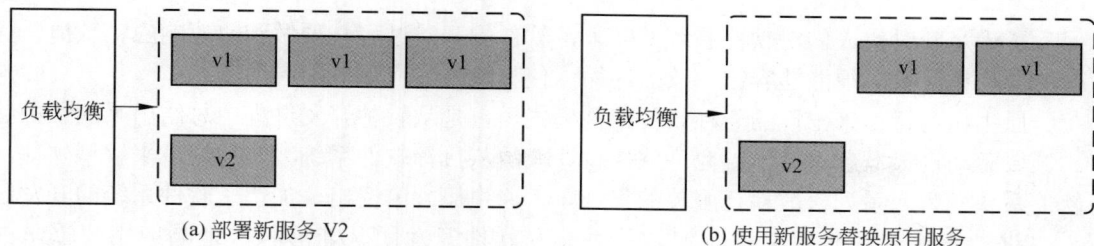

<table>
<tr><td>(a) 部署新服务 V2</td><td>(b) 使用新服务替换原有服务</td></tr>
</table>

图 13-42　滚动发布

3. 灰度发布

灰度发布也称为金丝雀发布，是指软件开发团队按照一定的策略选取部分用户进行新版本软件体验，并收集这部分用户对新版本软件的反馈。软件开发团队通过评估新版本软件在功能、性能、稳定性方面的指标内容，进而决定是否继续放大新版本软件的投放范围，直至软件系统完成全量升级或回滚到原来的版本，如图 13-43 所示。

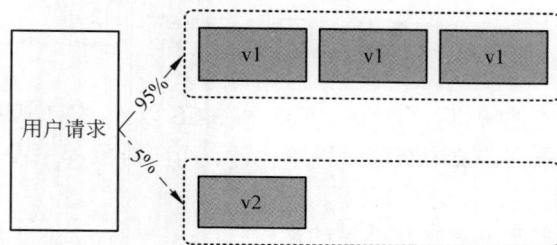

图 13-43　灰度发布

在灰度发布中，软件开发团队可以同步评估新版本软件的性能、稳定性和健康状况，分析新版本软件的可接受程度。借助灰度发布，软件开发团队可以在小规模范围内发现问题，进而调整软件的发布策略，降低软件升级错误导致的影响。相对于蓝绿发布而言，灰度发布要求的自动化程度较高。

软件开发团队可以借助 DevOps 的 CI/CD 机制来快速发布和部署软件，做到软件发布和部署的敏捷。随着软件开发技术的不断成熟和积累，软件开发团队可以利用云原生架构实现快速迭代、高并发、可维护、可扩展、灰度发布和高可用等优势。然而，在提供上述优势的同时，云原生架构也为软件维护和持续优化带来了巨大的挑战。

在新业务上线之前，软件开发团队可以借助多种形式的压力测试来发现目标软件系统中存在的问题，并及时修复已经发现的错误或缺陷。同时，在软件系统的运行和维护过程中，软件开发团队也可以对服务的调用链、调用次数、安全管理等内容进行持续监控，借助实时采集的数据信息来及时发现问题。除此以外，软件开发团队还可以对采集到的存量数据进行分析，结合分析结果来持续优化软件设计。

13.7　小　　结

随着计算机技术的快速发展以及领域驱动设计、持续交付、虚拟化、基础设施自动化、小型自治团队、大型集群系统等理念的不断实践，软件开发对传统的软件架构提出了更高的要求。与此同时，由于软件需求具有快速变化和不确定性等特点，软件项目的开发和管理难度也急剧增加。

基于领域驱动的云原生软件开发

为了满足新时代人们对软件系统的需求，软件的开发过程必须做到快速响应、敏捷，且软件的架构设计也必须能够容错、按需伸缩，使其能够适应更多的应用场景。

云原生作为近年来出现的一种软件架构模式，也是从软件开发过程中总结出来的一种趋势。领域驱动设计概念的提出，允许软件设计人员从目标软件系统涉及的领域来解耦软件，将软件系统变为一系列松散耦合服务的集合。云原生概念的提出，加快了软件系统的开发过程，也进一步解耦了软件架构，使软件系统和软件开发团队能够积极地响应用户需求的变化。

本章在介绍了云原生概念的基础上，结合领域驱动设计来概述云原生软件系统的需求分析、设计和实现过程。然而，由于云原生涉及的范围很广，软件开发团队可以结合其他资料来丰富自己的认知，进一步提高对云原生软件系统的分析、设计、开发和维护能力。

然而，云原生并不是解决一切问题的"银弹"。软件开发团队必须结合目标领域和软件应用的特点来选择合适的软件架构技术，合理利用各种软件架构的优势来解决问题。

13.8 习　　题

1. 谈谈你对云计算的理解。除了 IaaS、PaaS 和 SaaS 以外，还有哪些云计算的运用方式？

2. 结合模块独立性原则，谈谈结构化程序设计、面向对象程序设计如何提高模块的独立性。在云原生中，模块的独立性又是怎样保障的？

3. 如何才能降低需求变更对软件项目的影响？

4. 在云原生中，为什么需要区别实体和值对象？有了实体和值对象以后，为什么还需要引入聚合？

5. 如何保证数据在多个独立微服务中的一致性？

6. 如何发布软件应用才能降低软件更新对用户的影响？

7. 怎样测试软件系统才能发现系统的容量瓶颈？遇到系统容量瓶颈时应该怎么做？

第14章 人机交互设计

信息技术的快速发展让计算机深度融入人类生活，对人类的生产、生活带来了广泛而深远的影响。人工智能、语音助手、虚拟现实、无人驾驶等新技术、新概念的提出和应用，不断冲击人类对计算机概念的理解，也让人们对信息技术充满了各种遐想。

计算机软件作为计算机系统的重要组成部分，除了必须完成指定的业务功能以外，还必须在使用感受、使用交互、人机工程等角度进行优化，进一步方便用户使用。

所谓用户界面，通常也称为人机交互（Human Computer Interaction，HCI）界面，是软件系统与人或机器的通信媒介，能够直观影响人或机器使用软件系统的效率。然而，由于不同用户在教育背景、知识技能和学习方法等方面可能存在差异，不同用户可能对同一套软件系统产生不同的理解；同时，新技术的不断出现促使人机界面设计需要考虑更多的因素来适应人们对软件系统交互的期盼。因此，如何设计和优化人机交互界面成为软件系统设计所必须解决的关键问题。

目前，人机交互作为信息技术的重要内容日益得到人们的关注，也成为 21 世纪信息领域亟需解决的重大问题，引起了许多国家的高度关注。

本章将围绕人机交互设计的相关概念和原则，为大家概述人机交互领域在建模、分析、设计和实现过程中涉及的具体内容，帮助大家了解人机交互系统的分析和设计过程。

14.1 人 机 交 互

在计算机系统中，人机交互界面是用户与计算机系统之间传递和交换信息的媒介，是联系使用者和计算机软、硬件的综合环境。

与其他软件功能一样，人机交互界面是绝大部分软件项目开发中必不可少的重要内容。然而，相对于软件的内部业务逻辑而言，人机交互界面直接与软件使用者进行沟通，人机交互界面的质量直接决定了用户对软件系统的体验，如图 14-1 所示。因此，人机交互界面除了完成特定的数据交互功能以外，还必须结合用户的计算机操作水平、软件的使用情况及软件的使用环境等因素进行特殊优化。

所谓人机交互，是指关于设计、评估和实现供人们使用的交互式计算机系统，并围绕相关的主要现象进行研究的学科。狭义而言，人机交互主要研究人与计算机之间的信息交换，包括人到计算机的信息交换和计算机到人的信息交换两个部分。

由于人机交互界面直接与软件使用者进行沟通，高质量的人机交互界面必须与软件应用领域密切相关，且综合考虑认知心理学、人机工程学、多媒体技术等内容。其中，认知心理学与人机工程学是人机交互界面设计的理论基础，而多媒体技术是人机交互界面的表现形式。因此，人机交互界面的设计可以认为是计算机学科与心理学、设计艺术学、人机工程学的交叉研究领域。

346

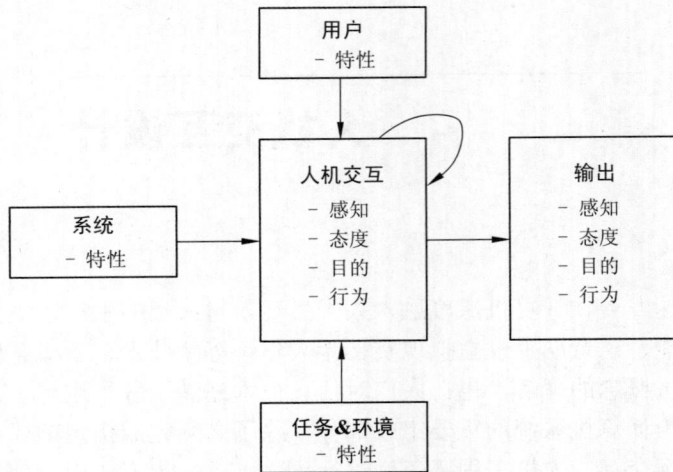

图 14-1　人机交互

1）认知心理学

认知心理学是 20 世纪 50 年代中期在西方兴起的一种心理学思潮和研究方向。与行为主义心理学相反，认知心理学研究那些无法观察到的内部机制和过程，如记忆的加工、存储、提取和记忆力的改变。

广义而言，认知心理学主要研究人类的高级心理过程，如注意、知觉、表象、记忆、创造性、问题解决、言语和思维等认知过程；狭义而言，认知心理学相当于当代的信息加工心理学，即采用信息加工观点来研究认知过程。

认知心理学将人假设为信息加工的系统，将认知分解为多个能对感觉输入进行编码、存储和提取的操作单元。同时，人的反应被认为是认知和操作的产物。

2）人机工程学

作为一门新兴的边缘学科，人机工程学运用生理学、心理学和其他相关学科知识来优化人机交互系统。

人机工程学将人、机、环境作为基本研究对象，根据人和机器的条件和特点来合理分配人机交互系统各部分承担的操作职能。通过让机器与人相互适应，人机工程学可以创造出舒适、安全的人机交互环境，提高人机交互系统的工作效率。

在设计人机交互界面或者装置时，软件设计人员应该尽可能地考虑人体机能和人的心理特征，让用户在使用人机交互系统时接触的部位尽量符合人体的各种因素。同时，软件设计人员还必须确保计算机系统的使用符合人体安全，降低人的心理因素对人机交互系统工作效率的影响。

3）多媒体技术

多媒体技术是指通过计算机对文本、数据、音频、图形、图像、动画、视频等多种媒体信息表现形式进行综合处理和管理，使用户可以通过多种感官与计算机系统进行实时信息交互的技术。

相对于单一的媒体形式而言，多媒体技术能够综合处理多种媒体信息，将计算机处理的信息空间扩展并放大，体现了多媒体的多样性特点；其次，多媒体技术将多种媒体信息以及相关设备进行集成，体现了多媒体的集成性特点；然后，多媒体技术能够为用户提供多种使用和控制信息的途径，可以方便地实现人机交互，体现了多媒体的交互性特点；最后，多媒体技术能够随时间展示不同的信息内容，体现了多媒体的实时性特点。

多媒体技术的引入，可以确保计算机能够处理人类生活中最直接、最普遍的信息，扩展了计算机系统的应用领域。同时，借助多媒体技术，计算机系统可以让人与机器之间的交互界面和手段更加友好和方便，提高了用户使用计算机系统的效率。

随着计算机技术的快速发展，人机交互技术也从"人适应计算机"阶段发展到了"计算机适应人"阶段。交互的信息也从"精确的输入输出"阶段过渡到了"非精确的输入输出"阶段。通常而言，人机交互方式的演进过程可以分为以下几个阶段。

1）命令行交互阶段

早期的人机交互方式主要借助控制键或者控制台，操作人员通过手工方式来直接操作计算机，例如，通过纸带输入机或读卡机输入数据，通过打印机输出结果。高级程序设计语言的出现，允许人们可以使用习惯的符号形式来描述计算过程，人与计算机的交互方式也过渡到了命令行界面（Command Line Interface，CLI）阶段。

在命令行界面中，用户可以采用命令方式与计算机开展交互，例如，采用问答式对话、文本菜单等形式来与计算机交换数据。但是，命令行模式要求操作人员记忆大量的命令和熟练地使用键盘，人机交互缺乏自然性。

2）图形用户界面交互阶段

图形用户界面（Graphical User Interface，GUI）的出现，允许用户通过"所见即所得"（What You See Is What You Get，WYSIWYG）和直接操纵（Direct Manipulation）方式与计算机进行交互。

图形用户界面的主要特点是桌面隐喻（Desktop Metaphor），即通过 WIMP（Window、Icon、Menu、Pointing Device）技术来表示计算机的不同操作。与命令行界面相比，图形用户界面的自然性和交互效率较高，降低了计算机的使用复杂度，使计算机得到了较好的普及。

3）自然和谐的人机交互阶段

随着计算机技术、多媒体技术和人工智能技术的快速发展，人机交互领域也迎来了快速发展期。此时，人们已经不再满足于界面的美学形式创新，而是期望计算机系统能够自然和谐地与人进行交互，例如，利用人的多种感觉通道和动作通道（如语音、手写、姿势、视线、表情等输入），以并行、非精确方式与可见或不可见的计算机环境进行交互。

此时，人机交互的主要研究内容扩展为多通道交互、情感计算、虚拟现实、智能用户界面、自然语言理解等多个方面。

作为一门综合的计算机学科，人机交互技术也随着计算机技术的快速发展而迅速演进。各种各样的人机交互形式进一步促进了人类与计算机的融合，对软件开发团队提出了更高的要求。

14.2　交互模型和框架

在人机交互设计中，软件设计人员最重要的任务就是创建明确、具体的交互概念模型。所谓概念模型，是指用一组构思和概念来描述软件系统完成的功能、运作方式、外观特性等，是一种用户能够理解的关于软件系统的描述。

概念模型的提出和应用来源于心理学，即概念模型的形成依赖于用户的认知过程，其表征形式反映了用户对产品的认知操作结构。2002 年，唐纳德·A. 诺曼（Donald A. Norman）在其经典著作 *The Design of Everyday Things*（中文名《设计心理学》）中介绍了与产品设计相关的概念模型，如图 14-2 所示。

(a) 唐纳德·A. 诺曼　　　　　　(b) 概念模型

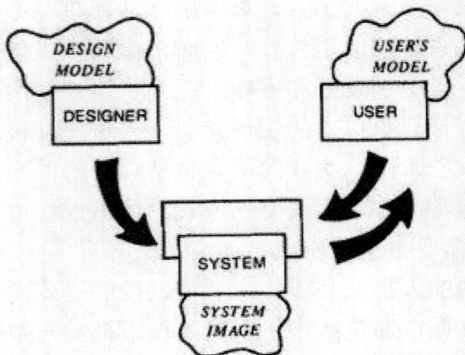

图 14-2　唐纳德·A. 诺曼及其提出的概念模型

由于唐纳德·A. 诺曼提出的概念模型接近人们对人机交互的直观认识，该模型在人机交互领域具有较大的影响力。其中，设计模型（Design Model）作为产品设计人员的概念模型，对产品的结构和操作方式进行了系统化、结构化的描述；而用户模型（User's Model）是用户在使用产品的过程中形成的关于产品构成和操作方式等内容的结构化理解；系统映像（System Image）则给出了系统实际的运行结果。

产品设计人员通过提交系统映像与用户进行交互。同时，产品设计人员可以结合用户的评估、反馈意见不断地修改和优化系统映像，使人机交互界面通过多次迭代不断地得到完善。理想情况下，设计模型、用户模型和系统映像能互相映射。产品设计人员通过系统映像将设计模型传递给用户，并最终转换为用户的概念模型；用户通过与系统映像进行交互，按照产品设计人员的意图来完成相关业务功能。因此，设计模型的优劣直接影响了人机交互界面对用户的友好程度。产品设计人员必须结合模型是否能够满足用户的需要，模型是否能够被用户理解来评价设计模型。

在用户与软件系统的交互过程中，人机交互框架必须将输入信息、软件功能和输出信息有机地结合起来，实现多种输入、输出设备的有效控制和管理。因此，可以将人机交互框架分为系统、用户、输入和输出 4 个部分，且每个部分均有适合的概念描述语言，如图 14-3 所示。

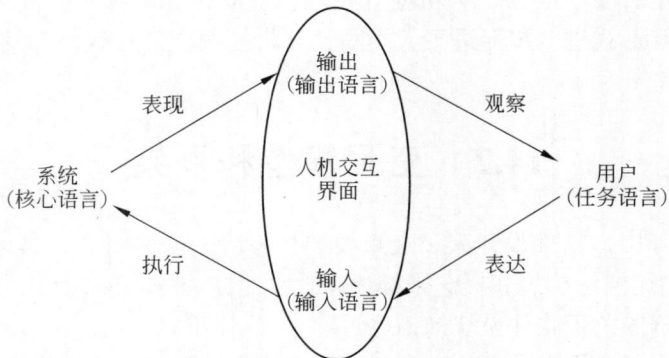

图 14-3　人机交互的一般框架

在人机交互框架中，人机交互界面位于用户与系统之间，通过观察、表达、执行和表现来实现用户与系统之间的交互翻译。因此，优秀的人机交互界面可以有效地翻译用户与系统之间的信息传递，提高用户与系统之间的沟通效率。由于人机交互界面由输入、输出组成，输入、输出的有效性直接决定了人机交互界面的工作效率。

目前，常见的输入模式可以分为请求模式、采样模式和事件模式三种类型。

1）请求模式

在请求模式中，软件系统与输入设备交替工作，完成人与计算机的信息输入，如图 14-4 所示，即通过软件控制输入设备的工作状态，当软件需要用户输入数据时，软件暂停其执行过程，直到获得输入设备的输入数据后才继续运行。

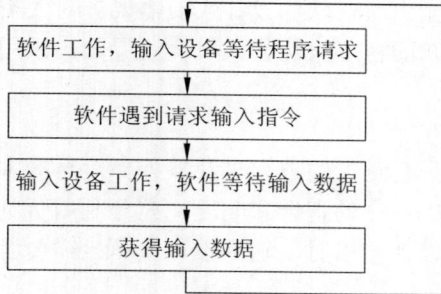

图 14-4　请求模式的输入过程

2）采样模式

在采样模式中，输入设备与软件系统独立工作，互不影响，如图 14-5 所示。输入设备持续地将信息输入到计算机中，且输入设备的信息输入活动与软件系统的运行状态无关；软件系统在处理过程中根据需要读取输入设备的输入数据。

如果软件系统处理输入数据不及时，输入设备前期读入的数据将被后面读入的数据所覆盖，可能会导致某些输入信息的流失。

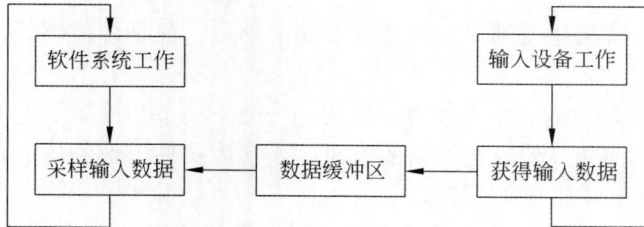

图 14-5　采样模式的输入过程

3）事件模式

在事件模式中，输入设备与软件系统并行工作。用户对输入设备的一次操作或形成的数据称为一个事件。输入设备将得到的数据保存到输入队列（或者事件队列）中。软件系统检查并响应事件队列，处理队列中的事件，如图 14-6 所示。在事件模式中，输入设备产生的所有事件都会被缓冲到队列中，不会出现事件数据丢失的情况。

与此同时，为了方便用户与软件系统进行信息交互，软件设计人员还可以从视觉、听觉、触觉、力觉和内部感觉等角度来刺激用户，让用户能够按照设计的概念模型来完成相关的业务功能交互。

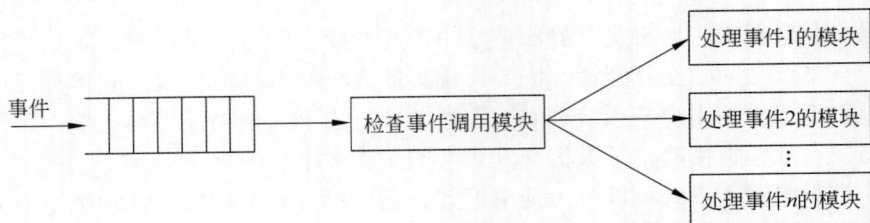

图 14-6　事件模式的输入过程

1）视觉

有关研究表明，人类获取的信息中有 83%来源于视觉。因此，视觉输出在人机交互中的作用非常重要。在进行视觉输出时，软件设计人员需要针对人类视觉对物体的大小、深度、相对距离、亮度和色彩等感知的特点来优化人机交互界面，采用丰富的视觉元素来加强用户对输出信息的理解。

2）听觉

听觉感知到的信息仅次于视觉，约占人类获取外界信息的 11%。在借助声音传递输出信息时，软件设计人员需要考虑声音的音调和响度，充分利用听觉定位等特点来加强声音对人的刺激。同时，在针对听觉设计输出时，软件设计人员也需要考虑声音隐蔽、听觉适应和听觉疲劳对用户听觉的影响。

3）触觉和力觉

相对于视觉和听觉而言，尽管触觉和力觉对人类感知外部世界的作用较小，但是触觉和力觉都可以向人类反馈很多交互信息。例如，虚拟现实系统利用触觉和力觉来刺激人体，增加虚拟现实系统的沉浸感。另外，触觉和力觉对视力、听力有障碍的人群而言是非常重要的交互手段。

触觉和力觉的感知机理与视觉和听觉的最大不同在于它的非局限性。人们可以通过皮肤来感受触觉的刺激，通过皮肤深层的肌肉、肌腱和关节运动来感受力量和方向感。

4）内部感觉

内部感觉是指反映机体内部状态和内部变化的感觉，包括体位感觉、深度感觉和内脏感觉等。

体位感觉是指对人体躯干和四肢所在位置、平衡、关节角度等姿态的感觉；深度感觉提供关节、骨、腱、肌肉和其他内部组织的信息，表现为身体内部的压力、疼痛和振动感等；而内脏感觉是指胸腹腔中内脏的状况。

在建立人机交互模型时，软件设计人员可以通过概念模型对软件的应用场景进行模拟，减少设计模型与用户模型之间的差距。与此同时，软件设计人员可以结合适当的输入、输出形式来优化人机交互界面，改善用户体验。

14.3　人机交互设计原则

人类主要通过感知与外界交流，进行信息的接收和发送，并认知世界。在人与计算机的交流中，用户接收来自计算机的信息，向计算机输入反应结果。因此，人机交互设计必须以提高人类与计算机之间的沟通效率为目标，加速人类认知环境和对环境的响应。

所谓认知是指人们在进行日常活动时发生于头脑中的事情，如思维、记忆、学习、幻想、读写、交谈等。唐纳德·A.诺曼将认知分为经验认知和思维认知两个模式。经验认知要求用户具备某些专门的知识，并达到一定的熟练程度，从而能够有效、轻松地观察、操作和响应周围的事件；思维认知则涉及思考、比较和决策，属于创造性范畴。

通常而言，人类的认知过程涉及感知和识别、注意、记忆、问题解决、语言处理等多个特定类型的子过程，且认知过程受到情感、个体差异、动机和兴趣的影响。软件设计人员在设计人机交互界面时，必须综合考虑各个方面的因素，对设计结果进行优化。

由于篇幅有限，本章仅以软件系统中最常用的图形用户界面设计为例，为大家介绍人机交互界面的设计原则。

图形用户界面设计主要包括桌面隐喻、所见即所得和直接操纵三个部分的内容。

1）桌面隐喻

桌面隐喻是指在人机交互界面中采用人们熟悉的图例来表示计算机可以完成的业务功能。软件设计人员可以采用直接隐喻（图标隐喻直接指示操作的对象）、工具隐喻（图标隐喻操作的动作）和过程隐喻（图标隐喻操作的行为）来表示界面输出内容，如图14-7所示。

（a）直接隐喻

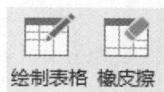
（b）工具隐喻

（c）过程隐喻

图14-7　桌面隐喻

2）所见即所得

在图形用户界面中，界面显示的用户交互行为结果与软件最终产生的处理结果是一致的。所见即所得的操作方式允许用户在软件使用过程中直观地了解操作行为产生的输出结果，便于用户更好地使用软件系统。

3）直接操纵

直接操纵是指将操作的对象、属性、关系显式地表现出来，允许用户利用鼠标、触摸屏等指点设备在屏幕上执行形象化的命令和获取数据，得到命令执行结果的过程。直接操纵的对象是命令、数据或者对数据的某种操作。

在设计图形用户界面时，软件设计人员需要结合产品的策略、用户的类型和用户的特性进行分析，有针对性地开发人机交互界面。1995年，尼尔森（Jakob Nielsen）博士（见图14-8）从200多个可用性问题中提炼出人机交互设计的"十大可用性原则"，即状态可感知、贴近用户认知、操作可控、一致性和标准化、防错、识别好过记忆、灵活高效、美学和最简主义、容错、人性化帮助。

图14-8　尼尔森
（Jakob Nielsen）

1）状态可感知

人机交互界面应当让用户可以清晰、直观地感知所处的操作状态，能在适当的时间内做出适当的反馈。

人机交互设计

2）贴近用户认知

应当尽量使用用户习惯的用词、短语和用户熟悉的概念，而不是系统术语来表达信息。系统应将软件中的处理逻辑与人机交互设计的逻辑保持一致，贴近用户认知，让信息符合自然思考的逻辑，降低用户熟悉软件所需的成本。

3）操作可控

优秀的人机交互界面对用户而言应当是行为可预期、可控制的。人机交互界面应当对用户的误操作提供二次确认或者撤销功能，提高用户的操作可控性。

4）一致性和标准化

人机交互界面在视觉上和交互上必须遵循统一的产品设计规范、逻辑，确保界面中元素的布局、操作设计具有一致性，允许用户利用自身的知识和技能来使用软件。风格一致的人机交互界面会给人一种简洁、和谐的美感。

5）防错

为人机交互过程中的重要交互设置防错机制，可以有效地降低用户误操作带来的影响，减少用户犯错的机会。

6）识别好过记忆

在设计人机交互界面时，软件设计人员应当尽量为用户提供必需的信息，将操作的内容尽可能地可视化，减少用户的记忆负担。

7）灵活高效

允许用户定制或者设置人机交互界面，方便用户更加灵活高效地获取信息和完成相关的功能操作。

8）美学和最简主义

人机交互界面中应当仅保留系统的最核心信息，去除与系统无关的内容，尽可能地减少多余内容对系统简洁和美观带来的影响。

9）容错

如果用户在系统使用过程中出现了操作错误，或者输入的数据不正确，人机交互界面应当及时、准确地通过合适的方式告知用户，并给出错误原因。错误信息应该用语言表达（不要用代码），准确地反映问题信息和出错原因，并提供建设性的解决方案。

10）人性化帮助

软件设计人员应当尽量设计不需要帮助文档和使用文档的软件系统。然而，为了帮助用户在需要时了解软件的使用方式，软件系统中仍然需要提供必要的帮助和使用说明。说明信息应当易于搜索，且专注于特定的任务，并给出具体的提示性内容。

在人机交互界面的设计过程中，软件设计人员可以参考和运用以上 10 条可用性原则来进一步提高产品设计和用户体验设计的质量。

除此以外，软件设计人员还可以从以下几个方面来优化人机交互界面。

1. 显示元素的布局

在人机交互界面中，软件设计人员可以借助桌面隐喻方式来表达需要与用户进行交互的内容。此时，界面中各个显示元素的放置位置、大小、间距、对齐方式等都会对人机交互界面的最终呈现效果起到较大的影响。此时，软件设计人员可以遵循以下 5 项显示元素布局原则来优化设计结果。

1）平衡原则

人机交互界面中布局的各个显示元素应尽可能地保持左右、上下均衡分布。内容过分拥挤或者不平衡将会导致视觉疲劳，且会导致用户心理紧张以及信息接收错误。

如果人机交互界面上的显示元素较多，软件设计人员可以应用黄金比例（1∶0.618）来划分显示内容，将界面的显示元素组织为和谐、令人愉快的布局。

2）预期原则

人们在学习和使用计算机系统的过程中积累了大量有关如何使用系统以及系统工作原理方面的知识。如果人机交互界面的行为和样式符合用户预期，将会使用户感到舒适、愉悦。所谓符合预期，是指人机交互界面中各个显示元素的位置、次序都符合用户期望。

3）经济原则

在设计人机交互界面时，软件设计人员必须在确保界面显示信息量完整的基础上做到界面简明和清晰，力争以最少的显示元素来输出最多的信息。同时，人机交互界面应当让用户进行的操作尽量简单、步骤尽量少，减少用户的心理负担。

4）顺序原则

用户在工作和生活中往往会积累大量的相关概念，并能够按照概念内容形成惯性思维。在设计人机交互界面时，界面中的显示元素应当按照用户的预期和使用习惯顺序、依次排列，确保界面显示元素的组织和操作方式符合行业习惯和用户习惯。

5）规范化原则

在人机交互界面中，各个显示元素的放置位置和操作方式应符合相关的行业规范。各个显示元素的布局、操作方式在同一个软件系统中应尽量保持一致。

2. 文字与用语

除了显示元素的布局以外，人机交互界面中使用的文字和用语也会对用户产生较大的影响。良好的文字与用语可以对用户起到较好的提示作用，且从心理上让用户感到愉悦。在设计人机交互界面中的文字与用语时，软件设计人员可以参考以下设计原则。

1）简洁、准确

人机交互界面应尽量避免使用过多的文字来表达信息，保持显示内容的简洁和准确，且无二义性。如果人机交互界面必须使用大量文字才能表达处理结果，软件设计人员可以采用分组或者分页方式来组织信息内容。

2）格式规范

在人机交互界面中，除了关键字和特殊用语以外，同组或者同行的显示文字内容应当尽量保持风格统一，且采用规定的格式进行显示。关键字和特殊用语的显示风格也必须根据格式规范进行设置。

3）易懂直观

人机交互界面中的文字信息应当尽量使用用户熟悉的行业术语或行话，界面中的文字应当用词准确、易懂，避免使用复杂的计算机专业术语。

同时，软件设计人员需要针对不同类型的用户设计相应的交互术语，并按照心理学原则来组织界面上的文字内容。

4）主动、肯定

人机交互界面中使用的文字用语应采用主动语态，不用被动语态；采用礼貌、肯定的语句来进行文字会话，避免采用消极、否定的语句来显示信息。

3. 色彩的使用

由于计算机屏幕的发光成像与普通视觉成像有很大区别，软件设计人员需要针对屏幕的显示内容色彩进行恰当搭配，充分利用数字色彩来强化人机交互界面的显示内容，提高界面的视觉舒适程度。随着人机交互技术的发展，人机交互界面的设计人员也积累了大量与界面元素颜色选择和设计相关的启发式规则。

1）整体色调要协调统一

在设计人机交互界面时，软件设计人员应该先确定界面的主色调，并以主色调来填充界面。同时，界面上的其他辅助色必须以主色调为基准进行选择，保证界面整体色调的协调统一，重点突出。

2）有重点色

在绘制人机交互界面时，软件设计人员可以选取一种颜色作为整个界面的重点色，使标注该颜色的显示元素成为整个界面的焦点。重点色不能用于主色和背景色等面积较大的色块，主要用于强调界面中小面积的重要元素。

3）注意色彩平衡

人机交互界面的色彩平衡主要是指各个显示元素设置颜色的强弱、轻重和浓淡关系。

一般而言，同色调的搭配方案能够较好地实现界面色彩平衡和协调。高纯度的互补色或对比色会让人产生不适的感觉；同时，软件设计人员还需要从色彩亮度方面来设置色彩平衡。高亮度的颜色显得更明亮，可以强化空间感和活跃感；而低亮度的颜色则会给人稳重、低调的感觉。

4）调和对立色

如果人机交互界面中包括了两个或者两个以上的对立色，界面的整体色调就可能会失调。此时，软件设计人员可以采用以下三种方法来调和界面中的对立色。

（1）调整对立色的面积。

在调整过程中，软件设计人员可以将一种颜色的面积放大，让另一种对立色成为辅助色。同时，软件设计人员还可以适当地调整两种色彩的纯度和亮度，降低辅助色的色感。

（2）增加引导色。

为了降低对立色之间的冲突效果，软件设计人员可以在界面中添加两种对立色之间的颜色，通过引导色来实现两种对立色在色相上的逐渐过渡。

（3）增加中性色。

软件设计人员可以采用黑、白、灰等不带任何正面或负面感情色彩的中性色来调和其他颜色。

在设计人机交互界面时，由于人们对颜色的感触因人而异，软件设计人员需要根据实际的情况来选择合适的配色，并结合积累的启发式规则来优化人机交互界面的显示效果。

14.4　人机交互界面的设计过程

与软件系统的迭代开发过程一样，一个满足用户需求的、高质量的人机交互界面也是一步步地充实起来的。通常而言，人机交互界面的设计过程包括用户观察与分析、构思与设计、界面实施与评估等多个阶段。软件设计人员可以不断地与用户进行沟通，迭代地完善人机交互界面的概念模型。

1. 用户观察与分析

在需求分析过程中，需求分析人员除了对软件的功能需求进行建模以外，还必须结合用户、任务、内容和环境来观察用户理解、组织信息的形式和工作方法。

通过走进用户的真实工作环境，参与用户的工作过程，需求分析人员可以深入地了解用户运用目标软件系统的各个场景。同时，需求分析人员可以对用户的工作方式、使用习惯、工作感受以及用户对目标软件系统的理解、想法、态度和需求等内容进行分析，对用户预期的交互需求和交互形式进行描述。

在分析目标软件系统的人机交互需求时，需求分析人员必须以用户为中心，平衡设计模型、用户模型和系统映像之间的差异，导出协调各方模型的人机交互界面模型。同时，需求分析人员还可以分析观察得到的结果，采用视觉化形式来表达用户的交互需求内容，通过不断迭代来明确人机交互的形式和方式，为人机交互界面的设计工作奠定基础。

2. 构思与设计

用户观察与分析阶段结束以后，软件设计人员即可根据需求分析的成果，结合人机交互界面的设计原则，遵循以下步骤来完成人机交互界面的构思与设计。

（1）明确界面的交互需求。

在构思与设计阶段，软件设计人员需要进一步分析目标软件系统涉及的业务功能，明确各个业务功能的交互需求，并在领域专家的帮助和指导下完成人机交互界面的构思。

（2）准确定义动作序列。

此时，软件设计人员需要进一步确定需求分析中包含的各项任务，各项任务的层次、发生条件、完成的方法以及任务之间的关系，并将各项任务映射为特定的动作或动作序列，建立用户和任务之间交互的行为模型。

（3）明确界面的交互状态。

为了区别软件系统以及界面在不同行为或者阶段的内部状态，软件设计人员需要结合软件系统的内部状态来设计人机交互界面的交互状态，确定动作或者动作序列在人机交互界面上的每一个操作对软件系统状态的影响，以及明确操作和系统状态在人机交互界面上的呈现。

（4）定义准确的控制机制。

除了定义软件系统的动作和状态以外，软件设计人员还需要为各个人机交互界面定义相应的控制机制，即定义人机交互界面在各个系统状态下对用户操作行为的响应，说明各个控制机制是如何作用于系统状态的。

（5）设计系统的输出界面。

最后，软件设计人员必须考虑如何设计界面输出，如何指示用户理解界面输出和系统状态，为用户的进一步操作提供帮助。

目前，软件设计人员可以使用多种人机交互界面表示模型，从用户的行为角度和系统的结构角度来建模人机交互界面的设计成果。例如，软件设计人员可以采用任务模型表示法（Concurrent Task Tree Notation，CTT）来组织和表示各项任务；使用目标、操作、方法和选择（Goal Operator Method Selection，GOMS）从不同的角度来建立用户在不同任务中的行为模型；利用时序关系说明语言（Language Of Temporal Ordering Specification，LOTOS）来刻画系统外部可见行为之间的时序关系；借助用户行为标注（User Action Notion，UAN）来描述用户的行为序列和在执行任务时所用的界面。同时，软件设计人员还可以借助产生式规则和状态转换网络来描述系统状态，结合人机交互界面对应的控制机制来建模界面的状态和控制设计结果。

由于本书的篇幅有限，感兴趣的读者可以阅读人机交互相关的材料，了解人机交互界面的建模表示方法，对完成的界面设计结果进行准确描述。

3. 界面实施与评估

当人机交互界面的设计工作完成以后，软件开发人员就可以借助各种界面设计工具或者软件开发工具来实现设计内容，将界面设计结果转换为实际的软件界面原型。

目前，软件开发人员除了可以直接使用软件开发环境中的界面组件来实现界面原型以外，还可以借助各种专业的界面原型设计工具（如 Visio、Axure、墨刀等）来生成人机交互界面模型。软件开发人员可以将完成的界面原型提交给用户使用、评估，并结合用户的反馈意见来完善设计。通过多次迭代，人机交互界面的效果被不断优化，确保完成的人机交互界面能够符合用户需求。

在用户使用界面原型的过程中，软件开发团队可以持续地收集用户对人机交互界面各个迭代版本的定性和定量评估数据，并结合采集到的反馈数据来评估人机交互界面。例如，让用户对界面进行综合评价（如是否喜欢该界面，对界面的优缺点进行描述），或者让用户直接回答预设的各种问题（如对界面的喜爱程度、对界面各个元素的效果的评分、对界面上特定元素的喜爱程度等），获得用户对人机交互界面的定性和定量评价。

当然，除了对各个人机交互界面进行评价以外，软件设计人员还需要从时间角度来统计、分析用户使用软件系统的数据。例如，用户在标准时间范围内正确完成任务的数量、使用各个操作的频度、操作顺序、观看屏幕的时间、出错的数量、错误的类型和错误恢复时间、使用帮助的时间、标准时间内查看帮助的次数等，从时间角度来发现人机交互界面设计中存在的问题，找到人机交互界面设计中可以改进的内容。

通常而言，人机交互界面的设计、实施和评估是一个不断迭代的过程。软件设计人员可以根据用户的反馈信息来不断发现、纠正潜在的问题，对完成的人机交互界面设计进行细化、精化，并优化人机交互设计的内容。

14.5　小　　结

随着计算机技术的快速发展，计算机系统除了完成指定的业务功能以外，还必须从人机交互效果、人机交互效率等方面对软件系统进行改进。

人机交互界面作为人与计算机之间通信的媒介，能够直观影响人们使用软件系统的效率，在大多数软件项目中至关重要。

本章在介绍了人机交互领域相关概念和框架的基础上，以软件系统中最常用的图形用户界面设计为例，为大家介绍了人机交互界面的设计原则和设计过程。

最后，本章对人机交互界面设计中的用户观察与分析、构思与设计、界面实施与评估等阶段内容进行了简要介绍。大家可以在人机交互界面的设计过程中不断学习、不断借鉴，提高人机交互界面的设计能力。

14.6　习　　题

1. 请结合某个软件应用或者人机交互设备的升级过程来谈谈人机交互的发展。
2. 如何才能较好地统一设计人员和用户的想法？
3. 以某个软件应用为例，至少找出三种人机交互设计原则的应用案例。
4. 如何才能准确地建模用户操作软件的过程？用户操作软件的过程对软件需求分析、设计和开发各有什么影响？
5. 人机交互界面的设计过程与快速原型法的设计过程有没有共同点？

参 考 文 献

[1] 教育部高等学校软件工程专业教学指导委员会 C-SWEBOK 编写组. 中国软件工程知识体系 C-SWEBOK[M]. 北京：高等教育出版社，2018.

[2] Mark N Horenstein. 工程思维[M]. 北京：机械工业出版社，2018.

[3] Peter J Denning, Craig H Martell. 伟大的计算原理[M]. 北京：机械工业出版社，2018.

[4] 罗杰 S 普莱斯曼，等. 软件工程:实践者的研究方法[M]. 8 版. 北京：机械工业出版社，2016.

[5] 沙赫. 软件工程:面向对象和传统的方法[M]. 8 版. 北京：机械工业出版社，2011.

[6] 郑逢斌，等. 软件工程[M]. 北京：科学出版社，2012.

[7] 张海藩，吕云翔. 软件工程[M]. 4 版. 北京：人民邮电出版社，2013.

[8] 莎丽·劳伦斯·弗里格，等. 软件工程[M]. 4 版. 北京：人民邮电出版社，2019.

[9] 伊恩·萨默维尔. 软件工程[M]. 10 版. 北京：机械工业出版社，2018.

[10] 史蒂夫·麦康奈尔. 代码大全 2[M]. 北京：清华大学出版社，2020.

[11] 毛新军，王涛，余跃. 软件工程实践教程:基于开源和群智的方法[M]. 北京：高等教育出版社，2019.

[12] 邹欣. 构建之法[M]. 北京：中国工信出版集团，人民邮电出版社，2017.

[13] Michael Blaha, James Rumbaugh. UML 面向对象建模与设计[M]. 2 版. 北京：人民邮电出版社，2009.

[14] 吴军. 文明之光[M]. 北京：人民邮电出版社，2017.

[15] 陆惠恩. 软件工程[M]. 3 版. 北京：人民邮电出版社，2017.

[16] 郭宁，闫俊伢. 软件工程实用教程[M]. 3 版. 北京：中国工信出版集团，人民邮电出版社，2015.

[17] 龙浩，王文乐，刘金，等. 软件工程——软件建模与文档写作[M]. 北京：中国工信出版集团，人民邮电出版社，2017.

[18] 李劲华，周强，陈宇. 基于案例的软件构造教程[M]. 北京：中国工信出版集团，人民邮电出版社，2016.

[19] 武剑洁. 软件测试实用教程——方法与实践[M]. 2 版. 北京：电子工业出版社，2012.

[20] 相洁，吕进来. 软件开发环境与工具[M]. 北京：电子工业出版社，2012.

[21] 严蔚敏，吴伟民. 数据结构[M]. 北京：清华大学出版社，2019.

[22] Thomas H Cormen, Charles E Leiserson, Ronald L Rivest, et al. 算法导论[M]. 3 版. 北京：机械工业出版社，2018.

[23] 孙晶，杨波. 软件测试程序设计技术[M]. 北京：中国工信出版集团，电子工业出版社，2015.

[24] 赵池龙，程努华. 实用软件工程[M]. 4 版. 北京：中国工信出版集团，电子工业出版社，2015.

[25] 许家珀. 软件工程方法与实践[M]. 2 版. 北京：电子工业出版社，2011.

[26] 朴勇. 软件工程实用教程[M]. 北京：中国工信出版集团，人民邮电出版社，2015.

[27] 张俐. 实用面向对象软件工程[M]. 北京：科学出版社，2016.

[28] 钟珞，袁胜琼，袁景凌，等. 软件工程[M]. 北京：中国工信出版集团，人民邮电出版社，2017.

[29] 保罗·阿曼，杰夫·奥法特. 软件测试基础[M]. 2 版. 北京：机械工业出版社，2018.

[30] Max Kuhn, Kjell Johnson. 应用预测建模[M]. 北京：机械工业出版社，2016.

[31] 杨律青. 软件项目管理[M]. 北京：电子工业出版社，2012.

[32] John W Satzinger, Robert Jackson, Stephen D Burd. 系统分析与设计 敏捷迭代方法[M]. 北京：机械工

业出版社，2017.

[33] Robert Martin. 敏捷软件开发 原则、模式与实践[M]. 北京：清华大学出版社，2018.

[34] Kenneth S Rubin. Scrum 精髓 敏捷转型指南[M]. 北京：清华大学出版社，2014.

[35] 克里斯·理查森. 微服务架构设计模式[M]. 喻勇，译. 北京：机械工业出版社，2018.

[36] Scott Millet. 领域驱动设计模式、原理与实践[M]. 北京：清华大学出版社，2016.

[37] Sam Newman. 微服务设计[M]. 北京：人民邮电出版社，2016.

[38] 刘俊海. Service Mesh 微服务架构设计[M]. 北京：机械工业出版社，2019.

[39] 孟祥旭，李学庆，杨承磊，等. 人机交互基础教程[M]. 3 版. 北京：清华大学出版社，2016.

[40] Ben Shneiderman. 用户界面设计——有效的人机交互策略[M]. 6 版. 北京：中国工信出版集团，电子工业出版社，2017.

[41] 张大平，殷人昆，陈超. 软件项目管理与素质拓展[M]. 北京：清华大学出版社，2015.

[42] Jenny Preece, Yvonne Rogers, Helen Sharp. 交互设计 超越人机交互[M]. 4 版. 北京：机械工业出版社，2018.

[43] David Benyon. 交互式系统设计 HCI、UX 和交互设计指南[M]. 北京：机械工业出版社，2016.

[44] Grady Booch, James Rumbaugh, lvar Jacobson. UML 用户指南[M]. 2 版. 北京：人民邮电出版社，2013.

[45] 朱少民. 软件测试方法和技术[M]. 3 版. 北京：清华大学出版社，2005.

[46] 瞿中，宋琦，刘玲慧，等. 软件工程[M]. 北京：中国工信出版集团，人民邮电出版社，2016.

[47] 小弗雷德里克·布鲁克斯. 人月神话[M]. 北京：人民邮电出版社，2010.

图书资源支持

感谢您一直以来对清华版图书的支持和爱护。为了配合本书的使用，本书提供配套的资源，有需求的读者请扫描下方的"书圈"微信公众号二维码，在图书专区下载，也可以拨打电话或发送电子邮件咨询。

如果您在使用本书的过程中遇到了什么问题，或者有相关图书出版计划，也请您发邮件告诉我们，以便我们更好地为您服务。

我们的联系方式：

地　　址：北京市海淀区双清路学研大厦 A 座 714

邮　　编：100084

电　　话：010-83470236　010-83470237

客服邮箱：2301891038@qq.com

QQ：2301891038（请写明您的单位和姓名）

资源下载：关注公众号"书圈"下载配套资源。

资源下载、样书申请

图书案例

书 圈

清华计算机学堂

观看课程直播